U0383399

高校土木工程专业规划教材

建筑安装工程计量与计价

祝连波　主　编
李　瑾　副主编
李春娥　王　媛　参　编

中国建筑工业出版社

图书在版编目（CIP）数据

建筑安装工程计量与计价/祝连波主编. —北京：中国建筑工业出版社，2017.7（2023.11重印）
高校土木工程专业规划教材
ISBN 978-7-112-20991-0

Ⅰ. ①建… Ⅱ. ①祝… Ⅲ. ①建筑安装-建筑造价管理-高等学校-教材 Ⅳ. ①TU723.3

中国版本图书馆 CIP 数据核字（2017）第 166815 号

责任编辑：张　磊　郭　栋
责任校对：李美娜　李欣慰

高校土木工程专业规划教材
建筑安装工程计量与计价
祝连波　主　编
李　瑾　副主编
李春娥　王　媛　参　编
*
中国建筑工业出版社出版、发行（北京海淀三里河路 9 号）
各地新华书店、建筑书店经销
霸州市顺浩图文科技发展有限公司制版
建工社（河北）印刷有限公司印刷
*
开本：787×1092 毫米　1/16　印张：21½　字数：523 千字
2017 年 8 月第一版　　2023 年 11 月第七次印刷
定价：**49.00** 元
ISBN 978-7-112-20991-0
（30624）

前　言

2013年4月1日，住房和城乡建设部和国家质检总局联合发布了《建设工程工程量清单计价规范》GB 50500—2013和《通用安装工程工程量计算规范》GB 50856—2013，并规定自2003年7月1日起实施新版规范。新版工程量清单计价规范的出台对巩固我国工程量清单计价改革的成果，进一步规范工程量清单计价行为具有十分重要的意义。

本书主要根据《建设工程工程量清单计价规范》GB 50500—2013、《通用安装工程工程量计算规范》GB 50856—2013、《建筑安装工程费用项目组成》（建标［2013］44号文件）及《全国统一安装工程预算定额》GYD—2000的规定进行编写，针对《通用安装工程工程量计算规范》GB 50856—2013中的建筑给水排水工程、消防工程、通风空调工程、采暖工程、建筑电气工程和刷油、绝热及防腐蚀工程的工程量清单计价基础知识、工程量计算规则、工程识图等内容逐项进行了全面的应用释义。为帮助广大建设工程造价工作人员及工程管理、工程造价学生更好地掌握工程量清单的计量与计价知识，书中编入了大量与工程量清单计价有关的基础数据资料及图片，方便各层次的读者理解；此外，为帮助读者更好地熟悉应用通用安装工程的工程量计算规则，作者在编写过程中，结合新规范的规定，引用了较多的历年全国注册造价工程师考试案例真题，通过实例加强读者对通用安装工程清单计算规则的理解，使本书更加适用于初学者。

本书具有浅显易懂、编写体例新颖、与实践结合紧密、方便查阅等特点，将为提高读者建筑安装工程预算编制水平及编制能力，奠定坚实的基础，同时为广大从事建筑安装工程的工程造价工作者学习理解《通用安装工程工程量计算规范》GB 50856—2013提供了较为实用的参考书。

本书由兰州交通大学祝连波主编完成第4章，兰州交通大学博文学院李瑾完成第2章和第3章，兰州理工大学李春娥完成第1章3～5节及第5章，兰州交通大学博文学院王媛完成第1章1、2节及第6章，硕士研究生海月、王晓许等协助完成部分绘图工作，在此表示感谢。此外，在本书的编写过程中参考了国内许多学者同仁的著作和国家最新图集和规范，采纳了一些业内同仁的建议，在此对所有提供帮助的业内同仁表示衷心的感谢！

由于编者的专业水平和实践经验有限，虽经推敲核证，书中仍难免有疏漏或不妥之处，恳请广大读者批评指正！

目　　录

1　建筑给水排水工程计量与计价

1.1　建筑给水排水工程基本知识

1.1.1　建筑给水系统的分类

1. 建筑给水系统的组成

室内给水系统一般由下列几部分组成，如图1-1所示。

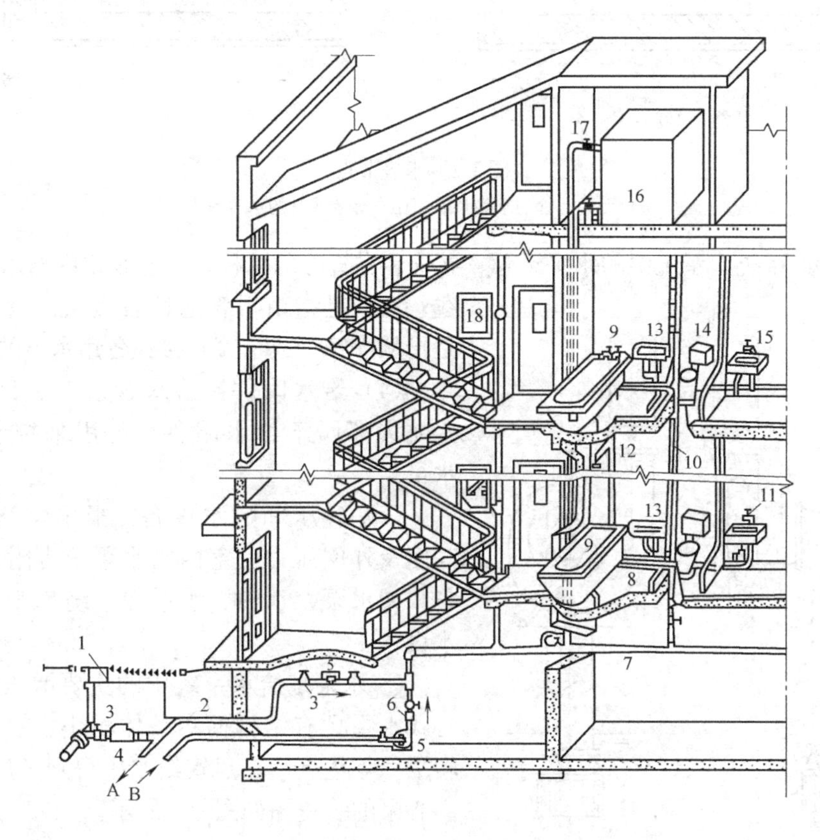

图1-1　室内给水系统

1—阀门井；2—引入管；3—闸阀；4—水表；5—水泵；6—止回阀；7—干管；8—支管；9—浴盆；10—立管；11—水龙头；12—淋浴器；13—洗脸盆；14—大便器；15—洗涤盆；16—水箱；17—进水管；18—消火栓；A—入贮水池；B—来自贮水池

（1）引入管：用于室内给水系统和室外给管网连接起来的一条或几条管道叫作引入管，也称进户管。

（2）水表井（水表节点）：引入管上装设的水表及其前后设置的阀门和泄水管的总称。

水表节点是安装在引入管上的水表及其前后设置的阀门和泄水装置的总称。水表用于计量该建筑物的总用水量，水表前后设置的阀门用于检修、拆换水表时关闭管路，泄水口用于检修时排泄掉室内管道系统中的水，也可用来检测水表精度和测定管道进户时的水压值。水表节点一般设在水表井中，如图 1-2（*a*）所示。温暖地区的水表井一般设在室外，寒冷地区为避免水表冻裂，可将水表设在采暖房间内，如图 1-2（*b*）所示。

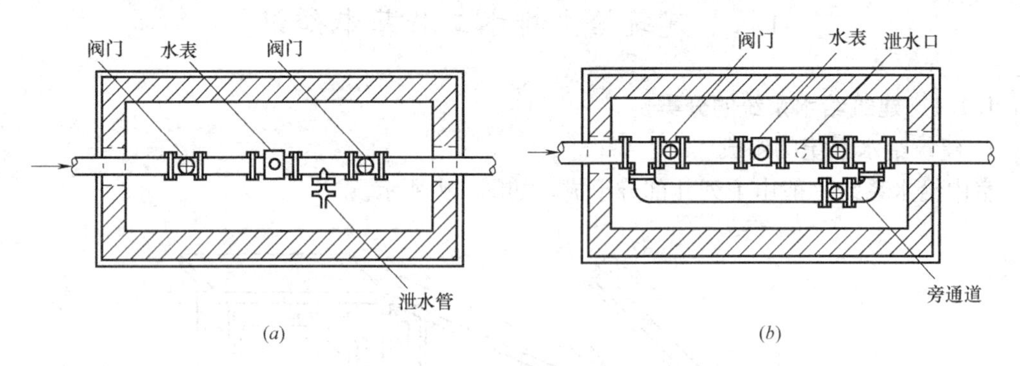

图 1-2　水表节点

（*a*）无旁通管的水表节点；（*b*）有旁通管的水表节点

（3）管道系统：系统中的水平干管、立管和支管等的总称。干管是室内给水管道的主线；立管是指由干管通往各楼层的管线；支管是指从立管（或干管）接往各用水点的管线。

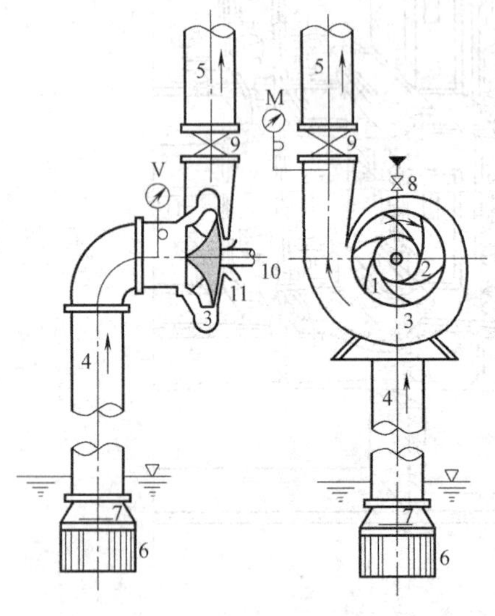

图 1-3　离心泵装置图

1—工作轮；2—叶轮；3—泵壳；4—吸水管；5—压水管；6—拦污栅；7—底阀；8—加水漏斗；9—阀门；10—泵轴；11—填料函；M—压力表；V—真空表

（4）给水附件：给水管道上装设的阀门、水龙头都属于给水附件，可用来控制和分配水量。

（5）升压和贮水设备：根据建筑物性质、高度及外网压力，室内给水系统常附设一些设备，如水泵、水箱、水塔等，统称为升压、贮水设备。

① 水泵是给水系统中的主要增压设备。离心式水泵具有结构简单、体积小、效率高、运转平稳等优点，在建筑给水中得到了广泛应用。离心泵的装置图如图 1-3 所示。

② 水箱

按用途不同，水箱可分为高位水箱、减压水箱、冲洗水箱和断流水箱等类型，其形状多为矩形和圆形，制作材料有钢板（包括普通、搪瓷、镀锌、复合与不锈钢等）、钢筋混凝土、玻璃钢和塑料等。

这里主要介绍在给水系统中使用较广的高位水箱。高位水箱在建筑给水系统中起到稳定水压、贮存和调节水量的作用。

③ 贮水池

贮水池是贮存和调节水量的构筑物。当建筑物所需的水量、水压明显不足，城市供水管网难以满足时，为提高供水可靠性，避免在用水高峰期市政管网供水能力不足而出现无法满足设计秒流量的现象，减少因市政管网或引入管检修造成的停水影响，应当设置贮水池。

2. 建筑给水系统的分类

根据给水性质和要求的不同，室内给水系统可分为以下几类：

(1) 生活给水系统：供应民用、公共建筑和工业企业生活间饮用、洗涤、盥洗、沐浴等生活用水系统。生活用水水质要求较高，水质应符合《生活饮用水卫生标准》GB 5749。

(2) 生产给水系统：供给生产设备冷却用水、原料和产品的洗涤用水、锅炉用水及某些工业原料用水的系统。工业生产种类繁多，水质要求也各不相同，水质应按生产工艺要求确定。

(3) 消防给水系统：专供消防龙头和特殊消防装置用水的系统。这类用水对水质的要求不高，但必须要求有足够的水压和水量。

上述三种基本给水系统可以单独设置，也可联合设置，如生活、生产、消防共用给水系统；生活、消防共用给水系统。可根据建筑内部用水设备对水质、水压和水量的要求，通过经济技术比较，组合成不同形式的共用给水系统。

3. 建筑给水管道的布置与敷设

给水管道的布置与敷设，除满足自身要求外，还要充分了解该建筑物的建筑功能和结构情况，做好与建筑、结构、暖通及电气等专业的配合，避免管线的交叉、碰撞，以便于工程施工和今后的维修管理。

(1) 给水管道的布置

室内生活给水管道宜布置成枝状管网，单向供水。

给水管道的布置按供水可靠度不同，可分为枝状和环状两种形式；按水平干管位置不同，可分为上行下给、下行上给和中分式三种形式。枝状管网单向供水，可靠性差，但节省管材、造价低；环状管网双向甚至多向供水，可靠性高，但管线长、造价高。上行下给供水方式的干管设在顶层顶棚下、吊顶内或技术夹层中，由上向下供水，适用于设置高位水箱的建筑；下行上给供水方式的干管埋地、设在底层或地下室中，由下向上供水，适用于利用市政管网直接供水或增压设备位于底层但不设高位水箱的建筑；中分式的干管设在中间技术夹层或某中间层的吊顶内，由中间向上、下两个方向供水，适用于屋顶用作露天茶座、舞厅并没有中间技术夹层的建筑。

(2) 给水管道的敷设

根据建筑对卫生、美观方面的要求，给水管道的敷设一般分为明设和暗设两类。明设是指管道沿墙、梁、柱、顶棚下暴露敷设。其优点是造价低，施工安装和维护修理均较方便；缺点是由于管道表面积灰、产生凝结水等影响环境卫生，而且管道外露影响房屋内部的美观。一般装修标准不高的民用建筑和大部分生产车间均采用明设方式。

暗设是将管道直接埋地或埋设在墙槽、楼板找平层中，或隐蔽敷设在地下室、技术夹层、管道井、管沟或吊顶内。管道暗设卫生条件好、美观，对于标准较高的高层建筑、宾馆、试验室等均采用暗设；在工业企业中，针对某些生产工艺要求，如精密仪器或电子元件车间要求室内洁净、无尘时，也采用暗设。暗设的缺点是造价高，施工复杂，维修困难。

(3) 给水管道的防护

① 给水管道穿越下列部位或接管时，应设置防水套管；穿越地下室或地下构筑物的外墙处；穿越屋面处（有可靠的防水措施时，可不设套管）；穿越钢筋混凝土水池（箱）的壁板或地板连接管道时。

套管的作用是防止管道在使用过程中因热胀冷缩损坏墙体而使管道移动受限。一般可用刚性防水套管，见图 1-4；如果有严格防水要求时，应采用柔性防水套管，见图 1-5。防水套管中的填料要填实。

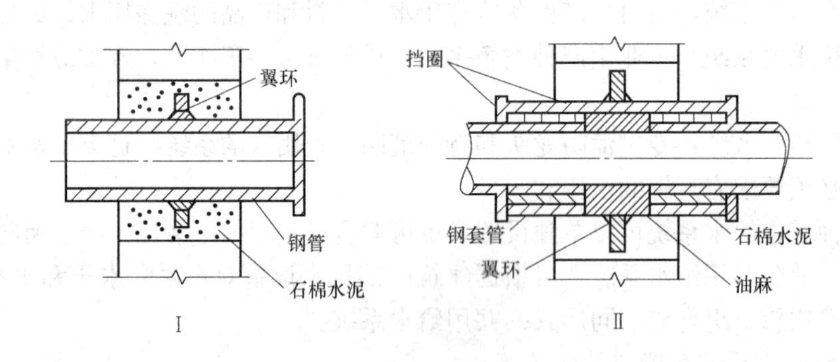

图 1-4 刚性防水套管

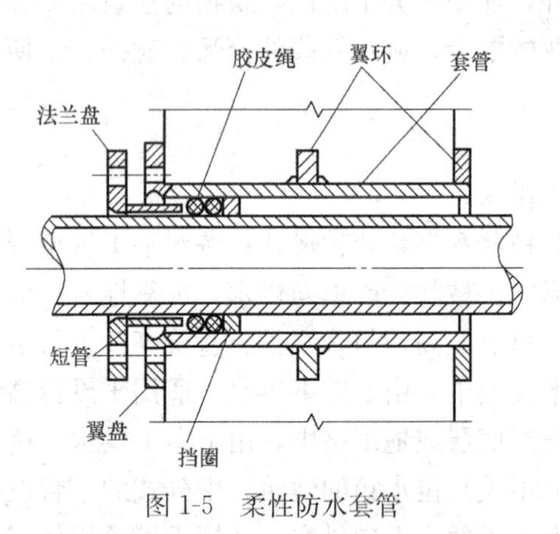

图 1-5 柔性防水套管

② 明设的结水立管穿越楼板时，应采用防水措施。管道穿过隔墙或楼板时，大多数情况采用普通套管，由镀锌薄钢板和焊接钢管两种材料制作而成。一般比给水管道大 1～2 级。管道穿过建筑物内墙、基础及楼板处均应预留孔洞口。安装管道前，应先把预制好的套管套上。如果管道穿过楼板，套管上端应高出地面 20mm，防止上层房间地面积水渗漏到下层房间，套管与管道之间的空隙必须用填料填实。

③ 在室外明设的结水管道，应避免受阳光直接照射，塑料给水管还应有有效保护措施。在冻结地区应做保温层，保温层的外壳应密封防渗。在非结冻地区亦宜做保温层，以防止管道受阳光照射后管内水温升高，导致用水时水温忽热忽冷，不舒适，水温升高还给细菌繁殖提供了良好的环境，所以，严格来说是管内的水受到了“热污染”。室外明设的塑料给水管道不需保温时，亦应有遮光措施，以防塑料老化，缩短使用寿命。

室内塑料给水管道不得与水加热器或热水炉直接连接，应有不小于 0.4m 的金属管段过渡；塑料给水管道不得布置在灶台上边缘，塑料给水立管距灶台边缘不得小于 0.4m，距燃气热水器边缘不宜小于 0.2m。

④ 对设在最低温度低于摄氏零度可能冻结场所的给水管道和设备，如寒冷地区的屋顶水箱、冬季不采暖的房间、地下室、管井、管沟中的管道以及敷设在受室外冷空气影响的门厅、过道等处的管道，应做保温层进行保温防冻，保温层的外壳应密封防渗。

⑤ 在环境温度较高、空气湿度较大的房间（如厨房、洗衣房、某些生产车间），当管道内水温低于环境温度时，管道及设备的外壁可能产生凝结水，即出现结露现象，会引起管道或设备腐蚀，影响使用及环境卫生，导致装饰、物品等的损害。在这种情况下，给水管道必须做防结露保冷层，防结露保冷层的计算和构造按现行的《设备及管道保冷技术通则》GB/T 4272 执行。

⑥ 室外给水管道的覆土深度，应根据土壤冰冻深度、车辆荷载、管道材质及管道交叉等因素确定。管顶最小覆土深度不得小于土壤冰冻线以下 0.15m，行车道下的管线覆土深度不宜小于 0.7m。

⑦ 明设和暗设的金属管道都要采取防腐措施，通常的防腐做法是首先对管道除锈，使其露出金属光泽，然后在管外壁刷涂防腐涂料。明设的焊接钢管和铸铁管外刷防锈漆两遍，银粉面漆两遍；镀锌钢管外刷银粉面漆两遍；暗设和埋地管道均刷沥青漆两遍。防腐层应采用具有足够的耐压强度、良好的防水性、绝缘性和化学稳定性，能与被保护管道牢固粘结、无毒的材料。

⑧ 当管道中水流速度过大时，启闭水龙头、阀门时易出现水锤现象，引起管道、附件的振动，不但会损坏管道附件造成漏水，还会产生噪声。所以，在设计时应控制管道的水流速度，在系统中尽量减少使用电磁阀或速闭型水栓。住宅建筑进户管的阀门后装设可曲挠橡胶接头进行隔振，并可在管道支架、管卡内衬垫减振材料，减少吸声的扩散。

4. 建筑给水管道的安装

根据建筑物的结构形式、使用性质和管道的工作情况，室内给水管道的敷设可分为明装和暗装两种形式。明装管道又可分为给水干管、立管及支管均为明装与给水干管暗装、立管及支管明装两种。管道明装的优点是造价较低，安装维修方便，但影响美观和室内卫生，容易积灰。暗装管道也可分为全部管道暗装与供水干管、立管暗装而支管明装两种，暗装的优缺点与明装相反。

（1）干管的安装

干管明装的位置一般在建筑物顶层顶棚下或建筑物的地下室顶板下。沿墙敷设时，管外皮与墙面净距一般为 30～50mm，用角钢或管卡固定在墙上。干管暗装的位置一般在建筑物的顶棚里、地沟或设备里，或者直接埋设在地面下，敷设在地沟里时，沟底和沟壁与管壁间的距离不应小于 150mm，直埋在地面下的管道应进行防腐处理，需要考虑冬季防冻的，应采取适当防冻措施。

（2）立管安装

明装管道的立管一般应敷设在房间的墙角或沿墙、柱、梁敷设。主管外皮至墙面的净距离与管径有关。当立管管径小于 32mm 时，净距离应为 25～35mm；管径大于 32mm 时，应为 30～50mm。立管在距地面 150mm 处应安装阀门，并装有可拆卸的连接件。立管穿楼板时应加套管（一般为钢制），套管高出地面 10～20mm，套管内不应有立管接口。立管带有支管时，应注意安装支管预备口的位置，保证支管的方向坡度的准确性。建筑物层高小于等于 5m 时，每层楼内装 1 个立管管卡；层高大小 5m 时，每层楼立管管卡不得少于2个。管卡安装高度距地面1.5m，2个以上的管卡的位置可匀称安装。

（3）支管安装

支管明装一般沿墙敷设，并设有0.2%～0.5%的坡度，坡向立管或配水点。支管与墙壁之间用钩钉或管卡固定，固定点要设在配水点附近。当冷水管、热水管需上下平行敷设时，热水支管应安装在上面；垂直安装时，热水管应位于观察者面对的左侧，其管中心距离为80mm。卫生器具上的冷、热水龙头安装时，热水龙头应位于左侧。

5. 常用给水管材、管路配件、阀门及卫生器具

（1）室内给水工程常用管材

钢管：钢管常分为无缝钢管和焊接钢管（有缝钢管）。

1）无缝钢管

无缝钢管采用碳素钢或合金钢制造，由于具有较高的承压能力，常用于高层建筑给水工程中。按制造方法的不同，无缝钢管可分为热轧和冷拔两种。由于用途不同，管道的承压能力也不同，要求管壁的厚度差别很大，因此，无缝钢管的规格是用外径×壁厚来表示，如ϕ108×5即表示外径为108mm，壁厚为5mm的无缝钢管，常用无缝钢管的规格及重量见表1-1。

热轧无缝钢管质（重）量表 **表1-1**

外径/mm	壁厚(mm)																
	2.5	2.8	3	3.5	4	4.5	5	5.5	6	(6.5)	7	(7.5	8	(8.5)	9	(9.5)	10
	质(重)量(kg/mm)																
32	1.76	2.02	2.15	2.46	2.76	3.05	3.33	3.59	3.85	4.09	4.32	4.53	4.74				
38	2.19	2.43	2.59	2.98	3.35	3.72	4.07	4.41	4.74	5.05	5.35	5.64	5.92				
42	2.44	2.70	2.89	3.35	3.75	4.16	4.56	4.95	5.33	5.69	6.04	6.38	6.71	7.02	7.32	7.60	7.88
45	2.62	2.91	3.11	3.58	4.04	4.49	4.93	5.36	5.77	6.17	6.56	6.94	7.30	7.65	7.99	8.32	8.63
50	2.93	3.25	3.84	4.01	4.54	5.05	5.55	6.04	6.51	6.97	7.42	7.86	8.29	8.70	9.10	9.49	9.86
54			3.77	4.36	4.93	5.49	6.04	6.58	7.10	7.61	8.11	8.60	9.08	9.54	9.99	10.43	10.85
57			4.00	4.62	5.23	5.83	6.41	6.99	7.55	8.10	8.63	9.16	9.67	10.17	10.65	11.13	11.59
60			4.22	4.88	5.52	6.16	6.78	7.39	7.99	8.58	9.15	9.71	10.26	10.80	11.32	11.83	12.33
63.5			4.48	5.18	5.87	6.55	7.21	7.87	8.51	9.14	9.75	10.36	10.95	11.53	12.10	12.65	13.19
68			4.81	5.57	6.31	7.05	7.77	8.48	9.17	9.86	10.53	11.19	11.82	12.47	13.10	13.71	14.30
70			4.96	5.74	6.51	7.27	8.01	8.75	9.47	10.18	10.88	11.56	12.23	12.89	13.54	14.17	14.80
73			5.18	6.00	6.81	7.60	8.38	9.16	9.91	10.66	11.39	12.11	12.82	13.52	14.21	14.88	15.54
76			5.40	6.26	7.10	7.93	8.75	9.50	10.36	11.14	11.91	12.67	13.42	14.15	14.87	15.58	16.28
83				6.86	7.79	8.71	9.62	10.51	11.39	12.26	13.12	13.96	14.80	15.62	16.42	17.22	18.00
89				7.38	8.38	9.38	10.36	11.33	12.28	13.22	14.16	15.07	15.98	16.87	17.76	18.63	19.48
95				7.90	8.98	10.04	11.10	12.14	13.17	14.19	15.19	16.18	17.16	18.13	19.09	20.03	20.96
102				8.50	9.67	10.82	11.96	13.09	14.21	15.31	16.40	17.48	18.55	19.60	20.64	21.67	22.69
108					10.26	11.49	12.70	13.90	15.09	16.27	17.44	18.59	19.73	20.86	21.97	23.08	24.17
114					10.85	12.15	13.44	14.70	15.98	17.23	18.47	19.70	20.91	22.12	23.31	24.48	25.65

续表

外径/mm	壁厚/mm																
	2.5	2.8	3	3.5	4	4.5	5	5.5	6	(6.5)	7	(7.5)	8	(8.5)	9	(9.5)	10
	质(重)量/(kg/mm)																
121					11.54	12.93	14.30	15.67	17.02	18.35	19.68	20.99	22.29	23.58	24.86	26.12	27.37
127					12.13	13.59	15.04	16.48	17.90	19.32	20.72	22.10	23.48	24.84	26.19	27.53	28.85
133					12.73	14.26	15.78	17.29	18.79	20.38	21.75	23.21	24.66	26.10	27.52	28.93	30.33
140						15.04	16.654	18.24	19.83	21.40	22.96	24.51	26.04	27.57	29.08	30.57	32.06
146						15.70	17.39	19.06	20.72	22.36	24.00	25.62	27.23	28.82	30.41	31.98	33.54
152						16.37	18.13	19.87	21.60	23.32	25.03	26.73	28.41	30.08	31.74	33.39	35.02
159						17.15	18.99	20.82	22.64	24.45	26.24	28.02	29.79	31.55	33.29	25.03	36.75
168							20.10	22.04	23.97	25.89	27.79	29.69	31.57	33.43	35.29	37.13	38.97
180							21.59	23.70	25.75	27.70	29.87	31.91	33.93	35.95	37.95	41.92	
194							23.31	25.60	27.82	30.00	32.28	34.50	36.70	38.89	41.06	43.23	45.38
203									29.14	31.50	33.83	26.16	38.47	40.77	43.05	45.33	47.59
219									31.52	34.06	36.60	39.12	41.03	44.12	46.61	49.08	51.45
245										38.23	41.09	43.85	46.76	49.56	52.38	55.17	57.97
273										42.64	45.92	49.10	52.28	55.45	58.60	61.73	64.86
299												53.91	57.41	60.89	64.37	67.83	71.27
325												58.74	62.54	66.35	70.14	73.92	77.68
351													67.67	71.80	75.91	80.01	84.10
377															81.68	86.10	90.51
402															87.21	91.95	96.67
426															92.55	97.57	102.59
450															97.7	103.20	108.50
(465)															101.10	106.48	112.20
480															104.52	110.22	115.90
500															108.96	114.91	120.83
530															115.62	121.94	128.23
(550)															120.07	126.62	133.10
560															122.28	128.97	135.63
600															131.17	138.34	144.50
630															137.81	145.36	152.89

2）焊接钢管

焊接钢管采用易焊接的碳素钢制造，能承受一般要求的压力，因而也常称为普通钢管。由于制造材料铁钢和铁合金均为黑色金属，故又称为黑铁管。将黑铁管镀锌后则称为白铁管或镀锌钢管，镀锌管能防锈蚀可以保护水质，常用于生活饮用水管道及热水供应系统。

焊接钢管是用公称直径标称的。公称直径是管道及其附件的标准直径，它是就内径而言的标准，是近似于内径但并不是实际内径。因为同一号规格的管道外径都相等，但壁厚不同。公称直径用字母 *DN* 作为标志符号，符号后面注明尺寸，如 *DN*25，即公称直径为25mm 的焊接钢管。

（2）管路配件

管路除直通部分外还要有分支、转弯和变径，因此需要有各种形式的管路配件与管路配合使用。管件按照用途可分为下列几种：

① 管路延长连接用配件：管箍、外丝（活接头）；

② 管路分支连接用配件：三通（丁字管）、四通（十字管）；

③ 管路转弯用配件：90°弯头、45°弯头；

④ 节点碰头连接用配件：根母（六方内丝）、活接头（由任）、带螺纹法兰盘；

⑤ 管子变径用配件：补心（内外丝）、异径管箍（六小头）；

⑥ 管子堵口用配件：丝堵、管堵头。

管子配件图示见图 1-6。

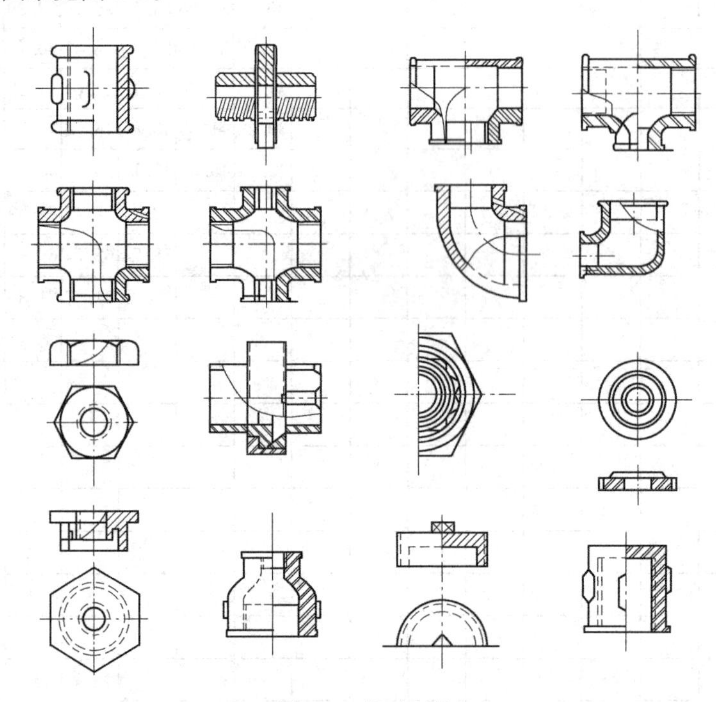

图 1-6　管子配件

在管路连接中，法兰盘既能用于钢管，也能用于铸铁管；可以螺纹连接，也可以焊接；既可以用于管路延长连接，也可作为节点碰头连接用，所以它是一个多用处的配件。

管路配件的规格和所对应的管子是一致的，是以公称直径来标称的。

（3）阀门

在各种管道系统中，都有开启和关闭以及调节流量、压力等参数的要求，这个要求是靠各种阀门来控制的，所以阀门是用于控制各种管道内流体工况的一种机械装置。一般它由阀体、阀瓣、阀盖、阀杆及手轮等部件组成。

① 阀门的规格型号表示方法

阀门的规格型号通常是以拼音字母和阿拉伯数字横式书写表示的，按下列顺序排列：

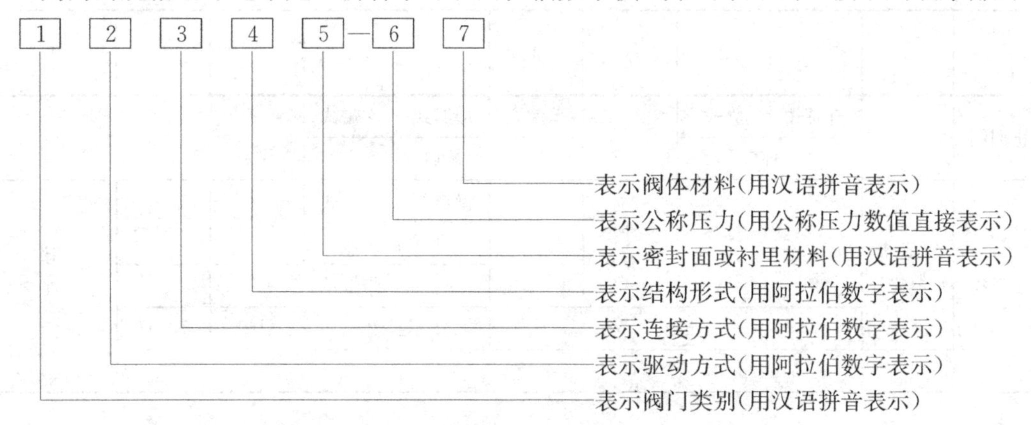

1）第一单元的“阀门类别”用汉语拼音字母作为代号，见表 1-2。

阀门驱动方式代号 **表 1-2**

驱动方式	蜗轮传动驱动	正齿轮传动驱动	伞形齿轮传动驱动	气动驱动	液压驱动	电磁驱动
代号	3	4	5	6	7	8

2）第二单元“驱动方式”用一位阿拉伯数字作为代号，见表 1-3。

阀门连接方式 **表 1-3**

连接方式	内螺纹	外螺纹	法兰	法兰	法兰	焊接
代号	1	2	3	4	5	6,7,8

3）第三单元“连接方式”用一位阿拉伯数字作为代号，见表 1-4。

阀门的结构形式 **表 1-4**

<table>
<tr><th>代号
名称</th><th>0</th><th>1</th><th>2</th><th>3</th><th>4</th><th>5</th><th>6</th><th>7</th><th>8</th><th>9</th></tr>
<tr><td rowspan="4">闸阀</td><td rowspan="2">弹性闸阀</td><td>单</td><td>双</td><td>单</td><td>双</td><td>单</td><td>双</td><td></td><td></td><td></td></tr>
<tr><td colspan="6">刚性闸板</td><td colspan="3" rowspan="3"></td></tr>
<tr><td colspan="3">楔式</td><td>平行式</td><td colspan="3" rowspan="2">楔式
暗杆</td></tr>
<tr><td colspan="4">明杆</td></tr>
<tr><td rowspan="2">截止阀</td><td rowspan="6"></td><td rowspan="2">直通式</td><td colspan="2" rowspan="4"></td><td rowspan="2">角式</td><td rowspan="2">直流式</td><td>直通式</td><td>角式</td><td colspan="2" rowspan="7"></td></tr>
<tr><td colspan="2">平衡</td></tr>
<tr><td rowspan="4">球阀</td><td rowspan="2">直通式</td><td>L形</td><td>T形</td><td rowspan="2"></td><td rowspan="2">直流式</td></tr>
<tr><td colspan="2">三通式</td></tr>
<tr><td colspan="6">浮动</td><td>固定</td></tr>
<tr><td colspan="6"></td><td></td></tr>
<tr><td>蝶阀</td><td>杠杆式</td><td>垂直
板式</td><td rowspan="4"></td><td>斜板式</td><td colspan="3"></td><td></td></tr>
<tr><td>隔膜阀</td><td colspan="2" rowspan="3">屋脊式</td><td>截止阀</td><td colspan="3"></td><td>闸板式</td><td colspan="2"></td></tr>
<tr><td rowspan="2">旋塞</td><td>直通阀</td><td>T形
三通式</td><td>四通式</td><td></td><td>直通式</td><td>T形
三通式</td><td></td></tr>
<tr><td>填料</td><td></td><td></td><td></td><td colspan="2">油封</td><td></td></tr>
</table>

续表

<table>
<tr><td>代号
名称</td><td>0</td><td>1</td><td>2</td><td>3</td><td>4</td><td>5</td><td>6</td><td>7</td><td>8</td><td>9</td></tr>
<tr><td rowspan="2">止回阀</td><td rowspan="2"></td><td>直通式</td><td>立式</td><td rowspan="2"></td><td>单瓣式</td><td>多瓣式</td><td>多瓣式</td><td rowspan="2" colspan="3"></td></tr>
<tr><td colspan="2">升降</td><td colspan="3">旋启</td></tr>
<tr><td rowspan="5">安全阀</td><td rowspan="4">全启式
带散热片</td><td rowspan="3" colspan="2"></td><td rowspan="3">双弹簧
微启式</td><td rowspan="3">全启式</td><td>微启式</td><td>全启式</td><td rowspan="2">微启式</td><td rowspan="2">微启式</td><td rowspan="5">脉
冲
式</td></tr>
<tr><td colspan="2">带控制机构</td></tr>
<tr><td colspan="3">带扳手</td><td></td></tr>
<tr><td colspan="4">封闭</td><td colspan="2">不封闭</td><td>封闭</td><td>不封闭</td></tr>
<tr><td colspan="9">弹簧</td></tr>
</table>

4）第四单元“连接方式”用一位阿拉伯数字作为代号，见表 1-5。

阀门的结构形式代号 **表 1-5**

代号	T	X	N	H	B	D	Y	J	Q
材料类别	铜合金	橡胶	尼龙	合金钢	巴氏合金	渗氮钢	硬质合金	衬胶	衬铅

5）第五单元“密封圈或衬里材料”用汉语拼音字母作为代号，见表 1-6。

阀门的结构形式代号 **表 1-6**

阀体材料	灰铸铁	可锻铸铁铁	球墨铸铁	铜合金	铅合金	碳钢	铬钼合金钢	铝合金
代号	Z	K	Q	T	B	C	I	L

注：对于 P_g≤1.6MPa 的灰铸铁阀门或 P_g≤2.5MPa 的碳钢阀门，则省略本单元。

如 Z944T-1.0400mm 表示以法兰连接的铜密封圈的明杆平行式双闸板闸阀，用电动机驱动公称压力 1.0MPa，公称直径 400mm。

6）第六单元“公称压力”直接用公称压力（P_g）数值表示，单位：MPa。

7）第七单元“阀体材料”用汉语拼音字母表示，见表 1-7。

立管与墙面距离及楼板留洞尺寸表 **表 1-7**

管径(mm)	50	75	100	150
管轴线与墙面距离(mm)	100	110	130	150
楼板预留洞尺寸(mm)	100×100	200×200	200×200	300×300

② 常用阀门的性能及选用特点

1）闸阀

闸阀的阀体内有一平板与介质流动方向垂直，平板升起时阀即开启。该种阀门由于阀杆结构形式不同可分为明杆式和暗杆式两类。一般明杆式适用于腐蚀性介质及室内管道上；暗杆式适用于非腐蚀性介质及安装受限制的地方。

选用特点：密封性能好，流体阻力小，开启、关闭力较小，用途比较广泛，闸阀还具有一定调节流量的性能，一般适用于大口径的管道上。闸阀的结构见图 1-7。

2）截止阀

截止阀利用装在阀杆下面的阀盘与阀体的突缘部分相配合来控制阀的启闭称为截止阀。与闸阀相比，能够较快地开启和关闭，结构简单，但流体阻力较大。

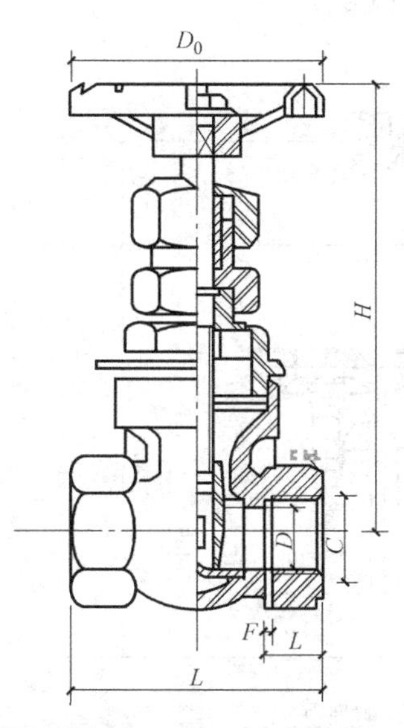

图 1-7 TZ15T-10、Z15T-10K
内螺纹暗杆棒式闸阀

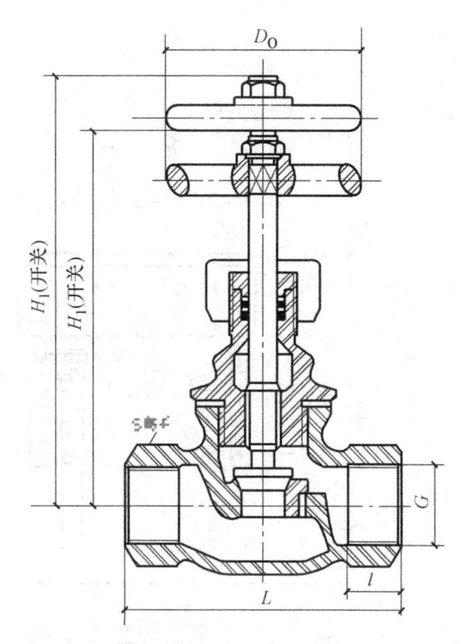

图 1-8 截止阀结构示意图

选用特点：结构简单，制造、维修方便，可以调节流量，应用最为广泛。缺点是流体阻力大，不适用于带颗粒和黏性较大的介质。截止阀的结构见图 1-8。

3）球阀

利用一个中间开孔的球体作阀芯，靠旋转球体来控制阀的开启和关闭，是目前发展较快的阀型之一。

选用特点：结构简单，体积小，零件少，重量轻，开关迅速，操作方便，流体阻力小，操作精度要求高。螺纹球阀结构见图 1-9。

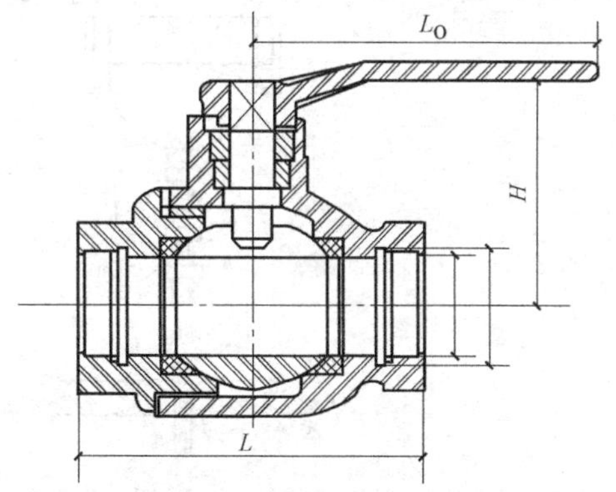

图 1-9 螺纹球阀结构示意图

4）蝶阀

阀的开启件是一圆盘形，绕阀体内一固定轴旋转的阀门。

选用特点：结构简单、外形尺寸小，重量轻，适合制造大直径的阀，由于密封结构及材料尚有问题，该阀适用于低压，输送水、空气、煤气等介质。

（4）卫生器具

卫生器具是供洗涤和收集污（废）水的设备，其种类很多，包括洗涤盆类，化验盆类，洗涤池，污水池类，洗脸盆类，盥洗槽类，大（小）便器、大（小）便槽类，净身盆、浴盆、淋浴器类等。下面介绍几种常用的卫生器具。

① 涤盆

常安装在住宅厨房和公共食堂厨房内，供洗涤碗碟和食物用。洗涤盆盆口距地面为 0.8m，水龙头距地面 1.0m。

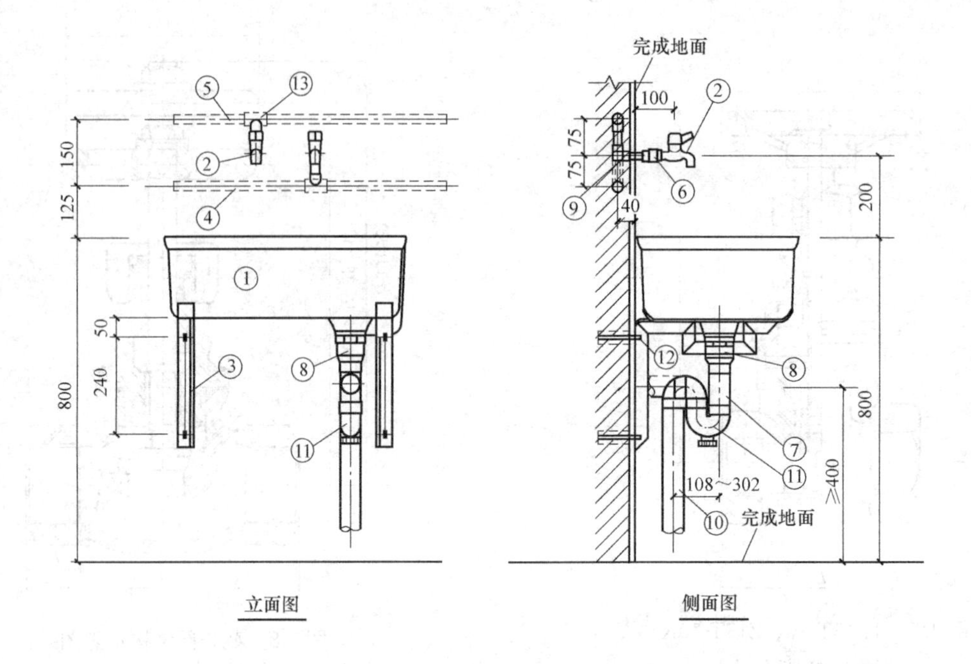

图 1-10　洗涤盆

1—洗涤盆；2—龙头；3—托架；4—冷水管；5—热水管；6—内螺纹接头；7—排水栓；8—转换接头；9—90°弯头；10—排水管；11—存水弯；12—螺栓；13—异径三通

② 洗脸盆

常安装在卫生间、盥洗室和浴室中，有长方形、椭圆形和三角形等多种形式。安装多采用墙架式。

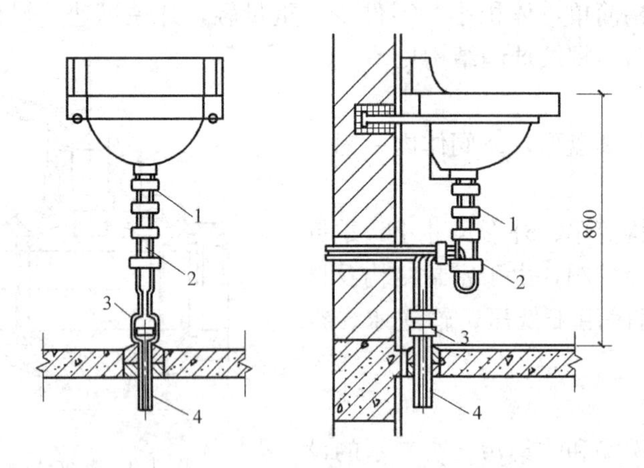

图 1-11　洗脸盆

1—排水栓；2—存水弯；3—转换接头；4—短管

③ 浴盆

一般安装在浴室供淋浴用，材质有陶瓷、搪瓷、生铁或水磨石等材料。浴盆规格较多，长度为 1200～1800mm，宽度为 550～750mm。

④ 高水箱蹲式大便器

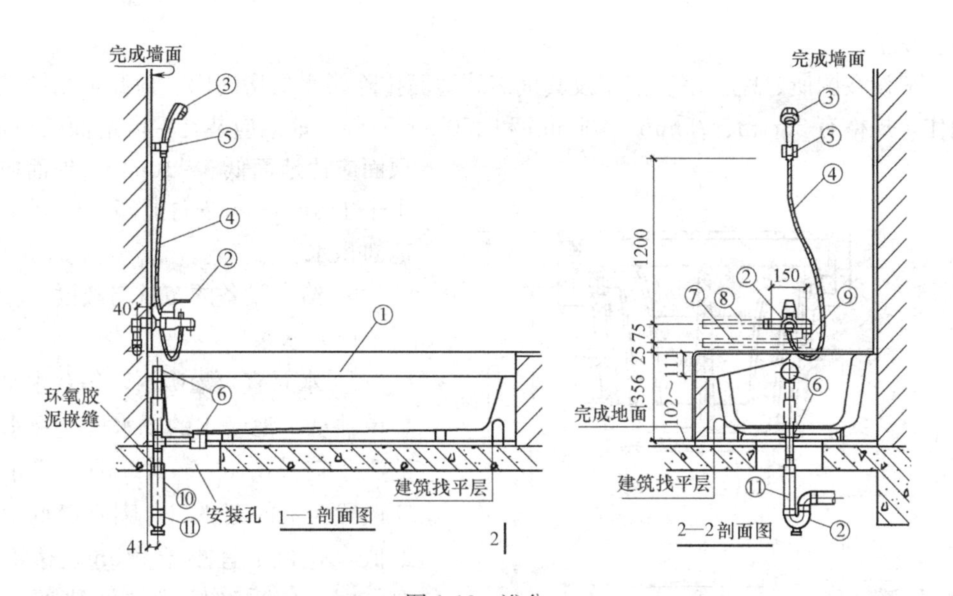

图 1-12　浴盆

1—浴盆；2—龙头；3—手持式花洒；4—金属软管；5—花洒座；6—排水配件；7—冷水管；8—热水管；9—90°弯头；10—排水管；11—存水弯

使用高水箱蹲式大便器卫生条件较好，多用于公共场所。高水箱蹲式大便器本身不带水封，安装时需另装存水弯。存水弯有陶瓷和铸铁两种，铸铁存水弯又分 S 式和 P 式。陶瓷存水弯一般安装在底层；铸铁 S 式存水弯一般安装于底层埋于地坪内；铸铁 P 式存水弯多装于各楼层，以缩短横管的吊装敷设高度。

⑤ 低水箱坐式大便器

一般安装于宾馆和家庭卫生间中，大便器本身自带存水弯，不需另外安装。

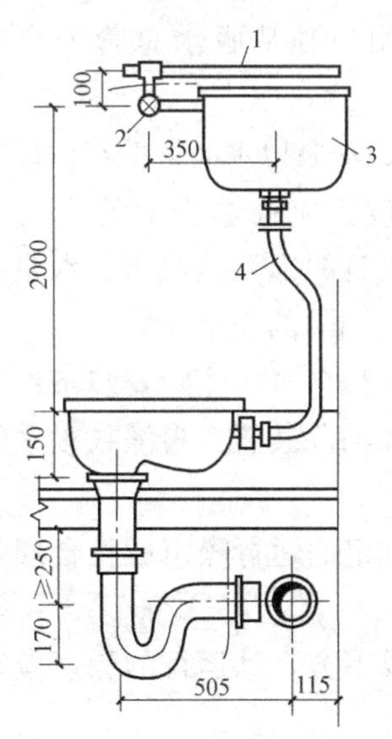

图 1-13　高水箱蹲式大便器

1—水平管；2—$DN$15 进水阀；3—水箱；4—$DN$25 冲洗管

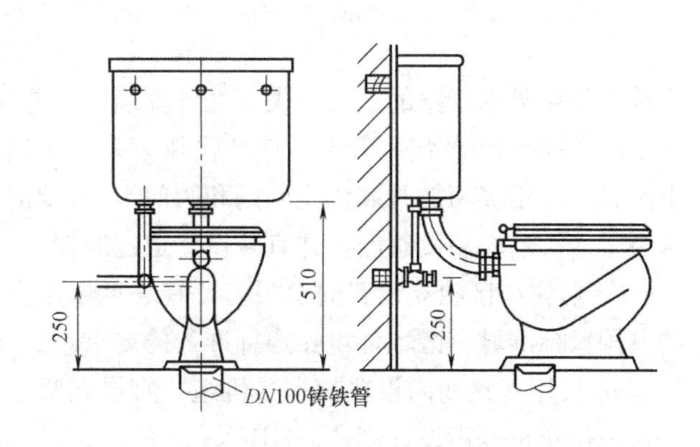

图 1-14　低水箱坐式大便器

⑥ 地漏

一般设在厕所、盥洗室、浴室及其他需从地面排除污水的房间内。地漏可用铸铁或塑料制作，规格有50mm、75mm、100mm和150mm四种。地漏应装在室内地面的最低处，顶面应比地面低5～10mm，地面应有不小于1%的坡度坡向地漏，以利于排除地面积水。

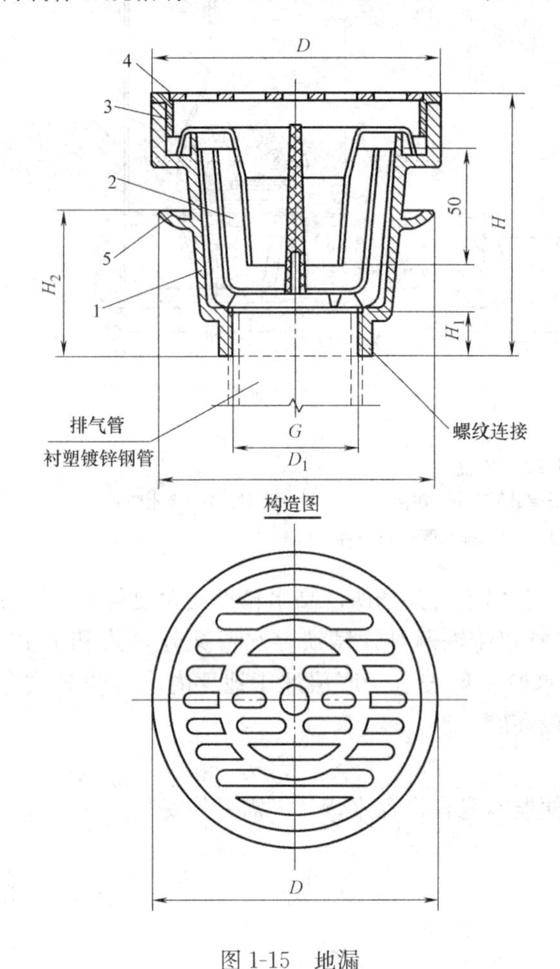

图1-15 地漏

1—本体；2—水封件；3—盖圈；4—防水翼环；5—箅子

6. 给水设备的布置与敷设

（1）水泵

① 水泵宜自灌吸水，每台水泵宜设置单独从水池吸水的吸水管。吸水管内的流速宜采用1.0～1.2m/s；吸水管口应设置向下的喇叭口，喇叭口低于水池最低水位，不宜小于0.5m，达不到此要求时，应采取防止空气被吸入的措施。吸水管喇叭口至池底的净距，不应小于0.8倍吸水管管径，且不应小于0.1m；吸水管喇叭口边缘与池壁的净距不宜小于1.5倍吸水管管径；吸水管与吸水管之间的净距，不宜小于3.5倍吸水管管径（管径以相邻两者的平均值计）。

② 当每台水泵单独从水池吸水有困难时，可采用单独从吸水总管上自灌吸水。

③ 自吸式水泵以水池最低水位计的允许安装高度，应根据当地的大气压力、最高水温时的饱和蒸汽压、水泵的汽蚀余量和吸水管路的水头损失，经计算确定，并应有不小于0.3m的安全余量。

④ 每台水泵的出水管上，应装设压力表、止回阀和阀门（符合多功能阀安装条件的出水管，可用多功能阀取代止回阀和阀门），必要时应设置水锤消除装置。自灌式吸水的水泵吸水管上应装设阀门，并宜装设管道过滤器。

⑤ 居住小区独立设置的水泵房，宜靠近用水大户，水泵机组的运行噪声应符合现行的《国家标准城市区域环境噪声标准》的要求。

⑥ 民用建筑物内设置的水泵机组，宜设在吸水池的侧面或下方，其运行的噪声应符合《民用建筑隔声设计规范》GB 50118的规定。

⑦ 建筑物内的给水泵房，应采用下列减振防噪措施：

1）应选用低噪声水泵机组；

2）吸水管和出水管上应设置减振装置；

3）水泵机组的基础应设置减振装置；

4）管道支架、吊架和管道穿墙、楼板处，应采取防止固体传声措施；

5）必要时，泵房的墙壁和顶棚应采取隔声、吸声处理。

⑧ 设置水泵的房间，应设排水设施；通风应良好，不得结冻。

⑨ 水泵机组的布置，应符合表 1-8 的规定。

水泵机组外轮廓面与墙和相邻机组间的间距　　表 1-8

电动机额定功率(kW)	水泵机组外廓面与墙面之间的最小间距(m)	相邻水泵机组外廓面之间的最小间距(m)
≤22	0.8	0.4
>25～55	1.0	0.8
≥55,≤160	1.2	1.2

⑩ 水泵基础高出地面的高度应便于水泵安装，不应小于 0.1m；泵房内管道管外底距地面或管沟底面的距离，当管径≤150mm 时，不应小于 0.2m；当管径≥200mm 时，不应小于 0.25m。

⑪ 泵房内宜有检修水泵的场地，检修场地尺寸宜按水泵或电机外形尺寸四周有不小于 0.7m 的通道确定。泵房内宜设置手动起重设备。

⑫ 水泵的隔振

水泵隔振应包括水泵机组隔振、管道隔振和支架隔振。下列场所设置水泵应采取隔振措施：设置在播音室、录音室、音乐厅等建筑的水泵；设置在教学楼、科研楼、化验楼、综合楼、办公楼等建筑的水泵；设置在工业建筑内，邻近居住建筑和公共建筑的独立水泵房内，有人操作管理的工业企业集中泵房内的水泵。

⑬ 停泵水锤的产生与防护

水锤是一种瞬间发生的水击，对设备和管道具有很大的破坏力。按产生水锤的技术（边界）条件，水锤有两种类型：一类是关阀水锤，另一类是停泵水锤。但水锤波在管路中的传播、反射与相互作用则完全相同。

（2）水箱

① 水箱间

水箱间的位置应结合建筑、结构条件和便于管道布置考虑，应设置在通风良好、不结冻的房间内（室内最低温一般不得低于 5℃），尽可能使管线简短。同时，应有较好的采光和防蚊蝇条件。为防止结冻或阳光照射使水温上升，导致余氯加速挥发，露天设置的水箱都应采取保温措施。

② 水箱的布置与安装

水箱布置间距见表 1-9。对于大型公共建筑和高层建筑，为保证供水安全，宜设置两个水箱。金属水箱安装时，用槽钢（工字钢）梁或钢筋混凝土支墩支承。为防水箱底与支承接触面发生腐蚀，应在它们之间垫以石棉橡胶板、橡胶板或塑料板等绝缘材料。

形　式	箱外壁至墙面的距离(m)		水箱之间的距离(m)	箱顶至建筑最低点的距离(m)
	有阀一侧	无阀一侧		
圆形	0.8	0.5	0.7	0.6
矩形	1.0	0.7	0.7	0.6

(3) 贮水池

生活饮用水贮水池不兼作他用，应与其他用水的贮水池分开设置. 并不应考虑其他用水的储备水量和消防储备水量。当计算资料不足时，有效容积宜按最高日用水量的20%～25%确定。消防和生产事故贮水池可兼作喷泉池、水景他和游泳池等，但不得少于两格；合用贮水池时，应有保证消防贮水不被挪用的措施。

贮水池应设在通风良好、不结冻的房间内，如室内地下室；也可以布置在室外泵房附近。为防止渗漏造成损害和避免噪声影响，贮水池不宜毗邻电气用房和居住用房或在其下方。

贮水池外壁与建筑本体结构墙面或其他池壁之间的净距应满足施工或装配的需要，无管道的侧面，净距不宜小于0.7m；安装有管道的侧面，净距不宜小于1.0 m，且管道外壁与建筑本体场面之间的通道宽度不宜小于0.6m；设有人孔的池顶，顶板面与上面建筑本体板底的净空不应小于0.8m。

贮水池的设置高度应利于水泵自吸抽水，池内宜设有深度大于或等于1.0m的水泵吸水坑，吸水坑的大小和深度应满足水泵吸水管的安装要求。无调节要求的加压给水系统，可设置吸水井，吸水井的有效容积不应小于水泵3min设计秒流量。

1.1.2 建筑排水系统

1. 建筑排水系统的组成

建筑排水系统如图1-16所示，由下列几部分组成：

(1) 卫生器具和生产设备受水器

卫生器具应满足人们在日常生活和生产过程中的卫生和工艺要求。卫生器具又称卫生设备或卫生洁具，是供水并接收、排出人们在日常生活中产生的污水、废水或污物的容器或装置，如洗脸盆、污水盆、浴盆、淋浴器、大便器、小便器等。生产设备受水器是接收、排出工业企业在生产过程中产生的污水、废水或污物的容器或装置。

(2) 排水管系统

一般由排水支管、排水横管、排水立管、排水干管、排出管组成。

① 排水支管

只连接一个卫生器具的排水管称为排水支管，其作用是将卫生器具排水管或生产设备排出的污水排送到排水立管中。在底层，通常将其埋于地下，其他各层通常明装于楼板下。

② 排水横管

连接两个或两个以上卫生器具排水支管的水平排水管称为排水横管。排水横管要坡向排水立管。

③ 排水立管

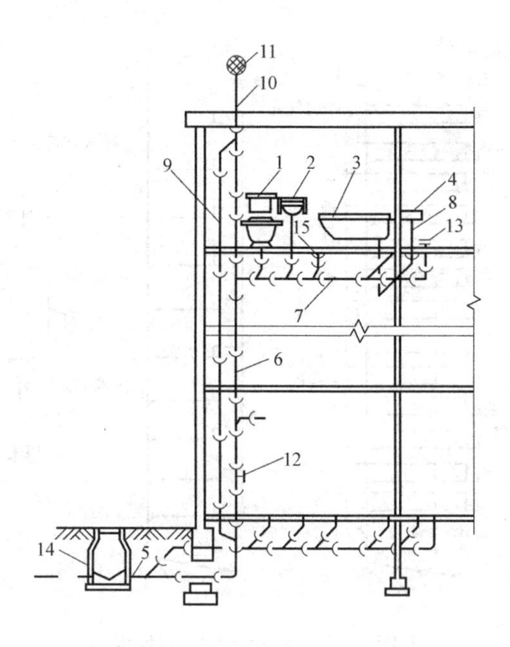

图 1-16　建筑排水系统

1—大便器；2—洗脸盆；3—浴盆；4—洗涤盆；5—排出管；6—立管；
7—横支管；8—支管；9—通气立管；10—伸顶通气管；11—网罩；
12—检查口；13—清扫口；14—检查井；15—地漏

连接排水横管的垂直排水管的过水部分称排水立管。排水立管一般在墙角明装，有特殊要求时可用管槽或管井暗装。

④ 排水干管

连接两个或两个以上排水立管的总横管称排水干管。排水干管一般埋于地下或敷设在地沟里与排出管连接。

⑤ 排出管

建筑排水管与室外第一个检查井之间的连接管道。排出管与室外排水管道连接处应设置排水检查井。

(3) 通气管系统

排水立管上部不过水的部分称为通气管，其作用是将排水管道中的臭气和有害气体排到大气中，同时可防止存水弯水封被破坏，保持排水管中的水流畅通。

通气管系统的类型有伸顶通气管和专用通气管，见图 1-17。

① 伸顶通气管

污水立管顶端延伸出屋面的管段称为伸顶通气管，作为通气及排除臭气用，为排水管系最简单、最基本的通气方式。生活排水管道或散发有害气体的生产污水管道均应设置伸顶通气管；当无条件设置时，可设置吸气阀。

② 专用通气管

它是指仅与排水主管连接，为污水主管内空气流通而设置的垂直通气管道。对于层数较高、卫生器具较多的建筑物，因排水量大，空气的流动过程易受排水过程干扰，需将排

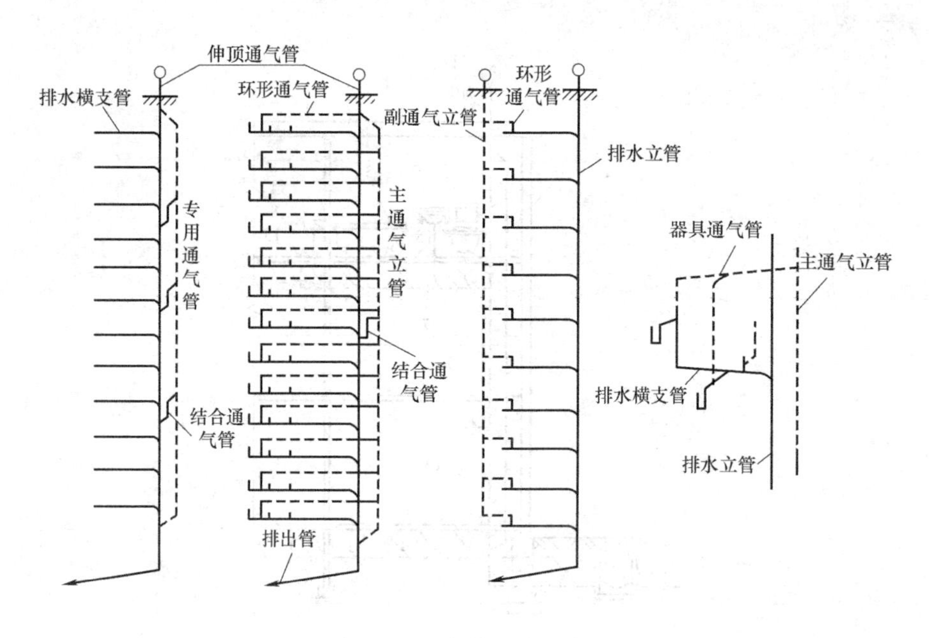

图 1-17　通气管系统的类型

水管和通气管分开，设专用通气管道。

③ 主通气管

它是指为连接环形通气管和排水管，并为排水支管和排水主管内空气流通而设置的垂直管道。建筑物各层的排水横支管上设有环形通气管时，应设置连接各层环形通气管的主通气立管或副通气立管。

④ 副通气立管

它是指仅与环形通气管连接，为使排水横支管内空气流通而设置的通气管道。建筑物各层的排水横支管上设有环形通气管时，应设置连接各层环形通气管的主通气立管或副通气立管。

⑤ 环形通气管

它是指在多个卫生器具的排水横支管上，从最始端卫生器具的下游端接至通气立管的那段通气管段。在连接 4 个及 4 个以上卫生器具并与立管的距离大于 12m 的排水横支管、连接 6 个及 6 个以上大便器的污水横支管、设有器具通气管的排水管道上，均应设置环形通气管。

⑥ 器具通气管

指卫生器具存水弯出口端一定高度处与主通气立管连接的通气管段，可以防止卫生器具产生自虹吸现象和噪声。对卫生要求较高的建筑物内，生活污水宜设置器具通气管。

⑦ 结合通气管

指排水立管与通气立管的连接管段。其作用是，当上部横支管排水，水流沿立管向下流动，水流前方空气被压缩，通过它释放按压缩的空气至通气立管。凡没有专用通气立管或主通气立管时，应设置连接排水立管与专用通气立管或主通气立管的结合通气管。

（4）清通设备

为了清通建筑排水管道，在排水管适当的部位设置清扫口、检查口及室内检查井，统称为清通设备。

（5）提升设备

当建筑物有地下室时，污水不能靠重力自流排出，应设置污水提升泵作为提升设备。

建筑排水系统在一般工业与民用建筑中，与给水工程一样，是主要建筑内容之一。建筑排水系统的任务，是将室内各用水点所产生的生活、生产污水以及降落在屋面的雨、雪水，收集、汇流集中并排入室外排水管网中去。

2. 建筑排水系统的分类

按建筑排水系统所接纳排出污水的性质，可以分为三类：

（1）生活污水排除系统

用于排除人们日常生活中盥洗、洗涤的生活废水和粪便污水的管道系统。

（2）工业废水排除系统

用于排除工艺生产过程中的污水管道系统，根据污染的程度，工业废水分为生产废水和生产污水两种。

（3）雨水排除系统

用于排除屋面的雨雪水。

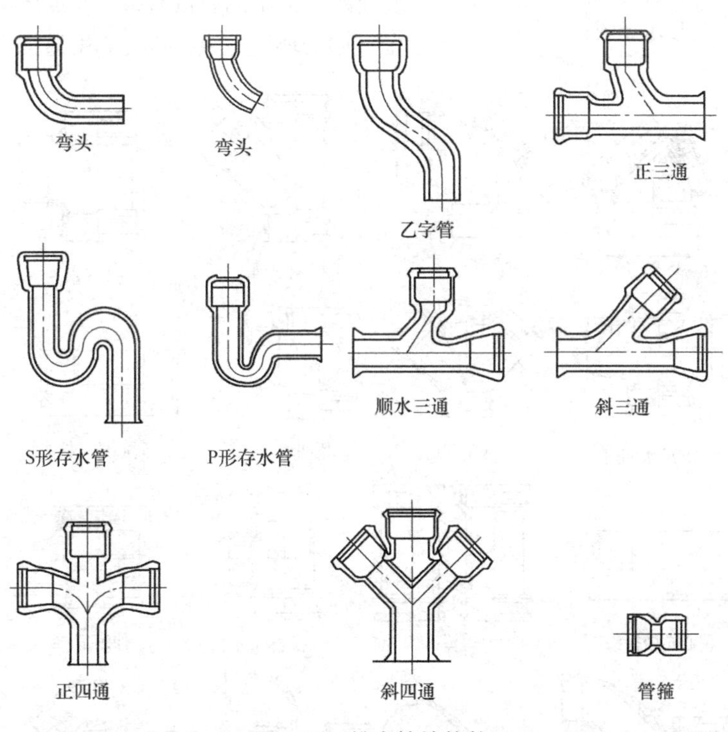

图 1-18　排水铸铁管件

3. 建筑排水系统管材、管件与附件

（1）常用管材

① 排水铸铁管

排水铸铁管因不承受水压，故管壁较给水铸铁管薄，重量较轻。

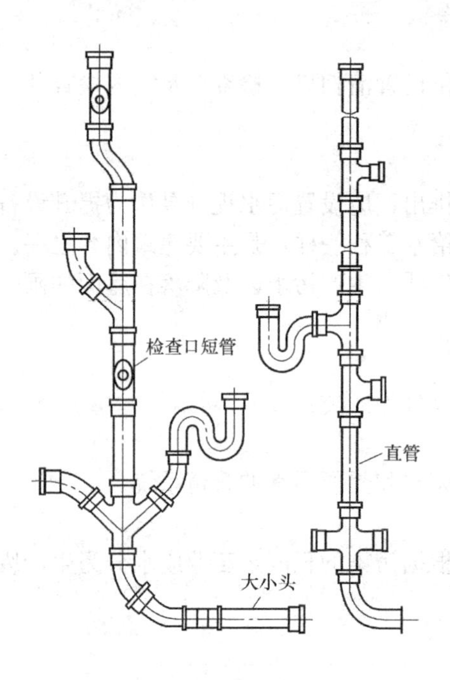

图 1-19　常用铸铁排水管件连接示意图

② 塑料管

我国新建住宅室内排水管道 80%采用塑料管道，基本淘汰排水铸铁管。塑料排水管具有耐腐蚀性好、耐老化性好、内壁光滑、不结垢、比铸铁管轻、易安装等优点。目前，已得到广泛的应用。

(2) 排水管件与附件

① 排水管件

室内排水管件种类较多，常用的有各种弯头、存水弯、三通、四通、管箍、检查口等。各种铸铁排水管件如图 1-18 所示，连接如图 1-19所示，各种塑料排水管件如图 1-20 所示。

② 排水附件

1) 存水弯

存水弯也叫水封，设在卫生器具下面的排水支管上。使用时，由于存水弯中经常存有水，可防止排水管道中的有毒有害气体或虫类进入室内，保证室内的环境卫生、水封高度通常为 50～100mm。

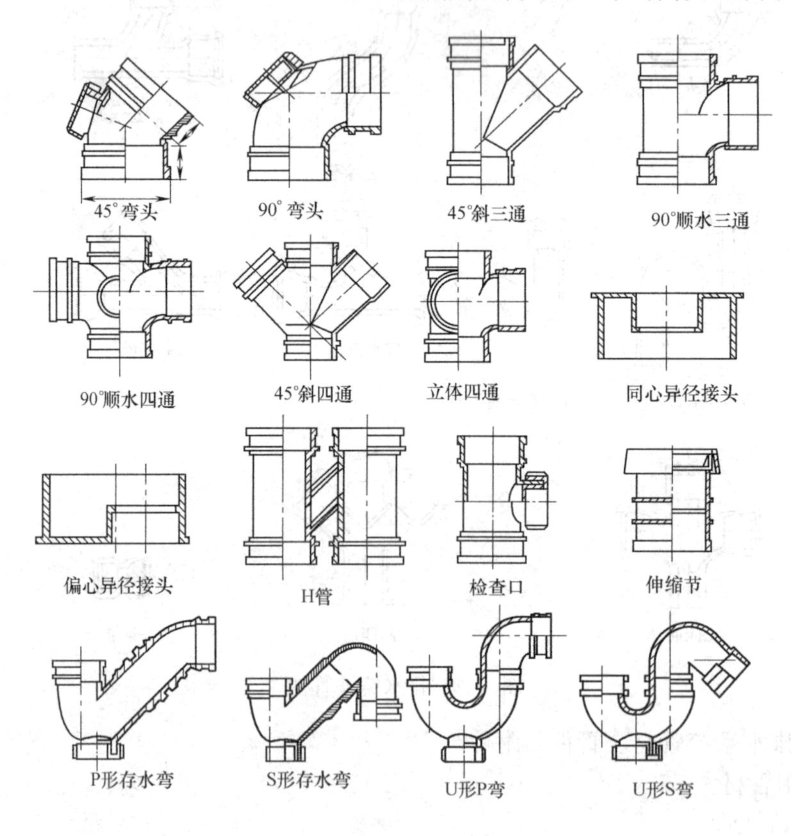

图 1-20　常用塑料排水管件

2）地漏

地漏是排水的一种特殊装置。地漏一般设置在经常有水溅出的地面、有水需要排除的地面和经常需要清洗的地面最低处（如淋浴间、盥洗室、卫生间等），地漏箅子应低于地面 5～10mm。带水封的地漏，水封深度不得小于 50mm。

地漏在家庭中还可用作洗衣机排水口。地漏有扣碗式、多通道式、双箅杯式、防回流式、密闭式、无水式、防冻式、侧墙式等多种类型。图 1-21 所示为其中几种类型的地漏。淋浴室内一般用地漏排水，地漏直径按表 1-10 选用。当采用排水沟排水时，8 个淋浴器可设 1 个直径为 100mm 的地漏。

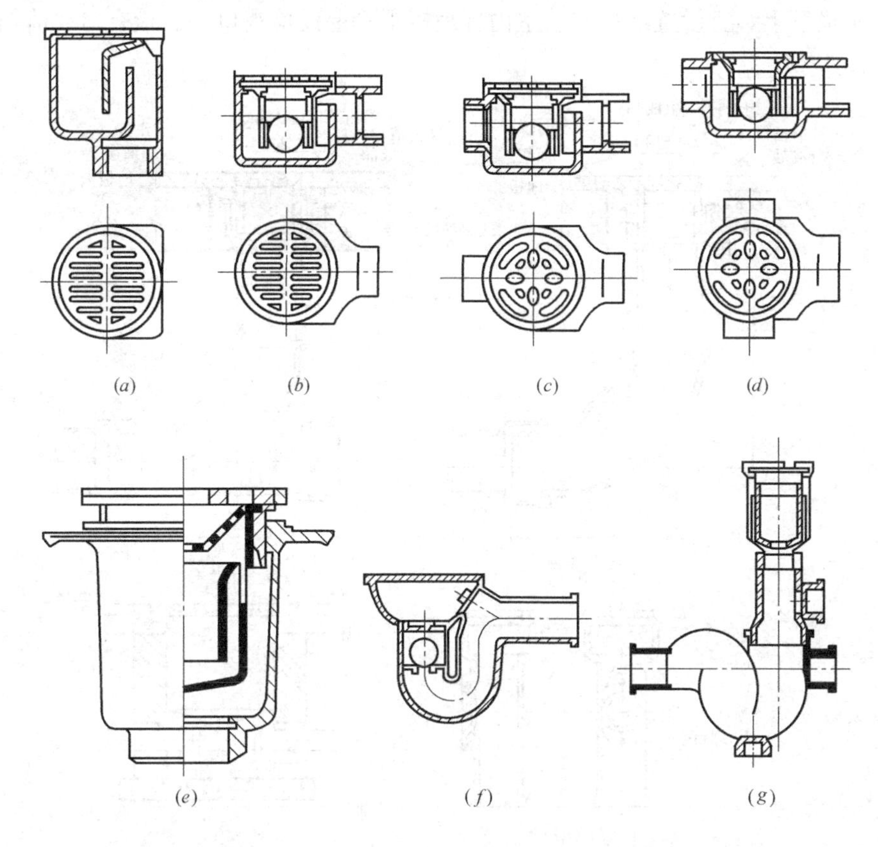

图 1-21　地漏

(*a*) 普通地漏；(*b*) 单通道地漏；(*c*) 双通道地漏；(*d*) 三通道地漏；(*e*) 双箅杯式地漏；(*f*) 防倒流地漏；(*g*) 双接口多功能地漏

淋浴室地漏管径　　**表 1-10**

淋浴器数量(个)	地漏管径(mm)	淋浴器数量(个)	地漏管径(mm)
1～2	50	4～5	100
3	75		

3）检查口

检查口属于清通设备，室内排水管道一旦堵塞可以方便疏通，因此在排水立管和横支管上的相应部位都应设置清通设备。检查口设置在立管上，铸铁排水立管上检查口之间的距离不宜大于 10m，塑料排水立管宜每六层设置一个检查口。但在立管的最低层和设有卫生器具的二层以上建筑的最高层应设置检查口。当立管水平拐弯或有乙字管时，在该层立管拐弯处和乙字管的上部应设检查口。检查口设置高度一般距地面 1m，检查口向外，方便清通。

4）清扫口

清扫口一般设置在横管上，横管上连接的卫生器具较多时，横管起点应设清扫口（有时用可清掏的地漏代替）。在连接 2 个或 2 个以上的大便器或 3 个及 3 个以上的卫生器具的铸铁排水横管上，宜设置清扫口。室内埋地横干管上设检查口井。检查口、清扫口、检查口井见图 1-22。

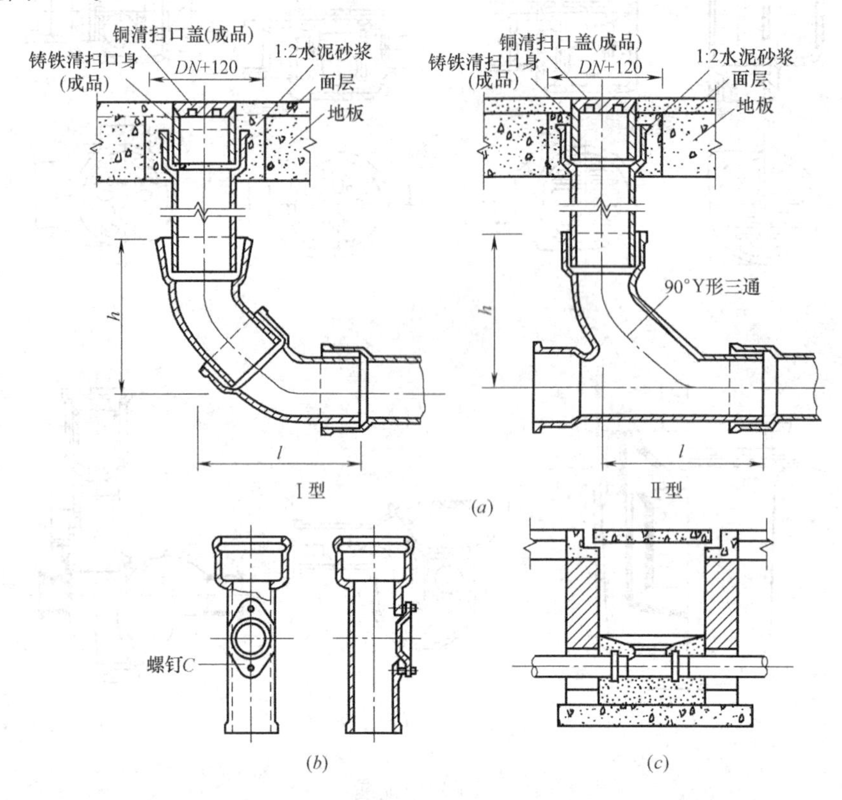

图 1-22 清通设备

(a) 清扫口；(b) 检查口；(c) 检查口井

4. 管道连接方式

(1) 钢管

钢管常采用法兰连接、焊接、螺纹连接（丝接）三种方式。丝接是在管段端部加工螺纹然后拧上带内丝的管件，再和其他管件连接起来构成管路系统。镀锌钢管常采用丝接。

钢管焊接用于高温高压管道，大管径钢管也常采用焊接方式连接。法兰连接常用于需经常拆卸的管路。

(2) 铸铁管

铸铁管一般采用承插式接口的连接方式，根据接口材料的不同，分为油麻石棉水泥接口、橡胶圈石棉水泥接口、膨胀水泥接口等。

（3）塑料管

塑料管可采用丝接、焊接、法兰连接、粘结等方式。

5. 排水管道的布置与敷设

建筑内部排水管道的布置和敷设应具备水力条件良好、防止环境污染、维修方便、使用可靠、经济和美观的要求，同时兼顾给水管道、热水管道、供热通风管道、燃气管道、电力照明线路、通信线路等管线的布置和敷设要求。

6. 建筑排水管道系统的安装

（1）排出管安装

排出管穿过房屋基础或地下室时，应预留孔洞，并做好防水处理。排出管采用铸铁管时，管道承口为进水方向，敷设要满足最小坡度要求。

（2）排水立管安装

排水立管常沿卫生间墙角垂直敷设，安装应找垂直。为考虑安装和检修的方便，立管轴线与墙面留有一定的操作距离。立管穿现浇楼板时，应预留孔洞，具体数值可参照表1-11选用。

立管与墙面距离及楼板留洞尺寸表 **表 1-11**

管径(mm)	50	75	100	150
管轴线与墙面距离(mm)	100	110	130	150
楼板预留洞尺寸(mm)	100×100	200×200	200×200	300×300

（3）排水支管安装

排水立管安装后，应按卫生器具的位置和管道规定的坡度敷设排水支管。排水支管的末端与排水立管预留的三通或四通相连。排水支管敷设时要满足设计要求的坡度，排水支管如悬吊在楼板下时，其吊架间距一般为 1.5m。

（4）通气管安装

通气管应高出屋面 0.3m 以上，并且应大于最大积雪厚度，以防止积雪掩盖通气管；对于上人屋面，通气管应高出屋面 2m，通气口上应做网罩，以防落入杂物。

1.2 建筑给水排水工程识图

给水排水工程施工图是给水排水工程设计师表达设计意图的一种工程图。一般常用图例、符号、文字标注表达设计意图，是建设工程的通用语言。要正确地认识给水排水工程图，必须了解熟悉该通用语言。

1.2.1 建筑给水排水工程常用文字符号及图例

1. 建筑给水排水工程文字符号

管道文字符号　　表 1-12

序号	名称	图例	序号	名称	图例
1	生活给水管	—— J ——	15	压力污水管	—— YW ——
2	热水给水管	—— RJ ——	16	雨水管	—— Y ——
3	热水回水管	—— RH ——	17	压力雨水管	—— YY ——
4	中水给水管	—— ZJ ——	18	虹吸雨水管	—— HY ——
5	循环冷却给水水管	—— XJ ——	19	膨胀管	—— PZ ——
6	循环冷却回水管	—— XH ——	20	保温管	
7	热媒给水管	—— RM ——	21	防护套管	
8	热媒回水管	—— RMH ——	22	多孔管	
9	热气管	—— Z ——	23	地沟管	
10	凝结水管	—— N ——	24	空调凝结水管	—— KN ——
11	废水管	—— F ——	25	管道立管	XL-1 平面　XL-1 系统
12	压力废水管	—— YF ——	26	伴热管	
13	通气管	—— T ——	27	排水明沟	坡向 →
14	污水管	—— W ——	28	排水暗沟	坡向 →

注：分区管道用加注角方式表示：如 J_1、J_2、J_3……

2. 给水排水工程常用图例

(1) 给水排水管道附件图例

给水排水管道附件图例　　表 1-13

序号	名称	图例	序号	名称	图例
1	管道伸缩器		3	刚性防水套管	
2	方形伸缩器				

续表

序号	名称	图例	序号	名称	图例
4	柔性防水套管	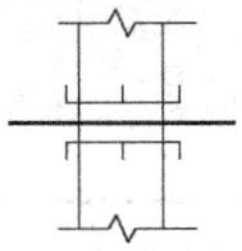	15	挡墩	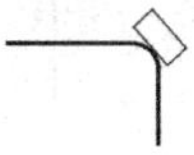
5	波纹管		16	自动冲洗水箱	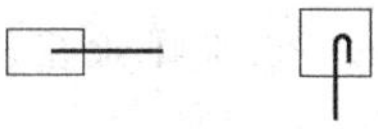
6	可曲挠橡胶接头	 单球 双球	17	Y形除污器	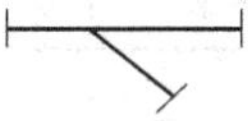
7	管道固定支架				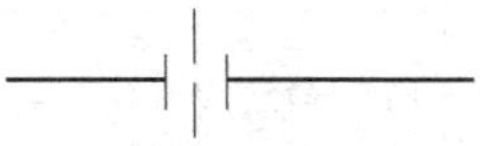
8	立交检查口		18	减压孔板	
9	通气帽	成品 蘑菇形	19	倒流防止器	
10	清扫口	平面 系统	20	毛发聚集器	平面 系统
11	排水漏斗	 平面 系统	21	吸气阀	
12	雨水斗	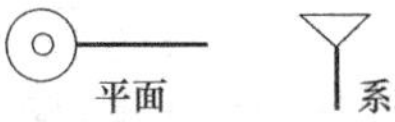 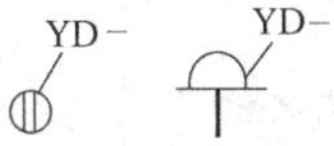 YD- YD- 平面 系统	22	真空破坏器	
13	方形地漏		23	防虫网罩	
14	圆形地漏	 平面 系统	24	金属软管	

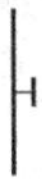

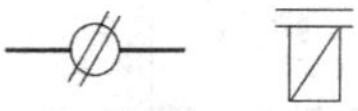

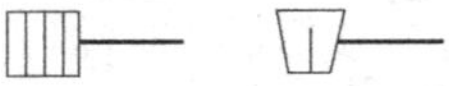

（2）给水排水管道连接图例

给水排水管道连接图例 **表 1-14**

序号	名称	图例	序号	名称	图例
1	法兰连接	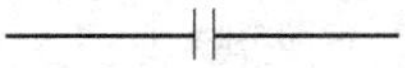	6	弯折管	 高 低 低 高
2	承插拦截	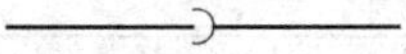			
3	活接头		7	盲板	
4	管堵		8	管道丁字上接	高 低
5	法兰堵盖				

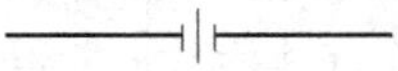

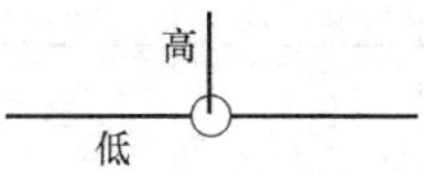

续表

序号	名称	图例	序号	名称	图例
9	管道丁字下接	高 低	10	管道交叉	低 高

(3) 给水排水管件图例

给水排水管件图例 **表 1-15**

序号	名称	图例	序号	名称	图例
1	偏心异径管		8	90°弯头	
2	同心异径管		9	正三通	
3	乙字管		10	TY 三通	
4	喇叭口		11	斜三通	
5	转动接头		12	正四通	
6	S形存水弯		13	斜四通	
7	P形存水弯		14	浴盆排水管	

(4) 给水阀门图例

给水阀门图例 **表 1-16**

序号	名称	图例	序号	名称	图例
1	闸阀		6	蝶阀	
2	角阀		7	电动闸阀	
3	三通阀		8	液动闸阀	
4	四通阀		9	电动蝶阀	
5	截止阀		10	气动闸阀	

续表

序号	名称	图例	序号	名称	图例
11	液动蝶阀		24	持压阀	C
12	气动蝶阀		25	止回阀	
13	减压阀		26	消声止回阀	
14	旋塞阀	平面 系统	27	泄压阀	
15	底阀	平面 系统	28	弹簧安全阀	
16	球阀		29	平衡锤安全阀	
17	隔膜阀		30	自动排气阀	平面 系统
18	气开隔膜阀		31	浮球阀	平面 系统
19	气闭隔膜阀		32	延时自闭冲洗阀	
20	温度调节阀		33	水力液位控制阀	平面 系统
21	电动隔膜阀		34	感应式冲洗阀	
22	电磁阀	M	35	吸水喇叭口	平面 系统
23	压力调节阀		36	疏水器	

(5) 给水排水配件图例

给水排水配件图例 **表 1-17**

1	水嘴	 平面　系统	6	脚踏开关水嘴	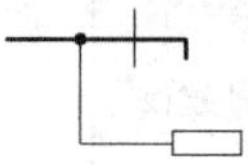
2	皮带水嘴	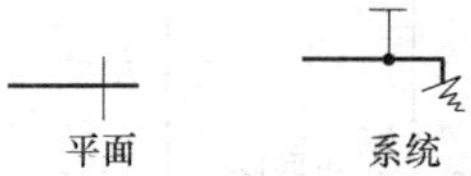 平面　系统	7	混合水嘴	
3	洒水(栓)水嘴		8	旋转水嘴	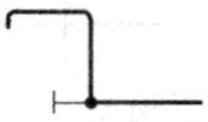
4	化验水嘴	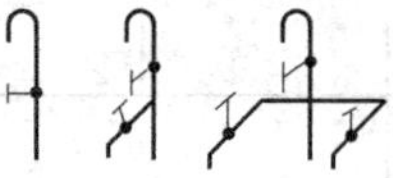	9	浴盆带喷头混合水嘴	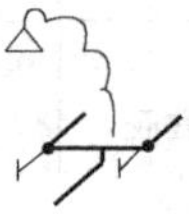
5	肘式水嘴	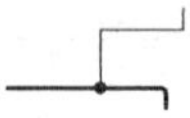	10	蹲便器脚踏开关	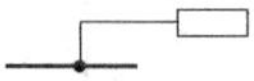

(6) 卫生设备及水池图例

卫生设备及水池图例 **表 1-18**

序号	名称	图　例	序号	名称	图　例
1	立式洗脸盆		9	盥洗槽	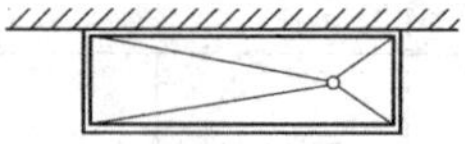
2	台式洗脸盆	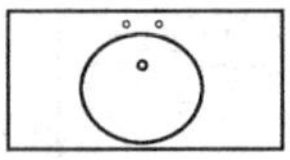	10	立式小便器	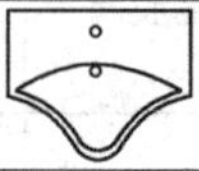
3	挂式洗脸盆	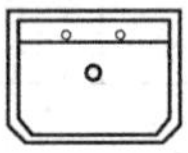	11	妇女净身盆	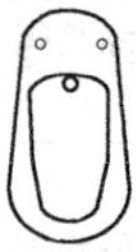
4	浴盆	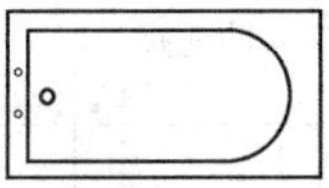	12	蹲式大便器	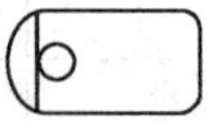
5	化验盆洗涤盆		13	壁挂式小便器	
6	带沥水板洗涤盆	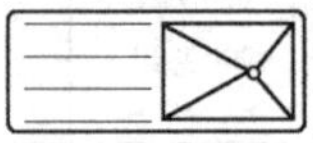	14	小便槽	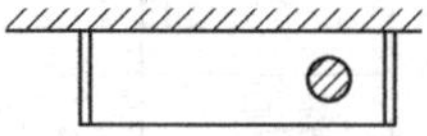
7	厨房洗涤盆	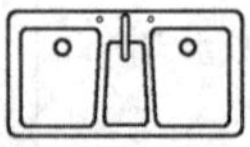	15	坐式大便器	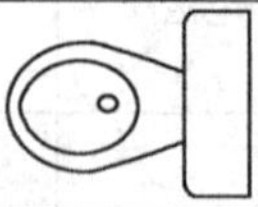
8	污水池		16	淋浴喷头	

(7) 小型给水排水构筑物图例

小型给水排水构筑物图例 **表 1-19**

序号	名称	图例	序号	名称	图例
1	矩形化粪池	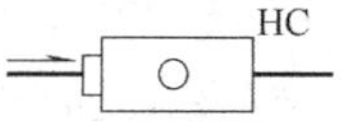 HC	7	雨水口(双箅)	
2	隔油池	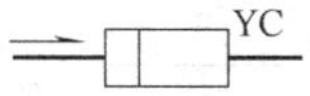 YC	8	阀门井及检查井	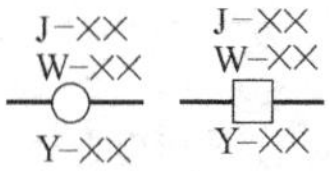 J-XX W-XX Y-XX J-XX W-XX Y-XX
3	沉淀池	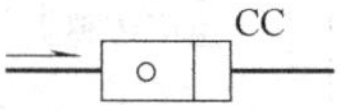 CC			
4	降温池	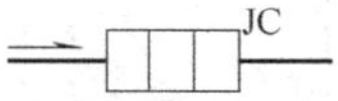 JC	9	水封井	
5	中和池	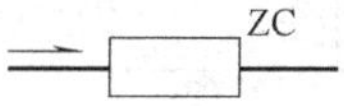 ZC	10	跌水井	
6	雨水口(单箅)		11	水表井	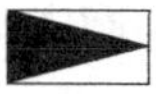

(8) 给水排水设备图例

给水排水设备图例 **表 1-20**

序号	名称	图例	序号	名称	图例
1	卧式水泵	 或 平面 系统	8	快速管式热交换器	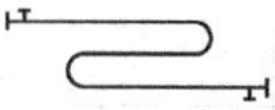
2	立式水泵	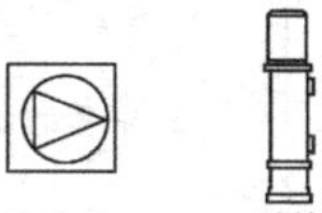 平面 系统	9	板式热交换器	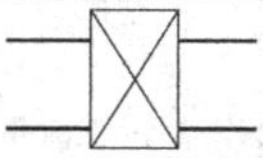
			10	开水器	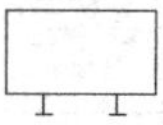
3	潜水泵	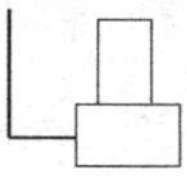	11	喷射器	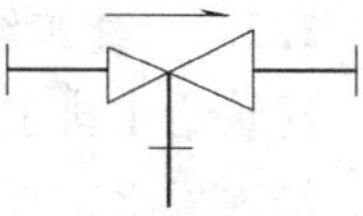
4	定量泵	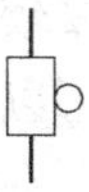	12	除垢器	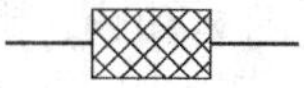
5	管道泵	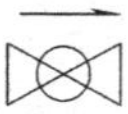	13	水锤消除器	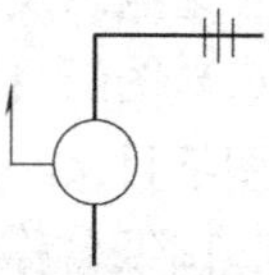
6	卧式容积热交换器	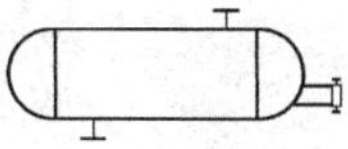	14	搅拌器	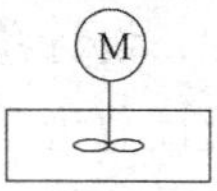 M
7	立式容积热交换器	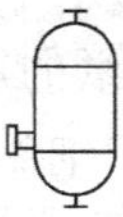	15	紫外线消毒器	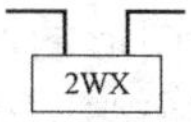 2WX

（9）给水排水仪表图例

给水排水仪表图例 **表 1-21**

序号	名称	图例	序号	名称	图例
1	温度计		8	真空表	
2	压力表		9	温度传感器	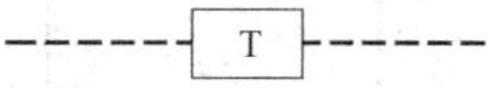 T
3	自动记录压力表		10	压力传感器	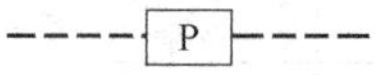 P
4	压力控制器	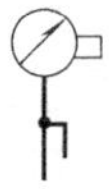	11	pH 传感器	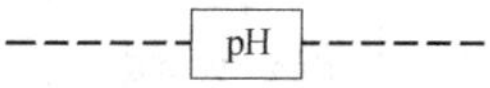 pH
5	水表		12	酸传感器	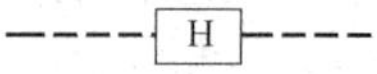 H
6	自动记录流量表	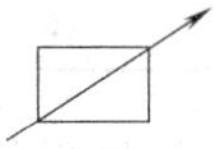	13	碱传感器	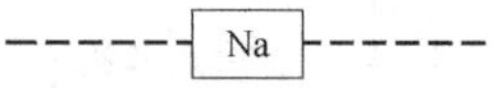 Na
7	转子流量计	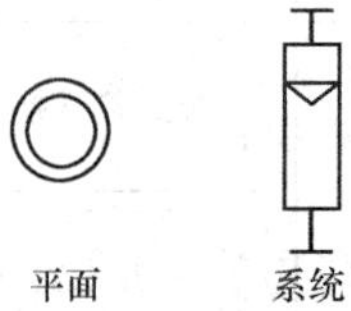 平面 系统	14	余氯传感器	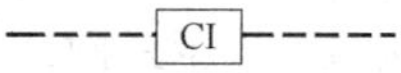 CI

1.2.2 建筑给水排水工程施工图组成

建筑给水排水工程图包括设计总说明、给水排水工程总平面图、给水排水工程平面图、给水排水工程系统图以及详图等几部分。对于数量较多的图样，设计人员会将图样按一定图名和顺序归纳编排成图样目录，从图样目录中可以查知图样张数、图样内容、工程名称、地点以及参加设计和建设的单位等。

（1）图纸目录

图纸目录一般先列出新绘制的图纸，后列出本工程选用的标准图，内容主要有序号、编号、图纸名称、张数等。

（2）设计总说明与图例表

设计总说明是用文字而非图形的形式表达有关必须交代的问题，主要说明那些在图纸上不易表达的，或可以用文字统一说明的问题，是图纸的重要组成部分。识图时，按照先文字后图形的原则。在识读其他图纸之前，应首先仔细阅读设计总说明的有关内容。另外，对说明中提及的相关问题、如引用的标准图集、有关施工验收规范、操作规程及要求等内容，也要收集查阅。

设计总说明的主要内容一般视具体情况而定，原则是以交代清楚设计人员的设计意图为主，一般包括工程概况（着重描述规模、体积以及消防定性等）、设计依据、尺寸单位及标高标准、管材与接口形式、设备管道的安装与固定方式、管道的安装坡度、检查口及伸缩节的安装要求、立管与排出管的连接、卫生器具的安装标准、管线图中的图例及代号的含意、管道保温和防腐的做法、试压及其他未尽事宜等内容。

(3) 给水排水工程总平面图

给水排水工程总平面图反映各建筑物的外形、名称、位置、层数、标高、指北针；全部给水排水管网及构筑物的位置（或坐标）、距离、检查井、化粪池型号等；给水管管径、埋设深度（敷设的标高）、管道长度等；排水检查井和水流坡向，管道接口处市政管网的位置、标高、管径、水流坡向等。建筑给水排水总平面图可以全部绘制在一张图纸上；也可以根据需要和工程的复杂程度分别绘制，但必须处理好它们之间的相互关系，如常把给水与排水相关管道分开绘制，形成建筑给水管道总平面图和建筑排水管道总平面图。

(4) 建筑给水排水工程平面图

建筑给水排水工程平面图是在建筑平面图的基础上，根据给水排水工程图制图的规定绘制出的用于反映给水排水设备、管线的平面布置状况的图样，是建筑给水排水施工图的重要组成部分是绘制和识读其他室内给水排水施工图的基础。中小型建筑给水排水工程的给水平面图和排水平面图可以画在一张图纸中；高层建筑及其他较复杂的给水排水工程，其给水平面图和排水平面图应分层分别绘制，如一层给水排水平面图、顶层给水排水平面图、标准层给水排水平面图，内容包括生活给水与排水、工业给水与排水、雨水等。

建筑给水排水工程平面图反映的主要内容有以下几个方面：

① 房屋建筑的平面形式及有关给水排水设施在房屋平面中所处的位置，对底层给水排水平面图而言，室内给水排水平面图应反映与其相应的室外给水排水设施的情况。

② 卫生设备与给水排水立管的平面布置位置及尺寸关系。

③ 给水排水管道的管径、平面走向，管材的名称、规格、型号、尺寸，管道支架的平面位置等。

④ 给水排水立管的管径、编号、管道的敷设方式、连接方式、坡度及坡向。

⑤ 管道剖面图的剖切符号和投影方向。

⑥ 与室内给水系统相关的室外引入管、水表节点和加压设备等的平面位置。

⑦ 与室内排水系统相关的室外检查井、化粪池及排出管等的平面位置。

⑧ 屋面雨水排水设施、排水管道的平面位置，雨水排水口的平面位置，水流的组织、管道安装敷设方式以及与雨水管相关联的阳台、雨篷、走廊的排水设施等内容。

⑨ 屋顶给水排水平面图反映屋顶水箱的平面位置、水箱容量、进出水箱的各种管道的平面位置、管道支架以及保温等内容。

对于给水排水设备及管道较多处，如泵房、水池、水箱间、热交换器站、饮水间、卫生间、水处理间等比例问题，一般应另绘局部放大平面图（即大样图）。

(5) 建筑给水排水工程系统图

给水排水工程系统图利用轴测作图原理，在空间中反映管路、设备及卫生器具相互关系。通常情况下，室内给水系统图和排水系统图是分开绘制的，分别表示给水系统和排水系统的空间关系。绘制给水排水系统图的基础是各层给水排水平面图。一般情况下，一个系统图能反映该系统从下到上全方位的关系，图中用单线表示管道，用图例表示设备。

给水排水工程系统图与平面图是相辅相成的，给水排水系统图反映的主要内容有：

① 系统编号。该系统的编号与给水排水平面图中的编号一致。

② 管道的管径、标高、走向、坡度及连接方式等内容。在系统图中，管径的大小通常用公称直径来标注。图中的标高主要包括建筑标高、给水排水管道的标高、卫生设备的标高、管件的标高、管径变化处的标高以及管道的埋地深度等。管道的埋地深度通常用负标高标注。管道的坡度值，在通常情况下可参见说明中的有关规定，有特殊要求时则在圈中用箭头注明管道的坡向。

③ 管道和设备与建筑的关系，主要是指管道穿地下室、穿水箱、穿基础的位置以及卫生设备与管道接口的位置等。

④ 明确标注在平面图中无法表示的重要管件的具体位置，如给水管道中的阀门、污水管道中的检查口等。

⑤ 管道与给水排水设施的空间位置，如屋顶水箱、室外储水池、水泵、加压设备、室外阀门井等与给水相关的设施的空间位置，以及室外排水检查井、管道等与排水相关的设施的空间位置等。

⑥ 对于采用分区供水的建筑物，系统图还应反映出分区供水区域，对于采用分质供水的建筑，应按照不同的水质独立绘制各系统的供水系统图。

⑦ 雨水排水系统图主要反映排水管道的走向、落水口、雨水斗等内容。雨水排到地下以后，若采用有组织排水方式，还应反映出排出管与室外雨水井之间的空间关系。

（6）建筑给水排水工程剖面图

对于复杂的工程，当管道及设备被建筑遮挡，或在平面图和系统图中尚不能表达清楚的时候，还需要画出它的剖面图。在给水排水平面图中的适当位置标注剖切符号及投影方向，用假想竖直面把建筑物切开。投影其内部有关设备、卫生器具、管道及附件等内容，同时也反映给水排水设备及管道与建筑之间的关系和有关标高，有些简单工程可省略不画。

（7）建筑给水排水工程大样图

给水排水大样图就是将给水排水平面图或给水排水系统图中的某一位置放大或剖切后放大比例而得到的施工图样，如管道节点图、接口大样图、穿墙做法图、卫生间大样图等。大样图表达了某一被表达位置的详细做法。

（8）给水排水工程标准图

指定型装置、管道安装、卫生器具安装等内容的标准化图纸，以供设计和施工直接套用。如全国通用给水、排水标准图，以“S”编号。

（9）给水排水工程非标准图

指具有特殊要求的卫生器具及附件，不能采用标准图，而独立设计的加工或安装图。

上述内容应根据工程特点，由设计者决定出图的内容和数量，只要能全面而清楚地表达设计意图即可，不一定每个工程必须包含以上的每一部分内容。

1.2.3 给水排水工程施工图的识读方法

识读建筑给水排水工程施工图时对给水图样和排水图样应分开读。识读给水排水工程施工图的方法，可归纳为以下几点：

（1）首先阅读设计总说明，明确设计内容、规模、标准及有关要求。

（2）平面图对照系统图阅读，一般按水流方向（由进水至用水设备），从底层至顶层逐层阅读。

① 给水工程可从进户引入管开始读，顺着水流方向，经干管、立管、横管、支管到用水设备。分清水流方向、分支位置、管路走向、管径变径位置，各管段的管径、标高，阀门的型号与位置等内容。

② 排水系统可从卫生器具开始，沿水流方向经支管、横管、立管一直看到排出管。弄清管道变径位置，各管段的管径、标高、坡向，管路上清扫口、检查口、地漏、风帽等位置和形式。

（3）弄清整个管路全貌后，再对管路中的设备、器具的数量、位置进行分析。

（4）要了解和熟悉给水排水设计和验收规范中部分卫生器具的安装高度（施工图一般不标注），以利于量截和计算管道工程量。常用卫生器具给水配件的安装高度见表 1-22。

卫生器具给水配件的安装高度（mm）　　表 1-22

名称	给水配件中心距地面高(mm)	名称	给水配件中心距地面高(mm)
1. 架空式污水盆(池)水龙头	1000	12. 小便槽多孔冲洗管	1100
2. 落地式污水盆(池)水龙头	800	13. 蹲式大便器(从台阶面算起)	
3. 洗涤池(盆)水龙头	1000	高水箱角阀及截止阀	2048
4. 住宅集中给水龙头	1000	低水箱角阀	250
5. 洗手盆水龙头	1000	低水箱浮球阀	900
6. 洗脸盆		14. 坐式大便器(从台阶面算起)	
水龙头(上配水)	1000	高水箱角阀及截止阀	2048
水龙头(下配水)	800	低水箱角阀	250
角阀(下配水)	450	低水箱浮球阀	800
7. 盥洗槽水龙头	1000	15. 大便槽冲洗水箱截止阀	
8. 浴盆水龙头	700	(从台阶面算起)	不低于 240
9. 淋浴器		16. 实验室化验龙头	1000
截止阀	1150	17. 妇女卫生盆混合阀	380
莲蓬头下沿	2100	18. 饮水器喷嘴口	1000
10. 立式小便器角阀	1130	19. 室内洒水龙头	1000
11. 挂式小便器角阀及截止阀	1050		

1.2.4 识图练习

图 1-23（*a*）、（*b*）为某住宅楼（一梯两户、五层）的一个单元给水排水工程平面图和厨厕给水排水大样图，请根据所学知识阅读一下该图所表达的工程内容。

1. 建筑给水排水平面图

从图 1-23（*a*）“一层给水排水平面图”上可以看到以下几点：

（1）给水管道进户点

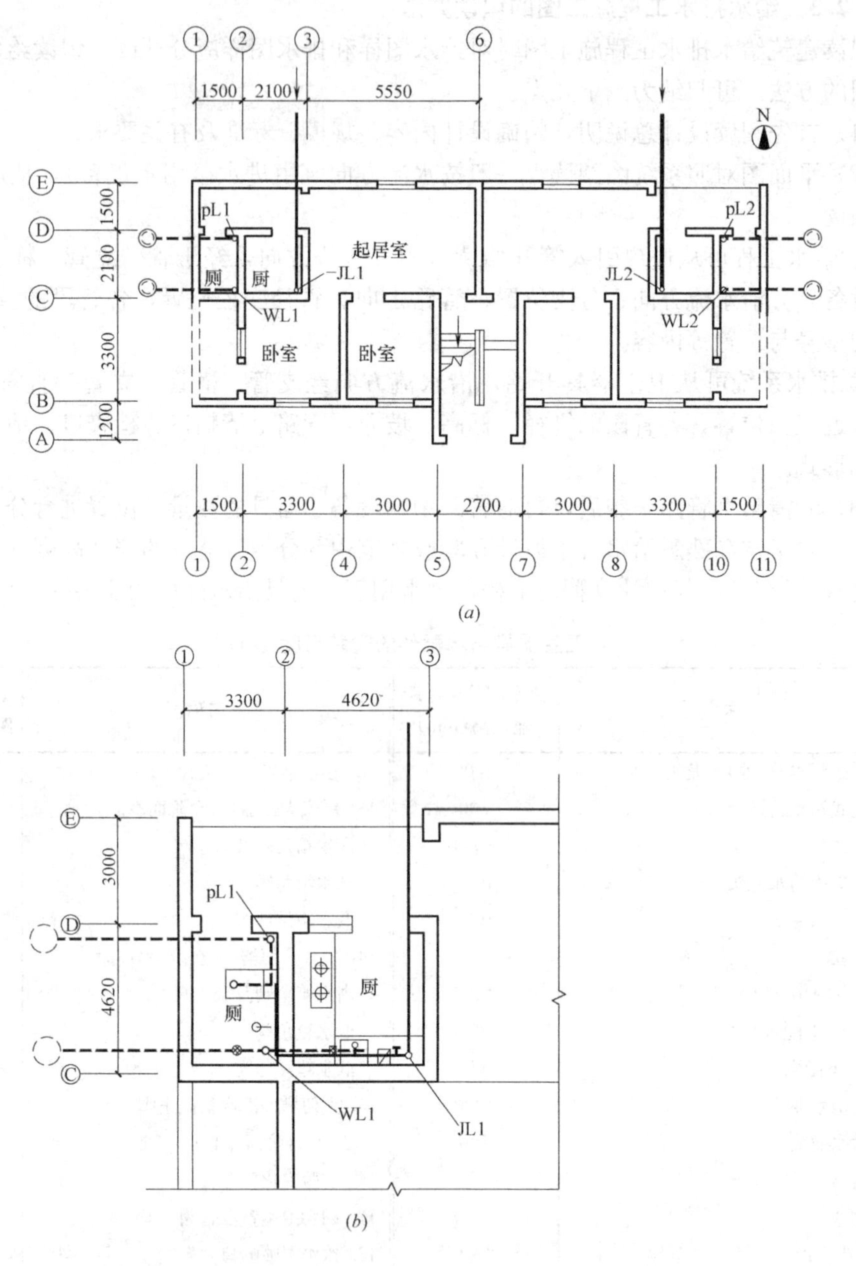

图 1-23　给水排水工程平面图和厨厕给水排水大样图

(a) 某住宅一层给水排水平面图；(b) 某住宅厨厕给水排水大样图

该住宅楼两条给水干管分别从③、⑧号轴线进户，直接进入用户的厨房。

(2) 用水房间、用水设备、卫生设施的平面位置和数量

从给水排水工程平面图及系统图可以看到，该住宅楼共五层，每层两个住户，每个住户内有厨户和厕所各一个。在每一个厨房内设洗涤盆 1 个，在每一个厕所内设淋浴器一个，则该单元住宅楼共安装洗涤盆 10 套，淋浴器 10 组。

(3) 排水方式和排水出户点

从图 1-30 的给水排水平面图和大样图可以看出，每个用户内设两根排水立管 PL 和 WL，它们在一楼分别与室外排水检查井相连。

（4）排水设施的位置和数量

地漏，每户厨房和厕所各安装 1 个，共 20 个。蹲便器每户安装 1 组，共 10 组。

2. 建筑给水排水系统图

通过阅读平面图，可知该住宅楼用水设备、排水设施的平面布置和数量，以及管网的布置和走向等工程内容，但是用水设备、排水设施、管道的规格、标高等情况，在平面图上看不出来，还需对照系统图加以理解。

（1）给水管道系统图所表示的工程内容

图 1-31 是该住宅楼一户的给水管道系统图，从图中可知：进水干管管径为 *DN*40，由室外地沟−1.5m 引入，进入建筑物后，标高上升为−0.300m。该给水干管进入建筑物后，直接敷设至一层厨房，然后分为两路。一路垂直向上直至五楼，管径由 *DN*40 变为 *DN*25，三楼以上为 *DN*20。一路水平向左，一直延伸到厕所，分别给洗涤盆、淋浴器和蹲便器的自闭式冲洗阀供水，管道的相对标高为 1m，管径为从图中可看出，每户安装自闭式冲洗阀各 1 个，共 10 个。截止阀 *DN*20 的每户 1 个，共 10 个。每个用户立管安装 *DN*40 截止阀各 1 个，共 2 个。每户安装螺纹水表 *DN*20 各 1 个，共 10 个。

（2）排水管道系统图所示表的工程内容

从图 1-24 可看到，该住宅楼每户有两根排水立管，PL 和 WL，在底层分别排至室外排水检查井。PL 上连接每户的蹲式大便器，排水立管管径为 *DN*100，排水横管的管径为 *DN*100，排水干管的管径为 *DN*150。WL 上连接每户的洗涤盆排水及厨房和卫生间地漏排水，排水横管的管径为 *DN*50，排水立管管径为 *DN*100，排水干管管径为 *DN*150。

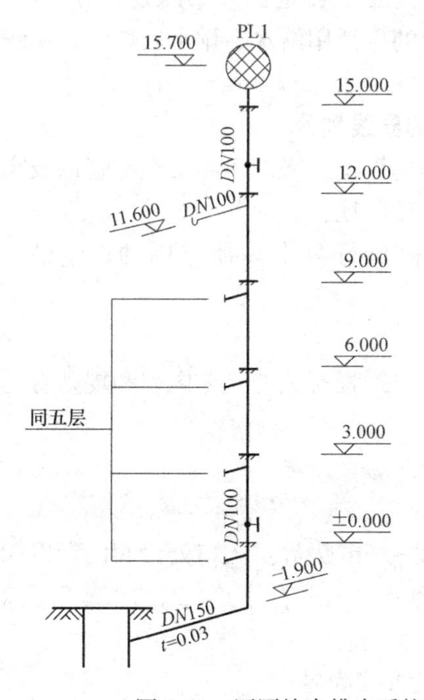

图 1-24　厨厕给水排水系统图

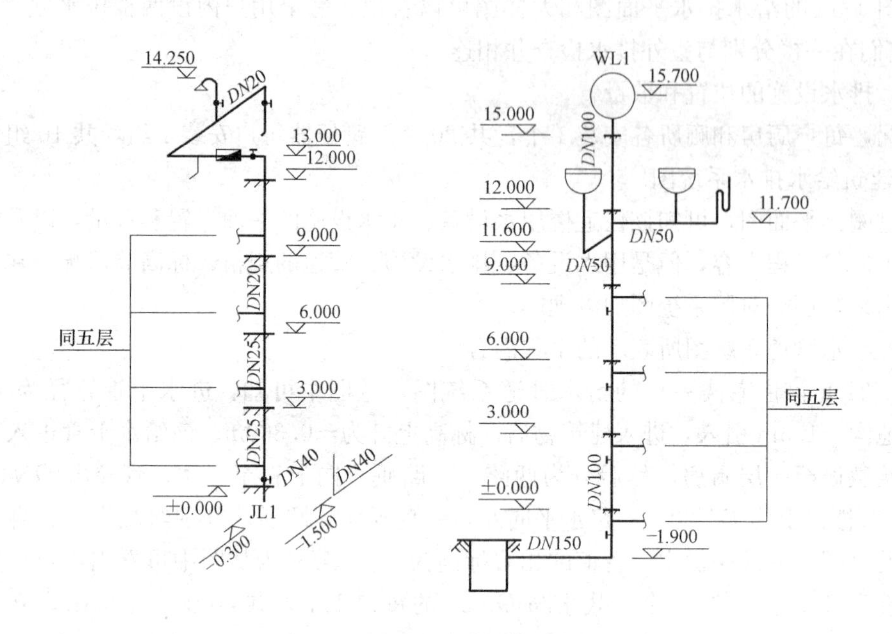

图 1-24　厨厕给水排水系统图（续）

1.3　建筑给水排水工程消耗量定额

1.3.1　定额适用范围

根据2000年颁布《全国统一安装工程定额》第八册（GYD—208—2000）的规定，本册定额适用于新建、扩建项目中的生活用给水、排水、燃气、采暖热源管道以及附件配件安装，小型容器制作安装

1.3.2　本定额与其他册定额的界线划分

（1）工业管道、生产生活共同的管道、锅炉房和泵类配管以及高层建筑内加压泵间的管道执行第六册《工业管道工程》相应项目。

（2）刷油、绝热、防腐蚀工程执行第十一册《刷油、绝热、防腐蚀工程》相应项目。

1.3.3　定额内容

本册定额共有七章，与给水排水工程有关的具体内容和规则有五章，它们分别是：

（1）第一章　管道安装

① 界线划分

1）给水管道：

a. 室内外界线以建筑物外墙皮1.5m为界，入口处设阀门者以阀门为界；

b. 与市政管道界线以水表井为界，无水表井者，以与市政管道碰头点为界。

2）排水管道：

a. 室内外以出户第一个排水检查井为界；

b. 室外管道与市政管道界线以与市政管道碰头井为界。

3）采暖热源管道：

a. 室内外以入口阀门或建筑物外墙皮 1.5m 为界；

b. 与工业管道界线以锅炉房或泵站外墙皮 1.5m 为界；

c. 工厂车间内采暖管道以采暖系统与工业管道碰头点为界；

d. 设在高层建筑内的加压泵间管道与本章项目的界线，以泵间外墙皮为界。

② 本章定额包括以下工作内容：

1）管道及接头零件安装。

2）水压试验或灌水试验。

3）室内 *DN*32 以内钢管包括管卡及托钩制作安装。

4）钢管包括弯管制作与安装（伸缩器除外），无论是现场煨制或成品弯管均不得换算。

5）铸铁排水管、雨水管及塑料排水管均包括管卡及托吊支架、通气帽、雨水漏斗制作安装。

6）穿墙及过楼板铁皮套管安装人工。

③ 本章定额不包括以下工作内容：

1）室内外管道沟土方及管道基础，应执行《全国统一建筑工程基础定额》。

2）管道安装中不包括法兰、阀门及伸缩器的制作、安装，按相应项目另行计算。

3）室内外给水、雨水铸铁管包括接头零件所需的人工，但接头零件价格应另行计算。

4）*DN*32 以上的钢管支架按本章管道支架另行计算。

5）过楼板的钢套管的制作、安装工料，按室外钢管（焊接）项目计算。

（2）第二章　阀门、水位标尺安装

① 螺纹阀门安装适用于各种内外螺纹连接的阀门安装。

② 法兰阀门安装适用于各种法兰阀门的安装，如仅为一侧法兰连接时，定额中的法兰、带帽螺栓及钢垫圈数量减半。

③ 各种法兰连接用垫片均按石棉橡胶板计算。如用其他材料，不做调整。

④ 浮标液面计 FQ-Ⅱ型安装是按《采暖通风国家标准图集》N102-3 编制的。

⑤ 水塔、水池浮漂水位标尺制作安装，是按《全国通用给水排水标准图集》S318 编制的。

（3）第三章　低压器具、水表组成与安装

① 减压器、疏水器组成与安装是按《采暖通风国家标准图集》N106 编制的，如实际组成与此不同时，阀门和压力表数量可按实际调整，其余不变。

② 法兰水表安装是按《全国通用给水排水标准图集》S145 编制的，定额内包括旁通管及止回阀，如实际安装形式与此不同时，阀门及止回阀可按实际调整，其余不变。

（4）第四章　卫生器具制作安装

① 本章所有卫生器具安装项目，均参照《全国通用给水排水标准图集》中有关标准图集计算，除以下说明者外，设计无特殊要求均不作调整。

② 成组安装的卫生器具，定额均已按标准图集计算了与给水、排水管道连接的人工和材料。

③ 浴盆安装适用于各种型号的浴盆，但浴盆支座和浴盆周边的砌砖、瓷砖粘贴应另

行计算。

④ 洗脸盆、洗手盆、洗涤盆适用于各种型号。

⑤ 化验盆安装中的鹅颈水嘴、化验单嘴、双嘴适用于成品件安装。

⑥ 洗脸盆肘式开关安装不分单双把，均执行同一项目。

⑦ 脚踏开关安装包装弯道及喷头的安装人工和材料。

⑧ 淋浴器铜制品安装适用于各种成品淋浴器安装。

⑨ 蒸汽-水加热器安装项目中，包括了莲蓬头安装，但不包括支架制作安装，阀门和疏水器安装可按相应项目另行计算。

⑩ 冷热水混合器安装项目中包括了温度计安装，但不包括支座制作安装，可按相应项目另行计算。

⑪ 小便槽冲洗管制作安装定额中，不包括阀门安装，可按相应项目另行计算。

⑫ 大、小便槽水箱托架安装已按标准图集计算在定额内，不得另行计算。

⑬ 高（无）水箱蹲式大便器，低水箱坐式大便器安装，适用于各种型号。

⑭ 电热水器、电开关炉安装定额内只考虑了本体安装，连接管、连接件等可按相应项目另行计算。

⑮ 饮水器安装的阀门或脚踏开关安装，可按相应项目另行计算。

⑯ 容积式水加热器安装，定额内已按标准图集计算了其中的附件，但不包括安全阀安装、本体保温、刷油和基础砌筑。

（5）第五章　小型容器制作安装

① 各种水箱连接管，均未包括在定额内，可执行室内管道安装的相应项目。

② 各类水箱均未包括支架制作安装，如为型钢支架，执行本册定额“一般管道支架”子目。

③ 水箱制作包括水箱本身及人孔的重量。

1.3.4　定额费用的规定

定额费用的组成：

给水排水工程涉及的定额费用包括脚手架搭拆费、高层建筑增加费、超高增加费、管廊增加费及主体结构配合费等。

（1）脚手架搭拆费

按人工费的5%计算，其中人工工资占5%。

（2）高层建筑增加费

高层建筑指高度在6层或20m以上（不含本身）的工业和民用建筑。高层建筑增加费以高层建筑给水排水工程、采暖工程、生活用煤气工程的人工费分别乘以相应的系数计取，且全部计入人工费。高层建筑增加费系数见表1-23。

高层建筑增加费系数表　　　　**表1-23**

层数	9层以下(30m)	12层以下(40m)	15层以下(50m)	18层以下(60m)	21层以下(70m)	24层以下(80m)	27层以下(90m)	30层以下(100m)	33层以下(110m)	36层以下(120m)	39层以下(130m)	42层以下(140m)	45层以下(150m)
按人工费的%	2	3	4	6	8	10	13	16	19	22	25	28	31

（3）超高增加费

本册定额的操作高度为3.6m，如超过3.6m时，其超过部分工程量定额的人工费乘以表1-24中超高费的系数。

超高费系数 **表1-24**

标高	3.6～8	3.6～12	3.6～16	3.6～20
超高系数	1.10	1.15	1.20	1.25

例如，某建筑层高3.9m，给水工程定额人工费为3000元，其中安装高度超过3.6m工程量的人工费为1000元，则该工程超高增加费为1000×0.1=100元，此时该给水工程定额人工费为3100元。

（4）管廊增加费

设置于管道间、管廊内的管道、阀门、法兰、支架安装，其定额人工费乘以系数1.3。

该项内容是指一些高级建筑、宾馆、饭店内封闭的天棚、竖向通道（管道间）内安装给水排水、采暖、煤气管道及阀门、法兰支架等工程量，不包括管沟内的管道安装。

（5）主体结构配合费

为配合预留孔洞，凡主体结构为现浇并采用钢模施工的工程，均可计取。内外浇注的定额人工费乘以系数1.05，内浇外砌的定额人工费乘以系数1.03。

1.3.5 套用定额应注意的问题

（1）定额中项目划分的步距由小到大，如施工图设计的规格、型号在定额步距上下之间时，可套用上限定额项目。

（2）铸铁排水管及塑料排水管安装中，管卡、托架、支架及透气帽已综合考虑，不得单独列项或换算。雨水管与下水管合用时，执行排水管安装定额。

（3）管道消毒、冲洗定额，仅适用于设计和施工及验收规范有要求的工程项目。

（4）本册定额已包括水压试验，不论用何种形式做水压试验，均不得调整。

（5）室内排水铸铁管安装检查口已包括在排水铸铁管安装定额内，不得另计。

（6）管道穿墙、穿楼板的铁皮套管，其安装费已综合在管道安装定额内。用钢管作套管，则按管道公称直径套用室外焊接钢管安装定额。

（7）管道安装定额说明中“*DN*32以内钢管包括管卡及托钩的制作与安装”条款仅适用于室内螺纹连接钢管的安装。

（8）坐式大便器、立式普通小便器中的角阀，已分别包括在瓷坐便器低水箱（带全部管件安装，俗称铜活）和立式小便器铜活内。如零件安装中未包括角阀的，可另计主材费。

（9）各种水箱连接管和支架均未包括在定额内，可按室内管通安装的相应项目执行。支架为型钢支架，可执行定额中“一般管架”项目。

（10）各种法兰连接的阀门、水表的安装定额均已包括法兰、螺栓的安装，在编制预算时不得重复套用法兰安装定额。

（11）定额中卫生器具安装子目，均参照有关标准图编制，一些与卫生器具相连的配管、阀门已包含在定额内。

(12) 卫生器具与给水排水管道安装工程量界限划分

① 浴盆成组安装定额中，给水部分包括了冷、热水管道各0.15m，冷热水龙头；排水包括排水配件及存水弯。与管道安装工程量分界线：给水为水平管与支管的交接处；排水为铸铁存水弯下口处。

② 洗涤盆成组安装定额中，与管道安装工程量分界线：给水部分为水平管与支管交接处，排水为存水弯下口处。

③ 洗脸盆的成组安装定额中，给水部分已包括了洗脸盆下的角阀和给水支管，安装普通水龙头者已包括了水龙头和接水龙头的0.1m管道。与管道安装工程量的分界线：给水为水平管与支管的交接处，排水为存水弯下口处。

④ 淋浴器组成安装定额中，与给水管道安装工程量的分界线为水平管与支管交接处。

⑤ 蹲式大便器成组安装定额中，高水箱子目已包括了进高水箱的支管和支管上的阀门，普通阀、手压阀冲洗子目已包括了阀门及阀后的1.5m管道。与给水排水管道安装的分界线：给水为水平管与支管交接处；排水为存水弯下口处，不包括排水短管。

⑥ 坐式大便器成组安装定额中，与管道安装工程量的分界线，给水为水平管与进水箱支管交接处，排水为坐便器排水口。

⑦ 小便器成组安装定额中，普通式的给水部分已包括给水支管及角式截止阀，自动冲洗式的给水部分已包括进水箱的支管和进水阀。与管道安装工程量的分界线：给水为水平管与给水支管交接处，排水为小便器的存水弯下口处。

⑧ 排水栓安装定额中，带存水弯者包括了其下部的存水弯，不带存水弯者包括了和排水拴相连的管段。与排水管道安装工程量的分界线，为存水弯下水口或交接处。

1.4 建筑给水排水工程量清单计算规则

1.4.1 建筑给水排水管道工程量计算规则

根据《通用安装工程工程量计算规范》GB 50856—2013及《全国统一安装工程预算定额 第八册 给水排水、采暖、燃气》GYD—208—2000的规定，给水排水、采暖、燃气管道工程的工程量计算规则见表1-25。

1.4.2 支架及其他工程量计算规则

根据《通用安装工程工程量计算规范》GB 50856—2013及《全国统一安装工程预算定额 第八册 给水排水、采暖、燃气》GYD—208—2000的规定，给水排水、采暖、燃气的支架及其他工程的工程量计算规则见表1-26。

1.4.3 管道附件工程量计算规则

根据《通用安装工程工程量计算规范》GB 50856—2013及《全国统一安装工程预算定额 第八册 给水排水、采暖、燃气》GYD—208—2000的规定，给水排水、采暖、燃气管道附件工程的工程量计算规则见表1-27。

给水排水、采暖、燃气管道工程的工程量计算规则 **表 1-25**

项目清单编码	项目名称	《通用安装工程工程量计算规范》GB 50856—2013		《全国统一安装工程预算定额 第八册 给水排水、采暖、燃气》GYD—208—2000	
		工程量计算规则	备注	工程量计算规则	备注
031001001	镀锌钢管	按设计图示管道中心线以长度计算	(1)安装部位,指管道安装在室内、室外。 (2)输送介质包括给水、排水、中水、雨水、热媒体、燃气、空调水等。 (3)方形补偿器制作安装应含在管道制作安装综合单价中。 (4)铸铁管安装适用于承插铸铁管、球墨铸铁管、柔性抗震铸铁管等。 (5)塑料管安装适用于 UPVC、PVC、PP-C、PP-R、PE、PB 管等塑料管材。 (6)复合管安装适用于钢塑复合管、铝塑复合管、钢骨架复合管等复合型管道安装。 (7)直埋保温管包括直埋保温管件安装及接口保温。 (8)排水管道安装包括立管检查口、透气帽。 (9)室外管道碰头: ①适用于新建或扩建工程热源、水源、气源管道与原(旧)有管道碰头; ②室外管道碰头包括挖工作坑、土方回填或暖气沟局部拆除及修复; ③带介质管道碰头包括开关闸、临时放水管线铺设等费用; ④热源管道碰头每处包括供、回水两个接口; ⑤碰头形式指带介质碰头、不带介质碰头。 (10)管道工程量计算不扣除阀门、管件(包括减压器、疏水器、水表、伸缩器等组成安装)及附属构筑物所占长度;方形补偿器以其所占长度列入管道安装工程量。 (11)压力试验按设计要求描述试验方法,如水压试验、气压试验、泄露性试验、闭水试验、通球试验、真空试验等。 (12)吹、洗按设计要求描述吹扫、冲洗方法,如水冲洗、消毒冲洗、空气吹扫等。 (13)管道界限划分 ①给水管道室内外界限划分:以建筑物外墙皮 1.5m 为界,入口处设阀门者以阀门为界; ②排水管道室内外界限划分:以出户第一个排水检查井为界; ③采暖管道室内外界限划分:以建筑物外墙皮 1.5m 为界,入口处设阀门者以阀门为界; ④燃气管道室内外界限划分:地下引入室内的管道以室内第一个阀门为界,地上引入室内的管道以墙外三通为界	各种管道,均以施工图所示中心线长度,以"m"为计量单位,不扣除阀门、管件(包括减压器、疏水器、水表、伸缩器等组成安装)所占的长度	(1)管道界限划分 ①给水管道: a. 室内外界限以建筑物外墙皮 1.5m 为界,入口处设阀门者以阀门为界; b. 与市政管道界限以水表井为界,无水表井者,以与市政管道碰头点为界。 ②排水管道: a. 室内外以出户第一个排水检查井为界; b. 室外管道与市政管道界限以与市政管道碰头井为界。 ③采暖热源管道: a. 室内外以入口阀门或建筑物外墙皮 1.5m 为界; b. 与工业管道界线以锅炉房或泵站外墙皮 1.5m 为界; c. 工厂车间内采暖管道以采暖系统与工业管道碰头点为界; d. 设在高层建筑内的加压泵间管道与本章项目的界限,以泵间外墙皮为界 ④燃气管道: a. 地下引入室内的管道以室内第一个阀门为界; b. 地上引入室内的管道以墙外三通为界; c. 室外管道与市政管道以两者的碰头点为界。 (2)该章定额包括以下工作内容: ①管道及接头零件安装; ②水压试验或灌水试验; ③钢管包括弯管制作与安装(伸缩器除外),无论是现场煨制或成品弯管均不得换算; ④铸铁排水管、雨水管及塑料排水管均包括管卡及吊托支架、臭气帽、雨水漏斗制安装。 (3)该章定额不包括以下工作内容: ①室内外管道沟土方及管道基础,应执行《全国统一建筑工程基础定额》; ②管道安装中不包括法兰、阀门及伸缩器的制作、安装,按相应项目另行计算; ③室内外给水、雨水铸铁管包括接头零件所需的人工,但接头零件价格应另行计算。 (4)管道消毒、冲洗、压力试验,均按管道长度以"m"为计量单位,不扣除阀门、管件所占的长度

支架及其他工程的工程量计算规则　　表 1-26

<table>
<tr><th rowspan="2">项目编码</th><th rowspan="2">项目名称</th><th colspan="2">《通用安装工程工程量计算规范》GB 50856—2013</th><th colspan="2">《全国统一安装工程预算定额　第八册 给水排水、采暖、燃气》GYD—208—2000</th></tr>
<tr><th>工程量计算规则</th><th>备注</th><th>工程量计算规则</th><th>备注</th></tr>
<tr><td>031002001</td><td>管道支架</td><td rowspan="2">(1)以千克计量,按设计图示质量计算;
(2)以套计量,按设计图示数量计算</td><td rowspan="2">(1)单件支架质量100kg以上的管道支吊架执行设备支吊架制作安装。
(2)成品支架安装执行相应管道支架或设备支架项目,不再计取制作费,支架本身价值含在综合单价中</td><td rowspan="2">管道支架制作安装,按设计图示支架类型计算支架质量,以100kg为单位计算</td><td rowspan="2">室内 DN32 以内钢管安装包括管卡及托钩制作安装,DN32 以上的钢管支架按第一章管道支架另行计算</td></tr>
<tr><td>031002002</td><td>设备支架</td></tr>
<tr><td>031002003</td><td>套管</td><td>按设计图示数量计算</td><td>套管制作安装,适用于穿基础、墙、楼板等部位的防水套管、填料套管、无填料套管及防水套管等,应分别列项</td><td>区分套管材质按设计图示数量计算</td><td>该章定额包括穿墙及过楼板铁皮套管安装人工;过楼板的钢套管的制作、安装工料,按室外钢管(焊接)项目计算</td></tr>
</table>

管道附件工程的工程量计算规则　　表 1-27

<table>
<tr><th rowspan="2">项目编码</th><th rowspan="2">项目名称</th><th colspan="2">《通用安装工程工程量计算规范》GB 50856—2013</th><th colspan="2">《全国统一安装工程预算定额第八册 给水排水、采暖、燃气》GYD—208—2000</th></tr>
<tr><th>工程量计算规则</th><th>备注</th><th>工程量计算规则</th><th>备注</th></tr>
<tr><td>031003001</td><td>螺纹阀门</td><td rowspan="7">按设计图示数量计算</td><td rowspan="7">(1)法兰阀门安装包括法兰安装,不得另计法兰安装。阀门安装如仅为一侧法兰连接时,应在项目特征中描述。
(2)塑料阀门连接形式需注明热熔连接、粘结、热风焊接等方式。
(3)减压器规格按高压侧管道规格描述。
(4)减压器、疏水器、倒流防止器等项目包括组成与安装工作内容,项目特征应根据设计要求描述附件配置情况,或根据××图集或××施工图做法描述</td><td rowspan="5">各种阀门安装,均以“个”为计量单位</td><td rowspan="5">(1)法兰阀门安装,如仅为一侧法兰连接时,定额所列法兰、带帽螺栓及垫圈数量减半,其余不变。
(2)各种法兰连接用垫片,均按石棉橡胶板计算。如用其他材料,不得调整。
(3)法兰阀(带短管甲乙)安装,均以“套”为计量单位。如接口材料不同时,可调整。
(4)自动排气阀安装以“个”为计量单位,已包括了支架制作安装,不得另行计算。
(5)浮球阀安装均以“个”为计量单位,已包括了联杆及浮球的安装,不得另行计算</td></tr>
<tr><td>031003002</td><td>螺纹法兰阀门</td></tr>
<tr><td>031003003</td><td>焊接法兰阀门</td></tr>
<tr><td>031003004</td><td>带短管甲乙阀门</td></tr>
<tr><td>031003005</td><td>塑料阀门</td></tr>
<tr><td>031003006</td><td>减压器</td><td rowspan="2">如减压器、疏水器组成安装以“组”为计量单位</td><td rowspan="2">(1)如减压器、疏水器的设计组成与定额不同时,阀门和压力表数量可按设计用量进行调整,其余不变。
(2)减压器安装,按高压侧的直径计算</td></tr>
<tr><td>031003007</td><td>疏水器</td></tr>
</table>

续表

项目编码	项目名称	《通用安装工程工程量计算规范》GB 50856—2013		《全国统一安装工程预算定额第八册给水排水、采暖、燃气》GYD—208—2000	
		工程量计算规则	备注	工程量计算规则	备注
031003008	除污器（过滤器）	按设计图示数量计算	(1)法兰阀门安装包括法兰安装，不得另计法兰安装。阀门安装如仅为一侧法兰连接时，应在项目特征中描述。 (2)塑料阀门连接形式需注明热熔连接、粘结、热风焊接等方式。 (3)减压器规格按高压侧管道规格描述。 (4)减压器、疏水器、倒流防止器等项目包括组成与安装工作内容，项目特征应根据设计要求描述附件配置情况，或根据××图集或××施工图做法描述	/	/
031003009	补偿器			各种补偿器（伸缩器）制作安装，均以“个”为计量单位	方形补偿器（伸缩器）的两臂，按臂长的两倍合并在管道长度内计算
031003010	软接头（软管）			/	/
031003011	法兰			法兰安装以“副”为计量单位	/
031003012	倒流防止器			/	/
031003013	水表			法兰水表安装以“组”为计量单位	法兰水表安装定额中旁通管及止回阀如与设计规定的安装形式不同时，阀门及止回阀可按设计规定进行调整，其余不变
031003014	热量表			/	/
031003015	塑料排水管消声器			/	/
031003016	浮标液面计			浮标液面计、水位标尺以“组”为计量单位	浮标液面计、水位标尺是按国标编制的，如设计与国标不符时，可调整

1.4.4 卫生器具工程量计算规则

根据《通用安装工程工程量计算规范》GB 50856—2013 及《全国统一安装工程预算定额 第八册 给水排水、采暖、燃气》GYD—208—2000 的规定，卫生器具工程量计算规则见表 1-28。

1.4.5 给水排水设备工程量计算规则

根据《通用安装工程工程量计算规范》GB 50856—2013 及《全国统一安装工程预算定额第八册给水排水、采暖、燃气》GYD—208—2000 的规定，采暖、给水排水设备工程量计算规则见表 1-29。

卫生器具工程量计算规则　　　　表 1-28

项目编码	项目名称	《通用安装工程工程量计算规范》GB 50856—2013		《全国统一安装工程预算定额　第八册　给水排水、采暖、燃气》GYD—208—2000	
		工程量计算规则	备注	工程量计算规则	备注
031004001	浴缸	按设计图示数量计算	(1)成品卫生器具项目中的附件安装，主要指给水附件包括水嘴、阀门、喷头等，排水配件包括存水弯、排水栓、下水口等以及配备的连接管。 (2)浴缸支座和浴缸周边的砌砖、瓷砖粘贴，应按现行国家标准《房屋建筑与装饰工程工程量计算规范》GB 50854 相关项目编码列项。 (3)洗脸盆适用于洗脸盆、洗发盆、洗手盆安装。 (4)器具安装中若采用混凝土或砖基础，应按现行国家标准《房屋建筑与装饰工程工程量计算规范》GB 50854 相关项目编码列项。 (5)给水排水附(配)件是指独立安装的水嘴、地漏、地面扫出口等	卫生器具组成安装，以“组”为计量单位	(1)已按标准图综合了卫生器具与给水管、排水管连接的人工与材料用量，不得另行计算。 (2)浴盆安装不包括支座和四周侧面的砌砖及瓷砖粘贴
031004002	净身盆				
031004003	洗脸盆				
031004004	洗涤盆				
031004005	化验盆				
031004006	大便器			大便器、小便器以“套”为计量单位	蹲式大便器安装，已包括了固定大便器的垫砖，但不包括大便器蹲台砌筑
031004007	小便器				
031004008	其他成品卫生器具			/	/
031004009	烘手器			/	/
031004010	淋浴器			淋浴器以“组”为计量单位	/
031004011	淋浴间			/	/
031004012	桑拿浴房			/	/
031004013	大、小便槽自动冲洗水箱			大、小便槽自动冲洗水箱制作安装以“套”为计量单位	大便槽、小便槽自动冲洗水箱安装，已包括了水箱托架的制作安装，不得另行计算
031004014	给、排水附(配)件			水龙头、地漏、地面扫除口以“个”为计量单位；排水栓以“组”为计量单位	/
031004015	小便器冲洗管	按设计图示长度计算		小便器冲洗管制作安装以“m”为计量单位	小便器冲洗管制作与安装，不包括阀门安装，其工程量可按相应定额另行计算
031004016	蒸汽—水加热器	按设计图示数量计算		蒸汽—水加热器、冷热水混合器以“套”为计量单位	蒸汽—水加热器安装，包括莲蓬头安装，不包括支架制作安装及阀门、疏水器安装，其工程量可按相应定额另行计算
031004017	冷热水混合器				冷热水混合器安装，不包括支架制作安装及阀门安装，其工程量可按相应定额另行计算
031004018	饮水器			饮水器以“台”为计量单位	/
031004019	隔油器			/	/

给水排水设备工程量计算规则 **表 1-29**

<table>
<tr><th rowspan="2">项目编码</th><th rowspan="2">项目名称</th><th colspan="2">《通用安装工程工程量计算规范》GB 50856—2013</th><th colspan="2">《全国统一安装工程预算定额　第八册 给水排水、采暖、燃气》GYD—208—2000</th></tr>
<tr><th>工程量计算规则</th><th>备注</th><th>工程量计算规则</th><th>备注</th></tr>
<tr><td>031006001</td><td>变频调速给水设备</td><td rowspan="13">按设计图示数量计算</td><td rowspan="13">(1)变频给水设备、稳压给水设备、无负压给水设备安装，说明：
①压力容器包括气压罐、稳压罐、无负压罐；
②水泵包括主泵及备用泵，应注明数量；
③附件包括给水装置中配备的阀门、仪表、软接头，应注明数量，含设备、附件之间管路连接；
④泵组底座安装，不包括基础砌(浇)筑，应按现行国家标准《房屋建筑与装饰工程工程量计算规范》GB 50854 相关项目编码列项；
⑤变频控制柜及电气接线、调试应按本规范附录 D 电气设备安装工程相关项目编码列项。
(2)地源热泵机组，接管以及接管上的阀门、软接头、减振装置和基础另行计算，应按相关项目编码列项</td><td rowspan="4">/</td><td rowspan="4">/</td></tr>
<tr><td>031006002</td><td>稳压给水设备</td></tr>
<tr><td>031006003</td><td>无负压给水设备</td></tr>
<tr><td>031006004</td><td>气压罐</td></tr>
<tr><td>031006007</td><td>除砂器</td><td rowspan="5">/</td><td rowspan="5">/</td></tr>
<tr><td>031006008</td><td>水处理器</td></tr>
<tr><td>031006009</td><td>超声波灭藻设备</td></tr>
<tr><td>031006010</td><td>水质净化器</td></tr>
<tr><td>031006011</td><td>紫外线杀菌设备</td></tr>
<tr><td>031006012</td><td>热水器、开水炉</td><td>热水器、开水炉以“台”为计量单位</td><td>电热水器、电开水炉安装，只考虑本体安装，连接管、连接件等工程量可按相应定额另行计算</td></tr>
<tr><td>031006013</td><td>消毒器、消毒锅</td><td>消毒器、消毒锅以“台”为计量单位</td><td>/</td></tr>
<tr><td>031006014</td><td>直饮水设备</td><td>/</td><td>/</td></tr>
<tr><td>031006015</td><td>水箱</td><td>各种水箱制作均以“kg”为计量单位；各种水箱安装，均以“个”为计量单位</td><td>(1)钢板水箱制作，按施工图所示尺寸，不扣除人孔、手孔重量，法兰和短管水位计可按相应定额另行计算。
(2)钢板水箱安装，按国家标准图集水箱容量“m^3”，执行相应定额</td></tr>
</table>

1.5　建筑给水排水工程计量与计价实例

1.5.1　建筑给水排水工程综合计算实例一

图 1-25～图 1-27 为某楼给水排水工程施工图，已知给水管材为铝塑复合管，丝扣连接。排水管为 UPVC 管，胶粘接口，试根据施工图（1）计算工程量；（2）套用全国统一定额及甘肃省地区基价；（3）编制工程量清单。

【解】　一、计算工程量

1. 管道延长米计算

(1) *DN*40 铝塑复合管 丝接

1.5＋0.24(墙厚)＋3.5(按比例量取 GL 立管距内墙面水平横干管长度)＋(11＋0.9)(GL 立管标高差)＝17.15m。

(2) *DN*20 铝塑复合管 丝接

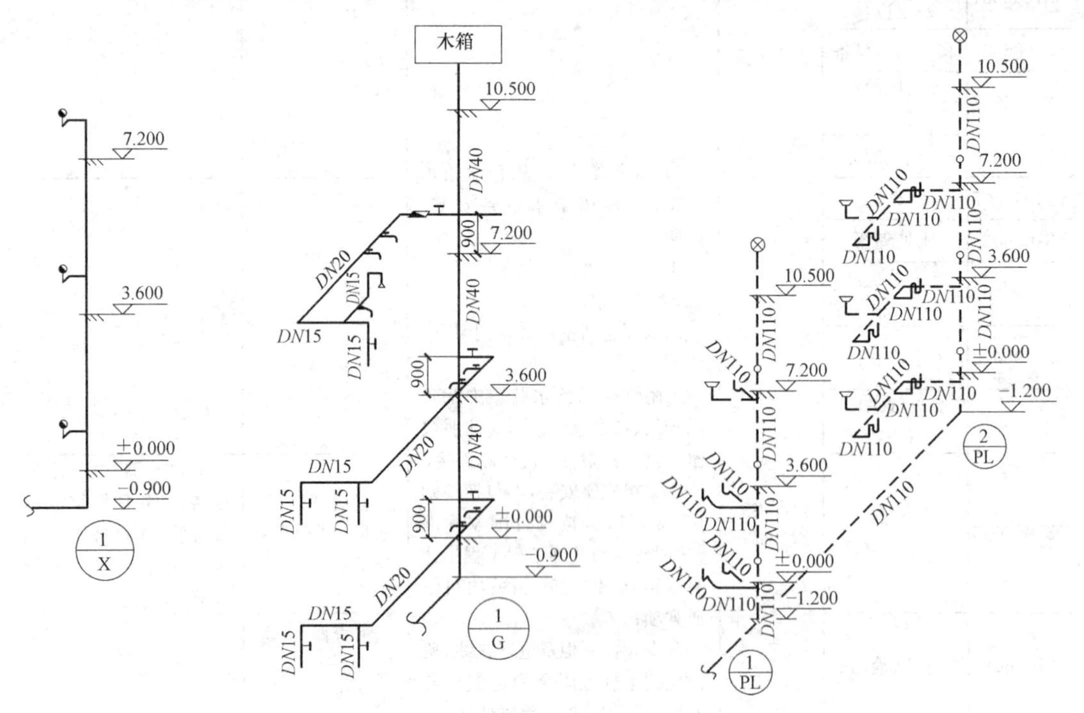

图 1-25 某楼给水排水系统图

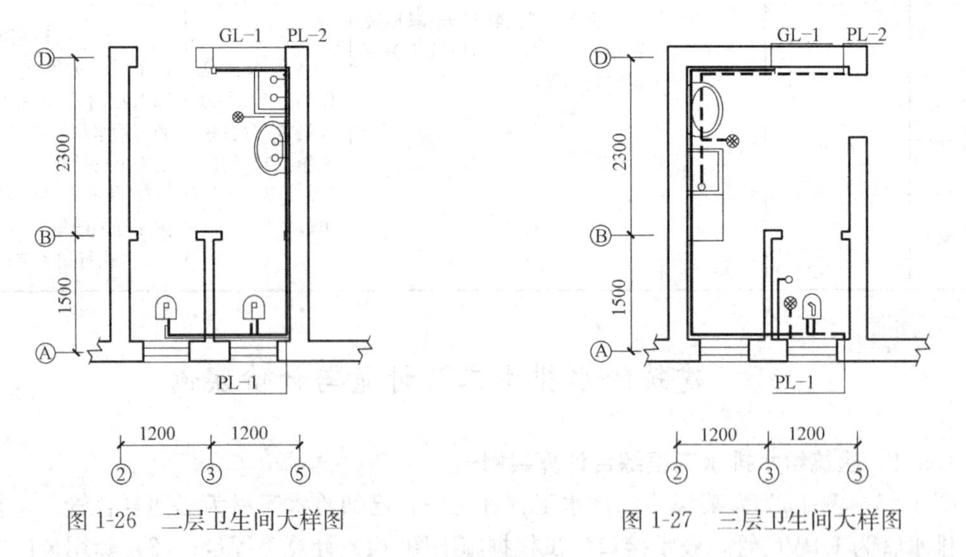

图 1-26 二层卫生间大样图 图 1-27 三层卫生间大样图

[(2.3＋1.5)(Ⓒ轴—Ⓐ轴水平距离)－0.24(墙厚)＋0.5(按比例量取⑤轴线至第一个蹲便器水平距离)＋0.9(按比例量取 GL 立管至⑤轴所在内墙水平距离)]×2(一、二层)＋1.4(按比例量取 GL 立管至②轴所在内墙水平距离)＋3.8(Ⓒ轴—Ⓐ轴线间距离)－0.24

(墙厚)+1.44(Ⓐ轴所在墙面至淋浴器分支处的水平距离)=16.32m。

(3) *DN*15 铝塑复合管 丝接

0.7(按比例量取横管分支处至淋浴器水平距离)+0.3(按比例量取三层横管分支处至蹲便器水平距离)+1.2(按比例量取一层两蹲便器间水平距离)×2(层数)=3.4m。

(4) *DN*110 UPVC 管　粘结

PL_1 系统

11.2(±0.000 以上立管标高)+1.2(±0.000 以下立管标高)+0.5(按比例量取蹲便起存水弯下口至排水横管距离)×5(蹲便器个数)+1.2(按比例量取蹲便器间排水横管距离)×2(层数)+0.24(墙厚)+2.33(按比例量取排水检查井至外墙距离)+0.2(三层卫生间地漏至横管的距离)+0.2(三层地漏至蹲便器水平排水管的距离)=20.27m

PL_2 系统

11.2+1.2(立管高度)+2.4(三层②～⑤轴线间距离)-0.24(墙厚)+1.5(按比例量取三层洗脸盆至Ⓒ轴所在内墙面距离)+1.5(按比例量取二层洗脸盆至 PL_2 横支管水平距离)×2(层数)+0.2×3(洗手间地漏至排水横管的距离)=19.16m

小计，*DN*110 UPVC 管 39.43

2. 阀门、水表统计

(1) *DN*40　螺纹止回阀　1 个

(2) *DN*20　螺纹截止阀　2 个

(3) *DN*20　螺纹水表　1 组

(4) *DN*15　水龙头(污水盆用) 3 个

3. 卫生器具

(1) 洗脸盆　3 组

(2) 淋浴器　1 组

(3) 自闭阀冲洗蹲便器　5 套

(4) *DN*100 地漏　4 个

4. 管道支架工程量

*DN*40 立管每层设 1 个，共 3 个　3×0.19(查表 1-58)=0.57kg

二、套定额及地区基价

室内给水排水安装工程预算表　　**表 1-30**

序号	定额编号	工程(项目)名称	工程量		总价		单位(元)					
			定额单位	数量	基价	合价	人工费		材料费		机械费	
							单价	合价	单价	合价	单价	合价
1	8-157	室内塑料排水管 *DN*110	10m	3.94	170.58	672.09	49.67	195.70	120.39	474.34	0.52	2.05
2	补-8	室内塑料复合管 *DN*15	10m	0.34	130.79	44.47	39.18	13.32	91.61	31.15		
3	补-9	室内塑料复合管 *DN*20	10m	1.63	125.03	203.79	39.18	63.86	85.85	139.93		
4	补-12	室内塑料复合管 *DN*40	10m	1.67	131.23	219.15	56.09	93.67	73.48	122.71	1.66	2.77
5	8-178	管道支架制作安装	100kg	0.01	767.91	7.68	217.1	2.17	173.24	1.73	377.5	3.78
6	8-242	螺纹阀门安装 *DN*20	个	2.1	6.01	12.02	2.14	4.28	3.87	7.47		
7	8-245	螺纹阀门安装 *DN*40	个	1.0	15.07	15.07	5.35	5.35	9.72	9.72		

续表

序号	定额编号	工程(项目)名称	工程量		总价		单位(元)					
			定额单位	数量	基价	合价	人工费		材料费		机械费	
							单价	合价	单价	合价	单价	合价
8	8-358	水表安装 *DN*20	组	1.0	30.40	30.40	7.28	7.28	23.12	23.12		
9	8-382	洗脸盆安装	10组	0.3	662.0	198.6	101.1	30.32	560.94	168.28		
10	8-403	淋浴器安装	10组	0.1	405.83	40.59	47.96	4.80	357.87	35.79		
11	8-412	自闭阀冲洗蹲便器安装 *DN*20	组	5.0	128.19	640.95	14.52	72.60	113.68	568.4		
12	8-438	水龙头安装 *DN*15	10个		0.3	6.97	2.09	5.99	1.80	0.98	0.29	
13	8-449	地漏安装 *DN*100	10个		0.4	120.94	48.38	79.86	31.94	31.91	12.76	
小计					2143.78		531.19		1604.09		8.6	
脚手架搭拆费					26.56		6.64		19.92			
合计					2170.34		537.83		1624.01		8.6	

注：本表中未包含主材价。

三、工程量清单编制

编制工程量清单及综合单价表。

工程量清单 **表 1-31**

工程名称：某给水排水工程

序号	项目编号	项 目 名 称	计量单位	工程数量
1	030801005001	塑料管排水管 *DN*110 室内排水 粘结	m	39.43
2	030801007001	塑料复合管 *DN*40 室内给水 螺纹连接	m	16.650
3	030801007002	塑料复合管 *DN*20 室内给水 螺纹连接	m	16.32
4	030801007003	塑料复合管 *DN*15 室内给水 螺纹连接	m	3.400
5	030802001002	管道支架制作安装,手工除锈,刷一遍防锈漆,两遍银粉	kg	0.570
6	030803001001	螺纹阀门安装 H11T-16-40	个	1.000
7	030803001002	螺纹阀门安装 J11T-16-20	个	2.000
8	030803010001	水表 *DN*20 丝接	组	1.000
9	030804003001	洗脸盆安装 单水嘴	组	3.000
10	030804007001	淋浴器安装	组	1.000
11	030804012001	自闭阀冲洗蹲便器安装	套	5.000
12	030804016001	水龙头 *DN*15 安装	个	3.000
	030804017001	地漏安装 *DN*100	个	4.000

1.5.2 建筑给水排水工程综合计算实例二

1. 某工厂办公楼卫生间给水排水施工图如图 1-28 所示。

2. 假设给水管道的部分清单工程量如下：

铝塑复合管 *dn*40 25m，*dn*32 8.8m，镀锌钢管 *DN*32 20m，*DN*25 13m，其他技术要求和条件与图 1-28 所示一致。

3. 给水排水工程相关分部分项工程量清单项目的统一编码见表 1-32。

4. 室内给水镀锌钢管 *DN*32 安装定额（TY02-31-2015）的相关数据资料见表 1-33。

问题：

1. 按照图 1-28～图 1-30 所示内容，分别列式计算卫生间给水（中水）系统中的管道和阀门安装项目分部分项清单工程量；管道工程量计算至支管与卫生器具相连的分支三通或末端弯头处止。

统一编码表 **表 1-32**

项目编码	项目名称	项目编码	项目名称
031001001	镀锌钢管	031001002	钢管
031001006	塑料管	031001007	复合管
031003001	螺纹阀门	031003003	焊接法兰阀门
031004003	洗脸盆	031004006	大便器
031004007	小便器	031002003	套管

相关数据资料 **表 1-33**

定额编号	项目名称	计量单位	安装基价(元)			未计价主材	
			人工费	材料费	机械费	单价	耗量
10-1-15	镀锌钢管安装	10m	200.00	6.00	1.00	17.80	9.91m
	管件(综合)	个				5.00	9.83 个/10m
10-11-12	成品管卡安装	个	2.50	3.50		2.00	2.5 个/10m 管
10-11-81	套管制作安装	个	60.00	12.00	20.000		
	钢管	m				28.00	0.424m/个
10-11-121	水压试验	100m	280.00	90.00	30.		

注：该工程的管理费和利润分别按人工费的 67%和 33%计。

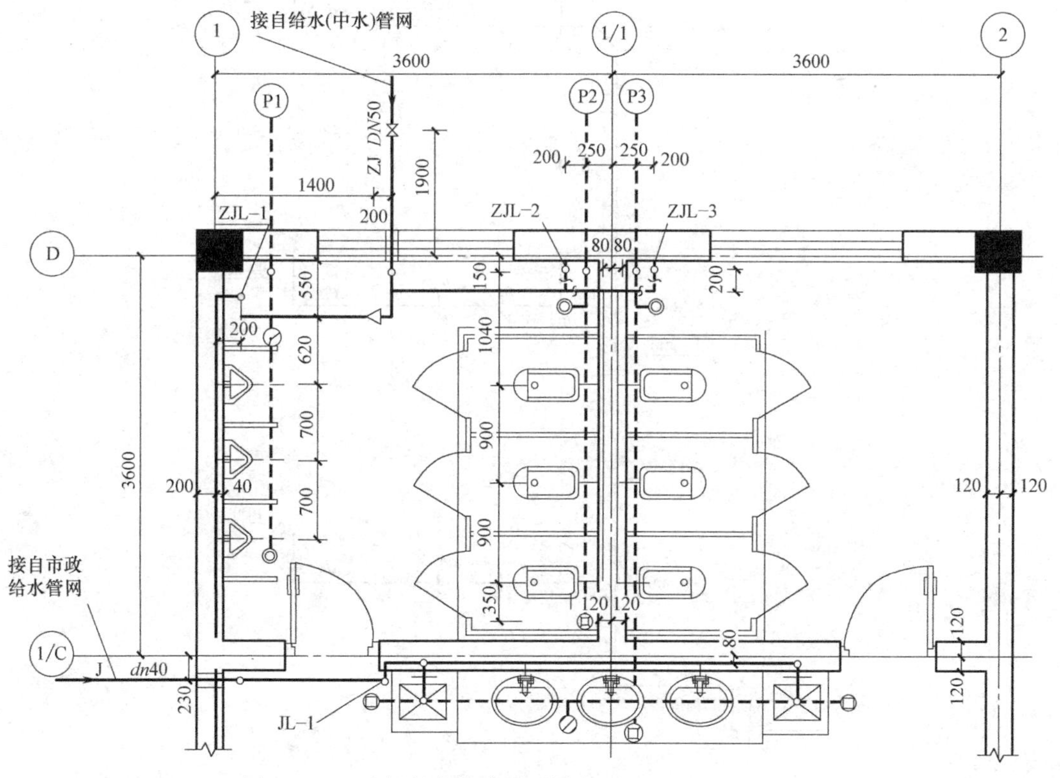

图 1-28 卫生间给水排水平面图±0.000、3.300、6.600

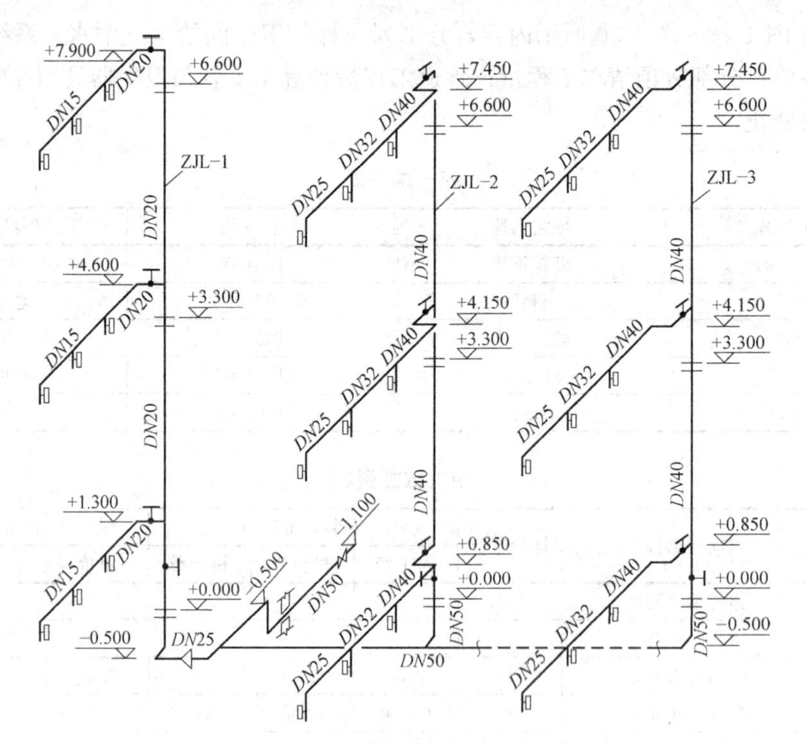

图 1-29　卫生间镀锌钢管给水（中水）管道系统图

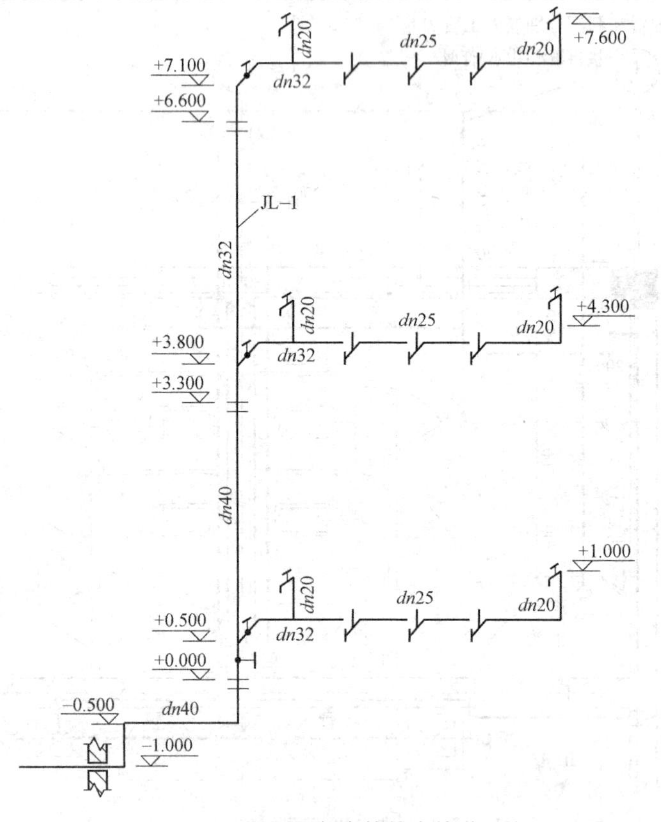

图 1-30　卫生间铝塑复合管给水管道系统图

2. 根据背景资料 2、3 设定的数据和图中所示要求，按《通用安装工程工程量计算规范》GB 50586—2013 的规定，分别以此编列出卫生间给水镀锌钢管 *DN*32、*DN*25、铝塑复合管 *dn*40、*dn*32 和铝塑复合管给水系统中所有阀门，以及成套卫生器具（不含污水池）安装项目的分部分项工程量清单。

3. 按照背景资料 2、3、4 中的相关数据和图中所示要求，根据《通用安装工程工程量计算规范》GB 50586—2013 和《建设工程工程量清单计价规范》GB 50500—2013 的规定，编制室内给水管道 *DN*32 镀锌钢管安装项目分部分项工程量清单的综合单价。（2016 年造价工程师执业资格考试真题）

说明：

1. 办公楼共三层，层高为 3.3m。图中尺寸标注标高以“m”计，其他均以“mm”计。

2. 卫生间盥洗间给水管道采用铝塑复合管计管件；大小便冲洗给水（中水）管道采用镀锌钢管及管件，螺纹连接。给水干管为埋地，立管为明设，支管为暗设。

3. 阀门采用截止阀为 J11T-10。各类管道均采用成品管卡固定。

4. 成套卫生器具安装按标准图集 99S304 要求施工，所有附件均随卫生器具配套供应。洗脸盆为单柄单孔台上式安装；大便器为感应式冲洗阀蹲式大便器，小便器为感应式冲洗阀壁挂式安装，污水池为混凝土落地式安装。

5. 管道系统安装就位后，给水管道进行强度和严密性水压试验及水冲洗。

【解】 问题 1

计算卫生间给水（中水）系统中的管道和阀门安装项目的分部分项清单工程量：

（1）*DN*50 镀锌钢管：

平[(1.9＋0.55＋0.2)＋(3.6－1.6＋0.25＋0.2)＋0.2×2]＋立[(1.1－0.5)＋(0.85＋0.5)×2]＝23.65＋2.45＋0.4＋0.6＋2.7＝8.8m

（2）*DN*40 镀锌钢管：

[(0.2＋0.25－0.08＋1.04)]×6(平)＋[(7.45－0.85)×2](立)＝6.6×2＋1.41＋0.4×6＝13.2＋8.46＝21.66m

（3）*DN*32 镀锌钢管：

(0.9×6)(平)＝5.4m

（4）*DN*25 镀锌钢管：

大便器给水系统：平(0.9×6)＝5.4m

小便器给水系统：主管平(1.4－0.2＋0.2)＋立 1.3＋0.5＝1.4＋1.8＝3.2m

小计：5.4＋3.2＝8.6m

（5）*DN*20 镀锌钢管：

支平{[0.2＋(0.55－0.15－0.2)＋0.62] ×3}＋立(7.9－1.3)＝(0.2＋0.2＋0.62)×3＋6.6＝1.02×3＋6.6＝9.66m

（6）*DN*15 镀锌钢管：

平[(0.7＋0.7)×3]＝4.2m

（7）*DN*50 截止阀　J11T-10：1＋1＋1＝3 个

（8）*DN*40 截止阀 J11T-10：3×2＝6 个

（9）*DN*25 截止阀　J11T-10 1 个

(10) *DN*20 截止阀 J11T-10：1×3=3 个

问题 2：

分部分项工程和单价措施项目清单与计价表 **表 1-34**

工程名称：某工厂　　标段：办公楼卫生间给水排水工程安装　　第 1 页　共 1 页

序号	项目编码	项目名称	项目特征描述	计量单位	工程量	金额(元)		
						综合单价	合价	其中：暂估价
1	031001001001	镀锌钢管	*DN*32 室内给水(中水)镀锌钢管、螺纹连接、水压试验及冲洗	m	20			
2	031001001002	镀锌钢管	*DN*25 室内给水(中水)镀锌钢管、螺纹连接、水压试验及冲洗	m	13			
3	031001007001	铝塑复合管	*dn*40 室内给水铝塑复合管、水压试验及冲洗	m	25			
4	031001007002	铝塑复合管	*dn*32 室内给水铝塑复合管、水压试验及冲洗	m	8.8			
5	031003001001	螺纹阀门	*DN*32 截止阀 J11T-10 螺纹连接	个	1			
6	031003001002	螺纹阀门	*DN*25 截止阀 J11T-10 螺纹连接	个	3			
7	0310044003001	洗脸盆	陶瓷洗脸盆、台上式、单柄单孔	组	9			
8	031004006001	大便器	陶瓷蹲式大便器、感应式冲洗阀	组	18			
9	031004007001	小便器	陶瓷小便器、壁挂式、感应式冲洗阀					

问题 3：

综合单价分析表 (A) **表 1-35**

工程名称：某工厂　标段：办公楼卫生间给水（中水）管道安装　　第 1 页共 1 页

项目编码	031001001001	项目名称	*DN*32 镀锌钢管	计量单位	m	工程量	20

定额编号	定额名称	定额单位	数量	单价				合价			
清单综合单价组成明细											
				人工费	材料费	机械费	管理费和利润	人工费	材料费	机械费	管理费和利润
10-1-15	室内给水镀锌钢管安装	10m	0.1	200.00	6.00	1.00	200.00	20.00	0.6	0.1	20.00
人工单价		小计						20.00	0.6	0.1	20.00
元/工日		未计价材料费						22.56			
清单项目综合单价(元)								63.26			

续表

材料费明细	主要材料名称、规格、型号	单位	数量	单价（元）	合计（元）	暂估单价（元）	暂估合价（元）
	*DN*32 镀锌钢管	m	0.991	1780	17.64		
	*DN*32 管件(综合)	个	0.983	5.00	4.92		
	其他材料费						
	材料费小计				22.56		

综合单价分析表（B） **表 1-36**

工程名称：某工厂　标段：办公楼卫生间给水（中水）管道安装　　第 1 页　共 1 页

项目编码	031001001001	项目名称	*DN*32 镀锌钢管			计量单位	m		工程量	20	
清单综合单价组成明细											
定额编号	定额名称	定额单位	数量	单价				合价			
				人工费	材料费	机械费	管理费和利润	人工费	材料费	机械费	管理费和利润
10-1-15	室内给水镀锌钢管安装	10m	2	200.00	6.00	1.00	200.00	400.00	12.00	2.00	400.00
人工单价		小计						400.00	12.00	2.00	400.00
元/工日		未计价材料费						451.10			
清单项目综合单价(元)								63.26			

材料费明细	主要材料名称、规格、型号	单位	数量	单价(元)	合计(元)	暂估单价(元)	暂估合价(元)
	*DN*32 镀锌钢管	m	0.991	17.80	352.80		
	*DN*32 管件(综合)	个	0.983	5.00	98.30		
	其他材料费						
	材料费小计				451.10		

1.5.3 建筑给水排水工程综合计算实例三

某办公楼二层卫生间室内给水排水系统的平面图和系统图，如图 1-31～图 1-33 所示。

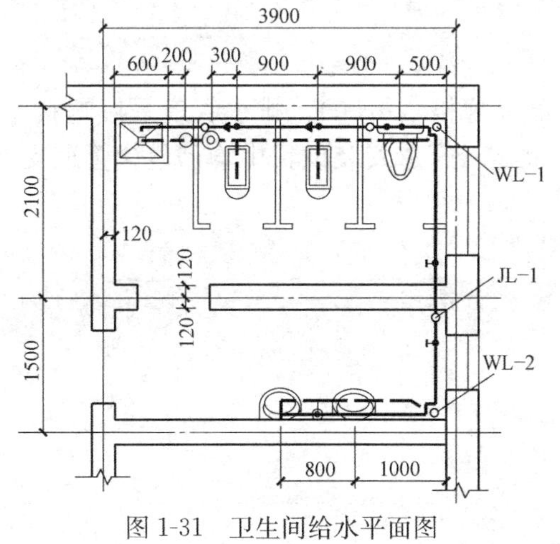

图 1-31　卫生间给水平面图

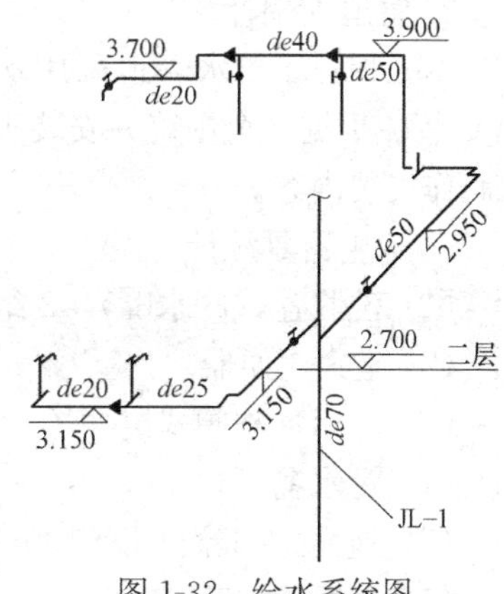

图 1-32　给水系统图

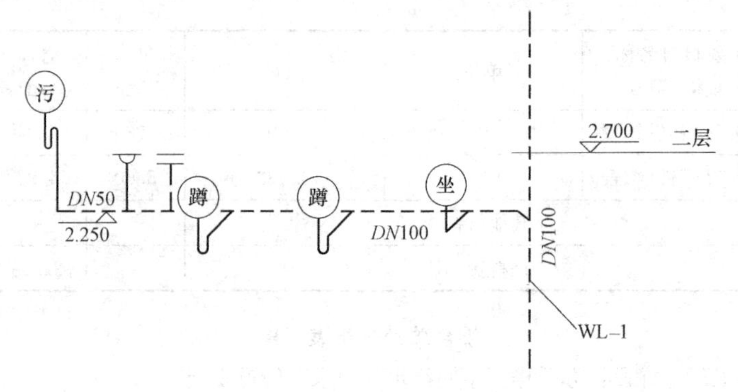

图 1-33 排水系统图

其中，给水管道采用 PP-R 塑料管，热熔连接；排水管道采用 UPVC 塑料管，粘结连接。管道穿越楼板、墙壁时采用钢套管。阀门材质为铜截止阀；地漏、地面扫除口材质为塑料。根据《通用安装工程工程量计算规范》GB 50586—2013 的要求编制分部分项工程量清单。

【解】 一、工程量计算

1. 管道工程量计算

本工程仅计算本层卫生间内的给水排水管道，不含立管及其他卫生间内的工程量。

1）给水管道工程量计算：

*de*50：[0.07(立管距墙)+0.02(墙体抹灰)+0.12(半墙厚)]+[2.10(轴距)−0.12−0.02−0.06(管距墙)]+(3.09−2.95)=4.39m

*de*40：0.90m

*de*25：91.50−0.12×2−0.02×2−0.07−0.04)+(1.00−0.07)=2.04m

*de*20：0.80+(3.90−0.12×2−0.02×2−0.50−0.90−0.90−0.60/2)+(3.90−3.70)=2.02m

2）排水管道工程量计算（WL-1）

*DN*100：(0.50+0.90+0.90+0.30−0.095)+0.30×3+(2.70−2.25)×2=4.31m

*DN*50：(3.90−0.12×2−0.02×2−0.5−0.90−0.90−0.30−0.60/2)+(2.70−2.25)×2=1.72m

2. 管道支架计算

本工程由于给水管道采用塑料 PP-R 管（最大规格≤*de*50），排水管道采用塑料 U-PVC 管。根据《全国统一安装工程预算定额》规定，管道安装项目中均已包含管道支架的制作安装内容。

3. 卫生器具统计

(1) 洗脸盆（冷水嘴） 2 组

(2) 坐式大便器 1 套

(3) 延迟冲洗阀式蹲便器 2 套

(4) 污水盆 1 组

(5) 地面式扫除口 *DN*100 1 个

(6) 地漏 *DN*50 2 个

4. 阀门统计

(1) *DN*20 闸阀　1 个

(2) *DN*40 闸阀　1 个

二、编制分部分项工程量清单

根据《通用安装工程工程量计算规范》GB 50586—2013 的要求编制分部分项工程量清单，见表 1-37。

分部分项工程量清单与计价表　　　　**表 1-37**

工程名称：某室内给水排水工程

序号	项目编码	项目名称	项目特征描述	计量单位	工程量	金额(元)		
						综合单价	合价	其中：暂估价
1	031001006001	塑料管 PP-R *de*50	1. 安装部位:室内 2. 介质:给水 3. 规格:塑料管 PP-R *de*50 4. 连接形式:热熔连接 5. 钢套管:*DN*65	m	4.39			
2	031001006002	塑料管 PP-R *de*40	1. 安装部位:室内 2. 介质:给水 3. 规格:塑料管 PP-R *de*40 4. 连接形式:热熔连接	m	0.90			
3	031001006003	塑料管 PP-R *de*25	1. 安装部位:室内 2. 介质:给水 3. 规格:塑料管 PP-R *de*25 4. 连接形式:热熔连接 5. 钢套管:*DN*65	m	2.04			
4	031001006004	塑料管 PP-R *de*20	1. 安装部位:室内 2. 介质:给水 3. 规格:塑料管 PP-R *de*40 4. 连接形式:热熔连接	m	2.02			
5	031001006005	塑料管 U-PVC *DN*100	1. 安装部位:室内 2. 介质:排水 3. 规格:塑料管 U-PVC *DN*100 4. 连接形式:粘结连接	m	4.31			
6	031001006006	塑料管 U-PVC *DN*50	1. 安装部位:室内 2. 介质:排水 3. 规格:塑料管 U-PVC *DN*50 4. 连接形式:粘结连接	m	1.72			
7	031003001001	螺纹阀门 *DN*20	1. 类型:闸阀 2. 材质:铜质 3. 规格:*DN*20	个	1			
8	031003001002	螺纹阀门 *DN*20	1. 类型:闸阀 2. 材质:铜质 3. 规格:*DN*20	个	1			

续表

序号	项目编码	项目名称	项目特征描述	计量单位	工程量	金额(元)		
						综合单价	合价	其中：暂估价
9	031002003001	钢套管：*DN*32	1. 类型：普通钢套管 2. 材质：焊接钢管 3. 规格：*DN*32 4. 填料材质：油麻及防水石棉水泥 5. 除锈、刷油材质及做法：人工除锈 刷防锈漆两道	个	1			
10	031003001002	钢套管：*DN*65	1. 类型：普通钢套管 2. 材质：焊接钢管 3. 规格：*DN*65 4. 填料材质：油麻及防水石棉水泥 5. 除锈、刷油材质及做法：人工除锈 刷防锈漆两道	个	1			
11	031004003001	洗脸盆	1. 材质：陶瓷 2. 规格、类型：冷水水嘴 P-7023	组	1			
12	031004004001	洗涤盆	1. 材质：陶瓷 2. 详见 99S304-16（乙型）	套	1			
13	031004006001	坐式大便器	1. 材质：陶瓷 2. 坐式(连体水箱) 3. MB-1814	套	2			
14	031004006002	蹲式大便器	1. 材质：陶瓷 2. 详见图集 99S304-83	个	20			
15	031004014001	地漏	1. 塑料； 2. *DN*50	个	2			
16	031004014002	地面式扫除口	1. 塑料； 2. *DN*100	个	1			

练　习　题

1. 某办公楼卫生间给水排水系统工程设计，如图 1-34～图 1-36 所示。根据《通用安装工程工程量计算规范》GB 50586—2013 的要求编制分部分项工程量清单，并写出计算过程。

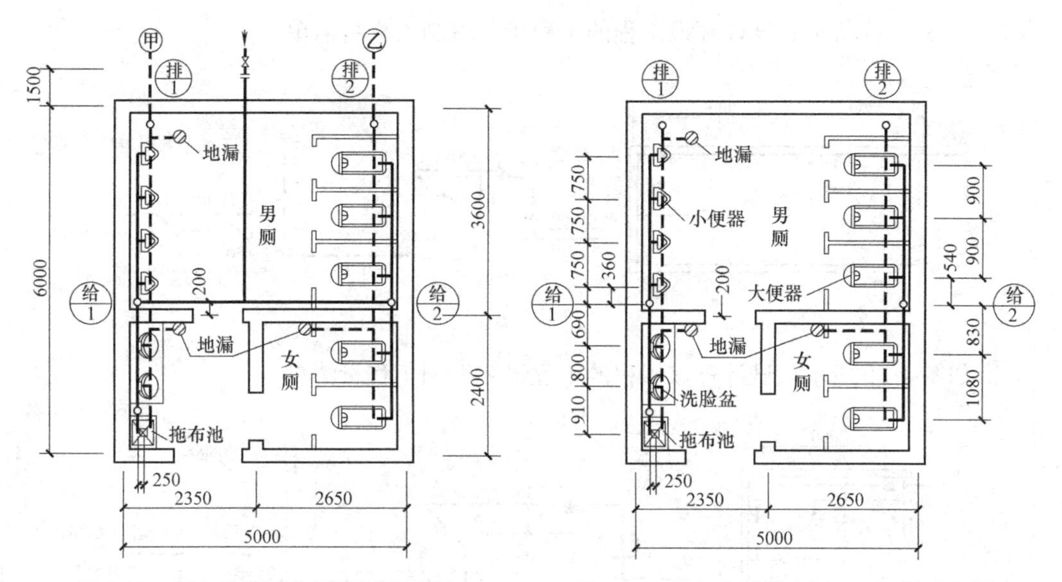

图 1-34　某办公楼卫生间底层平面图　　　　图 1-35　某办公楼卫生间二、三层平面图

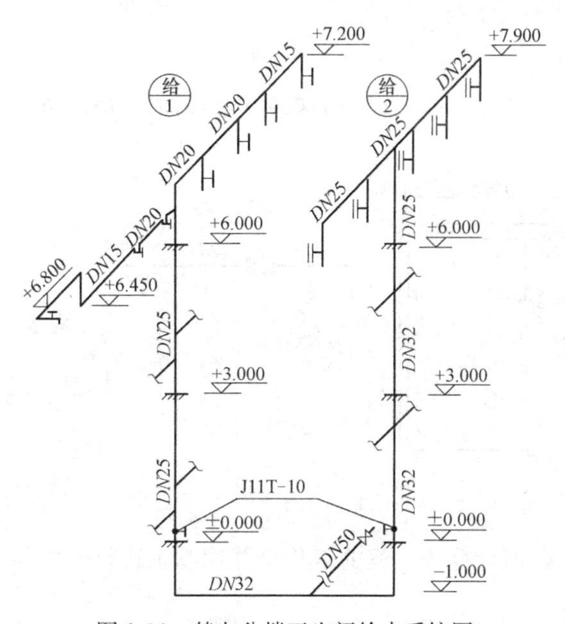

图 1-36　某办公楼卫生间给水系统图

2. 如图 1-37 所示，试计算该工程的工程量并编制工程量清单（给水管采用 PP-R 排水管采用 PVC-U，余同）。

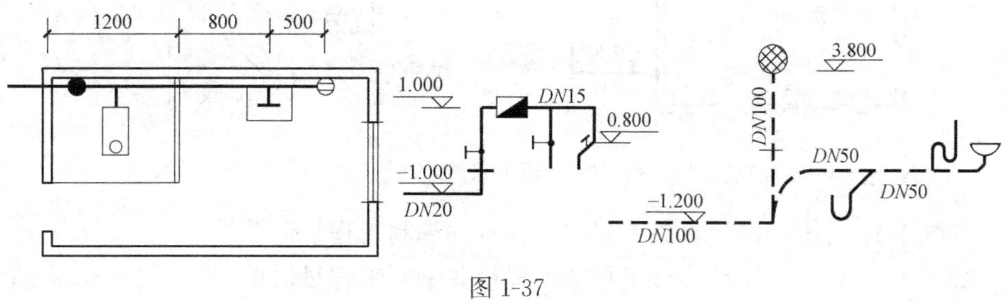

图 1-37

3. 如图 1-38 所示，试计算该工程的工程量并编制工程量清单。

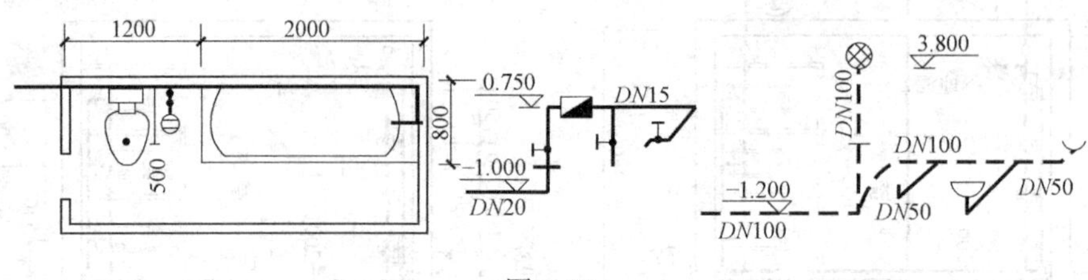

图 1-38

4. 如图 1-39 所示，试计算该工程的工程量并编制工程量清单。

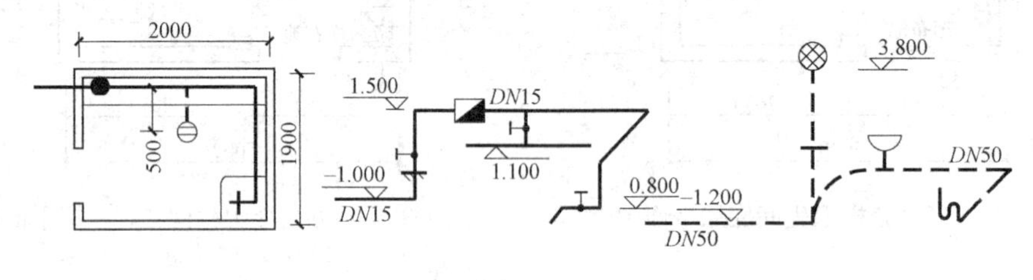

图 1-39

5. 如图 1-40 所示，试计算该工程的工程量并编制工程量清单。

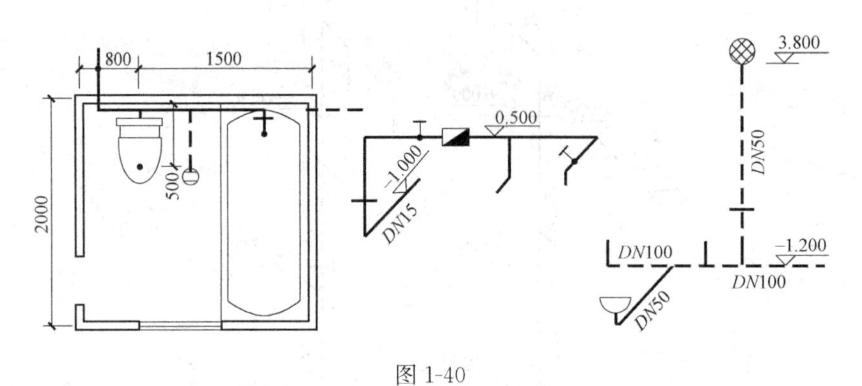

图 1-40

6. 如图 1-41 所示，试计算该工程的工程量并编制工程量清单。

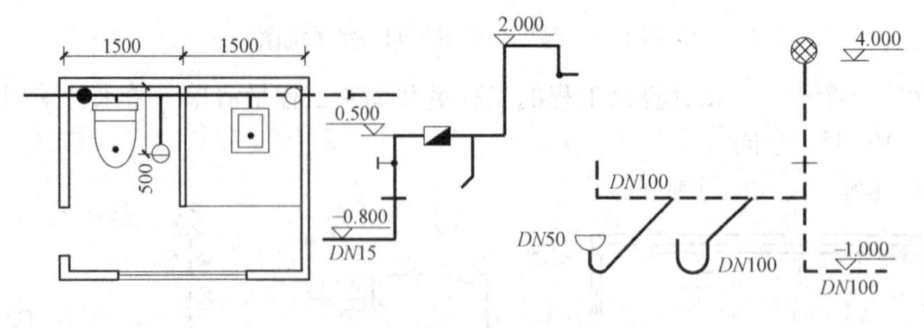

图 1-41

7. 如图 1-42 所示，试计算该工程的工程量并编制工程量清单。

8. 如图 1-43 所示，试计算该工程的工程量并编制工程量清单。

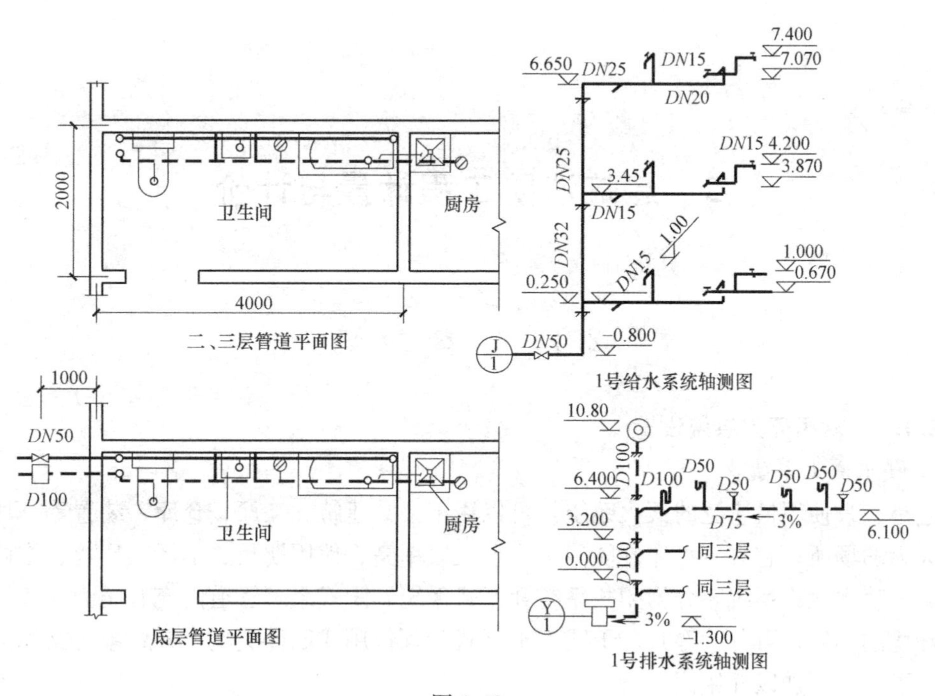
2000
卫生间
厨房
4000
二、三层管道平面图
1000
DN50
D100
卫生间
厨房
底层管道平面图
7.400
6.650 DN25
DN15
7.070
DN20
DN25
DN15 4.200
3.45
3.870
DN15
DN32
1.00
DN15
1.000
0.250
0.670
DN50
-0.800
1号给水系统轴测图
10.80
D100
6.400
D100
D50
D50
D50
D50
D50
3.200
D75
3%
6.100
0.000
D100
同三层
同三层
3%
-1.300
1号排水系统轴测图

图 1-42

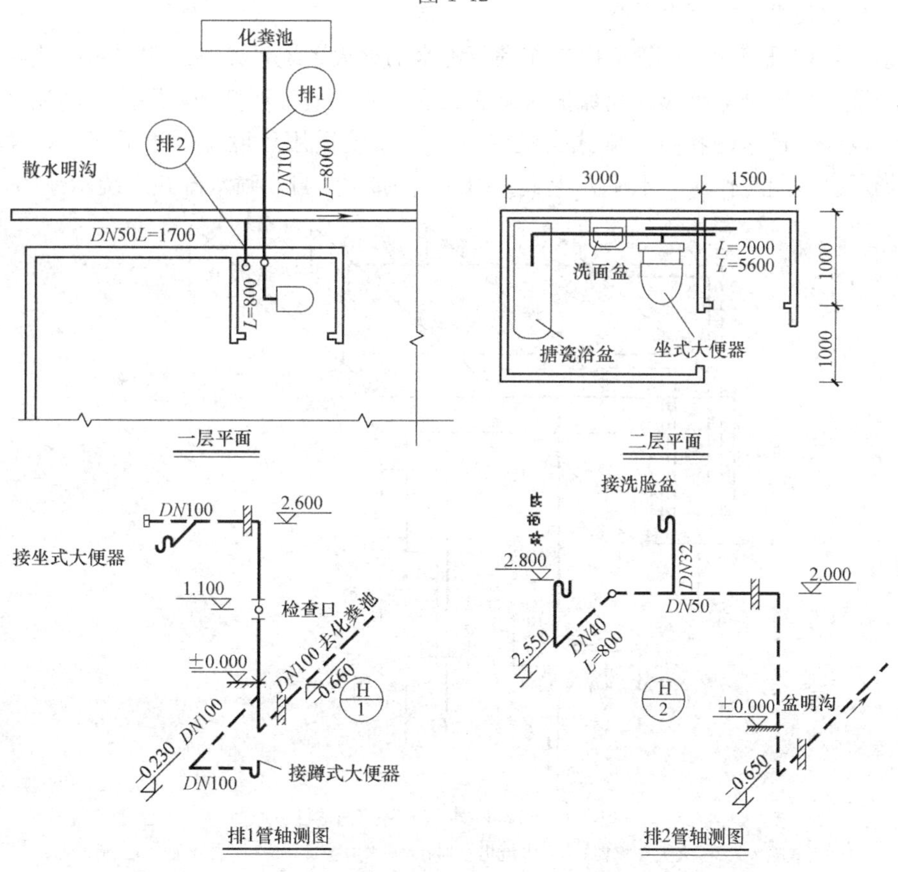
化粪池
排1
排2
散水明沟
DN100
L=8000
DN50L=1700
L=800
一层平面
3000
1500
洗面盆
L=2000
L=5600
1000
1000
搪瓷浴盆
坐式大便器
二层平面
DN100
2.600
接坐式大便器
1.100
检查口
DN100去化粪池
±0.000
-0.660
DN100
-0.230
DN100
接蹲式大便器
排1管轴测图
接洗脸盆
2.800
DN32
2.000
DN50
2.550
DN40
L=800
±0.000
盆明沟
-0.650
排2管轴测图

图 1-43

2 建筑消防工程计量与计价

2.1 基本知识

2.1.1 常用灭火系统设置

1. 喷水灭火系统

这是一种使用最广泛的灭火系统，可以用于公共建筑、工厂、仓库、装置等一切可以用水灭火的场所。它具有工作性能稳定、灭火效率高、使用期长、不污染环境、维修方便等优点。喷水灭火系统，分为闭式系统和开式系统。闭式系统管道内充有压力，按使用要求和环境的不同，可分为湿式、干式、干湿式和预作用式四种类型。开式系统又称为雨淋系统，下面分别加以介绍。

（1）自动喷水湿式灭火系统

该系统是在报警阀前后管道内均充满压力水的灭火系统，该系统主要由闭式喷头、管道系统、湿式报警阀等组成。当保护对象着火后，闭式喷头被打开，即能自动喷水，具有控制火势或灭火迅速的特点。湿式自动喷水灭火系统适用环境温度不低于4℃且不高于70℃的场所。阀内工作压力不应大于1.2MPa。图2-1为自动喷水湿式系统示意图。

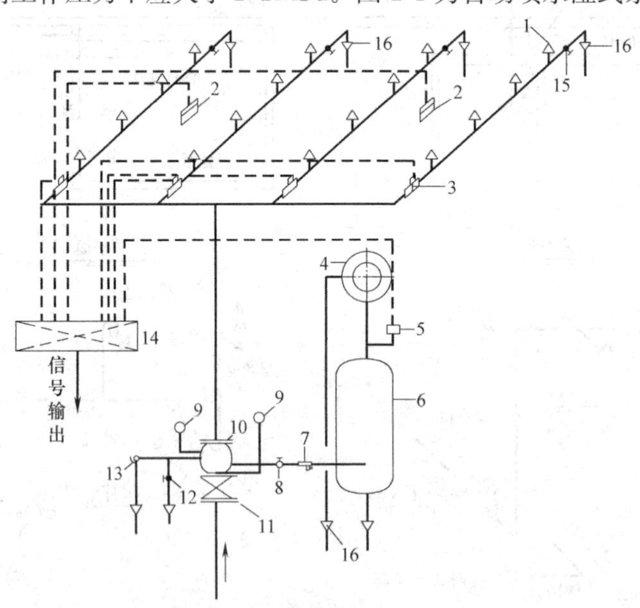

图2-1 自动喷水湿式系统示意图

1—闭式喷头；2—火灾探测器；3—水流指示器；4—水力警铃；5—压力开关；6—延迟器；7—过滤器；8—截止阀；9—压力表；10—湿式报警阀；11—闸阀；12—截止阀；13—放水阀；14—火灾报警控制箱；15—截止阀；16—排水漏斗

(2) 自动喷水干式灭火系统

该系统是在报警阀后管道内充以有压气体，报警阀前管道内充满有压水的灭水系统。当火灾发生时，喷水头开启，先排出管道内的空气，供水才能进入管网，由喷头喷水灭火。该系统适用于环境温度在4℃以下和70℃以上不宜采用湿式喷水灭火系统的地方。其主要缺点是作用时间比湿式系统迟缓一些，另外还要设置压缩机及附属设备，投资较大。图2-2为自动喷水干式系统示意图。

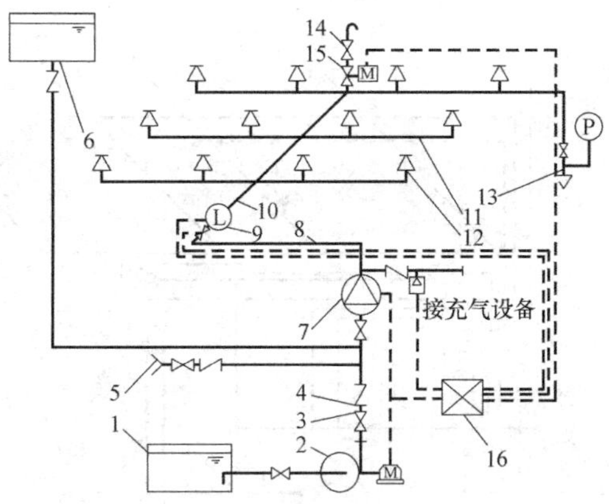

图2-2 自动喷水干式系统示意图

1—水池；2—水泵；3—闸阀；4—止回阀；5—水泵接合器；6—消防水箱；7—干式报警阀组；8—配水干管；9—水流指示器；10—配水管；11—配水支管；12—闭式喷头；13—末端试水装置；14—快速排气阀；15—电动阀；16—报警控制器

(3) 自动喷水干湿两用灭火系统

这种灭火系统亦称为水、气交换式自动喷水灭火装置，该系统在冬季或寒冷的季节里，管道内可充填压缩空气，即为自动喷水干式灭火系统；在温暖的季节里整个系统充满水，即为自动喷水湿式灭火系统。图2-3为自动喷水干湿两用系统示意图。

(4) 自动喷水预作用系统

该系统具有湿式系统和干式系统的特点，预作用阀后的管道系统内平时无水，呈干式，充满有压或无火灾发生初期，火灾探测器系统控制自动开启或手动开启预作用阀，使

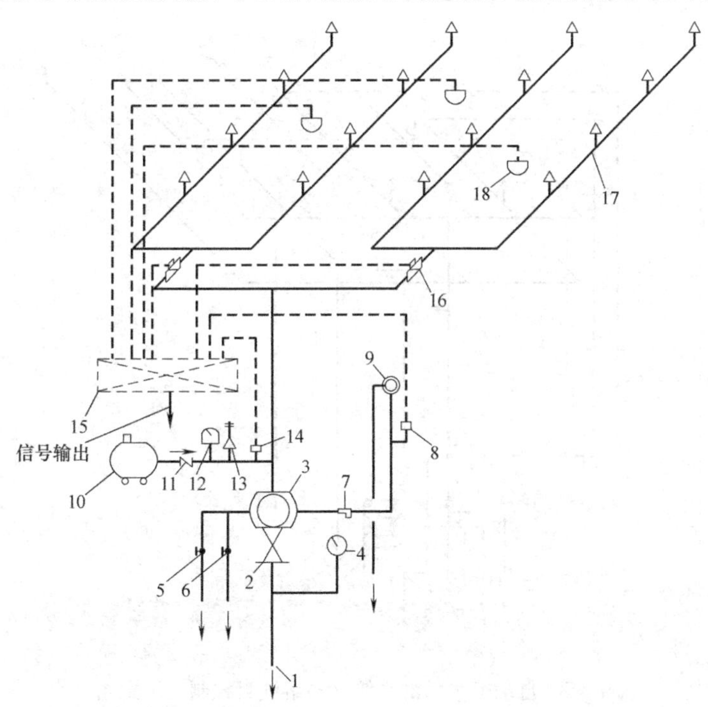

图2-3 自动喷水干湿两用示意图

1—供水管；2—闸阀；3—干湿两用阀、干式阀；4—压力表；5—截止阀；6—截止阀；7—过滤器；8—压力开关；9—水力警铃；10—空压机；11—止回阀；12—压力表；13—安全阀；14—压力开关；15—灭火报警控制箱；16—水指示器；17—闭式喷头；18—火灾探测器

消防水进入阀后管道，系统成压的气体。为湿式。当闭式喷头开启后，即可出水灭火，该系统由火灾探测系统、闭式喷头、预作用阀、充气设备和充以有压或无压气体的钢管等组成。图 2-4 为自动喷水预作用系统示意图。

(5) 自动喷水雨淋系统

该系统由开式喷头、管道系统、雨淋阀火灾探测器和辅助设施组成。雨淋阀的控制有气控和水力控制两种。系统的控制方法有两种：

一是利用自动喷淋头控制阀门而达到控制部分管网的目的；二是在每组干支管上附设感温探测器来控制进水阀门。这种灭火系统常安装在火灾危险性较高的场所，图 2-5 为自动喷水雨淋系统示意图。

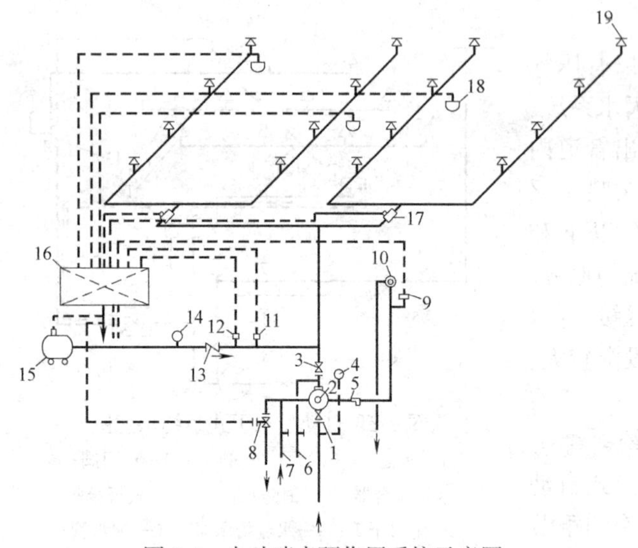

图 2-4　自动喷水预作用系统示意图

1-闸阀；2—预作用阀；3—闸阀；4—压力表；5—过滤器；6—截止阀；7—手动开启截止阀；8—电磁阀；9—压力开关；10—水力警铃；11、12—压力开关；13—止回阀；14—压力表；15—空压机；16—火灾报警控制箱；17—水流指示器；18—火灾探测器；19—闭式喷头

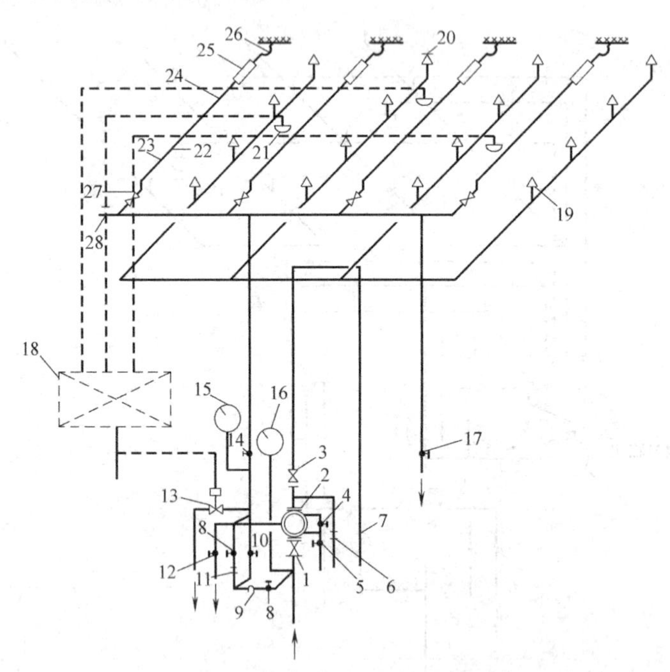

图 2-5　自动喷水雨淋系统（易熔锁封控制）示意图

1—闸阀；2—雨淋阀；3—闸阀；4、5—截止阀；6—闸阀；7、8—截止阀；9—止回阀；10—截止阀；11—带 $\phi3$ 小孔闸阀；　12—截止阀；13—电磁阀；14—截止阀；15、16—压力表；17—手动旋塞；18—火灾报警控制箱；19—开式喷头；20—闭式喷头；21—火灾探测器；22—钢丝绳；23—易熔锁封；24—拉紧弹簧；25—拉紧连接器；26—固定挂钩；27—传动阀门；28—截止阀

2.1.2 室内消火栓系统

室内消火栓灭火系统是指设在建筑物内用水来扑灭火灾的普通固定灭火装置，其组成如图 2-6 所示，由装在消火栓箱内的水枪、水龙带、消火栓及消防管道组成，当室外给水管网的压力不能满足室内消防要求时，还需设置消防水泵和水箱。

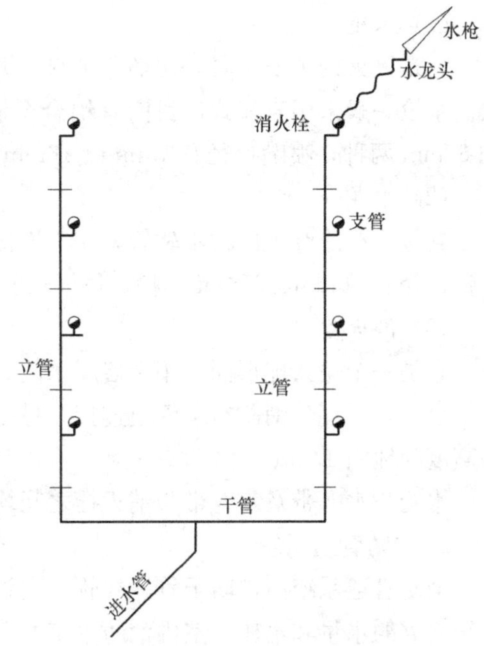

图 2-6 消火栓系统的组成图

1. 消火栓箱

消火栓箱指装设水枪、水龙带、消火栓和与消防泵串联的电器控制装置等部件的箱体。有空箱和成组箱两种，空箱内不带任何部件，其部件在现场组装，一般不常用；成组箱在厂家已将其内部部件组装好，无需再在现场组装，较为常用。消火栓箱装置如图 2-7 (*a*)所示。安装形式分为明装（外凸式）、半明装（半凸式）、暗装（凹式）三种，如图 2-7 (*b*)、(*c*)、(*d*) 所示。

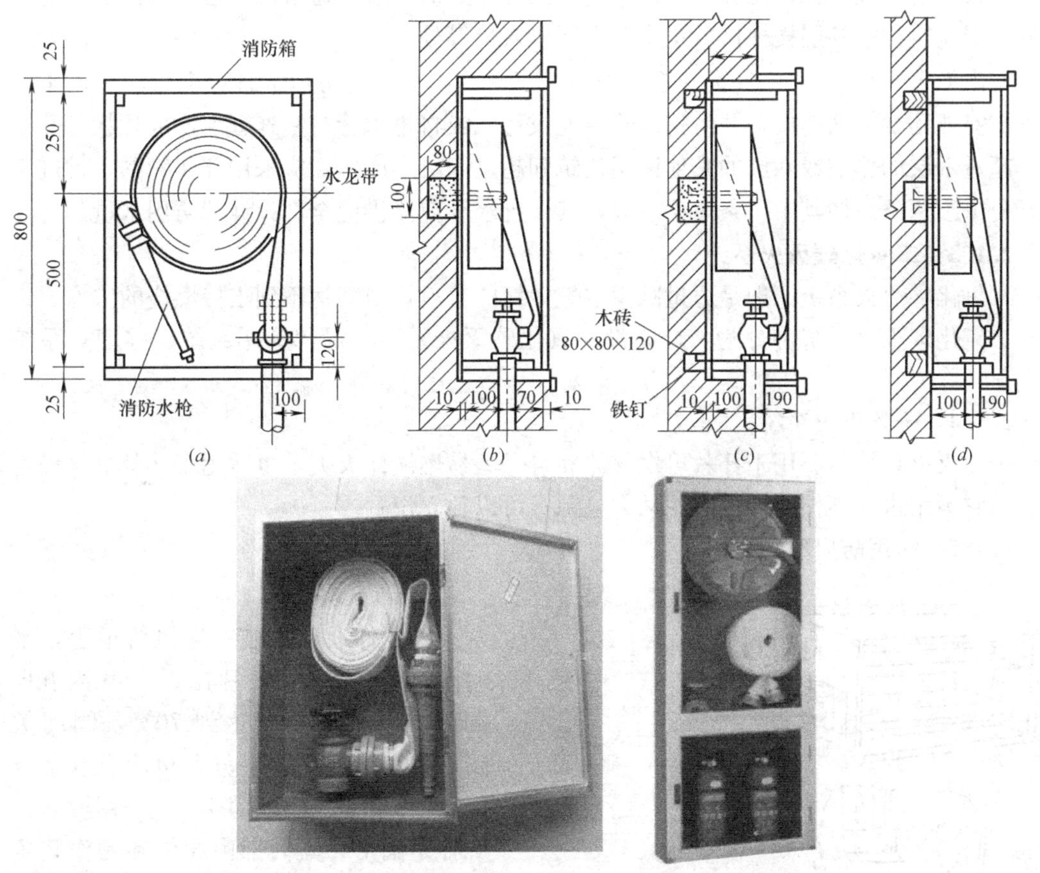

图 2-7 消火栓箱及安装

(*a*) 立面图；(*b*) 暗装侧面图；(*c*) 半明装侧面图；(*d*) 明装侧面图

（1）水枪

它是灭火的主要工具，可收缩水流，增加水的流速，形成密集的充实水柱，将火击灭。水枪一般采用直流式，目前有铝合金制和硬质聚氯乙烯制两种，接口直径有 50mm 和 65mm 两种，喷嘴口径有 13mm、16mm、19mm 三种规格。

（2）水龙带

它是帆布或麻织的输水软管，用于连接水枪和消火栓，把有压水流输送到灭火地。水龙带口径有 50mm、65mm 两种，每根长度有 10m、15m、20m、25m 等几种规格。

（3）消火栓

它是一个角式球形阀，用于启闭水流。消火栓平时处于关闭状态，发生火灾时使用人员开启。它一端与消防给水管道连接，另一端通过快速接头与水龙带连接。消火栓阀门中心高度距地面 1.2m。

水枪与水龙带及水龙带与消火栓之间均应采用内扣式快速接头连接。

2. 消防管道系统

消防管道系统由消防干管、立管和支管组成，其作用是把水送至消火栓，并保证消防系统所需的水量和水压。室内消防系统的管径不得小于 50mm。

消火栓的布置应保证能够扑灭建筑物内任何一点的火灾，通常位于建筑物内的明显易取处，如建筑物的各层楼梯口、走廊及大厅出入口等处。

室内消火栓超过 10 个且室外给水为环状管网时，室内消防给水管道至少应有两条进水管与室外环状管网连接，并将室内管道连成环状或将进水管与室外管道连成环状。

超过六层的住宅或六层的其他民用建筑和超过四层的库房，应采用环状管网，且进水管不应少于两条。如其中一条发生事故，其余进水管应能供应全部设计消防用水量。

2.1.3 二氧化碳灭火系统

二氧化碳灭火系统原理是通过减少空气中氧的含量，使其达不到支持燃烧的浓度。

二氧化碳灭火系统可分为：全淹没二氧化碳灭火系统、局部应用系统、移动式系统三类。

2.1.4 干粉灭火系统

干粉灭火系统主要用于扑救可燃气体和可燃、易燃液体火灾，也适用于扑救电气设备火灾。它不用水，不怕冻，也不用动力电源，可以独立设置。

2.1.5 常用防火部件

1. 防火调节阀

该部件通常安装在通风管道上，平时阀门开启，阀门叶片在 0°～90°内五档调节，当气流温度达到 70℃，阀门关闭。如图 2-8 所示为防火阀外形示意及电路图。一般有两种类型，一种是矩形，一种是圆形，其内部由阀体和操作装置组成。图 2-9 为矩形阀门，图 2-10 为圆形阀门。防火阀的规格见表 2-1。

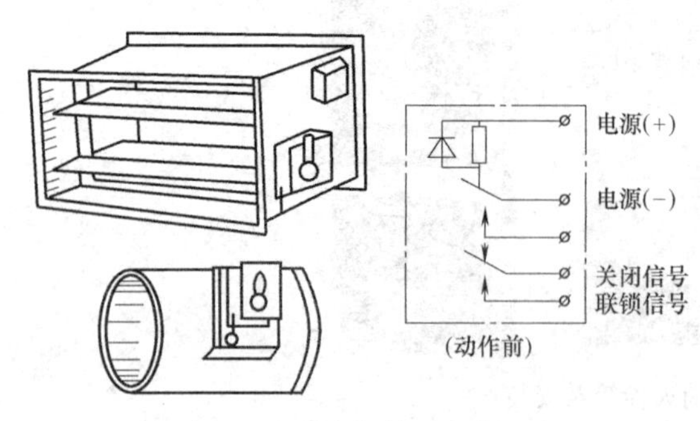

图 2-8 防火阀外形示意图

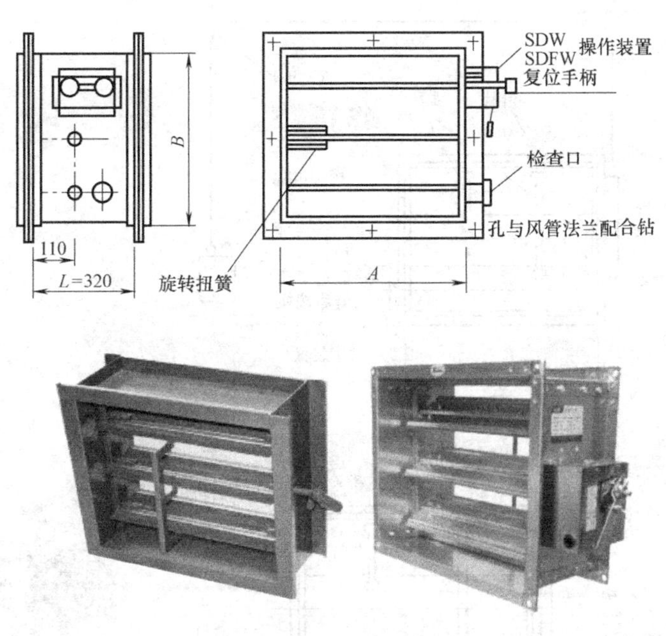

图 2-9 矩形防火阀构造

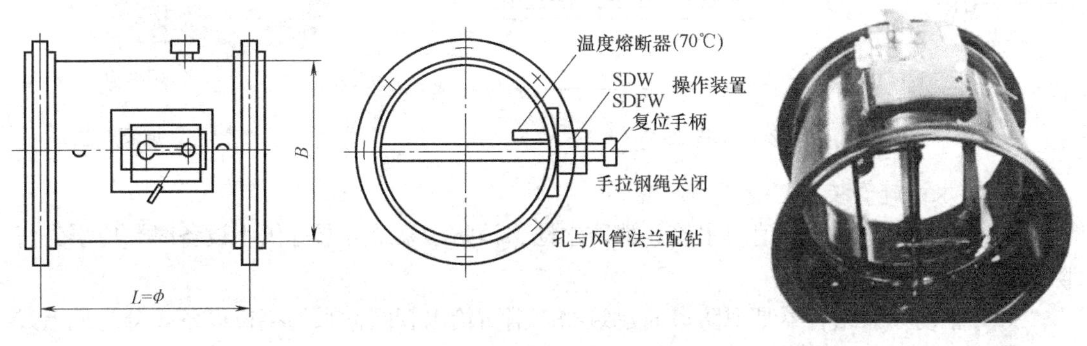

图 2-10 圆形防火阀构造

防火调节阀规格（mm） **表 2-1**

ϕD	L	法兰规格	ϕD	L	法兰规格	ϕD	L	法兰规格
300	400	∟25×25×3	400	400	∟25×25×3	630	630	∟30×30×3
320	400	∟25×25×3	450	450	∟30×30×3	800	800	∟40×40×4
360	400	∟25×25×3	500	500	∟39×39×3	1000	1000	∟40×40×4

2. 远控排烟阀

该部件一般安装在排烟系统的风管上或排烟口处，平时关闭；当发生火灾时，烟感探头发出火警信号，控制中心将信号传给阀上远程控制器上的电磁铁，使阀门迅速打开，也可手动迅速打开阀门，手动复位。排烟阀由阀体和操作机构组成，如图 2-11 和图 2-12 所示。

3. 常用喷水灭火系统的安装

自动喷水灭火系统的安装必须严格遵照《自动喷水灭火系统施工及验收规范》GB 50261 的规定及该系统施工图的要求。

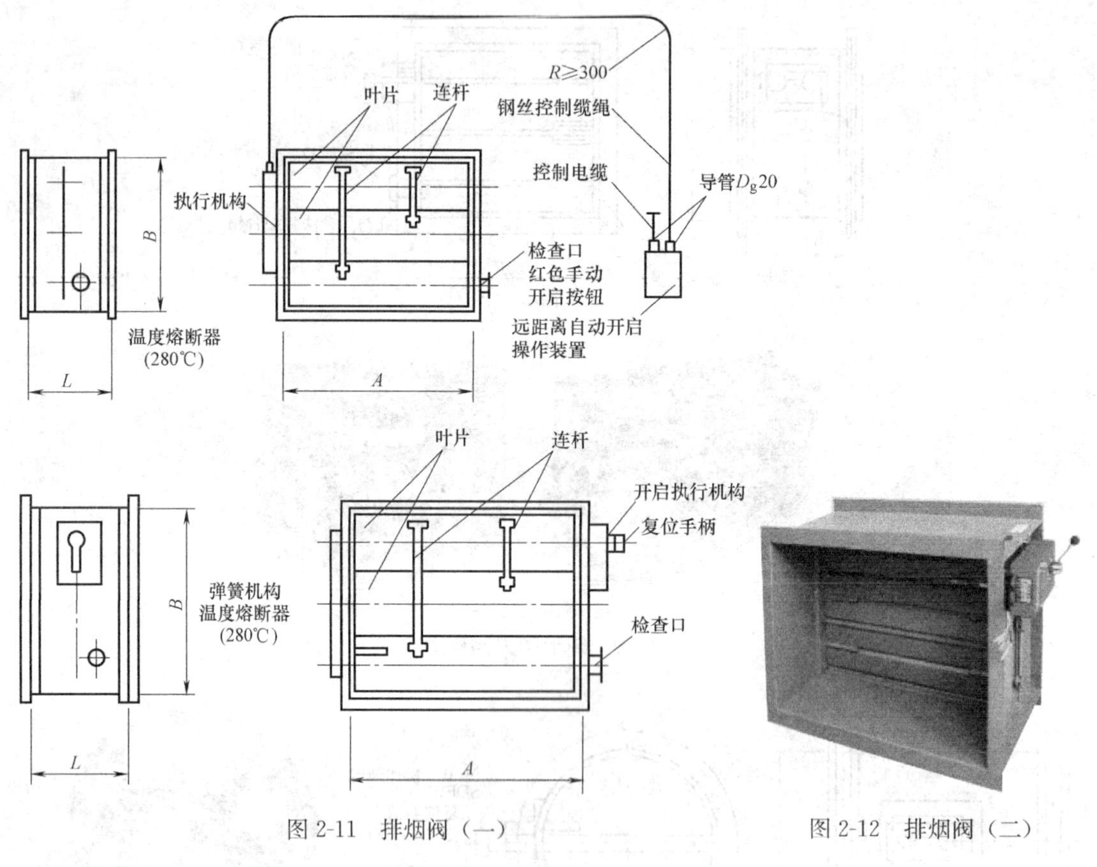

图 2-11　排烟阀（一）　　　　图 2-12　排烟阀（二）

4. 供水设施安装

（1）安装消防水泵、消防水箱、消防水池、消防水泵结合器等供水设备时，应事先清除其内部污垢和杂物。

（2）消防水泵结合器是消防车向建筑物内消防给水管网输水的接口设备，分为地上式和地下式。水泵接合器的组装应按接口、本体、连接管、止回阀、安全阀、放空管、控制阀等顺序进行。安装示例如图 2-13 所示。

5. 管网及系统组件安装

（1）当管道直径≤100mm 时，应采用螺纹连接；当管道直径＞100mm 时，可采用焊接或法兰连接。

（2）当管道变径时，宜采用异径管件，在管道弯头处不得采用补芯。

（3）安装喷头时，必须使用生产厂家提供的专用工具。无专用工具时，只能使用扳手夹紧螺纹外边的四方体（或六角体）。

（4）喷头安装后，应逐个检查有无歪斜，玻璃球有无裂纹和液体渗漏，熔合金片有无变形、位移。

（5）喷头安装应在系统试压、冲洗合格后进行。

（6）湿式报警阀安装后，应使报警阀前后的管道中能顺利充满水；压力波动时，水力警铃不应发生误报警。

（7）管网安装完毕后，应对其进行强度试验、严密性试验和冲洗。

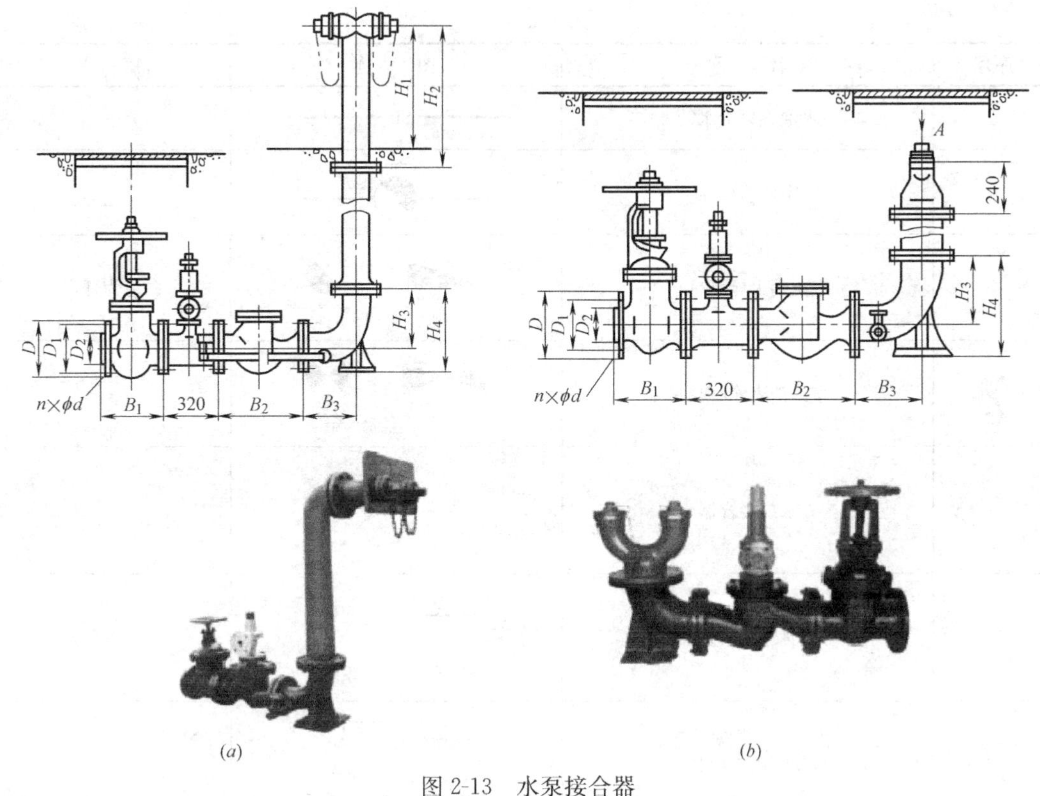

(a) (b)

图 2-13 水泵接合器

(a) 地上式；(b) 地下式

2.2 建筑消防工程识图

消防工程施工图是设计意图的体现，是进行安装工程施工的依据，也是编制施工图预算的重要依据。常用的表达方式有图例、符号、文字标注等，是建设工程的通用语言。要正确认识消防工程图，必须了解熟悉该通用语言。

2.2.1 消防工程施工图

1. 消防工程施工图的组成

消防工程图一般由设计说明、消防工程平面图（底层、标准层）、消防系统图和喷淋系统组成。

各种图纸表达的内容同给水排水工程。

2. 消防工程常用文字符号及图例（表 2-2）

消防工程施工图常用图例符号（GB/T 50106—2010）　　表 2-2

序号	名　称	图　例	备　注
1	消火栓给水管	—— XH ——	—
2	自动喷水灭火给水管	—— ZP ——	—
3	雨淋灭火给水管	—— YL ——	—
4	水幕灭火给水管	—— SM ——	—

续表

序号	名　称	图　例	备　注
5	水炮灭火给水管	—— SP ——	—
6	室外消火栓		—
7	室内消火栓(单口)	平面　系统	白色为开启
8	室内消火栓(双口)	平面　系统	—
9	水泵接合器		—
10	自动喷洒头(开式)	平面　系统	—
11	自动喷洒头(闭式)	平面　系统	下喷
12	自动喷洒头(闭式)	平面　系统	上喷
13	自动喷洒头(闭式)	平面　系统	上下喷
14	侧墙式自动喷洒头	平面　系统	—
15	水喷雾喷头	平面　系统	—
16	直立型水幕喷头	平面　系统	—
17	下垂型水幕喷头	平面　系统	—

续表

序号	名　　称	图　　例	备　　注
18	干式报警阀	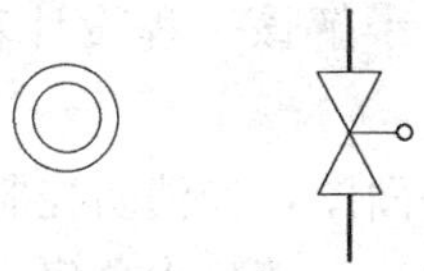 平面　系统	—
19	湿式报警阀	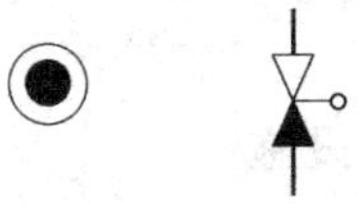 平面　系统	—
20	预作用报警阀	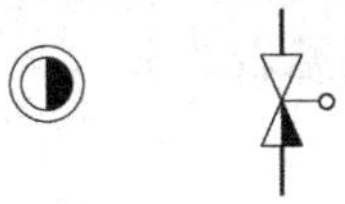 平面　系统	—
21	水流指示器	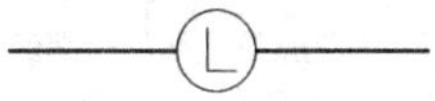	—
22	水力警铃	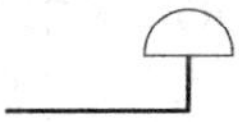	—
23	雨淋阀	 平面　系统	—
24	信号闸阀	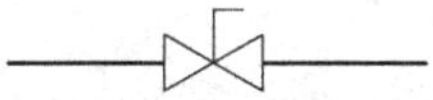	—
25	信号蝶阀	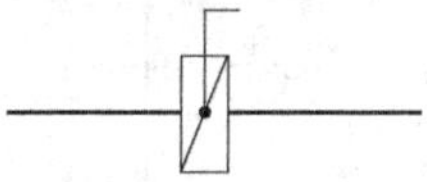	—
26	消防炮	 平面　系统	—
27	末端测试器	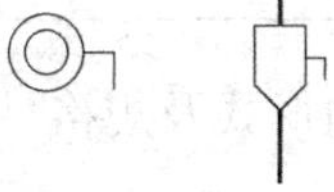 平面　系统	—
28	手提式灭火器	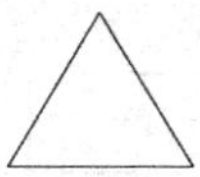	—
29	推车式灭火器	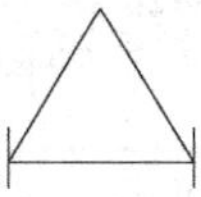	—

3. 消防工程施工图的识读方法

识读消防工程施工图的方法，可归纳为以下几点：

（1）阅读设计说明，了解该工程设计者意图、通风管及设备的选型情况及有关施工要求。

（2）阅读消防工程平面图，如消防控制室位置平面图、各层报警系统设置平面图、消防给水总平面图、消防水池和消防水泵房平面图。

（3）阅读消防工程系统图，如火灾自动报警系统图、水喷淋平面系统图、消火栓平面系统图、防排烟平面系统图，了解管道、部件及喷头等的布置情况。

2.2.2 消防工程常用设施

1. 室内消火栓箱

（1）水灭火系统常用设备的规格

SN 系列消火栓的规格见表 2-3。

SN 系列消火栓 表 2-3

<table>
<tr><th rowspan="2">型号</th><th rowspan="2">公称通径 DN (mm)</th><th colspan="2">进水口</th><th colspan="3">基本尺寸(mm)</th></tr>
<tr><th>管螺纹</th><th>螺纹深度</th><th>关闭后高度</th><th>出水口高度</th><th>阀杆中心中接口外沿距离</th></tr>
<tr><td>25</td><td>SN25</td><td>Rp1</td><td>18</td><td>135</td><td>48</td><td><82</td></tr>
<tr><td rowspan="4">50</td><td>SN50</td><td rowspan="2">Rp2</td><td rowspan="2">22</td><td>185</td><td>65</td><td rowspan="2">110</td></tr>
<tr><td>SNZ50</td><td>205</td><td>65～71</td></tr>
<tr><td>SNS50</td><td rowspan="2">$Rp2\frac{1}{2}$</td><td rowspan="2">25</td><td>205</td><td>71</td><td>120</td></tr>
<tr><td>SNSS50</td><td>230</td><td>100</td><td>112</td></tr>
<tr><td rowspan="8">65</td><td>SN65</td><td rowspan="6">$Rp2\frac{1}{2}$</td><td rowspan="8">25</td><td>205</td><td></td><td>112</td></tr>
<tr><td>SNZ65</td><td rowspan="6">225</td><td rowspan="5">71～100</td><td>120</td></tr>
<tr><td>SNZJ65</td><td rowspan="6">126</td></tr>
<tr><td>SNZW65</td></tr>
<tr><td>SNZJ65</td></tr>
<tr><td>SNW25</td></tr>
<tr><td>SNS65</td><td rowspan="2">Rp3</td><td></td></tr>
<tr><td>SNSS65</td><td>270</td><td>110</td></tr>
<tr><td>80</td><td>SN80</td><td>Rp3</td><td>25</td><td>225</td><td>80</td><td>126</td></tr>
</table>

（2）消防水带与接口的形式及规格见表 2-4～表 2-7。

消防水带的规格 表 2-4

品种	有衬里消防水带(GB 6246)、无衬里消防水带(GB 4580)						
公称口径(mm)	25	40	50	65	80	90	100
基本尺寸(mm)	25	38	51	63.5	76	89	102
折幅(mm)	42	64	84	103	124	144	164

注：折幅是指水带压扁后的大约宽度。

内扣式消防接口形式及规格 表 2-5

接口形式		规格	
名称	代号	公称通径(mm)	公称压力(mm)
水带接口	KD	25、40、50、65、80、100、125、135、150	1.6 2.5
	KDN		
牙管接口	KY		
内螺纹固定接口	KM		
	KN		
异径接口	KWS		
	KWA		
	KJ	两端通径可在通径系列内组合	

注：KD 表示外箍式连接的水带接口。KND 表示内扩张式连接的水带接口。KWS 表示地上消火栓用外螺纹固定接口。KWA 表示地下消火栓用外螺纹固定接口。

卡式消防接口形式及规格 表 2-6

接口形式		规格	
名称	代号	公称通径(mm)	公称压力(mm)
水带接口	KDK	40、50、65、80	1.6 2.5
闷盖	KMK		
牙管雌接口	KYK		
牙管雄接口	KYKA		
异径接口	KJK	两端通径可在通径系列内组合	

螺纹式消防接口形式及规格 表 2-7

接口形式		规格	
名称	代号	公称通径(mm)	公称压力(mm)
吸水管接口	KG	90、100、125、150	1.0 1.6
闷盖	KA		
同型接口	KT		

2. 室外消火栓箱（表 2-8）

室外消火栓规格及外形尺寸 表 2-8

<table>
<tr><th rowspan="2">名称</th><th colspan="2">型号</th><th rowspan="2">工作压力/MPa</th><th colspan="2">进水管</th><th colspan="3">出水管</th><th rowspan="2">使用说明</th><th colspan="3">各部尺寸/mm</th><th rowspan="2">重量/(kg/个)</th></tr>
<tr><th>新</th><th>旧</th><th>连接形式</th><th>直径/mm</th><th>连接形式</th><th>直径/mm</th><th>个数/个</th><th>总高 H</th><th>短管高 h</th><th>阀杆开放高度</th></tr>
<tr><td rowspan="3">地上式消火栓</td><td>SS100</td><td>SS16</td><td>≤1.6</td><td>承插式(承口)</td><td>100</td><td>内扣式
螺纹式</td><td>65
M100</td><td>2
1</td><td rowspan="3">适用于气温较高地区的城市、居民区室外消防供水</td><td colspan="2">(长×宽×高)
400×340×1300</td><td>~5</td><td>140</td></tr>
<tr><td>SS100-10
SS100-16</td><td></td><td>1.0
1.6</td><td>承插式(承口)法兰式</td><td>100</td><td>螺纹式</td><td>M100
M56</td><td>1
1</td><td>h+1465</td><td rowspan="2">250、500、750、1000、1250、1500、1750、2000、2250</td><td rowspan="2">~5</td><td>~140
(H=250)</td></tr>
<tr><td>SS150-10
SS150-15</td><td></td><td>1.0
1.6</td><td>承插式(承口)法兰式</td><td>150</td><td>螺纹式
内扣式</td><td>M65
150</td><td>2
1</td><td>h+1465
(h+1490)</td><td>~190
(h=250)</td></tr>
</table>

续表

名称	型号		工作压力/MPa	进水管		出水管			使用说明	各部尺寸/mm			重量/(kg/个)
	新	旧		连接形式	直径/mm	连接形式	直径/mm	个数/个		总高 H	短管高 h	阀杆开放高度	
地下式消火栓	SX100	SX16	≤1.6	承插式（承口）	M100	螺纹式内扣式	65 M100	1	适用于气温较低地区的城市、工矿企业、居民区已经影响交通的地段室外消防供水	（长×宽×高）680×460×1100		～50	172
	SX100-10		1.0 1.6	承插式（承口）法兰式	M100螺纹式	100	1			h+960	250、500、750、1000、1250、1500、1750	～	172（H=250）
	SX65-10 SX65-16			承插式（承口）法兰式		螺纹式	M65	2					～150（h=250）

注：1. 室外消火栓国标编号为 GB 4452。
2. $DN$65 的出水口一般配带有 KWS65 连接口。
3. SS100-10　SS150-10、SX100-10、SX65-16 消火栓系按 GB 4452 标准要求设计。

3. 消防水泵接合器（表 2-9）

消防水泵接合器规格及性能表　　**表 2-9**

型号	形式	公称直径（mm）	进水口		耐压/MPa			质（重）量/kg
			接口	直径/mm	强度试验压力	封闭试验压力	工作压力	
SQ10	地下式	100	KWS65	65×65	2.4	1.6	1.6	175 155 195
SQX100	地下式	100	KWX65	65×65				
SQB100	墙壁式	100	KWS65	65×65				
SQX150	地下式	100	KWS80	80×80				
SQX150	地下式	100	KWX80	80×80				
SQB150	墙壁式	100	KWS80	80×80				

4. 防火调节阀（表 2-10）

防火调节阀系列规格表（mm）　　**表 2-10**

ϕD	L	法兰规格	ϕD	L	法兰规格	ϕD	L	法兰规格
300	400	L25×25×3	400	400	L25×25×3	630	630	L30×30×3
320	400	L25×25×3	450	450	L30×30×3	800	800	L40×40×4
360	400	L25×25×3	500	500	L39×30×3	1000	1000	L40×40×4

5. 喷头

（1）洒水喷头。洒水喷头的标记如下：

例 1：M1　ZSTX15-93℃表示 MI 型，标准响应、下垂安装、公称口径为 15mm，公称动作温度为 93℃的喷头。

例 2：GB2 K-ZSTBX 20-68℃表示 GB2 型，快速响应、边墙型、下垂安装，公称口径为 20mm，公称动作温度为 68℃的喷头。

（2）水雾喷头。型号标记如下：

例 3：ZSTW A40/120 表示 A 型水雾喷头，公称流量系数为 40，雾化角为 120°的自动喷水灭火系统水雾喷头。

（3）水幕喷头。型号标记如下：

例 4：ZSTM A-T 40/120 表示 A 型、通用型、公称流量系数为 40，水幕展角为 120°的水幕喷头。

例 5：ZSTM D-L 60/150 表示 D 型、防护冷却用，公称流量系数为 60，水幕展角为 150°的水幕喷头。

（4）自动喷水灭火系统的阀门型号有“系统代号”、“特征代号”、“规格代号”、“改进序号”四部分组成，其形式如下：

系统代号。系统代号用两个大写汉语拼音“ZS”表示自动喷水灭火系统。

特征代号。阀门的特征代号用表 2-11 所列字母表示。

特征代号 **表 2-11**

产品名称	闸阀	球阀	蝶阀	消防电磁阀	截止阀	信号阀
特征代号	CF	OF	DF	CF	JF	XF

规格代号由阿拉伯数字组成表示产品的公称直径。

规格代号。改进序号。改进序号以 A、B、C、D……表示产品的每一次设计改进。

2.2.3 识图练习

【例一】 图 2-14 为某建筑消防工程图，试用所学知识进行读图练习。

该消防系统在①轴线与②、③轴线间墙上暗装消火栓，每层装 1 套，共安装 3 套。该系统供水由市政管网接入，而且与室外消防水泵结合器相接。

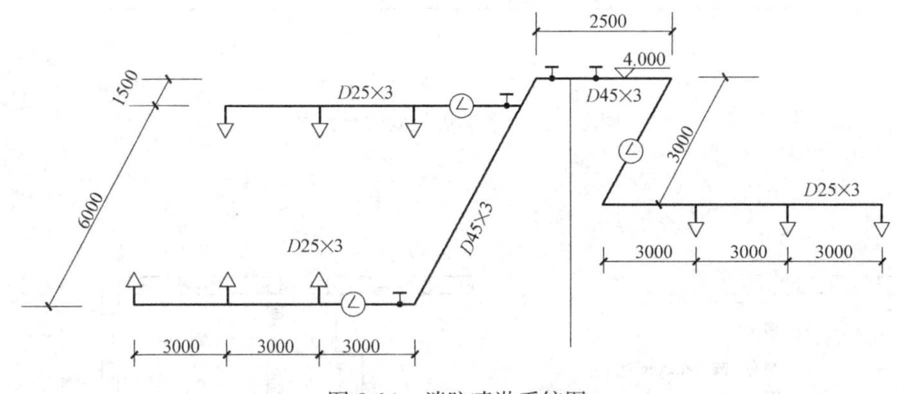

图 2-14 消防喷淋系统图

【例二】 图 2-15～图 2-17 为某大厦的综合娱乐室消防工程图。该建筑物共有两层。消防管材为镀锌钢管，消火栓为单出口成套消火栓，水龙带口径为 $DN65$。试运用所学知识读图，说明图纸所表达的内容。

从图 2-15 可看到，该建筑物一层采用室内消火栓系统，一层共安装 3 套消火栓，各消火栓的供水管从二层引来。

从图 2-15 可看到，该建筑物二层采用室内消火栓系统和喷淋系统。室内消火栓系统有两个引入口，在二层安装了 3 套消火栓和 5 个 $DN100$ 的阀门。喷淋系统只有 1 个入口，在建筑物二层布置了许多回路，每个回路上安装了一些喷头，图中给出了各喷头安装的位置图。

从图 2-16 可看到，室内消火栓系统的配管管径均为 $DN100$，左侧引入口管道标高为 8.400m，右侧引入口管道标高为 8.600m。

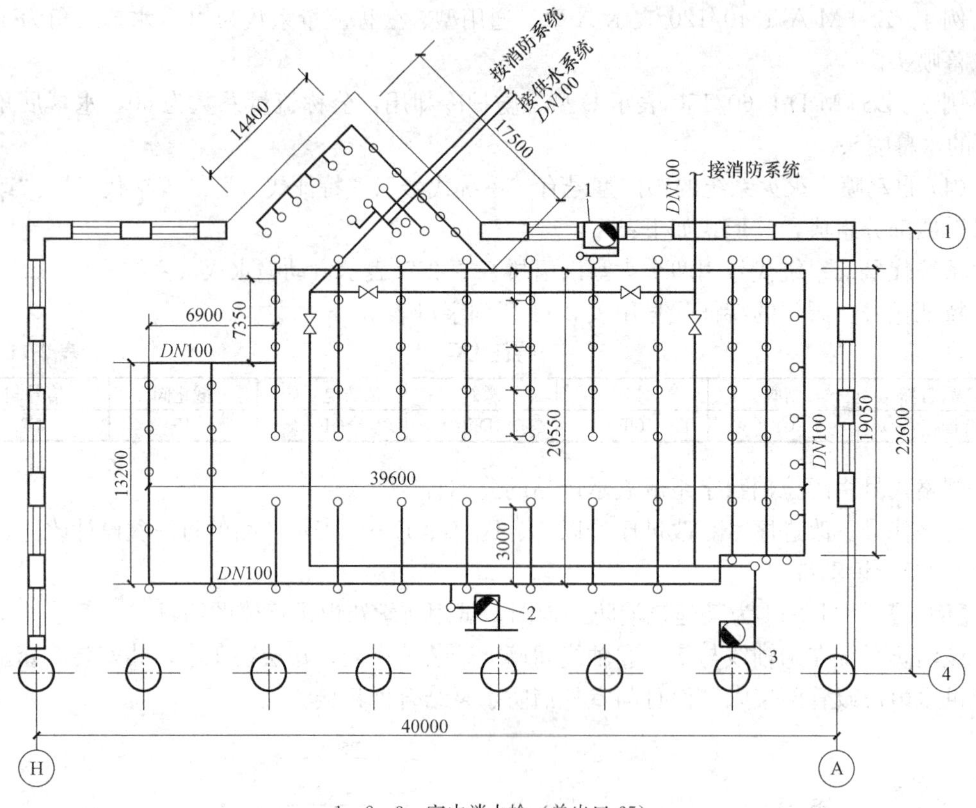

1、2、3—室内消火栓（单出口 65）

图 2-15　底层消火栓安装平面图

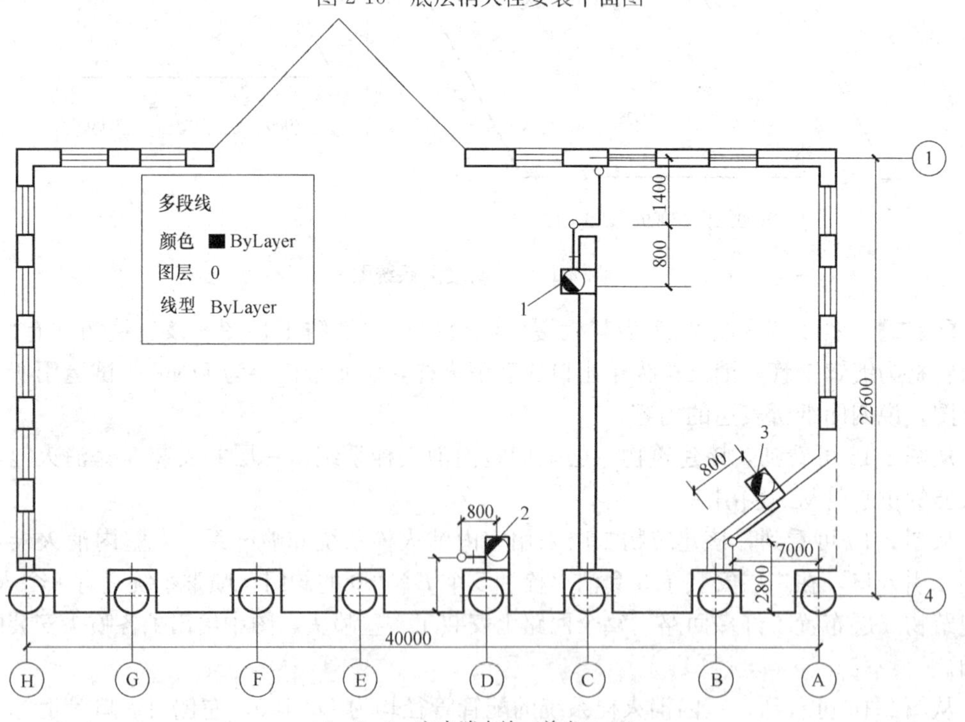

1、2、3—室内消火栓（单出口 65）

图 2-16　二层喷淋装置平面图

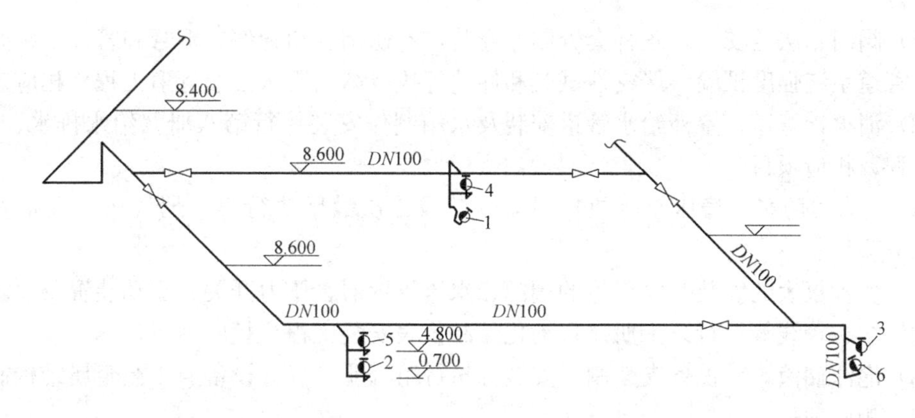

1、2、3、4、5、6—室内消火栓（单出口 65）

图 2-17 消火栓系统图

从图 2-18 可看到，该喷淋系统管道标高为 8.300m，配管管径为 *DN*100、*DN*50、*DN*40、*DN*32、*DN*25 五种管径。

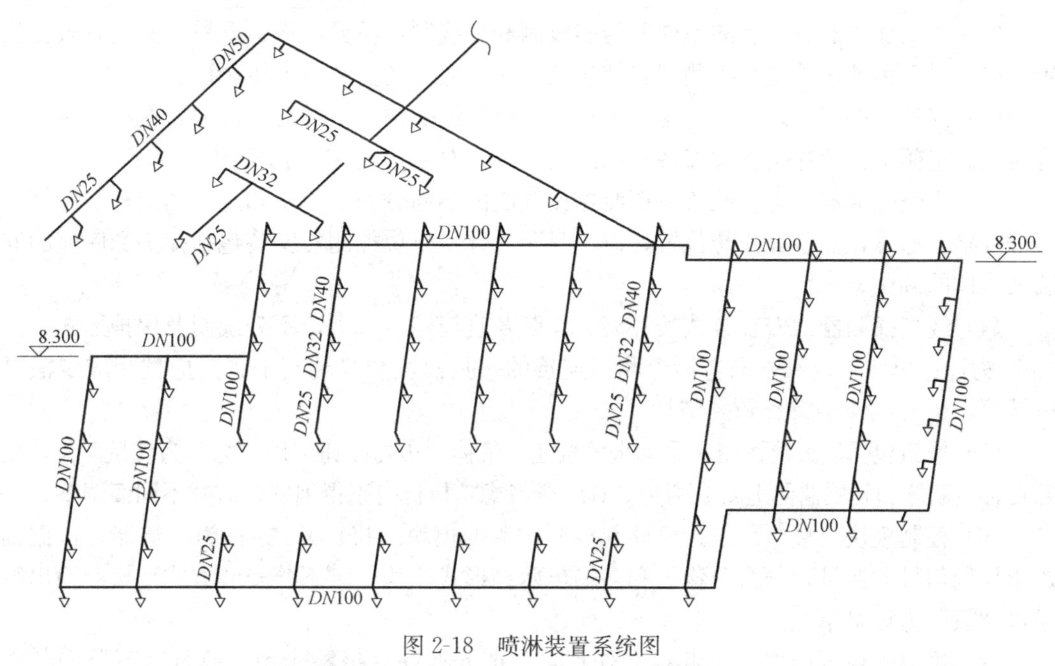

图 2-18 喷淋装置系统图

2.3 建筑消防工程消耗量定额

2.3.1 定额适用范围

根据全国统一工程定额第七册《消防及安全防范设备安装工程》的规定，该定额适用于工业与民用建筑中的新建、扩建和整体更新改造工程。

2.3.2 该册定额与其他册定额的界限划分

（1）电缆敷设、桥架安装、配管配线、接线盒动力、应急照明控制设施，应急照明器具、电动机检查接线、防雷接地装置的安装，均执行第二册《电气设备安装工程》定额。

（2）阀门、法兰安装，各种套管制作安装，不锈钢管和管件，铜管和管件及泵间管道安装，管道系统强度试验、严密性试验和冲洗等执行第六册《工业管道工程》相应定额。

（3）消火栓管道、室外给水管道安装及水箱制作安装执行第八册《给水排水、采暖、燃气工程》相应项目。

（4）消火栓防泵、稳压泵等机械设备安装及二次灌浆执行第一册《机械设备安装工程》相应项目。

（5）各种仪表的安装及电讯号的阀门、水流指示器、压力开关、驱动装置及泄露报警开关的接线、校线等执行第十册《自动化控制仪表安装工程》相应项目。

（6）泡沫储液罐、设备支架制作安装等执行第五册《静置设备与工艺金属结构制作安装工程》相应项目。

（7）设备及管道除锈、刷油及绝热工程执行第十一册《刷油、防腐蚀、绝热工程》相应项目。

2.3.3　定额内容

火灾自动报警系统：

（1）点型探测器按线制的不同分为多线制和总线制，不分规格、型号、安装方式与位置，以“只”为计量单位。探测器安装包括探头和底座的安装及本体调试。

（2）红外线探测器以“只”为计量单位。红外线探测器是成对使用的，在计算时一对为两只。定额中包括探头支架安装和探测器调试、对中。

（3）火焰探测器、可燃性气体探测器按线制的不同分为多线制和总线制两种，计算时不分规格、型号，安装方式与位置，以“只”为计量单位探测器安装包括探头和底座的安装及本体的调试。

（4）线型探测器的安装方式按环绕、正弦及直线综合考虑，不分线制及保护形式，以“m”为计量单位。定额中未包括探测器连接的一只模块和终端其工程量应按相应定额另行计算。

（5）按钮包括消火栓按钮、手动报警按钮、气体灭火器按钮，以“只”为计量单位，按照在轻质墙体和硬质墙体上安装两种方式综合考虑，执行时不得因安装方式不同而调整。

（6）控制模块（接口）是指仅能起控制作用的模块（接口），亦称为中继器，依据其给出控制信号的数量，分为单输出和多输出两种形式。执行时不分安装方式，按照输出数量以“只”为计量单位。

（7）报警模块（接口）不起控制作用，只能起监视、报警作用，执行时不分安装方式，以“只”为计量单位。

（8）报警控制器按线制的不同分为多线制与总线制两种，其中又按安装方式不同分为壁挂式和落地式。在不同的线制、不同的安装方式中按照“点”数的不同划分为定额项目，以“台”为计量单位。

多线制“点”是指报警控制器所带报警器件（探测器、报警按钮等）的数量。

总线制“点”是指报警控制器所带有地址编码的报警器（探测器、报警按钮、模块等）的数量。如果一个模块带数个探测器，则只能计为一点。

（9）联动控制器按线制的不同分为多线制与总线制两种其中又按其安装方式不同分为壁挂式和落地式。在不同线制、不同安装方式中按照“点”数的不同划分定额项目，以

“台”为计量单位。

多线制“点”是指联动控制器所带联动设备的状态控制和状态显示的数量。

总线制“点”是指联动控制器所带的有控制模板（接口）的数量。

（10）报警联动一体机制按线制不同分为多线制和总线制两种，其中又按其安装方式不同分为壁挂式和落地式。在不同线制、不同安装方式中按照“点”数的不同划分定额项目，以“台”为计量单位。

多线制“点”是指报警联动一体机锁带报警器件与联动设备的状态控制和状态显示的数量。

总线制“点”是指报警联动一体机所带的有地址编码的报警器件与控制模块（接口）的数量。

（11）重复显示器（楼层显示器）不分规格、型号、安装方式，按总线制与多线制划分，以“台”为计量单位。

（12）警报装置分为声光报警和警铃两种形式，均已“台”为计量单位。

（13）远程控制器按其控制回路数以“台”为计量单位。

火灾事故中的功放机、录影机的安装按柜内及台上两种方式综合考虑，分为以“台”为计量单位。

（14）消防广播控制柜是指安装成套消防广播设备的成品柜机，不分规格、型号以“台”为计量单位。

（15）火灾事故广播中的扬声器不分规格、型号，按照吸顶式与挂壁式以“只”为计量单位。

（16）广播分配器是指单独安装的消防广播用分配器（操作盘）以“台”为计量单位。

（17）消防通信系统中的电话交换机按“门”数不同以“台”为计量单位，通信分机、插孔是指消防专用电话分机与电话插孔，不分安装方式，分别以“部”、“个”为计量单位。

（18）报警备用电源综合考虑了规格、型号，以“台”为计量单位。

2.3.4 定额费用的规定

1. 脚手架搭拆费

脚手架搭拆费按人工费的5%计算，其中人工工资占25%。

2. 高层建筑增加费

高层建筑的定义同第一章，高层建筑物增加费的计算是以消防工程人工费为基数乘以表2-12规定的系数，且全部计入人工费。

高层建筑增加费系数 **表2-12**

层数	9层以下（30m）	12层以下（40m）	15层以下（60m）	18层以下（70m）	21层以下（70m）	24层以下（80m）	27层以下（90m）	30层以下（100m）	33层以下（110m）
按人工费(%)	1	2	4	5	7	9	11	14	17
层数	36层以下（30m）	39层以下（30m）	42层以下（30m）	45层以下（30m）	48层以下（30m）	51层以下（30m）	54层以下（30m）	57层以下（30m）	60层以下（30m）
按人工费(%)	20	23	26	29	32	35	38	41	44

3. 安装与生产同时进行增加的费用，按人工费10%计算，计算方法为安装与生产交叉部分工程的人工费乘以相应的系数，全部计入人工费。

4. 超高增加费

该费用的含义与计算方法同第一章第三节。本册定额超高费系数，见表2-13。

超高费系数 表2-13

标高(m以内)	8	12	16	20
超高系数	1.10	1.15	1.20	1.25

2.3.5 各章套用定额应注意的问题

1. 火灾自动报警系统安装

(1) 该章定额中均包括了校线、接线和本体调试。

(2) 该章不包括以下工作内容：

① 设备支架、底座、基础的制作安装；

② 构件加工、制作；

③ 电机检查、接线及调试；

④ 事故照明及疏散指示控制装置安装；

⑤ CRT彩色显示装置安装。

2. 水灭火系统安装

(1) 该章定额适用于工民建筑物设置的自动喷水灭火系统的管道、各种组件、消火栓、气压水罐的安装及管道支吊架的制作、安装。

(2) 界限划分：

① 室内外界线，已建筑物外墙皮1.5m为界，入口处设阀门者以阀门为界。

② 设在高层建筑内的消防泵间管道与本章界线：以泵间外墙皮为界。

(3) 管道安装定额中，镀锌钢管法兰连接定额，管件是按成品、弯头两端是按接短管焊法兰考虑的，定额中包括了直管、管件、法兰等全部安装工序内容，但管件、法兰及螺栓的主材数量应按设计规定另行计算。

(4) 喷头、报警装置及水流指示器安装定额均按管网系统试压、冲洗合格后安装考虑的，定额中已包括丝堵、临时短管的安装、拆除及其摊销。

(5) 其他报警装置适用于雨淋、干湿两用及预作用报警装置。

(6) 管道支吊架制作安装定额中包括了支架、吊架及防晃支架。

(7) 本定额不包括以下内容：

① 阀门、法兰安装，各种套管的安装、泵房管道安装及管道系统强度试验、严密性试验。

② 消火栓管道、室外给水排水管道安装及水箱制作安装。

③ 各种设备支架的制作安装。

④ 系统调试。

3. 其他规定

(1) 设于管道间、管廊内的管道，其定额人工乘以系数1.3。

(2) 主体结构为现浇采用刚模施工工程：内外浇筑的定额人工乘以系数1.05。内浇外砌的定额人工乘以系数1.03。

4. 气体灭火安装系统

(1) 该章定额适用于工业和民用建筑中设置的二氧化碳灭火系统、卤代烷1211灭火系统和卤代烷1301中的灭火系统、管件、系统组件的安装。

(2) 二氧化碳灭火系统按卤代烷灭火系统相应定额乘以系数1.20。

(3) 螺纹连接的不锈钢管、铜管及管件安装时，按无缝钢管和钢制管件安装相应定额乘以系数1.20。

(4) 无缝钢管法兰连接定额，管件是按成品、弯头两端是按接焊管接法兰考虑的，定额中包括了直管、管件、法兰等全部安装工序内容，但管件、法兰及螺栓的主材数量应按设计规定另行计算。

(5) 喷头安装定额中包括管件安装及配合水压试验安装拆除丝堵的工作内容。

(6) 二氧化碳称重捡漏装置包括泄露装置报警开关、配重及支架。

5. 泡沫灭火系统安装

(1) 按章定额适用于高、中、低倍数固定式或半固定式泡沫灭火系统的发生器及泡沫比例混合器的安装。

(2) 泡沫灭火系统的管道、管件、法兰、阀门、管道支架等的安装及管道系统水冲洗、强度试验、严密性试验等内容不包括在本章定额内。

6. 消防系统的调试

(1) 本章包括自动报警系统的调试，水灭火系统控制装置的调试，水灾事故广播、消防通信、消防电梯系统装置调试，电动防火门、防火卷闸门、正压送风阀、排烟阀、防火阀控制系统装置调试，气体灭火系统装置调试等项目。

(2) 系统调试是指消防报警和灭火系统安装完毕且联通，并达到国家有关消防施工验收规范、标准所进行的全系统检测、调整和试验。

(3) 自动报警系统装置包括各种探测器、手动报警按钮和报警控制器，灭火系统控制装置包括消火栓、自动喷水、卤代烷、二氧化碳等固定灭火系统的控制装置。

7. 安全防范设备安装

(1) 按章包括入侵探测设备、出入口控制设备、安全检查设备、电视监控设备、终端显示设备安装及安全防范系统调试等项目。

(2) 在执行电视监控设备安装定额时，其综合工日应根据系统中摄像机台数的距离（摄像机与控制器之间电缆实际长度）远近分别乘以一下系数，如表2-14和表2-15所示。

黑白摄像机折算系数 **表2-14**

台数 / 距离	1~8	9~16	17~32	33~64	65~128
71~200	1.3	1.6	1.8	2.0	2.2
200~400	1.6	1.9	2.1	2.3	2.5

彩色摄像机折算系数 **表2-15**

台数 / 距离	1~8	9~16	17~32	33~64	65~128
71~200	1.6	1.9	2.1	2.3	2.5
200~400	1.9	2.1	2.3	2.5	2.7

2.4 建筑消防工程工程量清单计算规则

2.4.1 工程量清单项目设置及计算规则

根据《通用安装工程工程量计算规范》GB 50856—2013及《全国统一安装工程预算

定额　第七册　消防及安全防范设备安装工程》GYD—207—2000的规定，消防工程的工程量计算规则见表2-16。

水灭火系统的工程量计算规则　　　　表2-16

<table>
<tr><th rowspan="2">项目清单编码</th><th rowspan="2">项目名称</th><th colspan="2">《通用安装工程工程量计算规范》GB 50856—2013</th><th colspan="2">《全国统一安装工程预算定额　第七册　消防工程及安全防范设备安装工程》GYD—207—2000</th></tr>
<tr><th>工程量计算规则</th><th>备注</th><th>工程量计算规则</th><th>备注</th></tr>
<tr><td>030901001</td><td>水喷淋钢管</td><td rowspan="2">按设计图示管道中心线以长度计算</td><td rowspan="10">(1)水灭火管道工程量计算，不扣除阀门、管件及各件组件所占长度以延长米计算。
(2)水喷淋(雾)喷头安装部位应区分有吊顶和无吊顶。
(3)报警装置适用于、湿式报警装置、干湿两用报警装置、电动雨淋报警装置、预作用报警装置等报警装置安装。报警装置安装包括装配管(除水力警铃进水管)的安装，水力警铃进水管并入消防管道工程量。其中：
①湿式报警装置包括内容：湿式阀、蝶阀、装配管、供水压力表、装置压力表、试压阀、泄放试验阀、泄放试验管、试验管流量计、过滤器、延时器、水力警铃、报警截止阀、漏斗、压力开关等。
②干湿两用报警装置包括内容：两用阀、蝶阀、装配管、加速器、加速器压力表、供水压力表、试验阀、泄放试压阀(湿式、干式)、挠性接头、泄放试验管、试验管流量计、排气阀、截止阀、漏斗、过滤器、延时器、水力警铃、压力开关等
③电动雨淋报警装置包括内容：雨淋阀、蝶阀、装配管、压力表、泄放试验阀、流量表、截止阀、注水阀、止回阀、电磁阀、排水阀、手动应急球阀、报警试验阀、漏斗、压力开关、过滤器、水力警铃等</td><td rowspan="2">按设计管道中心长度，以“m”为计量单位</td><td rowspan="2">(1)不扣除阀门、管件及各种组件所占长度。
(2)镀锌钢管法兰连接定额，管件是按成品、弯头两端是按接短管焊法兰考虑的，定额中包括直管、管件、法兰等全部安装工作内容，但管件、法兰及螺栓的主材数量应按设计规定另行计算</td></tr>
<tr><td>030901002</td><td>消火栓钢管</td></tr>
<tr><td>030901003</td><td>水喷淋(雾)喷头</td><td rowspan="8">按设计图示数量计算</td><td>个</td><td>喷头安装按有吊顶、无吊顶分别以“个”为计量单位</td></tr>
<tr><td>030901004</td><td>报警装置</td><td>报警装置安装按成套产品以“组”为计量单位</td><td>其他报警装置适用于雨淋、干式(干湿两用)及预作用报警装置，其安装执行湿式报警装置安装定额，其人工乘以系数1.2，其余不变</td></tr>
<tr><td>030901005</td><td>温感式水幕装置</td><td>温感式水幕装置安装，按不同型号和规格以“组”为计量单位</td><td>给水三通至喷头、阀门间管道的主材数量按设计管道中心长度另加损耗计算，喷头数量按设计数量另加损耗计算</td></tr>
<tr><td>030901006</td><td>水流指示器</td><td rowspan="2">水流指示器、减压孔板安装，按不同规格均以“个”为计量单位</td><td>/</td></tr>
<tr><td>030901007</td><td>减压孔板</td><td>/</td></tr>
<tr><td>030901008</td><td>末端试水装置</td><td></td><td>/</td></tr>
<tr><td>030901009</td><td>集热板制作安装</td><td>集热板制作安装均以“个”为计量单位</td><td>/</td></tr>
<tr><td>030901010</td><td>室内消火栓</td><td>室内消火栓安装，区分单栓和双栓以“套”为计量单位</td><td>(1)所带消防按钮的安装另行计算。
(2)室内消火栓组合卷盘安装，执行室内消火栓安装定额乘以系数1.2</td></tr>
</table>

续表

<table>
<tr><th rowspan="2">项目清单编码</th><th rowspan="2">项目名称</th><th colspan="2">《通用安装工程工程量计算规范》GB 50856—2013</th><th colspan="2">《全国统一安装工程预算定额 第七册 消防工程及安全防范设备安装工程》GYD—207—2000</th></tr>
<tr><th>工程量计算规则</th><th>备注</th><th>工程量计算规则</th><th>备注</th></tr>
<tr><td>030901011</td><td>室外消火栓</td><td rowspan="4">按设计图示数量计算</td><td rowspan="4">④预作用报警装置包括内容：报警阀、控制蝶阀、压力表、流量表、截止阀、排放阀、注水阀、止回阀、泄放阀、报警试验阀、液压切断阀、装配管、供水检验管、气压开关、试压电磁阀、空压机、应急手动试压器、漏斗、过滤器、水力警铃等。
(4)温感式水幕装置，包括给水三通至喷头、阀门间的管道、管件、阀门、喷头等全部内容的安装。
(5)末端试水装置，包括压力表、控制阀等附件安装。末端试水装置安装中不含连接管及排水管安装，其工程量并入消防管道。
(6)室内消火栓，包括消火栓箱、消火栓、水枪、水龙头、水龙带接扣、自救卷盘、挂架、消防按钮；落地消火栓箱包括箱内手提灭火器。
(7)室外消火栓，安装方式分地上式、地下式；地上式消火栓安装包括地上式消火栓、法兰接管、弯管底座；地下式消火栓安装包括地下式消火栓、法兰接管、弯管底座或消火栓三通。
(8)消防水泵接合器，包括法兰接管及弯头安装，接合器井内阀门、弯管底座、标牌等附件安装。
(9)减压孔板若在法兰盘内安装，其法兰计入组价中。
(10)消防水炮：分普通手动水炮、智能控制水炮</td><td>/</td><td>室内消火栓组合卷盘安装，执行室内消火栓安装定额乘以系数1.2</td></tr>
<tr><td>030901012</td><td>消防水泵接合器</td><td>消防水泵接合器安装，区分不同安装方式和规格以“套”为计量单位</td><td>如设计要求用短管时，其本身价值可另行计算，其余不变</td></tr>
<tr><td>030901013</td><td>灭火器</td><td>/</td><td>/</td></tr>
<tr><td>030901014</td><td>消防水炮</td><td>/</td><td>/</td></tr>
</table>

根据《通用安装工程工程量计算规范》GB 50856—2013 及《全国统一安装工程预算定额　第七册　消防工程及安全防范设备安装工程》GYD—207—2000 的规定，气体灭火系统的工程量计算规则见表 2-17。

气体灭火系统的工程量计算规则　　**表 2-17**

<table>
<tr><th rowspan="2">项目清单编码</th><th rowspan="2">项目名称</th><th colspan="2">《通用安装工程工程量计算规范》GB 50856—2013</th><th colspan="2">《全国统一安装工程预算定额 第七册 消防工程及安全防范设备安装工程》GYD—207—2000</th></tr>
<tr><th>工程量计算规则</th><th>备注</th><th>工程量计算规则</th><th>备注</th></tr>
<tr><td>030902001</td><td>无缝钢管</td><td rowspan="2">按设计图示管道中心线以长度计算</td><td rowspan="4">(1)气体灭火管道工程量计算，不扣除阀门、管件及各种组件所占长度以延长米计算。
(2)气体灭火介质，包括七氟丙烷灭火系统、IG541 灭火系统、二氧化碳灭火系统等。
(3)气体驱动装置管道安装，包括卡、套连接件。
(4)贮存装置安装，包括灭火剂存储器、驱动气瓶、支框架、集流阀、容器阀、单向阀、高压软管和安全阀等贮存装置和阀驱动装置、减压装置、压力指示仪等。
(5)无管网气体灭火系统由柜式预制灭火装置、火灾探测器、火灾自动报警灭火控制器等组成，具有自动控制和手动控制两种启动方式。无管网气体灭火装置安装，包括气瓶柜装置(内设气瓶、电磁阀、喷头)和自动报警控制装置(包括控制器，烟、温感，声光报警器，手动报警器，手/自动控制按钮)等</td><td rowspan="2">各种管道安装按设计管道中心长度，以“m”为计量单位</td><td rowspan="2">(1)管道安装包括无缝钢管的螺纹连接、法兰连接、气动驱动装置管道安装及钢制管件的螺纹连接。
(2)不扣除阀门、管件及各种组件所占长度，主材数量应按定额用量计算</td></tr>
<tr><td>030902002</td><td>不锈钢管</td></tr>
<tr><td>030902003</td><td>不锈钢管管件</td><td>按设计图示数量计算</td><td>钢制管件螺纹连接均按不同规格以“个”为计量单位。</td><td>(1)无缝钢管螺纹连接不包括钢制管件连接内容，其工程量应按设计用量执行钢制管件连接定额。
(2)无缝钢管法兰连接定额，管件是按成品、弯头两端是按接短管焊法兰考虑的，包括了直管、管件、法兰等预装和安装的全部工作内容，但管件、法兰及螺栓的主材数量应按设计规定另行计算。
(3)螺纹连接的不锈钢管、铜管及管件安装时，按无缝钢管和钢制管件安装相应定额乘以系数 1.20。
(4)无缝钢管和钢制管件内外镀锌及场外运输费用另行计算</td></tr>
<tr><td>030902004</td><td>气体驱动装置管道</td><td>按设计图示管道中心线以长度计算</td><td>/</td><td>气动驱动装置管道安装定额包括卡套连接件的安装，其本身价值按设计用量另行计算</td></tr>
</table>

续表

<table>
<tr><td rowspan="2">项目清单编码</td><td rowspan="2">项目名称</td><td colspan="2">《通用安装工程工程量计算规范》GB 50856—2013</td><td colspan="2">《全国统一安装工程预算定额 第七册 消防工程及安全防范设备安装工程》GYD—207—2000</td></tr>
<tr><td>工程量计算规则</td><td>备注</td><td>工程量计算规则</td><td>备注</td></tr>
<tr><td>030902005</td><td>选择阀</td><td rowspan="5">按设计图示数量计算</td><td rowspan="5">(1)气体灭火管道工程量计算,不扣除阀门、管件及各种组件所占长度以延长米计算。
(2)气体灭火介质,包括七氟丙烷灭火系统、IG541灭火系统、二氧化碳灭火系统等。
(3)气体驱动装置管道安装,包括卡、套连接件。
(4)贮存装置安装,包括灭火剂存储器、驱动气瓶、支框架、集流阀、容器阀、单向阀、高压软管和安全阀等贮存装置和阀驱动装置、减压装置、压力指示仪等。
(5)无管网气体灭火系统由柜式预制灭火装置、火灾探测器、火灾自动报警灭火控制器等组成,具有自动控制和手动控制两种启动方式。无管网气体灭火装置安装,包括气瓶柜装置(内设气瓶、电磁阀、喷头)和自动报警控制装置(包括控制器,烟、温感,声光报警器,手动报警器,手/自动控制按钮)等</td><td>选择阀安装按不同规格和连接方式分别以“个”为计量单位。</td><td>/</td></tr>
<tr><td>030902006</td><td>气体喷头</td><td>喷头安装均按不同规格以“个”为计量单位</td><td>/</td></tr>
<tr><td>030902007</td><td>贮存装置</td><td>贮存装置安装按贮存容器和驱动气瓶的规格(L)以“套”为计量单位</td><td>(1)贮存装置安装中包括灭火剂贮存容器和驱动气瓶的安装固定和支框架、系统组件(集流管、容器阀、单向阀、高压软管)、安全阀等贮存装置和阀驱动装置的安装及氮气增压。
(2)二氧化碳贮存装置安装时不需增压,执行定额时应扣除高纯氮气,其余不变</td></tr>
<tr><td>030902008</td><td>称重检漏装置</td><td>以“套”为计量单位</td><td>二氧化碳称重检漏装置包括泄露报警开关、配重、支架等</td></tr>
<tr><td>030902009</td><td>无管网气体灭火装置</td><td>/</td><td>/</td></tr>
</table>

根据《通用安装工程工程量计算规范》GB 50856—2013 及《全国统一安装工程预算定额　第七册　消防工程及安全防范设备安装工程》GYD-207-2000 的规定，通风管道部件制作安装的工程量计算规则见表 2-18。

通风空调设备及部件制作安装的工程量计算规则　　表 2-18

<table>
<tr><th rowspan="2">项目清单编码</th><th rowspan="2">项目名称</th><th colspan="2">《通用安装工程工程量计算规范》GB 50856—2013</th><th colspan="2">《全国统一安装工程预算定额　第七册　消防工程及安全防范设备安装工程》GYD—207—2000</th></tr>
<tr><th>工程量计算规则</th><th>备注</th><th>工程量计算规则</th><th>备注</th></tr>
<tr><td>030903001</td><td>碳钢管</td><td rowspan="3">按设计图示管道中心线以长度计算</td><td rowspan="8">（1）泡沫灭火管道工程量计算，不扣除阀门、管件及各种组件所占长度以延长米计算。
（2）泡沫发生器、泡沫比例混合器安装，包括整体安装、焊法兰、单体调试及配合管道试压时隔离本体所消耗的工料。
（3）泡沫液贮罐内如需充装泡沫液，应明确描述泡沫灭火剂品种、规格</td><td rowspan="3">/</td><td rowspan="4">泡沫灭火系统的管道、管件、法兰、阀门、管道支架等的安装及管道系统水冲洗、强度试验、严密性试验等执行第六册《工业管道工程》相应定额</td></tr>
<tr><td>030903002</td><td>不锈钢管</td></tr>
<tr><td>030903003</td><td>铜管</td></tr>
<tr><td>030903004</td><td>不锈钢管管件</td><td rowspan="5">按设计图示数量计算</td><td>/</td></tr>
<tr><td>030903005</td><td>铜管管件</td><td></td><td></td></tr>
<tr><td>030903006</td><td>泡沫发生器</td><td>泡沫发生器安装均按不同型号以“台”为计量单位</td><td rowspan="2">泡沫发生器及泡沫比例混合器安装中已包括整体安装、焊法兰、单体调试及配合管道试压时隔离本体所消耗的人工和材料，不包括支架的制作安装和二次灌浆的工作内容，其工程量应按相应定额另行计算。地脚螺栓按设备带来考虑</td></tr>
<tr><td>030903007</td><td>泡沫比例混合器</td><td>泡沫比例混合器安装均按不同型号以“台”为计量单位</td></tr>
<tr><td>030903008</td><td>泡沫液贮罐</td><td>/</td><td>/</td></tr>
</table>

根据《通用安装工程工程量计算规范》GB 50856—2013 及《全国统一安装工程预算定额　第七册　消防工程及安全防范设备安装工程》GYD—207—2000 的规定，火灾自动报警系统的工程量计算规则见表 2-19。

火灾自动报警系统的工程量计算规则　　表 2-19

<table>
<tr><th rowspan="2">项目清单编码</th><th rowspan="2">项目名称</th><th colspan="2">《通用安装工程工程量计算规范》GB 50856—2013</th><th colspan="2">《全国统一安装工程预算定额　第七册　消防工程及安全防范设备安装工程》GYD—207—2000</th></tr>
<tr><th>工程量计算规则</th><th>备注</th><th>工程量计算规则</th><th>备注</th></tr>
<tr><td>030904001</td><td>点型探测器</td><td rowspan="7">按设计图示数量计算</td><td rowspan="7">(1)消防报警系统配管、配线、接线盒均按本规范附录 D 和电气设备安装工程相关项目编码列项。
(2)消防广播及对讲电话主机包括功放、录音机、分配器、控制柜等设备。
(3)点型探测器包括火焰、烟感、温感、红外光束、可燃气体探测器等</td><td>以“只”为计量单位</td><td>(1)点型探测器按线制的不同分为多线制与总线制，不分规格、型号、安装方式与位置。
(2)探测器安装包括了探头和底座的安装及本体调试</td></tr>
<tr><td>030904002</td><td>线型探测器</td><td>红外线探测器以“对”为计量单位</td><td>(1)红外线探测器是成对使用的，在计算时一对为两只。定额中包括了探头支架安装和探测器的调试、对中。
(2)条线形探测器的安装方式按环绕、正弦及直线综合考虑，不分线制及保护形式，以“10m”为计量单位。定额中未包括探测器连接的一只模块和终端，其工程量应按相应定额另行计算</td></tr>
<tr><td>030904003</td><td>按钮</td><td>以“只”为计量单位</td><td>(1)按钮包括消火栓按钮、手动报警按钮、气体灭火起/停按钮。
(2)按照在轻质墙体和硬质墙体上安装两种方式综合考虑，执行时不得因安装方式不同而调整</td></tr>
<tr><td>030904004</td><td>消防警铃</td><td>/</td><td>/</td></tr>
<tr><td>030904005</td><td>声光报警器</td><td>/</td><td>/</td></tr>
<tr><td>030904006</td><td>消防报警电话插孔(电话)</td><td>/</td><td>/</td></tr>
<tr><td>030904007</td><td>消防广播(扬声器)</td><td>/</td><td>/</td></tr>
</table>

续表

项目清单编码	项目名称	《通用安装工程工程量计算规范》GB 50856—2013		《全国统一安装工程预算定额 第七册 消防工程及安全防范设备安装工程》GYD—207—2000	
		工程量计算规则	备注	工程量计算规则	备注
030904008	模块(模块箱)	按设计图示数量计算	(1)消防报警系统配管、配线、接线盒均按本规范附录D和电气设备安装工程相关项目编码列项。 (2)消防广播及对讲电话主机包括功放、录音机、分配器、控制柜等设备。 (3)点型探测器包括火焰、烟感、温感、红外光束、可燃气体探测器等	/	/
030904009	区域报警控制箱			/	/
030904010	联动控制箱			/	/
030904011	远程控制箱(柜)			/	/
030904012	火灾报警系统控制主机	按设计图示数量计算		/	/
030904013	联动控制主机			/	/
030904014	消防广播及对讲电话主机(柜)			/	/
030904015	火灾报警控制微机(CRT)	按设计图示数量计算		/	/
030904016	备用电源及电池主机(柜)			/	/
030904017	报警联动一体机			/	/

根据《通用安装工程工程量计算规范》GB 50856—2013 及《全国统一安装工程预算定额 第七册 消防工程及安全防范设备安装工程》GYD—207—2000 的规定，消防系统调试的工程量计算规则见表 2-20。

消防系统调试的工程量计算规则　　表 2-20

项目清单编码	项目名称	《通用安装工程工程量计算规范》GB 50856—2013		《全国统一安装工程预算定额 第七册 消防工程及安全防范设备安装工程》GYD—207—2000	
		工程量计算规则	备注	工程量计算规则	备注
030905001	自动报警系统调试	按系统计算	(1)自动报警系统包括各种探测器、报警器、报警按钮、报警控制器、消防广播、消防电话等组成的报警系统；按不同点数以系统计算。 (2)水灭火控制装置，自动喷洒系统按水流指示器数量以点(支路)计算；消火栓系统按消火栓启泵按钮数量以点计算；消防水炮系统按水炮数量以点计算	分别不同点数以“系统”为计量单位	自动报警系统包括各种探测器、报警按钮、报警控制器组成的报警系统
030905002	水灭火控制装置调试	按控制装置的点数计算		水灭火系统控制装置按照不同点数以“系统”为计量单位	其点数按多线制与总线制联动控制器的点数计算
030905003	防火控制装置调试	按设计图示数量计算		/	/

续表

项目清单编码	项目名称	《通用安装工程工程量计算规范》GB 50856—2013		《全国统一安装工程预算定额 第七册 消防工程及安全防范设备安装工程》GYD—207—2000	
		工程量计算规则	备注	工程量计算规则	备注
030905004	气体灭火系统装置调试	按调试、检验和验收所消耗的试验容器总数计算	(3)防火控制装置，包括电动防火门、防火卷帘门、正压送风阀、排烟阀、防火控制阀等调试以个计算，消防电梯以部计算。 (4)气体灭火系统调试，是由七氟丙烷、IG541、二氧化碳等组成的灭火系统；按气体灭火系统装置的瓶头阀以点计算	以"个"为计量单位	(1)气体灭火系统装置调试包括模拟喷气试验、备用灭火器贮存容器切换操作试验，按试验容器的规格(L)。 (2)试验容器的数量包括系统调试、检测和验收所消耗的试验容器的总数，试验介质不同时可以换算

2.4.2 补充说明

(1) 湿式报警装置：包括湿式阀、碟阀、装配管、供水压力表、装置压力表、试验阀、泄放试验阀、泄放试验管、试验管流量计、过滤器、延时器、水力警铃、报警截止阀、漏斗、压力开头等。

(2) 干湿两用报警装置：包括两用阀、碟阀、装配管、加速器、加速器压力表、供水压力表、试验阀、泄放试验阀（湿式、干式）、挠性接头、泄放试验管、试验管流量计、排气阀、截止阀、漏斗、过滤器、延时器、水力警铃、压力开头等。

(3) 电动雨淋报警装置：包括雨淋阀、碟阀（2 个）、装配管、压力表、泄放试验阀、流量表、截止阀、注水阀、止回阀、电磁阀、排水阀、手动应急阀、报警试验阀、漏斗、压力开关、过滤器、水力警铃等。

(4) 预作用报警装置：包括干式报警阀、控制碟阀（2 个）、压力表（2 块）、流量表、截止阀、排放阀、注水阀、止回阀、泄放阀、报警试验阀、液压切断阀、装配管、供水检验管、气压开关（2 个）、试压电磁阀、应急手动试压器、漏斗、过滤器、水力警铃等。

(5) 室内消火栓：包括消火栓箱、消火栓、水枪、水龙头、水龙带接扣、挂架、消防按钮。

(6) 室外地上式消火栓：包括地上式消火栓、法兰接管、弯管底座。

(7) 室外地下式消火栓：包括地下式消火栓、法兰接管、弯管底座或消火栓三通。

2.5 建筑消防工程施工图预算编制实例

【例】 某管道工程有关背景资料如下：

(1) 某厂区室外消防给水管网平面图如图 2-19 所示。

(2) 假设消防管网工程量如下：

管道 *DN*200　800m、*DN*150　20m、*DN*100　18m，室外消火栓地上 8 套、地下 5

套，消防水泵接合器 3 套，水表 1 组，闸阀 Z41T-16 *DN*200　12 个、止回阀 H41T-16 *DN*200　2 个、闸阀 Z41T-16 *DN*100　25 个。

（3）消防管道工程相关分部分项工程量清单项目的统一编码见下表：

项目编码	项目名称	项目编码	项目名称
030901002	消火栓钢管	031001002	低压碳钢管
030901011	室外消火栓	031003003	焊接法兰阀门
030901012	消防水泵接合器	030807003	低压法兰阀门
031003013	水表	030807005	低压安全阀门

注：编码前四位 0308 为《工业管道工程》，0309 为《消防工程》，0310 为《给水排水、采暖、燃气工程》

（4）消防工程的相关定额见下表：

序号	工程项目及材料名称	计量单位	工料机单价(元)			未计价材料(元)	
			人工费	材料费	机械费	单价	耗用量
1	法兰镀锌钢管安装　*DN*100	10m	160.00	330.00	130.00	7.0 元/kg	9.81
2	室外地上式消火栓　SS100	套	75.00	200.00	65.00	280.00 元/套	1.00
3	低压法兰阀门　*DN*100　Z41T-16	个	85.00	60.00	45.00	闸阀 260.00 元/个	1.00
4	地上式消火栓配套附件	套				90.00 元/套	1.00

注：1. *DN*100 镀锌无缝钢管的理论重量为 12.7kg/m。
　　2. 企业管理费、利润分别按人工费的 60%、40%计。

问题：

（1）按照下图所示内容，列式计算室外管道、阀门、消火栓、消防水泵接合器、水表组成安装项目的分部分项清单工程量。

（2）根据背景资料 2、3，以及规定的管道安装技术要求，编列出管道、阀门、消火栓、消防水泵接合器、水表组成安装项目的分部分项工程量清单，填入表 2-21“分部分项工程和单价措施项目清单与计价表”中。

（3）根据《通用安装工程工程量计算规范》GB 50856—2013、《建设工程工程量清单计价规范》GB 50500—2013 规定，按照背景资料 4 中的相关定额数据，编制室外地上式消火栓 SS100 安装项目的“综合单价分析表”，填入表 2-22 中。

（4）厂区综合楼消防工程单位工程招标控制价中的分部分项工程费为 485000 元，中标人投标报价中的分部分项工程费为 446200 元。施工过程中，发包人向承包人提出增加安装 2 台消防水炮的工程变更，消防水炮由发包方采购。合同约定：招标工程量清单中没有适用的类似项目，按照《建设工程工程量清单计价规范》GB 50500—2013 规定和消防工程的报价浮动率确定清单综合单价。经查当地工程造价管理机构发布的消防水炮安装定额价目表为 290 元，其中人工费 120 元；消防水炮安装定额未计价主要材料费为 420 元/台。列式计算消防水炮安装项目的清单综合单价。

（计算结果保留两位小数）

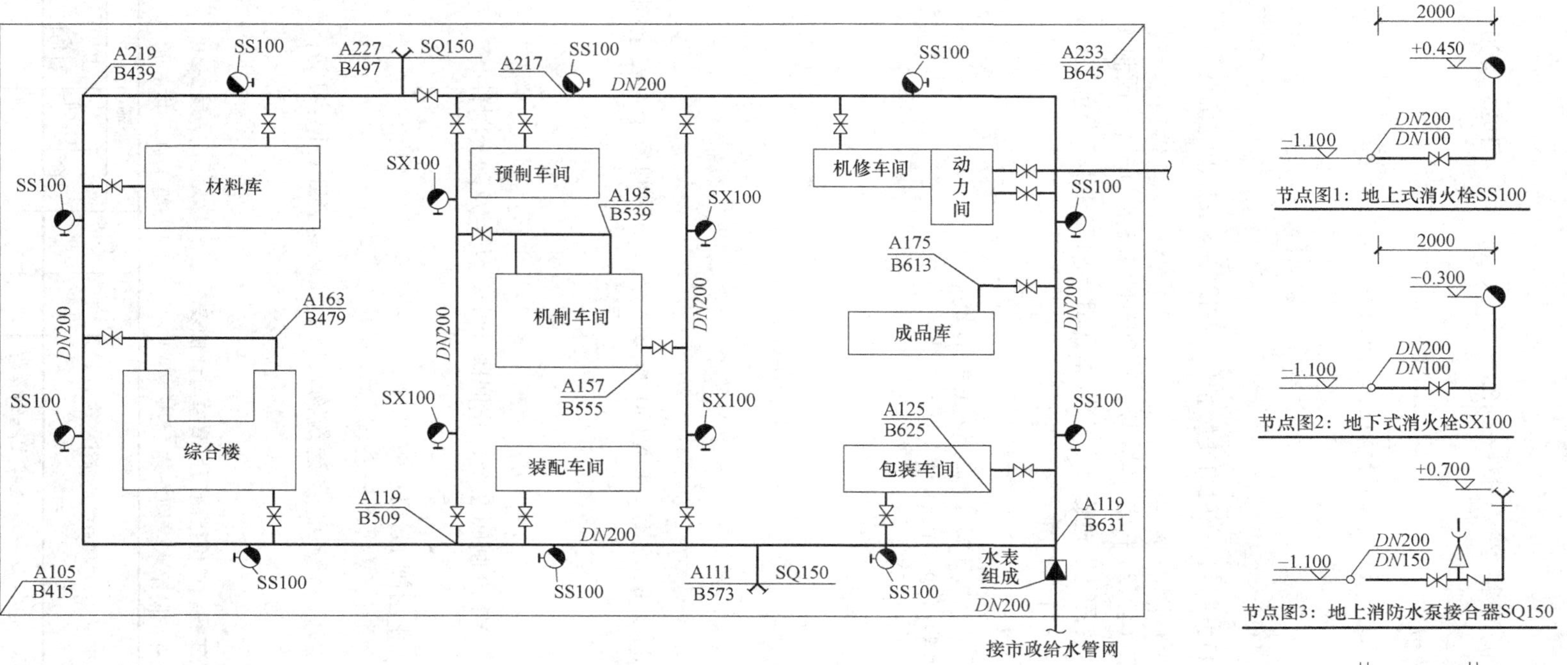

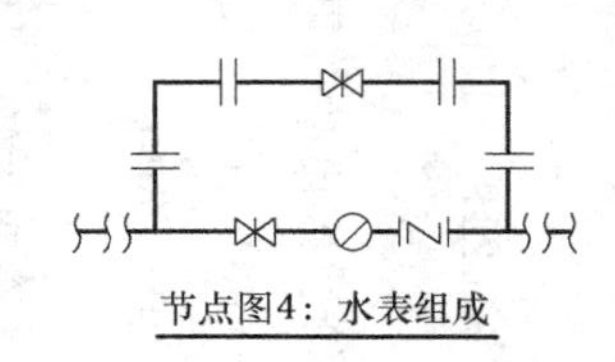

图 2-19　某厂区室外消防给水管网平面图

说明：

1. 该图所示为某厂区室外消防给水管网平面图。管道系统工作压力为 1.0MPa。图中平面尺寸均以相对坐标标注，单位以 m 计；详图中标高以 m 计，其他尺寸以 mm 计。

2. 管道采用镀锌无缝钢管。管件采用碳钢成品法兰管件。各建筑物的进户管入口处设有阀门的。其阀门距离建筑物外墙皮为 2m，入口处没有设阀门的，其三通或弯头距离建筑物外墙皮为 4.5m；其规格除注明外均为 *DN*100。

3. 闸阀型号为 Z41T-16，止回阀型号为 H41T-16，安全阀型号为 A41H-16；地上式消火栓型号为 SS100-1.6，地下室消火栓型号为 SX100-1.6。消防水泵接合器型号为 SQ150-1.6；水表型号为 LXL-1.6，消防水泵接合器安装及水表组成敷设连接形式详见节点图 1、2、3、4。

4. 消防给水管网安装完毕，进行水压试验和水冲洗。

问题 1.

1. $DN200$ 管道

（1）环网：纵 4×（219－119）＋横 2×（631－439）＝4×100＋2×192＝400＋384＝784m

（2）动力站进出管、接市政管网：

(645－625－2)＋(631－625－2)＋(119－105)＝18＋4＋14＝36m

小计：784m＋36m＝820m

2. $DN150$ 管道

地上式消防水泵接合器支管：

(227－219)＋(1.1＋0.7)＋(119－111)＋(1.1＋0.7)＝8＋1.8＋8＋1.8＝19.6m

3. $DN100$ 管道

（1）接各建筑物支管：材料库（4×2)＋综合楼(479－439)＋(4.5×2)＋4＋预制 4＋机制(539－509)＋(4.5×2)＋4＋装配 4＋机修 4＋成品库(631－613)＋4.5＋包装(4×2)＝8＋53＋4＋43＋4＋4＋22.5＋8＝146.5m

（2）地上式消火栓支管（2＋0.45＋1.1)×10＝3.55×10＝35.5m

（3）地下式消火栓支管（2＋1.1－0.3)×4＝2.8×4＝11.2m

(1)～(3) 小计：146.5＋35.5＋11.2＝193.2m

4. 地上式消火栓 SS100-1.6

3×2＋2×2＝10 套

5. 地下式消火栓 SX100-1.6

2＋2＝4 套

6. 消防水泵接合器

2 套

（包括：消防水泵接合器 SQ150-1.6　2 套，$DN150$ 闸阀 2 个，止回阀 2 个，安全阀 2 个及其配套附件）

7. 水表组成

$DN200$　1 组

（包括：水表 LXL-1.6 1 个，$DN150$ 闸阀 2 个，止回阀 1 个，法兰及配套附件）

8. $DN200$ 阀门

主管线闸阀：Z41T-16 10 个，止回阀 H4IT-16　1 个；

9. $DN100$ 阀门

消火栓支管闸阀 Z41T-16：4＋10＝14 个　各建筑物入口支管闸阀 Z41T-16：12 个

小计：14＋12＝26 个

问题 2.

分部分项工程和单价措施项目清单与计价表　　**表 2-21**

工程名称：某厂区　　标段：室外消防给水管网安装　　第 1 页　共 1 页

序号	项目编码	项目名称	项目特征描述	计量单位	工程量	金额(元)		
						综合单价	合价	其中：暂估价
1	030901002001	消火栓钢管	室外、$DN200$ 镀锌无缝钢管焊接法兰连接、水压试验、水冲洗	m	800			

续表

序号	项目编码	项目名称	项目特征描述	计量单位	工程量	金额(元)		
						综合单价	合价	其中：暂估价
2	030901002002	消火栓钢管	室外、*DN*150 镀锌无缝钢管焊接法兰连接、水压试验、水冲洗	m	20			
3	030901002003	消火栓钢管	室外、*DN*100 镀锌无缝钢管焊接法兰连接、水压试验、水冲洗	m	18			
4	030901011001	室外消火栓	地上式消火栓 SS100-1.6(含弯管底座等附件)	套	8			
5	030901011002	室外消火栓	地下式消火栓 SX100-1.6(含弯管底座等附件)	套	5			
6	030901012001	消防水泵接合器	地上式消防水泵结合器 SQ150-1.6(包括：*DN*150 闸阀 Z41T-16 *DN*150 止回阀 H41T-16 *DN*150 安全阀 A41H-16 弯管底座等附件)	套	3			
7	031003013001	水表	*DN*200 水表 LXL-1.6 包括：*DN*200 闸阀 Z41T-16 *DN*200 止回阀 H41T-16 *DN*200 平焊法兰	组	1			
8	031003003001	低压法兰阀门	闸阀 Z41T-16 *DN*200	个	12			
9	031003003002	低压法兰阀门	止回阀 H41T-16 *DN*200	个	2			
10	031003003003	低压法兰阀门	闸阀 Z41T-16 *DN*100	个	25			
本页小计								
合　计								

注：各分项之间用横线分开。

问题 3.

综合单价分析表 **表 2-22**

工程名称：某厂区　　标段：室外消防给水管网安装　　第 1 页　共 1 页

项目编码	030901011001	项目名称	室外地上式消火栓 SS100			计量单位		套	工程量		1
清单综合单价组成明细											
定额编号	定额名称	定额单位	数量	单价				合价			
				人工费	材料费	机械费	管理费和利润	人工费	材料费	机械费	管理费和利润
1	室外地上式消火栓 SS100	套	1	75.00	200.00	65.00	75.00	75.00	200.00	65.00	75.00
人工单价		小　计						75.00	200.00	65.00	75.00
元/工日		未计价材料费						370.00			
清单项目综合单价								785.00			
材料费明细	主要材料名称、规格、型号				单位	数量		单价(元)	合价(元)	暂估单价(元)	暂估合价(元)
	地上式消火栓 SS100				套	1		280.00	280.00		
	地上式消火栓 SS100 配套附件				套	1		90.00	90.00		
	其他材料费										
	材料费小计								370.00		

问题 4.

消防水炮安装综合单价：(290＋120×0.6＋120×0.4＋420)×(446200/485000)＝763.6 元

练　习　题

1. 室外消火栓给水系统的作用是什么？其组成包括哪些部分？
2. 室内消火栓给水系统由哪些部分组成？
3. 如何布置消火栓？消火栓的设置间距如何确定？
4. 水泵接合器的形式有哪几种？各有什么特点？每个水泵接合器的流量是多少？
5. 什么是消火栓水枪的充实水柱长度？如何确定充实水柱的长度？
6. 常用的自动喷水灭火系统有哪些种类？
7. 自动喷水灭火系统设置场所的火灾危险等级分几级？
8. 闭式喷头的公称动作温度如何确定？
9. 喷头布置的要求有哪些？
10. 如何布置自动喷水灭火系统的管道？
11. 某消防喷淋管道系统图如图 2-20 所示，试计算工程量并编制工程量清单。

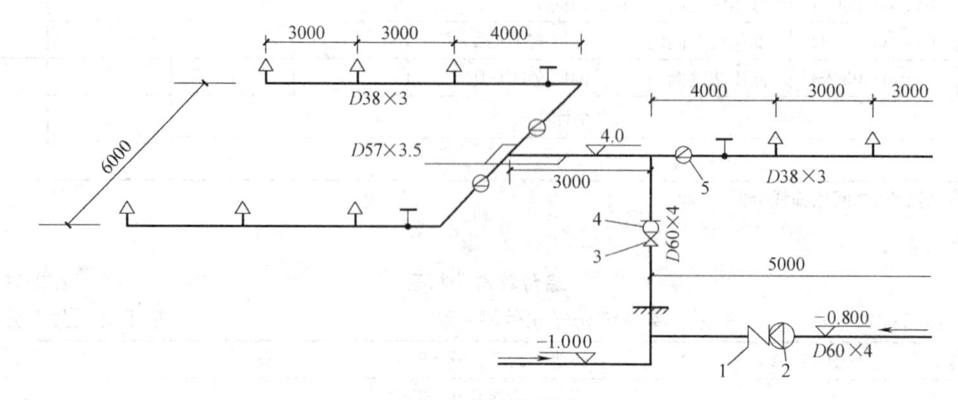

图 2-20　某消防喷淋管道系统图

1—逆止阀；2—离心清水泵；3—闸阀；4—湿式自动喷水报警阀；5—马鞍形水流指示器；6—喷头（*DN*15）

12. 某消防喷淋管道系统图如图 2-21 所示，试计算工程量并编制工程量清单。

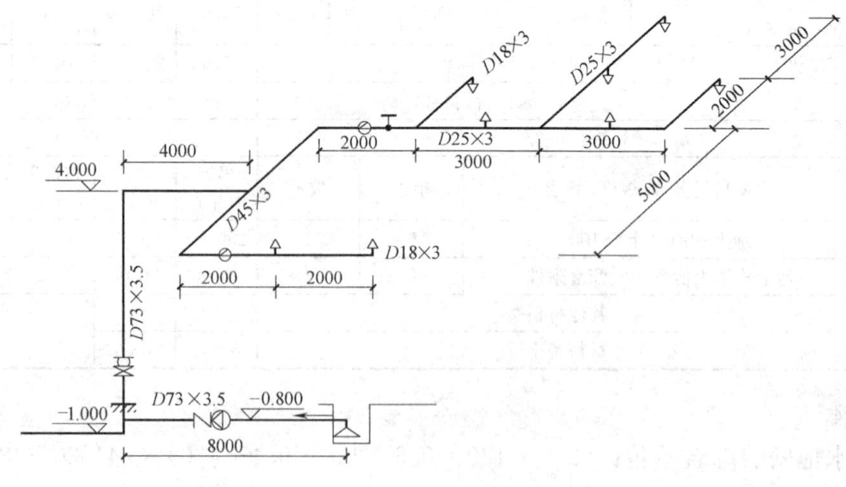

图 2-21　某消防喷淋管道系统图

13. 某水幕消防系统图如图 2-22 所示，试计算工程量并编制工程量清单。

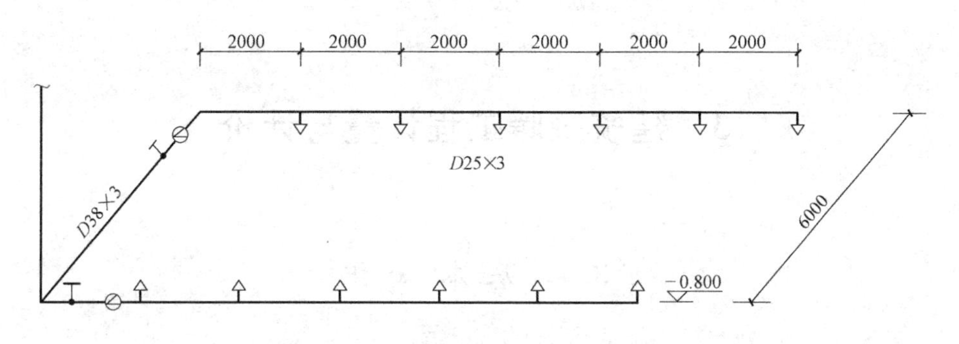

图 2-22　某水幕消防系统图

14. 某水幕消防系统图如图 2-23 所示，试计算工程量并编制工程量清单。

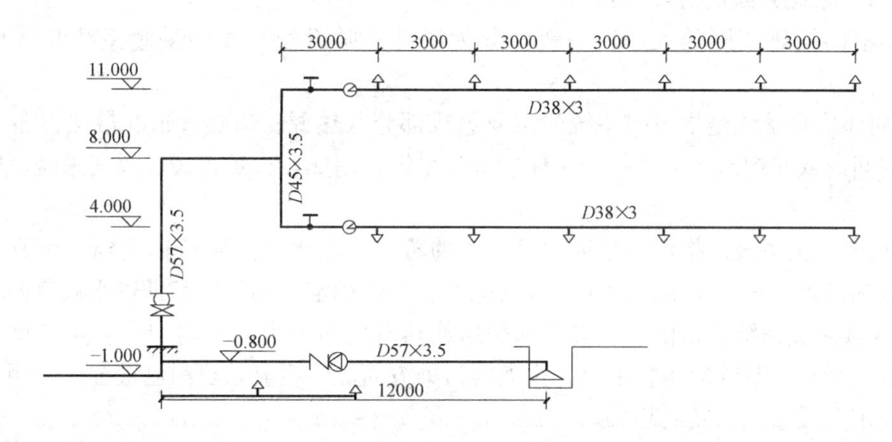

图 2-23　某水幕消防系统图

15. 某会议室消防系统图如图 2-24 所示，试计算工程量并编制工程量清单。

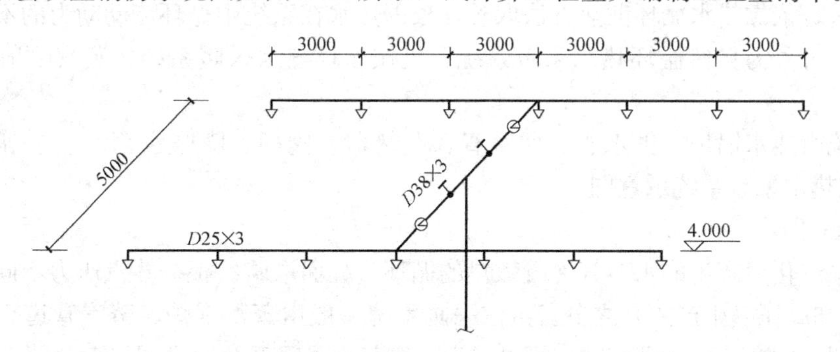

图 2-24　某会议室消防系统图

3　建筑采暖工程计量与计价

3.1　基本知识

采暖工程是指利用热媒（如水或蒸汽）将热能从热源输送到各用户，以补偿房间热量的损耗，使室内保持人们所需要的空气温度的采暖系统安装工程。

3.1.1　采暖系统的分类

（1）根据供热范围的大小，一般可分为局部采暖系统、集中采暖系统和区域采暖系统。

① 局部采暖系统是指采暖系统的主要组成部分（热源、输热管道和散热设备）都在同一个房间内或在构造上连成一个整体的采暖系统。例如，火炉采暖、煤气采暖、电加热器采暖。

② 集中采暖系统是指由一个锅炉房产生的蒸汽或热水通过管道输送到一个或几个建筑物内散热设备的采暖系统。由于其节约能源、供热稳定、均匀，长期以来被普遍采用。

③ 区域采暖系统是指由一个大型锅炉房或热电厂向一个区域内的许多建筑物供热的采暖系统。因其在节约能源特别是减少大气污染方面优势明显，目前已被推广采用，并且是将来城市采暖系统的发展趋势。

（2）按使用热媒的不同，分为热水采暖、蒸汽采暖和热风采暖。

① 热水采暖系统

热水采暖依靠热水循环散热方法取暖，根据热水在系统中循环流动动力的不同，热水采暖系统又可分为自然循环热水采暖系统、机械循环热水采暖系统、蒸汽喷射热水采暖系统。

该系统由热水锅炉、供水管、回水管、散热器、阀门、膨胀水箱、水泵等组成。图3-1为传统热水采暖系统示意图。

② 蒸汽采暖

利用水汽化后产生的水蒸气冷凝散热的循环过程而取暖。根据蒸汽压力不同，有低压（生活用）和高压（生产用）之分。蒸汽采暖系统一般由蒸汽锅炉、蒸汽管道、凝结水管道、散热器、阀门、疏水器组成。图3-2为一般蒸汽采暖系统示意图。

③ 热风采暖

用辅助热媒（放热带热体）把热能从热源输送到热交换器，经热交换器把热能传给主要热媒（受热体），再由主要热媒把热能输送到各采暖房间，这里主要热媒是空气。根据送风加热装置的安装位置不同，分为集中送风系统和暖风机系统。

3.1.2　采暖系统的供热方式

采暖系统的供热方式，可按下述方法进行分类：

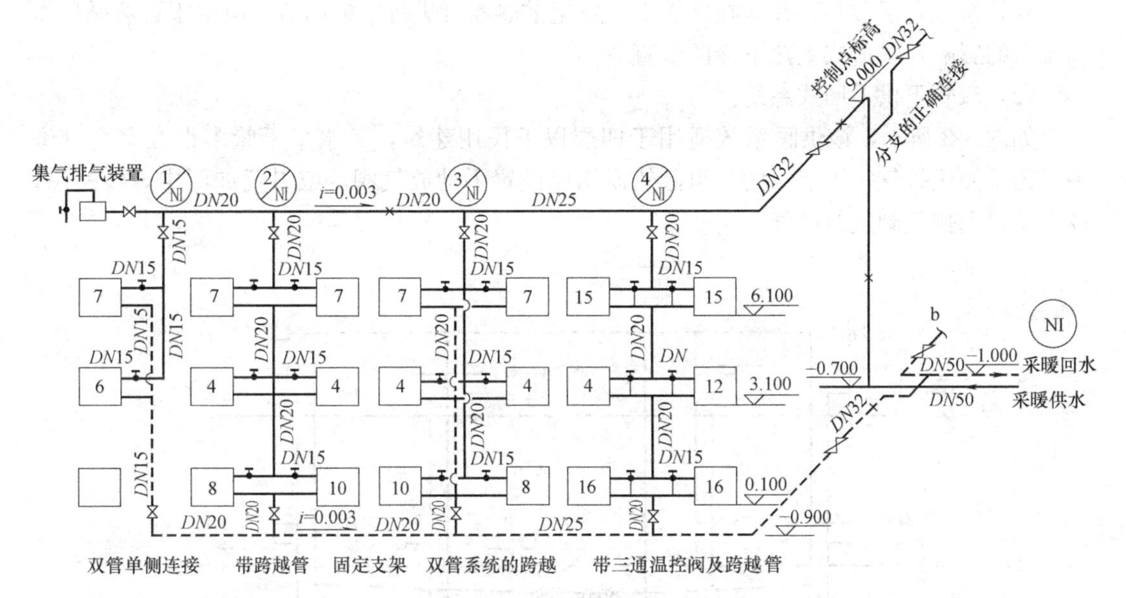

图 3-1　传统热水采暖系统示意图

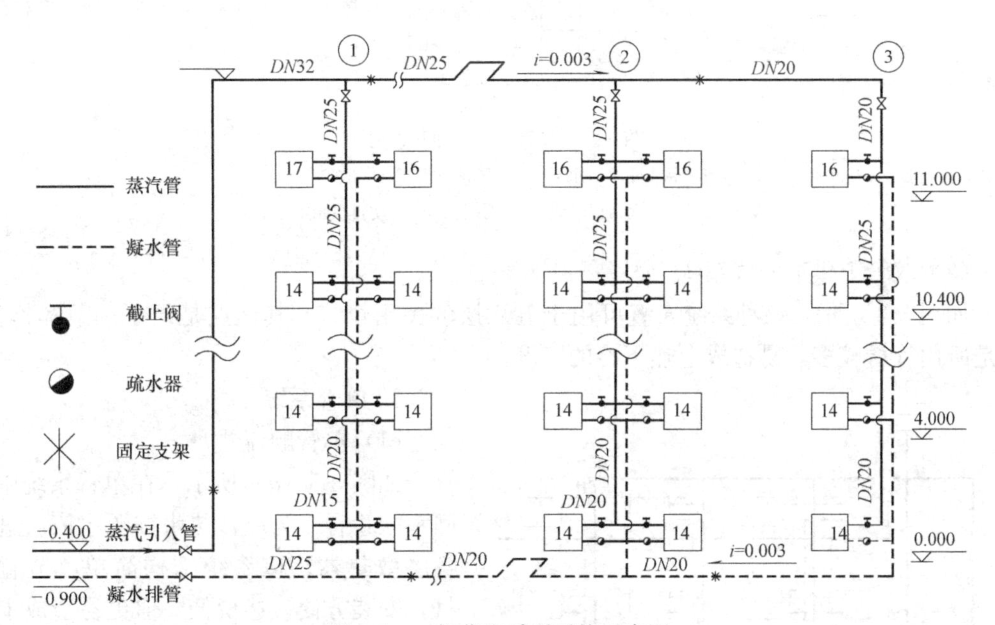

图 3-2　一般蒸汽采暖系统示意图

(1) 按系统循环动力分：自然循环和机械循环；

(2) 按系统的每组主管根数分：单管和双管系统；

(3) 按系统的管道敷设方式分：垂直式和水平式系统；

(4) 按供水管环路流程分：同程式和异程式。

下面介绍几种机械循环热水和蒸汽采暖系统的常用形式。

1. 热水采暖系统

(1) 双管系统

双管系统各层散热器并联在立管上，每组散热器可进行单独调节。但由于自然循环作用压力的影响，易造成上热下冷的垂直失调。

（2）双管下供下回式系统

如图 3-3 所示，该供暖系统适用于四层以下民用建筑，其水平干管多设在室内管沟中。为了便于排气，顶层内的每组散热器均应设置手动放气阀，或设置如图中虚线所示，设专用自动排气阀进行放气。

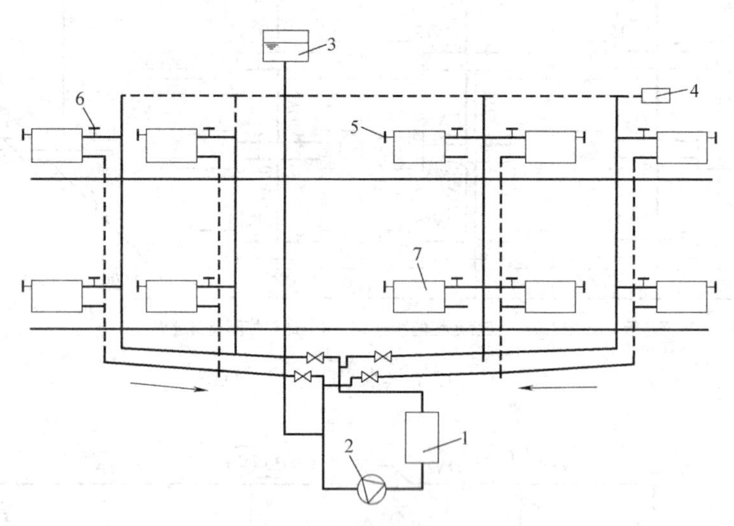

图 3-3　双管下供下回式系统

1—锅炉；2—水泵；3—膨胀水箱；4—散热器；

5—手动放气阀；6—阀门；7—自动排气阀

（3）双管上供下回式系统

如图 3-4 所示，该种系统布置可用于五六层的民用建筑。其优点是便于调节和检修，但是所用管材较多，易造成上热下冷的工况。

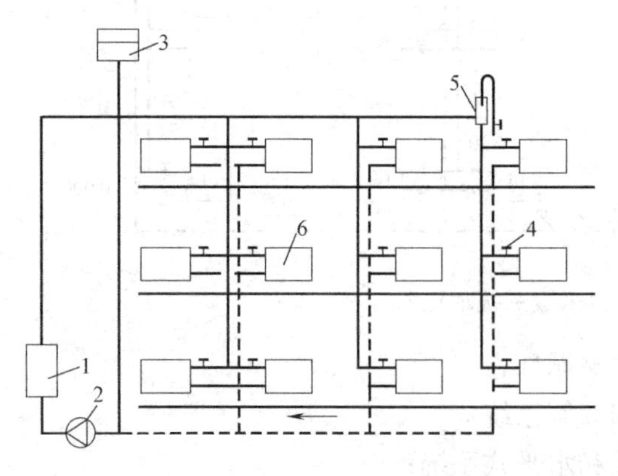

图 3-4　双管上供下回式系统

1—锅炉；2—水泵；3—膨胀水箱；4—散热器；

5—集气罐；6—跑风

2. 单管系统

（1）单管顺流式

如图 3-5（*a*）所示，在单管系统中供回水立管合二为一，热水按顺序依次进入各层散热器。该系统结构简单，节省管材，安装方便，造价低，但更易造成上热下冷的工况。

（2）单管跨越式

如图 3-5（*b*）立管所示，在单管顺流式中加设跨越管，立管的一部分水量流入散热器，另一部分立管水量通过跨越管与散热器流出的回水混合，再流入下一层散热器。由于单管跨越式在散热器支管上安装阀门，使系统的造价增高，施工工序多，因此，目前在国内只用于房间温度要求较严格的建筑上。

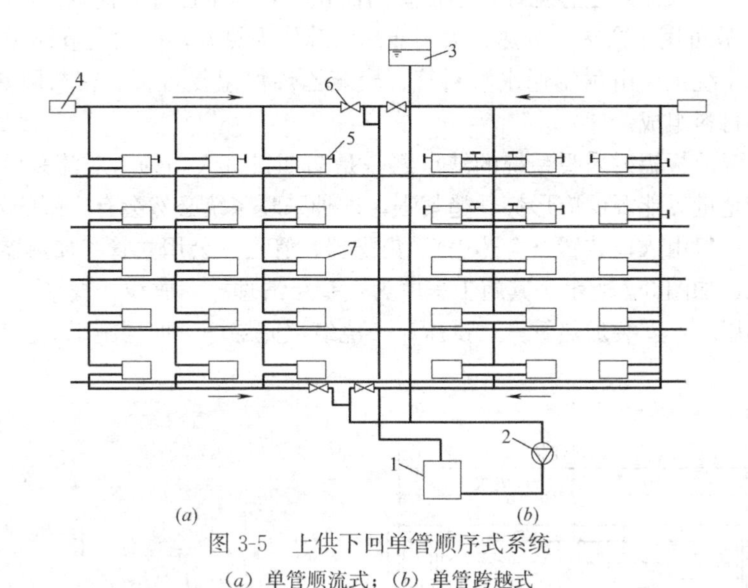

图 3-5 上供下回单管顺序式系统

（a）单管顺流式；（b）单管跨越式

1—锅炉；2—水泵；3—膨胀水箱；4—散热器；5—手动放气阀；6—阀门；7—自动排气阀

3.1.3 低压蒸汽采暖系统

如图 3-6 所示，锅炉产生的低压蒸汽经总立管、干管、支管进入散热器，在散热器中放热凝结为水，经低压疏水器（回水盒）和管路流入开式凝结水箱，再经水泵入锅炉。

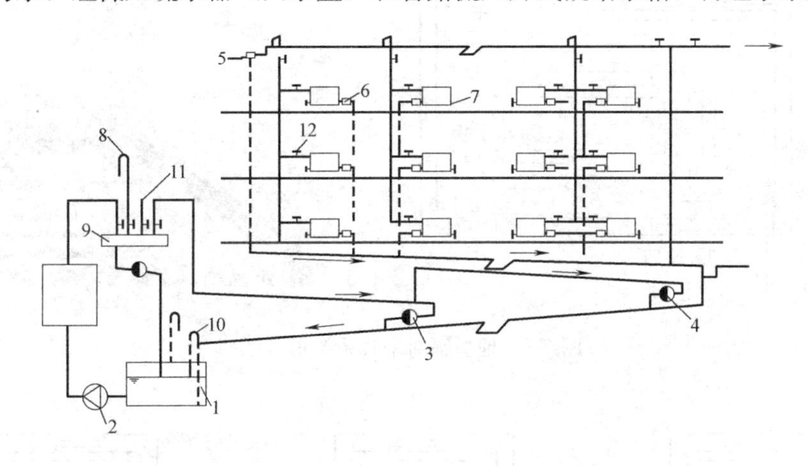

图 3-6 低压蒸汽采暖系统

1—凝结水箱；2—水泵；3—中途疏水器；4—末端疏水器；5—恒温疏水器；6—疏水器；7—自动排气阀；8—安全放气管；9—分汽缸；10—通气管；11—预留口；12—阀门

低压蒸汽系统进行中会产生凝结水和空气，将影响系统的运行。解决的办法有两个：一是水平干管设 0.3%～0.5%沿水流方向下降的坡度；二是在每组散热器的出口安装疏水器。系统中的疏水器，其作用是排除系统中的凝结水，阻止蒸汽通过。

3.1.4 低温地板辐射采暖

塑料管低温地板辐射采暖是国外 20 世纪 70 年代发展起来的新技术，也是目前国际上采用的较为先进的采暖技术。与传统的对流采暖系统相比，它具有沿高度方向温度分布均匀、温度梯度小、人体舒适感觉好、不占室内面积、热稳定性好等优点。由于它的热媒温度小于 50℃，故可用于余热、废热、太阳能热水等作为热源，可大大节约能源。

该类采暖系统主要由耐温通水塑料管、聚苯乙烯保温复合板、密封隔热带、波纹护管、分水器等材料组成。

塑料管低温地板辐射采暖系统的缺点之一是初期投资大，约为对流采暖系统的 3～5 倍，但是随着全世界能源供应形势日趋紧张，这种采暖系统必然会有广阔的发展前景。

地暖系统一般由入口装置（含热表）、集配器、管道（公用立管和加热器）、附件、保温材料等组成，如图 3-7 所示。其施工程序为：基层清理——放线、找平——安装集配器——铺设绝热层——安装加热管——试压——浇筑填充层——面层施工等。加热管安装示意图如图 3-8 所示。

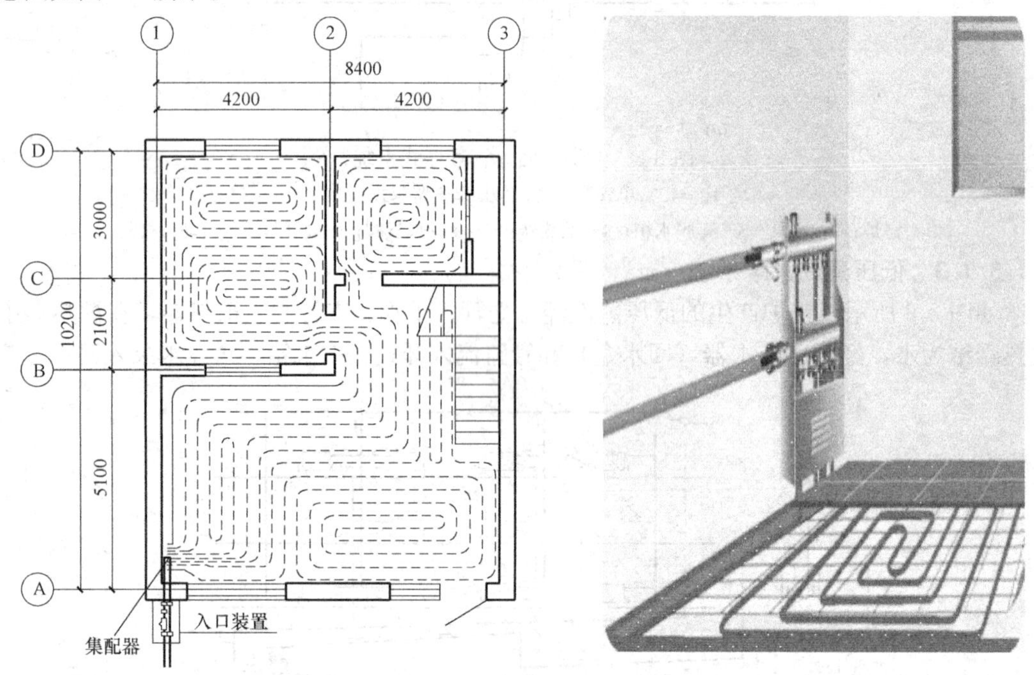

图 3-7　地板辐射采暖系统示意图

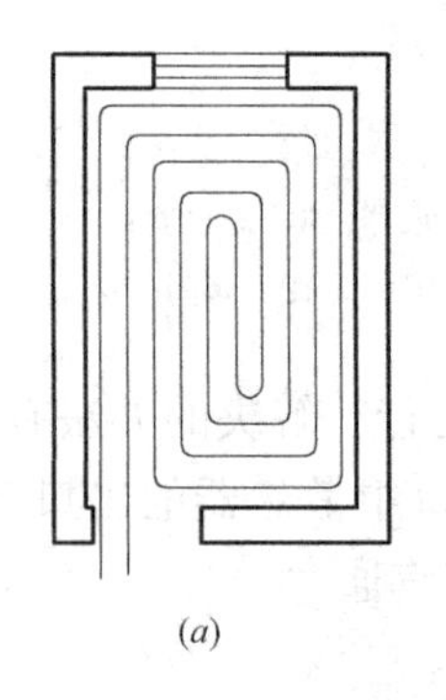

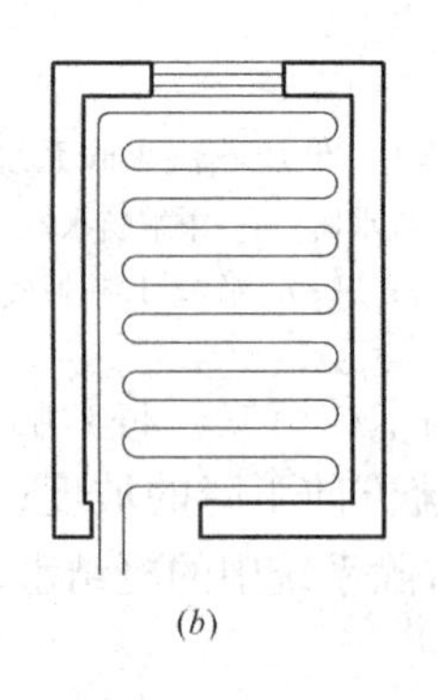

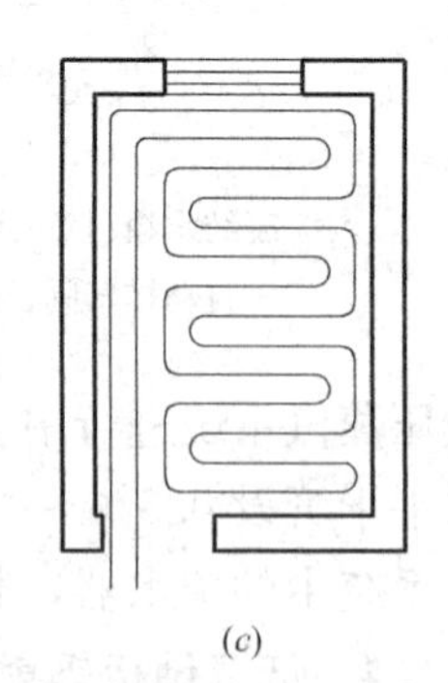

(*a*)　　(*b*)　　(*c*)

图 3-8　加热管安装示意图

(*a*) 回字形；(*b*) S形；(*c*) 双S形

3.1.5 分户热计量散热器采暖系统

分户热计量散热器采暖系统是指散热设备为散热器的分户采暖系统。系统形式有下（上）分双管式、水平单（双）管式和放射式等，由入口装置、干管、共用立管和散热器等组成。下分双管同程式系统如图 3-9 所示。

安装程序：热力入口安装—共用立管和户用热表安装—户内管道安装—散热器与支管安装—试压、验收。

入口装置除常规设施外，还包括过滤器、热量表（或预留安装条件）和压差或流量自动调节装置。

共用立管一般为双管下分式，多采用热镀锌钢管螺纹连接。顶点设集、排气装置，下部设泄水阀，常与锁闭（调节）阀及户用热量表组合置于管井、小室或户外箱内。户外箱如图 3-10 所示。

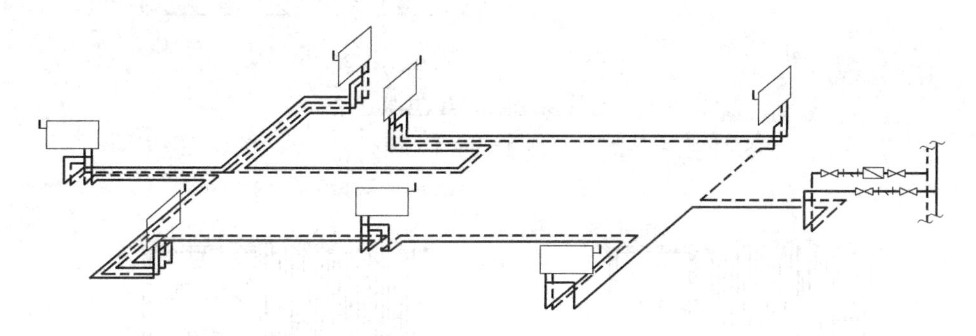

图 3-9　加热管安装示意图

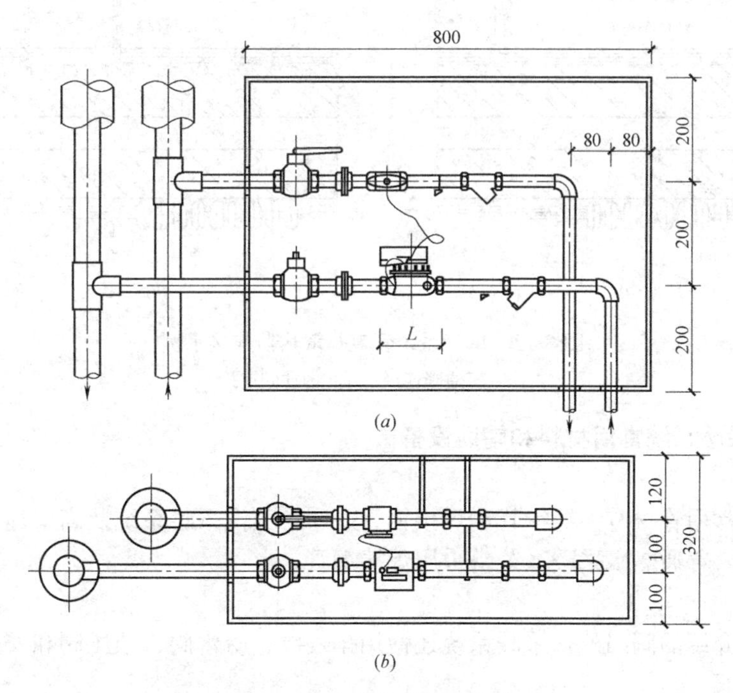

图 3-10　户外箱及热表安装

(*a*) 立面图；(*b*) 平面图

户内明装采暖管道多采用热镀锌钢管。地面垫层内管道，多为铝塑复合管、聚丁烯管和交联聚乙烯管等。

分户热计量系统散热器支管常用连接形式有：单管系统为顺序式和跨越式，双管系统为上进下出。与散热器的连接见图 3-11 和图 3-12。

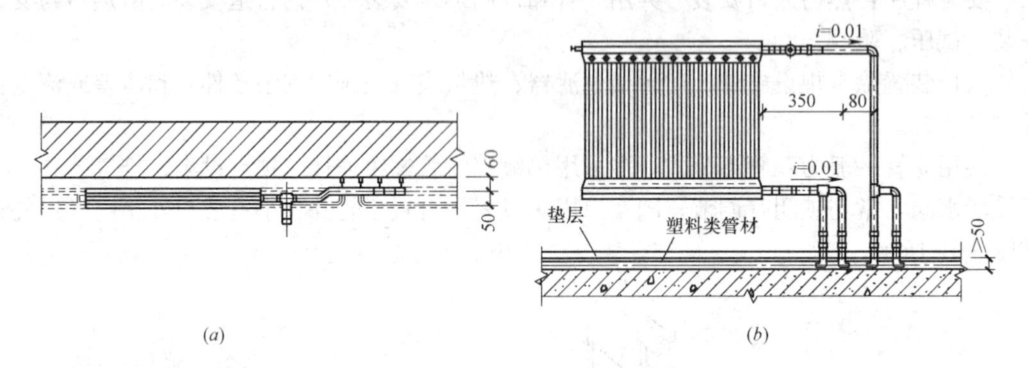

图 3-11　双管系统管道与散热器连接示例
(a) 平面图；(b) 立面图

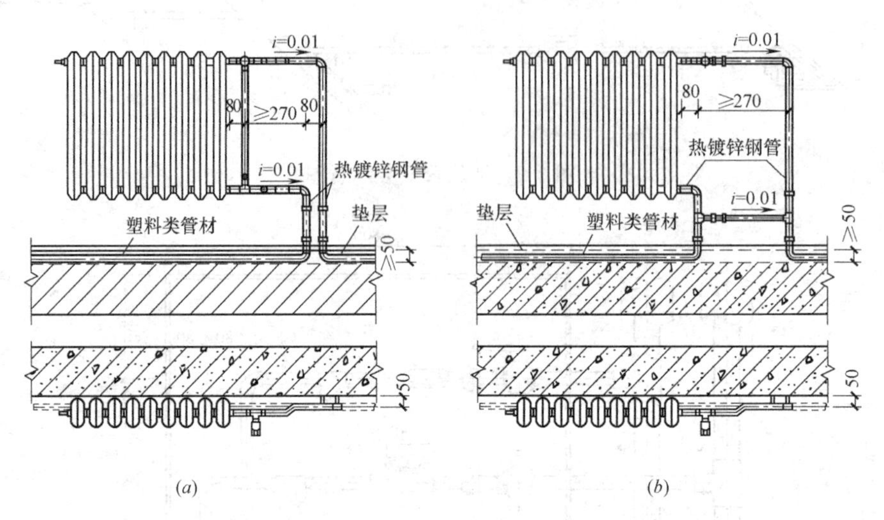

图 3-12　单管系统管道与散热器连接示例
(a) 三通阀连接；(b) 两通阀连接

3.1.6　采暖系统常用材料和辅助设备

(1) 管材

采暖系统常用管材有无缝钢管和焊接钢管。通常蒸汽采暖系统及高层建筑采暖系统常采用无缝钢管，普通热水采暖系统常采用焊接钢管。

(2) 阀门

除第一章介绍的阀门外，采暖系统还使用排气阀、疏水阀、减压阀和安全阀等。

(3) 排气阀

排气阀按工作原理不同，可分为自动排气阀和手动排气阀。自动排气阀的工作原理是依靠罐内水的浮力浮起或落下罐内浮子，从而关闭或打开排气阀的排气孔。手动排气阀也称跑风，它的作用是安装在散热器或管道上手动排除空气。如图 3-13 所示。

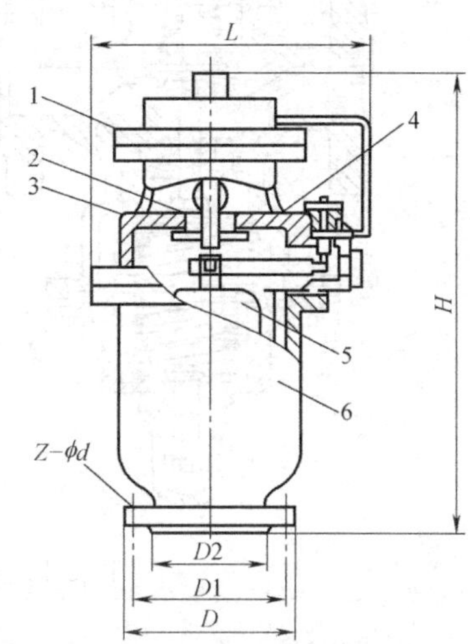

图 3-13　排气阀

1—液压缸；2—活塞杆；3—排气盖板；4—排气口；5—浮桶；6—壳体

(4) 止回阀

又称逆止阀，是用来防止管道或设备中介质倒流的一种阀门。它利用流体的动能来开启阀门。在供热系统中，止回阀常安装在泵的出口、疏水器出口管道，以及其他不允许流体反向流动的地方。止回阀有升降式、旋启式和蝶形止回式等。如图 3-14 所示。

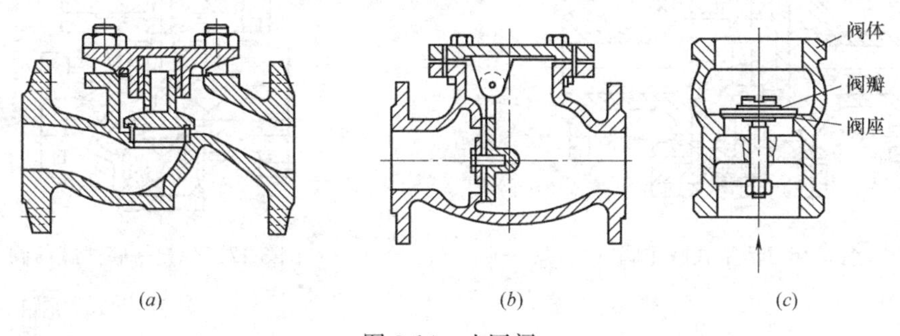

图 3-14　止回阀

(a) 升降式；(b) 旋启式；(c) 蝶形止回式

(5) 减压阀

靠膜片、弹簧、活塞等敏感元件改变阀瓣与阀座的间隙，使蒸汽、空气达到自动减压的目的。在工程实践中，在选择减压阀时，如果所需阀后蒸汽压力较小，通常采用两级减压，以使减压阀工作时噪声及振动较小，而且安全、可靠。按敏感元件及结构分，减压阀有波纹管式、活塞式、薄膜式、弹簧薄膜式等，见图 3-15～图 3-17。

(6) 安全阀

又称保险阀，用于锅炉、管道和各种压力容器中，控制压力不超过允许数值，防止事故发生。常用的安全阀有弹簧式和杠杆式两种。选用安全阀的主要参数是排泄量，排泄量决定安全阀的阀座口径和阀瓣开启的高度。按构造分，安全阀有杠杆式、弹簧式和脉冲式等，见图 3-18～图 3-20。

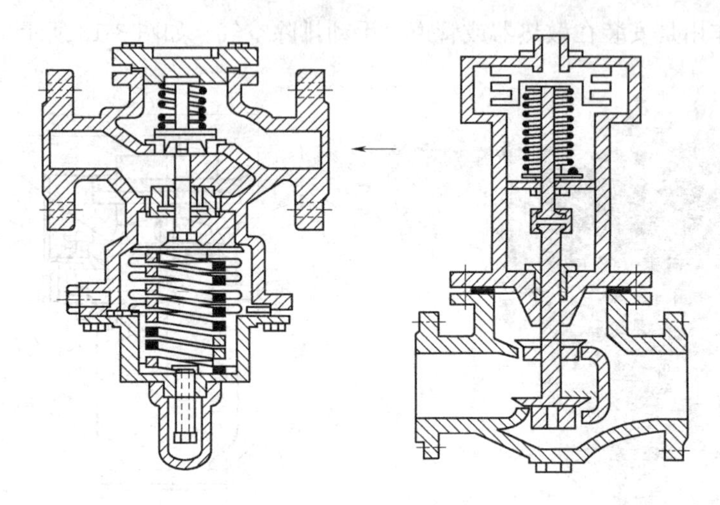

图 3-15　波纹管式减压阀

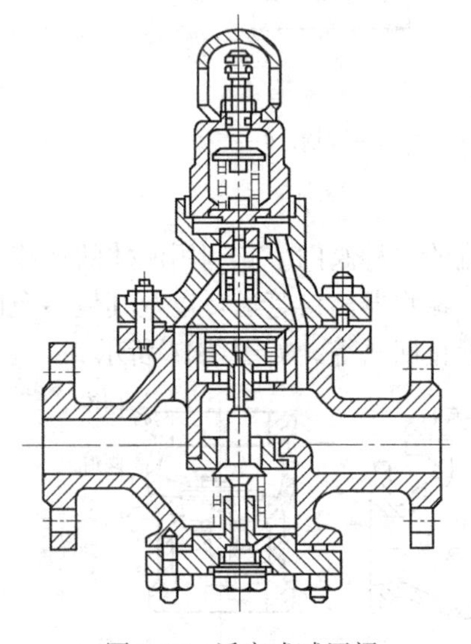

图 3-16　活塞式减压阀

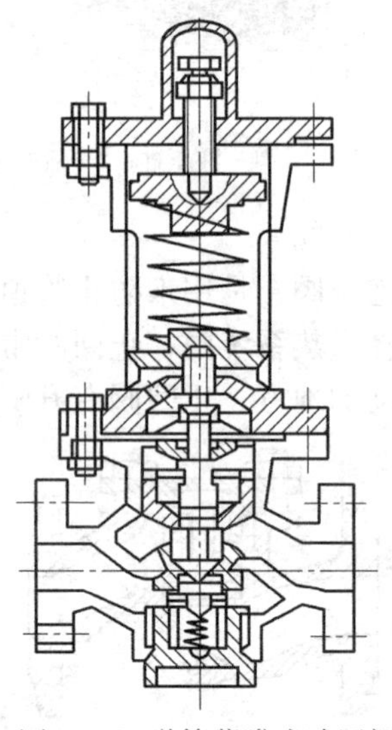

图 3-17　弹簧薄膜式减压阀

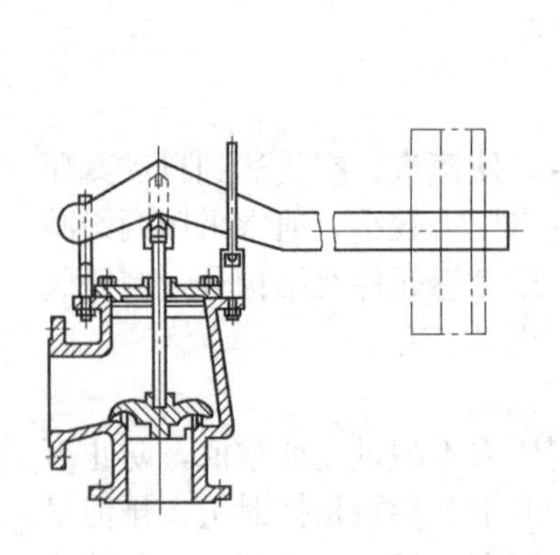

图 3-18　杠杆式安全阀

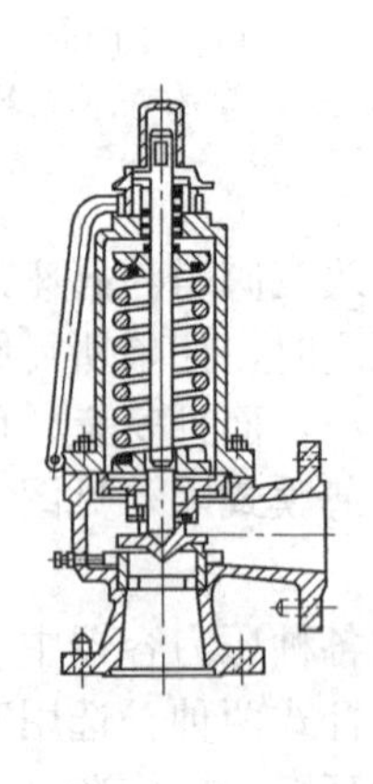

图 3-19　弹簧式安全阀

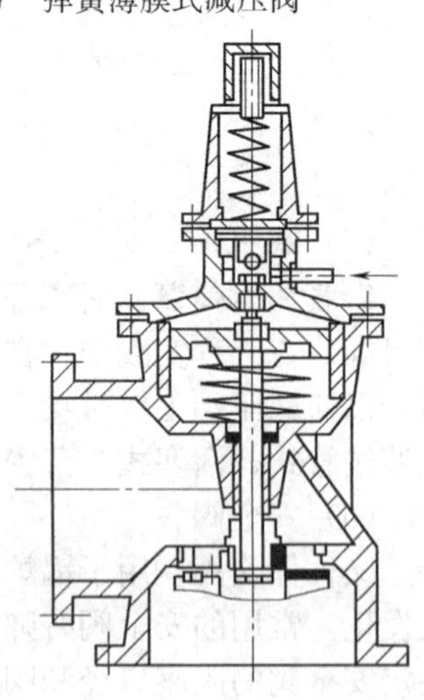

图 3-20　脉冲式安全阀

3.1.7 主要设备和管路附件

散热器：

散热器是采暖系统的重要组成之一，散热器应有足够的机械强度，传热系数高、金属耗量少，而且要求式样美观，具有便于清扫和体积小等特点。

当前生产的散热器，主要有铸铁、钢制和铝合金散热器。

(1) 铸铁散热器

① 翼形散热器

如图 3-21 所示，有圆翼形和长翼形两种。

圆翼形散热器，其规格用内径 D 表示，常见的有 $D$50、$D$75，每根长 100mm，接口为法兰连接。长翼形散热器，其规格用高度表示，又按长度不同，分为长 28cm（14 个翼片）和长 20cm（10 个翼片）两种。

翼形散热器的优点是散热面积大，易加工制造，造价低；缺点是承压能力低，易积灰，不易清扫。

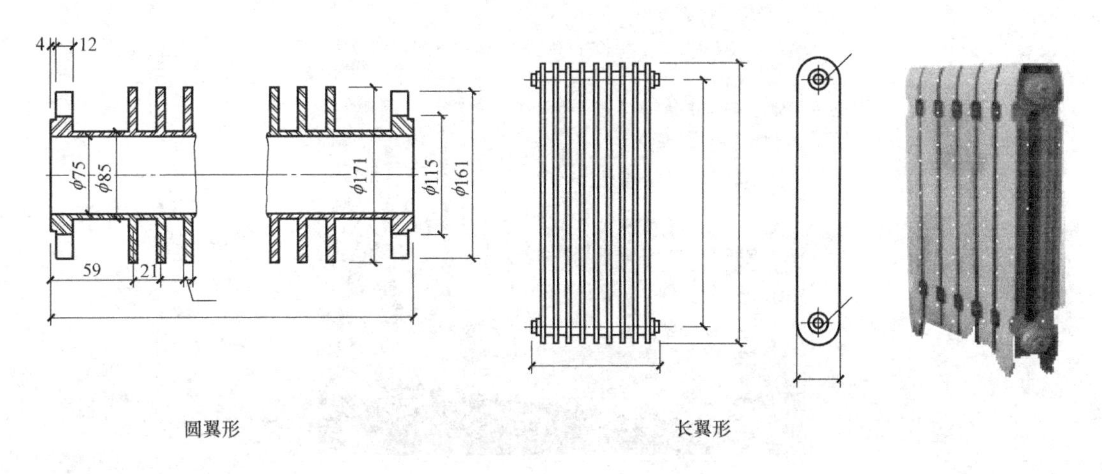

图 3-21 翼形散热器

② 柱形散热器

如图 3-22 所示，柱形散热器是呈柱状的单片散热器。外表面光滑，每片各有几个中空的立柱相互连通。根据散热器面积的需要，可把各个单片组装在一起，形成一组散热器。

我国目前常用的柱形散热器主要有二柱、四柱两种类型。根据国内标准，散热器每片长度 L 为 60mm、80mm 两种；宽度 B 有 132mm、143mm、164mm 三种。柱形散热器有带脚和不带脚的两种片形，便于落地或挂墙安装。

与翼形散热器相比，柱形散热器的优点是，其金属强度及系数高，外形美观，易清除积灰，易组成所需的散热面积，因而得到较广泛的应用；缺点是接口较多，施工要求高。各种铸铁散热器规格见表 3-1。

铸铁散热器规格 **表 3-1**

型号	大 60 型	小 60 型	圆翼形 D75	M132 型	四柱 813 型	四柱 760 型	四柱 640 型
散热器面积(m^2/片)	1.17	0.80	1.80	0.24	0.28	0.235	0.20
重量(kg/片)	28	19.3	38.2	7	8	6.6	5.7

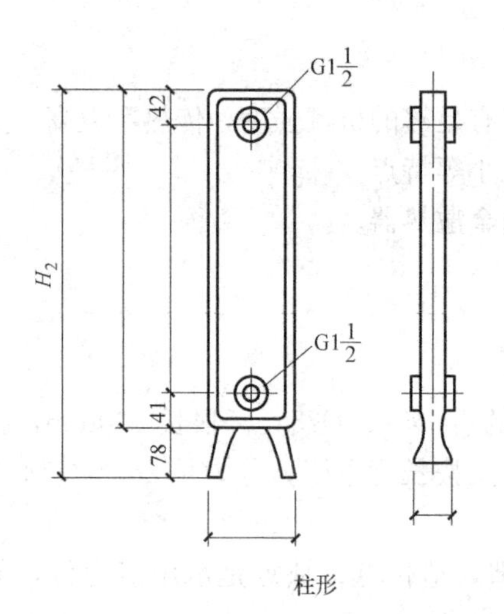

柱形

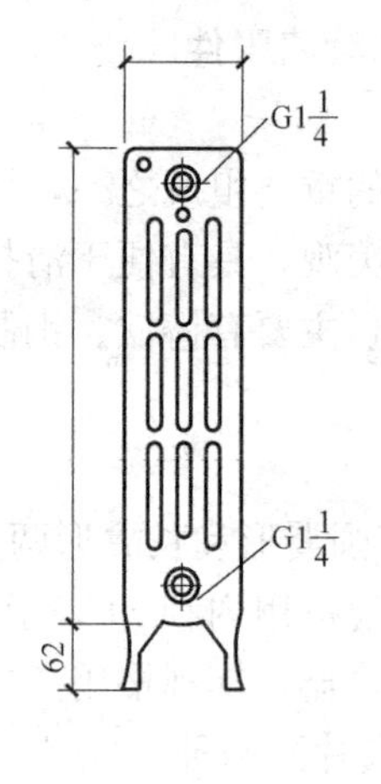

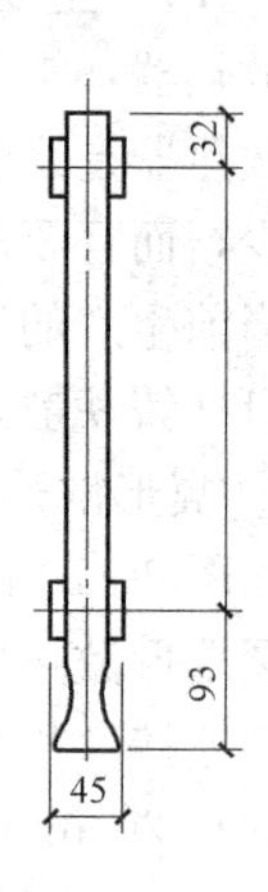

细四柱形

图 3-22　柱形散热器

（2）钢制散热器

① 钢串片散热器

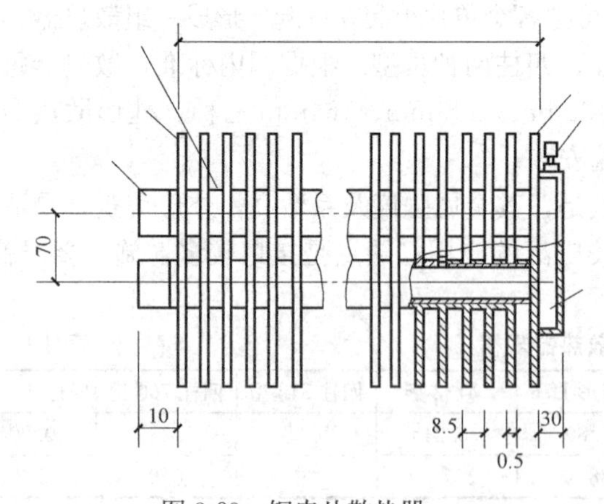

图 3-23　钢串片散热器

如图 3-23 所示，它由钢管、钢片、联箱、放气阀及管接头组成。它的优点是，耐压能力大，体积小，结构紧凑，重量轻。缺点是耗钢材多，水容量小，易积尘。

如图 3-24 所示，闭式钢串片，串片两端折边 90°形成封闭形，许多封闭垂直空气通道，增强了对流放热能力，同时也使串片不易损坏，不易积尘。

闭式钢串片散热器规格以高×宽表示，其长度可按设计要求制作。闭式钢串

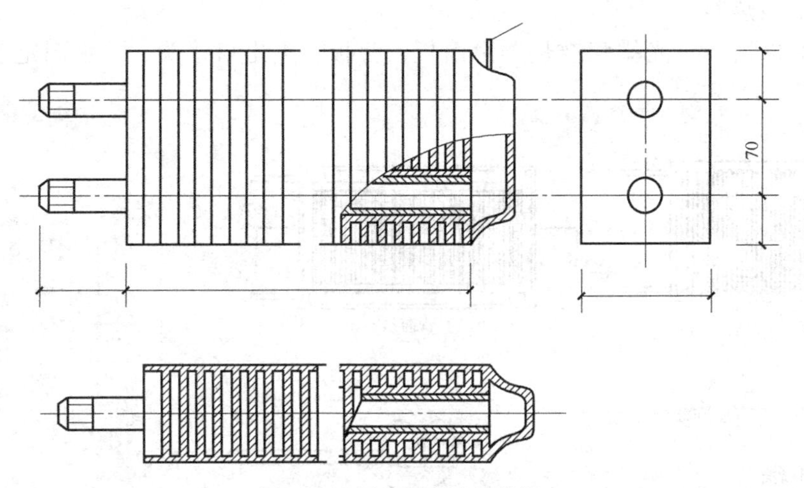

图 3-24 闭式钢串片散热器

片散热器规格详见表 3-2。

闭式钢串片散热器规格 **表 3-2**

规格	150×60	150×80	240×100	300×80	500×90	600×120
散热器面积(m^2/m)	2.48	3.15	5.72	6.30	7.44	10.60
重量(kg/m)	9.0	10.5	17.4	21.0	30.5	43.0

② 光排管散热器

如图 3-25 所示，光排管散热器是最简易的散热器，它是用钢管在现场焊接或弯制而成，有排管和蛇管两种形式，其规格和尺寸由设计决定或按标准图选用。其优点是承压能力大，表面光滑，易清扫，加工方便；缺点是耗钢材多，占地面积大，不美观。多用于工厂或临时性建筑中。

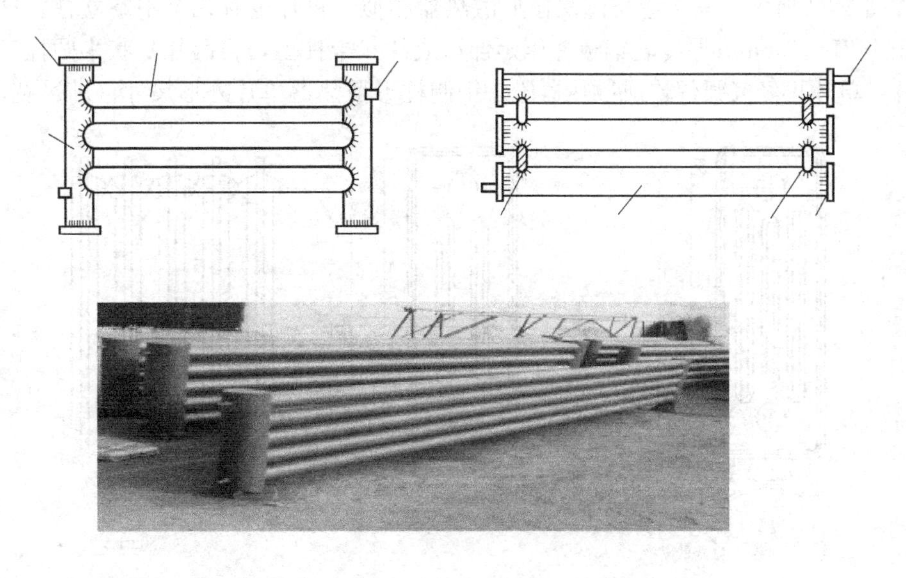

图 3-25 光排管散热器

③ 板式散热器

如图 3-26 所示，光排管散热器由面板、背板、进出口接头、放水固定套及对流片组成。

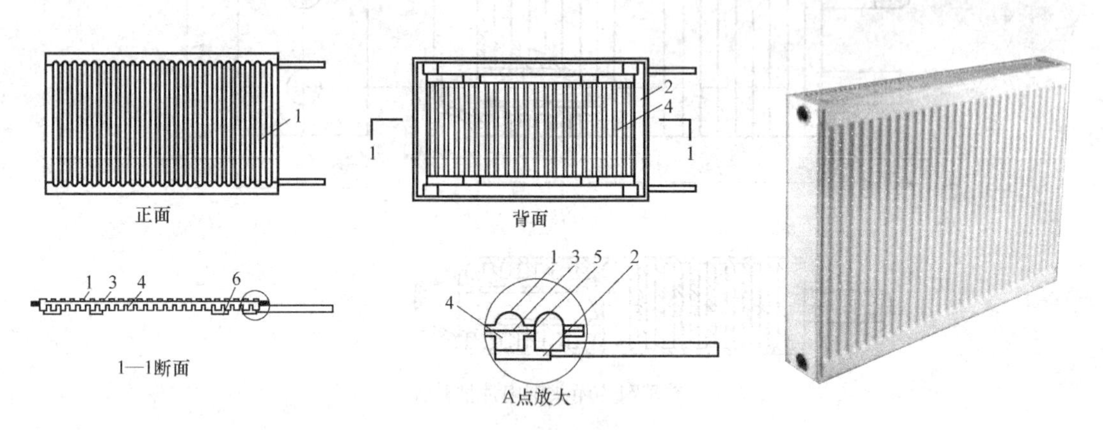

图 3-26 板式散热器

1—面板；2—联箱；3—背板；4—对流板；5—点焊；6—挂钩

国内板式散热器规格尺寸见表 3-3。

板式散热器规格 **表 3-3**

规格(H/L)		600×600	600×800	600×1000	600×1200	600×1400	600×1600	600×1800
散热器面积(m^2/片)		1.58	2.10	2.75	3.27	3.93	4.45	5.11
重量(kg/片)	板厚 1.2mm	9.60	12.2	15.4	18.2	21.2	24.0	27.3
	板厚 1.5mm	11.5	14.6	18.4	21.8	25.4	28.8	32.7

④ 钢制柱形散热器

如图 3-27 所示，其构造与铸铁柱形散热器相似，每片也有几个中空立柱。这种散热器是用 1.25～1.5mm 厚冷轧钢板冲压延伸形成片状半柱型，将两片片状半圆柱滚焊复合成单片，单片再经气弧焊连成散热器段。钢制柱形散热器单片外形尺寸（高×宽，mm×

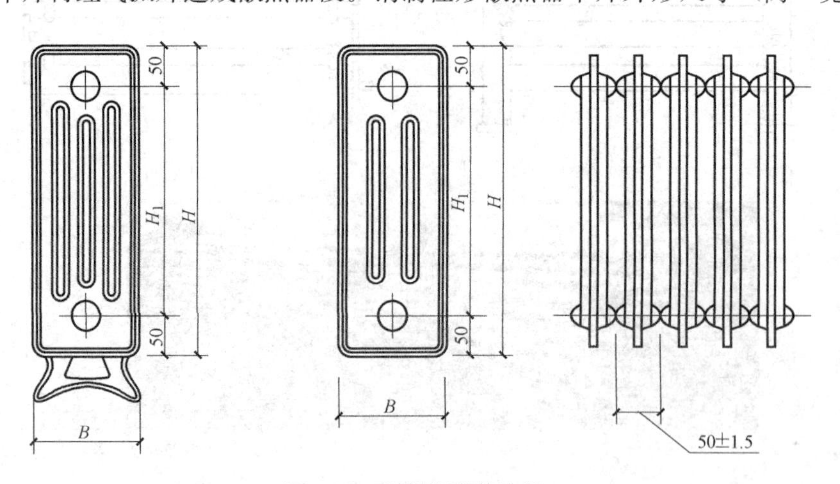

图 3-27 钢制柱形散热器

mm）有 600×1200、600×400、620×130、640×120 等几种，常用的 600×1200 的单片散热器面积为 0.15m²/片。

⑤ 扁管散热器

它是由一定长度的 52mm×11mm×1.5mm（宽×高×壁厚）的水通路扁管数根叠加焊在一起，再两端加上断面为 35mm×40mm 的联箱组，如图 3-28 所示。

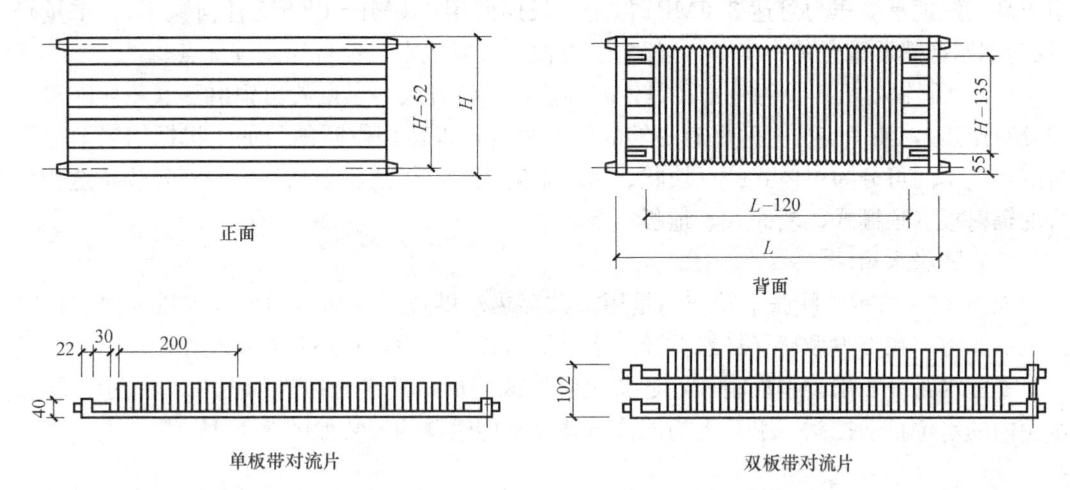

图 3-28 钢制扁管形散热器示意图

扁管散热器的板型有单板、双板、单板带对流片和双板带对流片四种结构形式。扁管散热器规格见表 3-4。

扁管散热器规格 **表 3-4**

型号	规格 $H\times L$(mm×mm)	散热器(m²/片)	重量(kg/片)
单板	416×1000	0.915	12.1
	520×1000	1.151	15.1
	624×1000	1.377	18.1
双板	416×1000	1.834	24.2
	520×1000	2.30	30.2
	624×1000	2.75	36.2
单板带对流片	416×1000	3.62	17.5
	520×1000	4.57	23.0
	624×1000	5.57	27.4
双板带对流片	416×1000	7.24	35.0
	520×1000	9.14	46.0
	624×1000	10.10	54.8

总之，钢制散热器与铸铁散热器比较，具有金属耗量少，耐压强度高，占地面积小等优点；但其价格比铸铁散热器高，易受到腐蚀，使用寿命短。

(3) 铝合金散热器 铝合金散热器是近年来开发的一种新型、高效散热器，其材质传导性能好、耐压强度高（约为铸铁散热器的 6 倍）、造型美观大方，线条流畅，占地面积小，富有装饰性，其质量约为铸铁散热器的 1/10，便于运输安装，节省能源，采用内防腐处理技术，寿命长。

(4) 复合材料散热器 复合材料型散热器是近几年新研制的散热器，常见的有铜铝复合、钢铝复合，它们结合了钢管、铜管承压高、耐腐蚀、外表美观、散热效果好，适用于任何水质的优点，是理想的新型散热器。

(5) 塑料散热器　塑料散热器主要是由聚丁烯等塑料材料、碳纤维、矿物基等原料经过特殊复杂加工工艺制造成型的高科技环保产品。塑料散热器的基本构造由竖式和横式两类。塑料散热器主要有永不腐蚀，流动阻力小，不易结垢，散热量高，升温快、降温慢，耐压高（短期承受压力可达 3.6MPa 以上，长期使用 1.0MPa 以下无任何顾虑），重量轻（仅为钢制散热器重量的一半），运输施工方便，节省成本，性价比高等优点。

(6) 钢制辐射板　辐射板主要是依靠辐热传热的方式，尽量放出辐射热（还伴随着一部分对流热），使一定的空间里有足够的辐射强度，以达到供暖的目的。根据辐射散热设备的构造不同可分为单体式的（块状、带状辐射板，红外线辐射器）和与建筑物构造相结合的辐射板（顶棚式、墙面式、地板式等）。

(7) 膨胀水箱

如图 3-29 所示，膨胀水箱作用是用来贮存热水供暖系统加热的膨胀水量及恒定供暖系统的压力。在重力循环（自然循环）上供下回式系统中，它还起着排气作用。

膨胀水箱一般用铸钢板制成，通常是圆形或矩形，其连通接管如图 3-29 所示。膨胀水箱内的水位自动控制，水箱上的液位自动控制传感器的安装如图 3-30 所示。

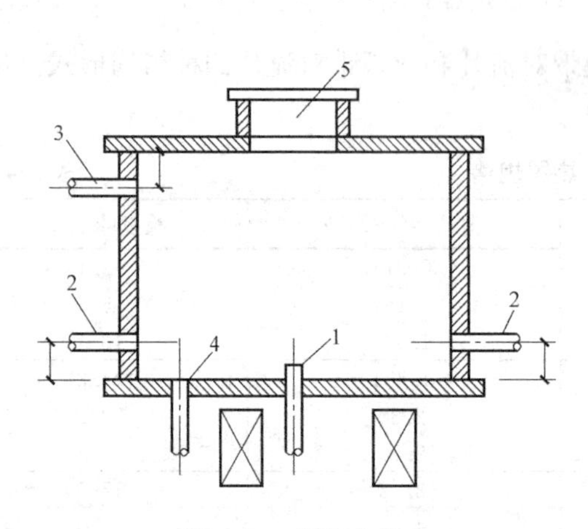

图 3-29　膨胀水箱

1—膨胀管；2—循环管；3—溢流管；4—泄空管；5—人孔盖

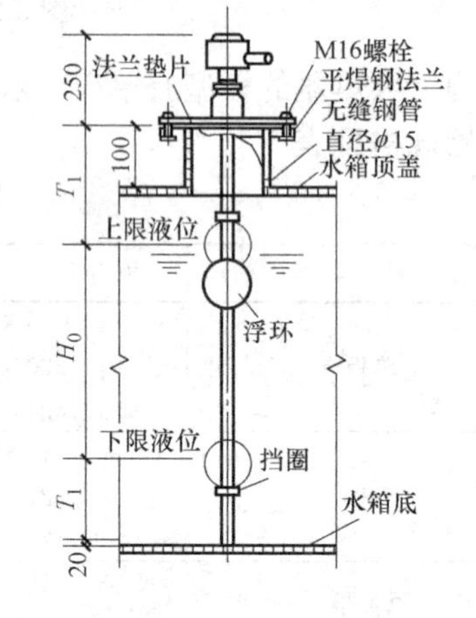

图 3-30　液位自动控制传感器安装

膨胀水箱应安装在采暖系统的最高处，箱底距系统最高点应不小于 600mm。

(8) 集气罐

集气罐用直径 100～250mm 的钢管制成，有立式和卧式两种，其规格尺寸可查《采暖通风标准图集》。集气罐用于机械循环系统的排气，一般设置在采暖系统水平干管的最高点。集气罐的结构形式见图 3-31。

(9) 疏水器

疏水器又称回水盒，有高压和低压之分，其作用是阻汽排水，仅用于蒸汽供热系统。

疏水器有各种不同的类型和规格。简单的有水封，多级多封和节流孔板；能自动启闭调节的有机械型的浮筒式、吊筒式和浮球式。蒸汽疏水阀见图 3-32。

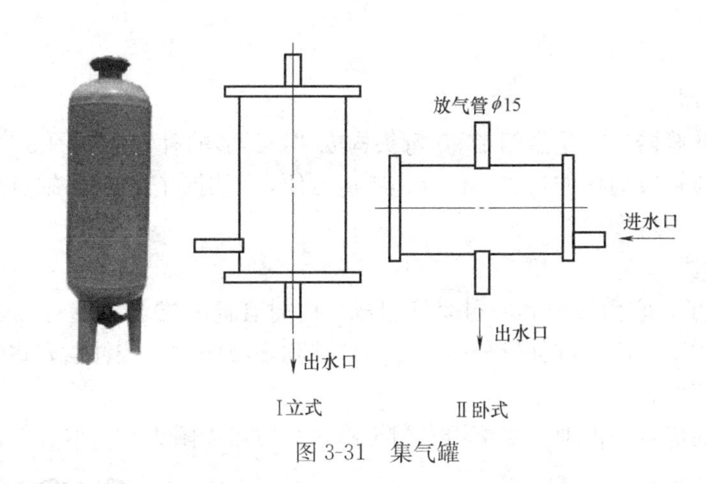

图 3-31　集气罐

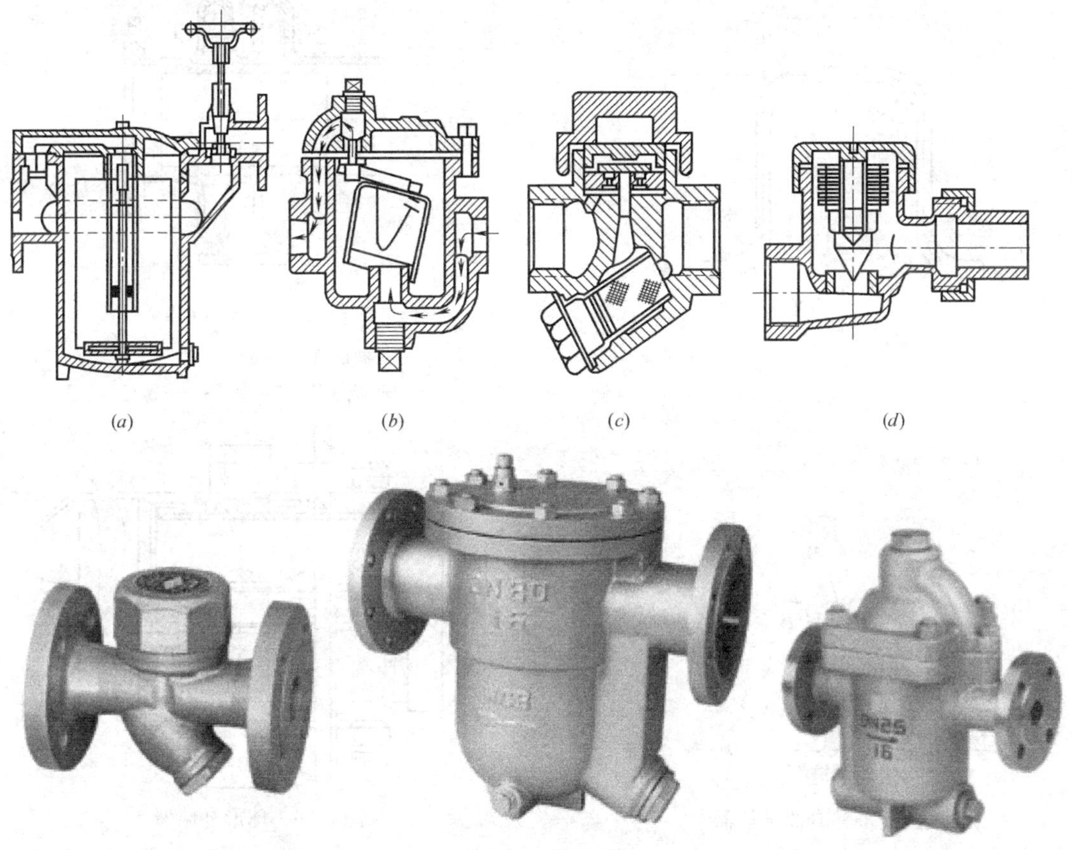

图 3-32　疏水阀

(a) 浮桶式；(b) 倒吊桶式；(c) 热动力式；(d) 恒温式

(10) 伸缩器

又称补偿器，为了避免供热管道升温时，由于热伸长或温度应力而引起管道变形或破坏，需在管道上设置补偿器，以补偿管道的热伸长。常用的补偿器有以下几种：

1) 自然补偿

利用供热管道自身的弯曲管段（如 L 形或 Z 形等）来补偿管段的热伸长的补偿方式，称为自然补偿。自然补偿不必特设补偿器，其缺点是管道变形时会产生横向位移，且补偿的管段不能很长。

2）方形补偿器

也称作Ⅱ型补偿器，它是由四个90°弯头构成“U”形的补偿器如图3-33所示，靠其弯管的变形来补偿管段的热伸长。其优点是制造方便，不用专门维修；缺点是介质在补偿器处流动阻力大，占地多。

3）波纹补偿器

如图3-34所示，它由波节和内衬套筒组成，内衬套筒一端与波壁焊接，另一端可自由伸缩，多用不锈钢制成。按补形分，可分为单波和多波两种；按补偿方式分，可分为轴向、横向和铰接等形式。

波纹补偿器的优点是占地小，不用专门维修，介质流动阻力小；但其造价较高。

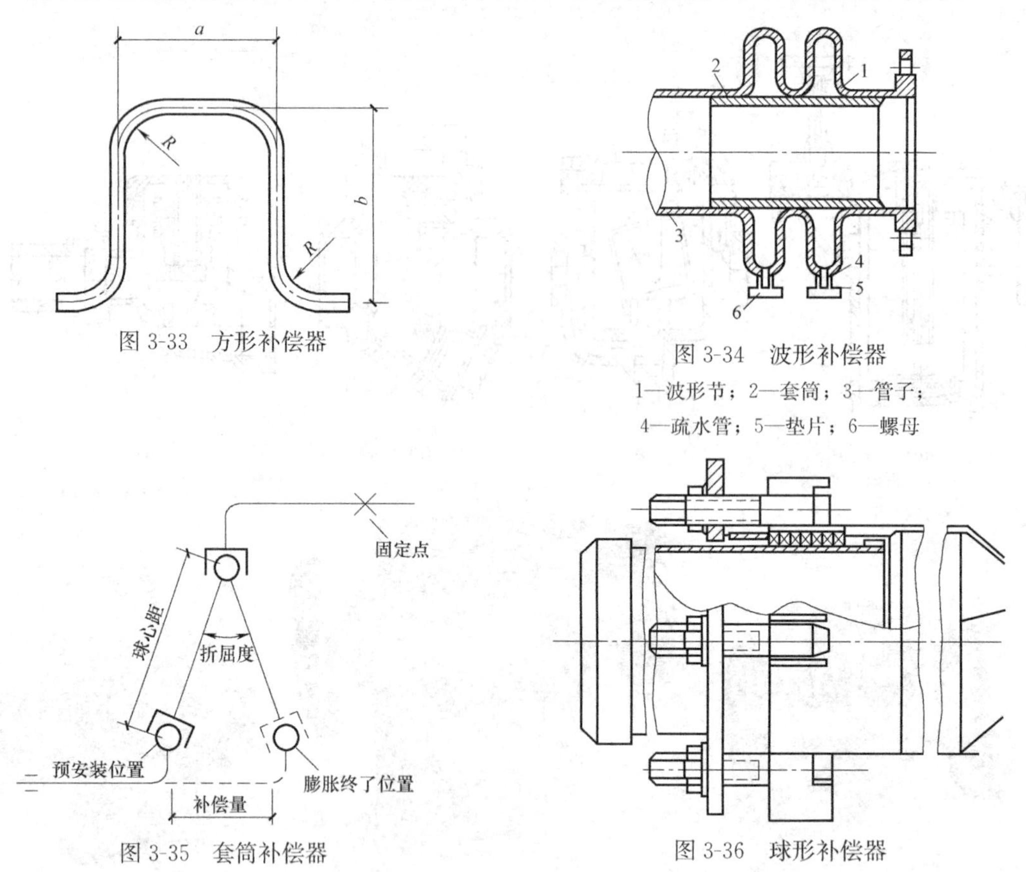

图3-33　方形补偿器

图3-34　波形补偿器

1—波形节；2—套筒；3—管子；4—疏水管；5—垫片；6—螺母

图3-35　套筒补偿器

图3-36　球形补偿器

4）套筒补偿器

如图3-35所示，又称为填料式补偿器，它是由用填料密封的套管和外壳管组成，两者同心套装并可轴向补偿的补偿器。套筒补偿器的补偿能力大，一般可达250～400mm，占地小，介质流动阻力小，造价低，但其压紧、补充和更换填料的维修工作量大，填料处易发生损坏和泄漏。

5）球形补偿器

球形补偿器利用球形管接头的随机弯转来吸收管道的热伸长，其工作原理如图3-36所示，用于三向位移和热水管道。球形补偿器的优点是补偿能力大（比方形补偿器大5～

10 倍)、变形应力小、所需空间小、节省材料、不存在推力、能做空间变形，适用于架空敷设，从而减少补偿器和固定支架的数量；其缺点是存在侧向位移，制造要求严格，否则容易漏水漏气，要求加强维修等。

(11) 管道支座（架）

管道支座是直接支承管道并承受管道作用力的管路附件，其作用是支撑管道和限制管道位移。根据支座（架）对管道位移的限制情况，可分为活动支架和固定支架（座）。

(12) 活动支座（架）

活动支架是允许管道和支承结构有相对位移的管支架，按其构造和功能分为滑动、滚动、弹簧、悬吊和导向等支座（架）形式。

① 滑动支座。由安装在管子上的钢制管托与下面的支承结构构成如图 3-37 所示，它允许管道在水平方向有滑动位移。因此它可安装在水平敷设的管道上，在管道工程中使用得最为广泛。

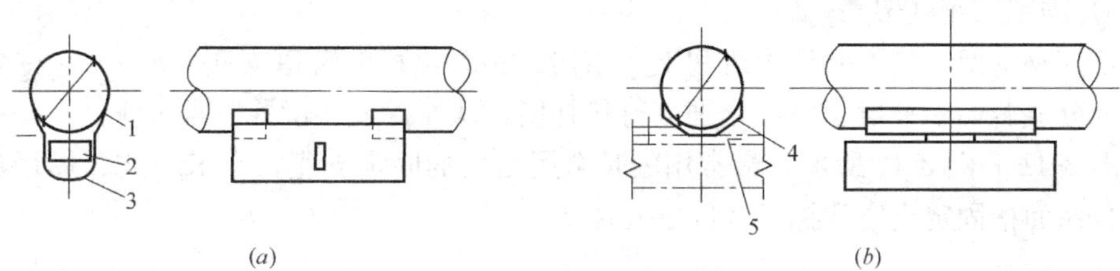

图 3-37 滑动支座示意图

(a) 曲面槽滑动支座；(b) 弧形板滑动支座

1—弧形板；2—肋板；3—曲面槽；4—弧形板；5—支承板

② 滚动支座（架）。由安装在管子上的钢制管托与设置支承结构的辊轴、滚柱或滚珠盘等部件构成，如图 3-38 所示。滚动支座需进行必要的维护，使滚动部件保持正常状态，一般只用在架空敷设管道上。

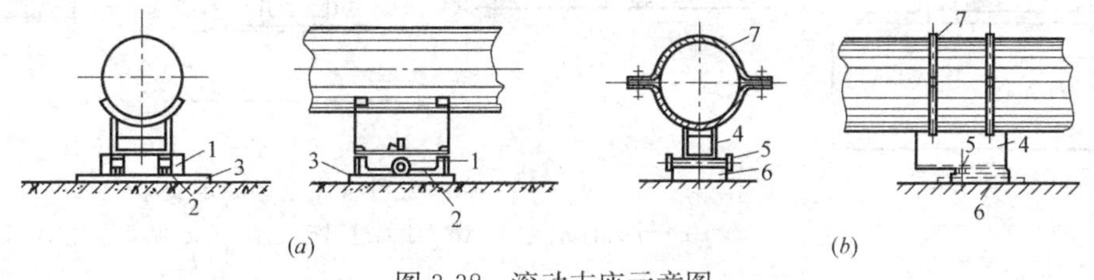

图 3-38 滚动支座示意图

(a) 辊轴式滚动支座；(b) 滚柱式滚动支座

1—轴辊；2—导向板；3—支承板；4—槽板；5—滚柱；6—槽钢支座；7—管箍

③ 悬吊支架。常用在室内供热，给水排水管道上。管道由吊杆、抱箍等构件悬吊在承力结构下面如图 3-39 所示，其构造简单，管道伸缩阻力小。吊架有普通吊架、弹簧吊架和复合吊架三种类型。普通吊装适用于不便安装滑动支架的地方，管道有垂直位移时应安装弹簧吊架。

④ 导向支座。只允许管道轴向伸缩，限制管道横向位移的支座形式，其构造是在滑动或滚动支座沿管道轴向的管托两侧设置导向挡板，如图 3-40 所示。导向支座在水平管道上安装时，既起导向作用，也起支承作用；在垂直管道上安装时，只起导向作用，但能减少管道的振动。

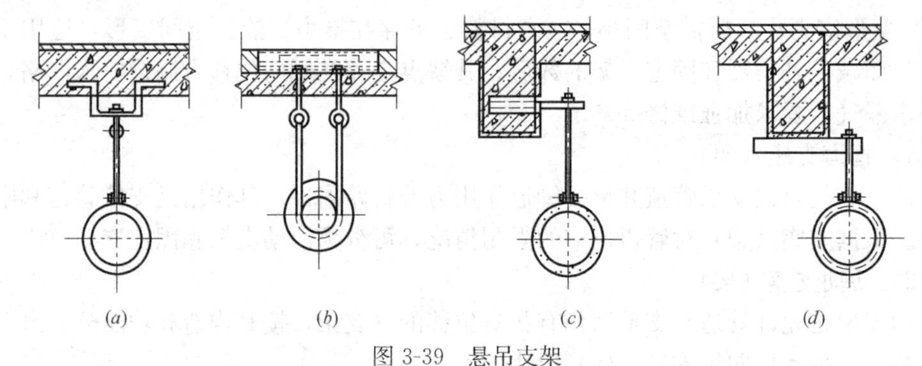

图 3-39　悬吊支架

（a）可纵向及横向移动；（b）只能在纵向移动；（c）焊接在钢筋混凝土结构中；（d）箍在钢筋混凝土梁上埋置的预埋件上

（13）固定支座（架）

固定支座（架）是不允许管道和支承结构有相对位移的管道支座（架）。它主要用于将管道划分成若干个补偿管段，分别进行热补偿，从而保证补偿器正常工作。

如图 3-41 和图 3-42 所示，最常用的是金属结构的固定支座，有卡环式、焊接角钢固定支座、曲面槽固定支座和挡板式固定支座等。

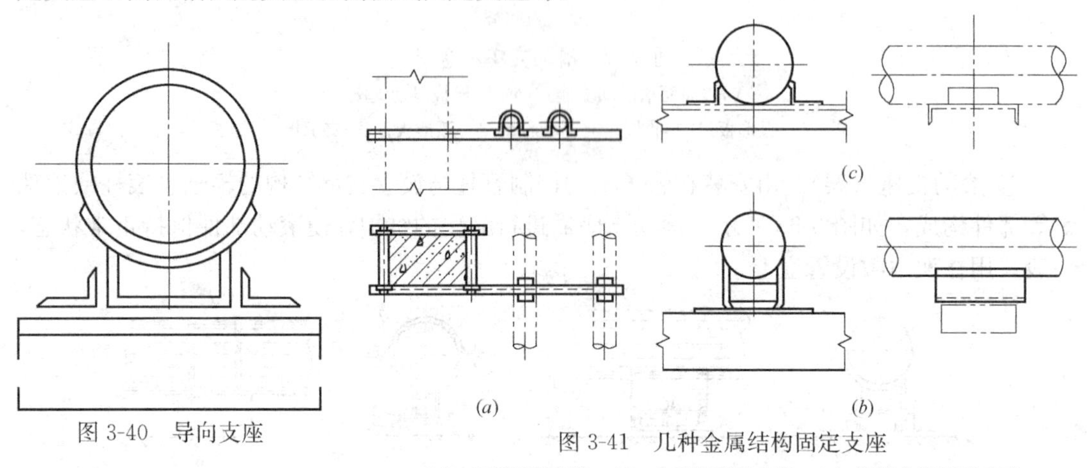

图 3-40　导向支座

图 3-41　几种金属结构固定支座

（a）卡环固定支座；（b）曲面槽固定支座；（c）焊接角钢固定支座

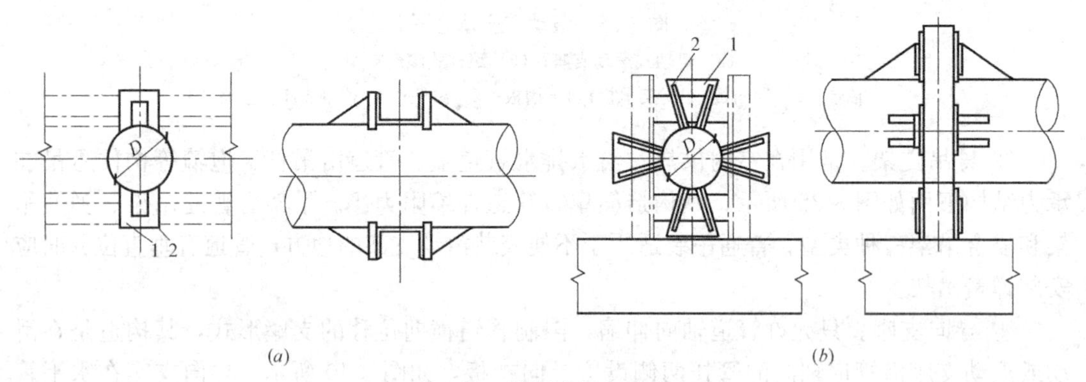

图 3-42　挡板式固定支座

（a）双面挡板式固定支座；（b）四面挡板式固定支座

1—挡板；2—肋板

3.1.8 供暖系统管道安装

室内供暖系统安装的施工程序有两种，一种是先安装散热器，再装配立、支管；另一种是先安装干管、立管、支管，再挂散热器。不管采用哪种施工工序、必须与土建进度相配合，正确地选择基准，配管位置才能准确。基准线有水平线、垂直线、水平面等。

供暖管道常采用明装。管道穿过建筑物基础、楼板、墙体时，要预留孔洞和埋设套管，如管道穿地下室或地下建筑物外墙时，宜使用刚性防水套管。

安装管路时，应将弯管制好，室内采暖系统的弯管有 90°弯头、乙字弯、方形补偿器等。乙字弯主要用在立管与供回水干管相连处及散热器供回水支管上，使供回水立管、支管贴近墙面，安装比较美观。抱弯主要用在双管系统中供水立管跨过回水支管或回水立管跨过供水支管处。

1. 干管安装

(1) 干管的连接可采用焊接、法兰连接及螺纹连接，一般室内低温热水和低压蒸汽供暖系统管径 $DN>32$，采用焊接；$DN\leqslant 32$，采用螺纹连接。焊接管路不便拆卸，对于阀门、仪表、设备等需拆卸处采用法兰连接。无论何种连接方式，接头不得装于墙体、楼板等结构处。

(2) 干管过大门时，要设过门地沟（图 3-43)，过门地沟处管道要保温，要设放水阀或排气污丝堵，排污丝堵处应设活动地沟盖板。

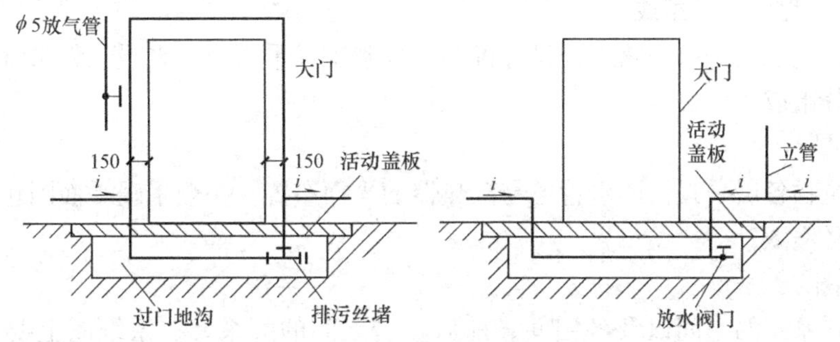

图 3-43 室内供暖干管过门处理方法

(3) 管道变径处一般设在超过三通 200mm 处，不得任意延长变径位置。

2. 立支管安装

与干管安装不同的是：干管安装时先安装支架，然后让管道就位，立管安装时，先将管道连接好以后再固定立管卡子。

(1) 立管与干管的连接方式由干管决定。如干管为焊接，立管与干管的连接采用焊接。对于高温，高压的蒸汽供暖系统，干管、立管的连接最好采用焊接。

(2) 管卡的设置，当建筑物层高 $H\leqslant 5$m 时，每层设一个立管卡子，管卡距地 1.5～1.8m；当 $H>5$m 时，每层设两个立管卡子，这两个管卡应均匀安装。

(3) 支管的连接应注意坡度，无论采用什么系统形式，支管应坡向散热器。支管全长不大于 500mm 时，坡度值为 5mm；支管全长大于 500mm 时，坡度值为 10mm；当一根立管双侧连接散热器时，坡度值按支管长度大的来确定。

(4) 立、支管上装有阀门时，应配以可拆卸的管件，如活接头或长丝，以便修换阀门。

3.2 建筑采暖工程施工图识图

采暖工程施工图与给水排水工程一样，一般常用图例、符号、文字标注表达设计意图。要正确地编制采暖工程施工图预算，必须熟悉这些通用表达设计意图的方法。

3.2.1 采暖工程常用图例符号

采暖工程常用图例符号见表 3-5。

采暖工程常用图例符号 表 3-5

序号	名称	图例
1	膨胀管	——PZ——
2	保温管	
3	乙字弯	
4	自动排气阀	
5	疏水器	
6	手动调节阀	
7	球阀、转心阀	
8	集气罐	平面图 系统图
9	波纹管补偿器	
10	散热器及手动放气阀	
11	散热器及控制阀	
12		

3.2.2 工程施工图组成

采暖工程施工图是由采暖工程设计说明、采暖工程平面图、采暖工程系统图、节点大样图等几部分组成。

1. 平面图

表示建筑物各层采暖供回水管道与散热器的平面布置。一般采暖平面图包括首层、标准层和顶层平面图。

2. 系统图

表示采暖系统的空间以及各层间、前后左右之间的关系。在系统图上要标明管道标高、管段直径、坡度、穿越门柱的方法，以及立管与散热器的连接方法等。

3. 详图

表示散热器安装的具体尺寸，如采用标准图时，可不必出详图，只需注明采用的标准图的图号。

3.2.3 识图方法

（1）阅读设计总说明，明确设计标准、设计内容及有关施工要求。

（2）将采暖工程施工图的平面图和系统图对照起来读，从供水入口，沿水流方向按干管、立管、支管的顺序读到散热器；再从散热器开始，按回水支管、立管、干管的顺序读到回水出口止。

3.2.4 识图练习

图 3-44 和图 3-45 为某房间（一层建筑）采暖工程图，图 3-45 为该房间的采暖平面图，图 3-44 为其采暖系统图，请根据所学知识阅读这两副图所表达的内容。

1. 采暖工程平面图

从图 3-45 的该房间采暖工程平面图上，可以看出以下几点：

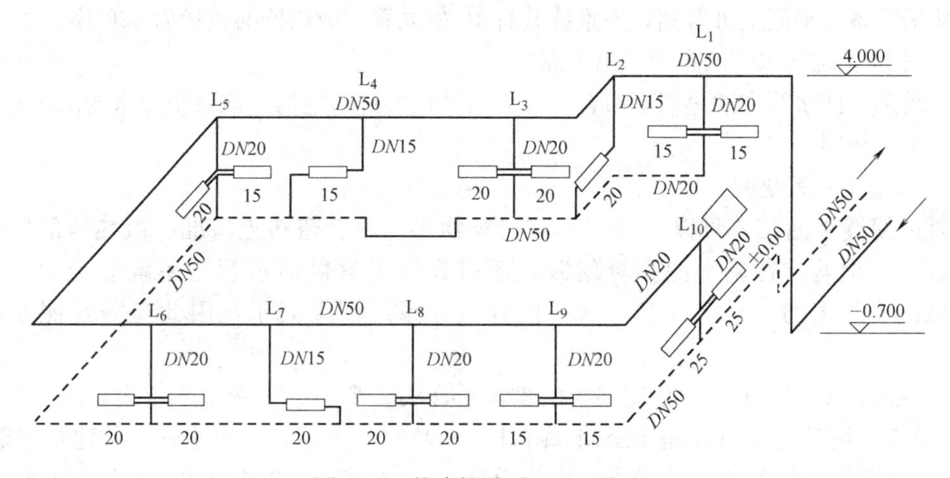

图 3-44　某建筑采暖工程系统图

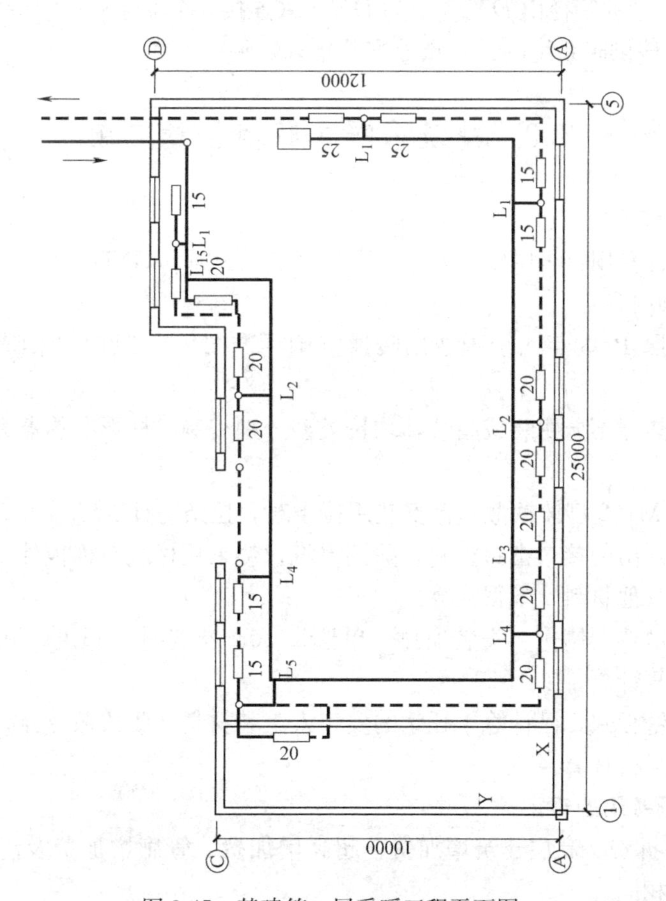

图 3-45　某建筑一层采暖工程平面图

① 采暖管道进户点

该房间采暖系统的进户点位于⑤轴线左侧，供水干管入户后标高向上抬升。

② 该供暖系统立管的数量、位置、散热器的数量

从采暖系统平面上可看到，该系统共有10根立管，散热器的数量为320片。

③ 采暖系统回水管的布置及出户点

采暖系统回水管在散热器下布置，在大门处设置过门地沟，该系统回水的出户点位置与进户位置相同。

2. 采暖工程系统图

通过阅读平面图，可以大致了解该建筑物供回水管道布置情况、散热器的安装位置和数量，但若进行施工图预算编制，还需具体了解供回水管道系统的走向、标高变化情况、管道的规格等内容，这些内容只在系统图上表示，因此还需对照系统图阅读。

从图3-44可以看到，该供暖系统的供水干管从室外－0.7m处进入室内，入户后其标高从－0.7m抬升至4.0m，该供水干管管径为*DN*50。然后，该供水管沿着建筑物敷设，管径由*DN*50变至*DN*20（在第九个立管后）。与供水横干管相连接的立管共有10根，若其连接双侧散热器，立、支管的管径为*DN*20；若仅单侧连接散热器，立、支管的管径为*DN*15。回立横干管的管径由*DN*20变为*DN*50（连接5个立管后），标高由室内正负零变至室外－0.7m，该供暖系统的最高点处安装集气罐一个。

3.3 建筑采暖工程消耗量定额

3.3.1 定额名称

室内采暖工程套用《全国统一安装工程定额》第八册（GYD—208—2000）。

3.3.2 定额内容

（1）本章参照1993年《全国通用暖通空调标准图集》T112“采暖系统及散热器安装”编制。

（2）各类散热器不分明装或暗装，均按类型分别编制，柱形散热器为挂装时，可执行M132项目。

（3）柱型和M132型铸铁散热器安装用拉条时，拉条另计。

（4）定额中列出的接口密封材料，除圆翼汽包垫采用橡胶石棉板外，其余均采用成品汽包垫，如采用其他材料，不得换算。

（5）光排管散热器制作、安装项目，单位每10m指光排管长度，联管作为材料已列入定额，不得重复计算。

（6）板式、壁板式，已计算了托钩的安装人工和材料。闭式散热器，如主材价不包括托钩者，托钩价另行计算。

3.3.3 定额费用的规定

1. 脚手架搭拆费、高层建筑增加费、超高增加费、管廊增加费及浇注工程费与第一章第三节的规定相同。

2. 系统调整费

只有采暖工程才可计取，按采暖工程人工费15%计算，其中人工工资占20%。

3.3.4 套用定额应注意的问题

1. 方形补偿器的制作安装，定额内不含管材，管材列入管道安装内计算。

2. 各种散热器的安装，均包括水压试验。

3. 减压器、疏水器成套安装定额子目中，已包括配套的法兰盘、带帽螺栓，不可重复套价。若减压器、疏水器单体安装，可执行相应阀门安装项目的定额。

3.4 建筑采暖工程工程量清单计算规则

3.4.1 工程量清单项目设置及计算规则

根据《通用安装工程工程量计算规范》GB 50856—2013 及《全国统一安装工程预算定额　第八册　给水排水、采暖、燃气》GYD—208—2000 的规定，供暖器具工程量计算规则见表 3-6。

供暖器具工程量计算规则　　**表 3-6**

<table>
<tr><th rowspan="2">项目编码</th><th rowspan="2">项目名称</th><th colspan="2">《通用安装工程工程量计算规范》GB 50856—2013</th><th colspan="2">《全国统一安装工程预算定额第八册给水排水、采暖、燃气》GYD—208—2000</th></tr>
<tr><th>工程量计算规则</th><th>备注</th><th>工程量计算规则</th><th>备注</th></tr>
<tr><td>031005001</td><td>铸铁散热器</td><td rowspan="3">按设计图示数量计算</td><td rowspan="8">(1)铸铁散热器，包括拉条制作安装。
(2)钢制散热器结构形式，包括钢制闭式、板式、壁板式、扁管式及柱式散热器等，应分别列项计算。
(3)光排管散热器，包括联管制作安装。
(4)地板辐射采暖，包括与分集水器连接和配合地面浇注用工</td><td rowspan="3">铸铁散热器、钢制闭式散热器以“片”为计量单位；钢制板式、壁式、柱式散热器以“组”为计量单位</td><td rowspan="3">(1)热空气幕安装，以“台”为计量单位，其支架制作安装可按相应定额另行计算。
(2)长翼、柱型铸铁散热器组成安装，其汽包垫不得换算</td></tr>
<tr><td>031005002</td><td>钢制散热器</td></tr>
<tr><td>031005003</td><td>其他成品散热器</td></tr>
<tr><td>031005004</td><td>光排管散热器</td><td>按设计图示排管长度计算</td><td>光排管散热器制作安装，以“m”为计量单位</td><td>光排管散热器制作安装已包括联管长度，不得另行计算</td></tr>
<tr><td>031005005</td><td>暖风机</td><td>按设计图示数量计算</td><td>暖风机以“台”为计量单位。</td><td>/</td></tr>
<tr><td>031005006</td><td>地板辐射采暖</td><td>(1)以 m^2 计量，按设计图示采暖房间净面积计算
(2)以 m 计量，按设计图示管道长度计算</td><td>/</td><td>/</td></tr>
<tr><td>031005007</td><td>热媒集配装置</td><td rowspan="2">按设计图示数量计算</td><td rowspan="2">/</td><td rowspan="2">/</td></tr>
<tr><td>031005008</td><td>集气罐</td></tr>
</table>

3.4.2 补充说明

1. 计算程序

一般室内采暖工程的工程量计算可按下列顺序进行：

散热器组成安装→管道安装→管道铁皮套管或钢套管制安→管支架→阀门安装→集气管安装→管道、支架及设备除锈、刷油与保温→温度计、压力表安装。

2. 管道延长米计算方法

室内采暖管道按其系统构成分为干管、立管和支管三部分，各部分的计算可按下列方法进行。

（1）干管延长米的计算

供水管从建筑物外墙皮 1.5m 处沿着管道走向，由大管径到小管径逐段分别计算，直至干管的末端。回水干管计算顺序则相反，从系统末端装置，沿着管道走向，由小管径到大管径逐段分别计算，直至建筑物外墙皮 1.5m 处。

（2）立管延长米计算

当立、支管管径相同时，立管延长米的计算式为：

① 单管跨越式系统和双管系统

单根立管延长米＝立管上、下端平均标高差＋管道各种煨弯增加长度＋横支管长度

$$\text{立管上、下端平均标高}-\frac{\text{供（回）水横干管起点标高}+\text{供（回）水横干管终点标高}}{2}$$

管道各种煨弯增加长度见表 3-7。

管道各种煨弯增加长度 **表 3-7**

煨弯 增加长度(mm) 管道	乙字弯	括弯
立管	60	60
支管	35	50

② 单管顺流式系统

单根立管延长米＝立管上、下端平均标高差＋管道各种煨弯增加长度＋横短管长度－散热器上下口中心距×该立管所带散热器数量

（3）支管延长米的计算

由于各房间散热器数量不同，立管的安装位置各异，支管按平面图尺寸丈量其数值很不准确，应结合建筑物轴线尺寸、散热器及立管安装位置分别计算，现举两例说明不同情况支管延长米的计算：

① 立管位于墙角，暖气片在窗中，单立管单面连接暖气片，见图 3-46。

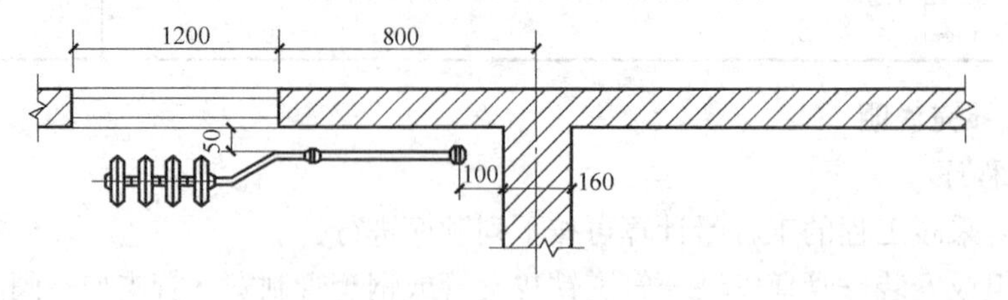

760 型　　一层 10 片；二层 9 片；三层 8 片；四层 8 片；五层 9 片

图 3-46　暖气片窗中单侧安装图

支管安装计算式：

支管长度=[轴线距窗尺寸+半窗宽尺寸-(内半墙厚+墙皮距立管中心尺寸)+乙字弯增加长度]×2×层数-散热器片总长

按图示尺寸代入上式：

$$[0.8+0.6-(0.08+0.1)+0.035]\times 2\times 5-(0.06\times 44)=9.95\text{m}$$

②立管位于墙角，一根立根两侧均安装散热器，散热器距窗中安装，见图 3-47。其支管安装计算式：

支管长度=(两窗间墙尺寸+1 个窗宽尺寸+2×乙字弯增加长度)×2×层数-散热器片总长

按图示尺寸代入上式：

$$(1.6+1.2+2\times 0.035)\times 2\times 5-(0.06\times 88)=23.43\text{m}$$

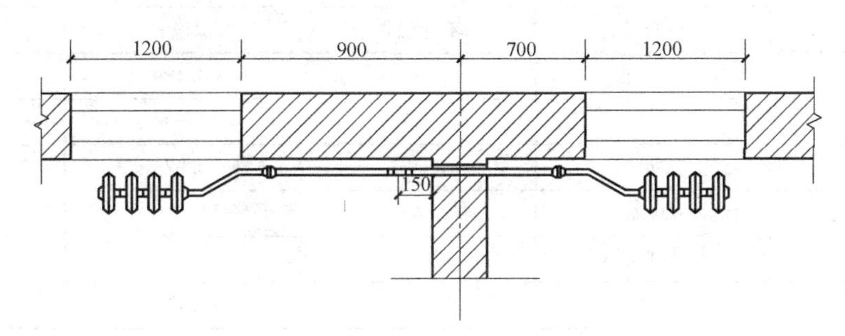

760 型一层 20 片；二层 19 片；三层 16 片；四层 16 片；五层 18 片

图 3-47　暖气片窗中双侧安装图

3. 管支架工程量的计算

(1) 室内管支架的设置原则

① 散热器支管长度大于 1.5m 时，应在中间安装管卡。

② 采暖立管管卡的设置，当层高≤5m 时，每层设一个；当层高>5m 时，不得少于两个。

③ 水平钢管支架间距不得大于表 3-8 中的间距。

水平钢管支架最大间距　　**表 3-8**

管径(mm)		15	20	25	32	40	50	70	80	100	125	150
支架最大间距(m)	保温管	1.5	2	2	2.5	3	3	4	4	4.5	5	6
	非保温管	7.5	3	3.5	4	4.5	5	6	6	6.5	7	8

④ 几根水平管共用一个支架且几根管道规格差别不大时，其支架间距取其中较细管的支架间距。

(2) 管支架个数的计算

① 立管的支架个数按上述原则设置并计算其个数。

② 水平管支架个数一般可按下述方法计算：

a. 固定支架个数按设计图规定个数统计；

b. 单管滑动支架个数$=\dfrac{\text{某规格管道的长度}}{\text{该规格管道的最大支架间距}}-$该管段固定支架个数$+1$

若计算结果有小数，就进 1 取整。

c. 多管滑动支架个数$=\frac{\text{井架管段长充}}{\text{其中较细管的最大支架间距}}-$该管段固定支架个数$+1$

若计算结果有小数，就进 1 取整。

(3) 每个支架的重量计算

① 安装在墙上每个单管支架的规格及重量见表 3-9。

② 可查 N112《采暖通风国家标准图集》上支架构造图及其单重。

③ 管支架的总重量=管道固定支架重量+管道滑动支架重量+(某规格的管道支架个数×该规格管支架重量)。

安装在墙上的单管支架重量 **表 3-9**

管径(mm)	滑动支座每个支架重量(kg)		固定支座每个支架重量(kg)	
	保温管	不保温管	保温管	不保温管
15	0.574	0.416	0.489	0.416
20	0.574	0.416	0.598	0.509
25	0.719	0.527	0.923	0.509
32	1.086	0.634	1.005	0.634
40	1.194	0.634	1.565	0.769
50	1.291	0.705	1.715	1.331
70	2.092	1.078	2.885	1.905
80	2.624	1.128	3.487	2.603
100	3.073	2.300	5.678	4.719
125	4.709	3.037	7.662	6.085
150	7.638	4.523	8.900	7.170

3.5 建筑采暖工程施工图预算编制实例

3.5.1 采暖工程施工图预算编制实例一

【例 1】 某室内热水采暖系统中部分工程如图 3-48～图 3-51 所示，管道采用焊接钢管。安装完毕管外壁刷红丹防锈漆两道及银粉漆两道，竖井及地沟内的主干管采用岩棉保温，保温层为 50mm 厚。管道支架按每米管道 0.5kg，需要刷两道红丹防锈漆和两道银粉漆。底层采用铸铁四柱（M813）散热器，每片长度 57mm；二层采用钢制板式散热器；三层采用钢制光排管散热器（见图 3-65 和图 3-66），用无缝钢管现场制安。每组散热器均设一手动放风阀。散热器进出水支管间距均按 0.5m 计，各种散热器均布置在房间正中窗下。管道均采用丝接方式连接，除标注 *DN*50（外径为 60mm）的管径外，其余管径均为 *DN*20（外径为 25mm）。图中所示尺寸除立管标高单位为米外，其余均为毫米。（注：该题为 2001 年全国注册造价工程师案例考试真题，编者根据《通用安装工程工程量计算规范》GB 50856—2013 进行了修改。）问题：计算该采暖工程量并编制分部分项工程项目清单与计价表。

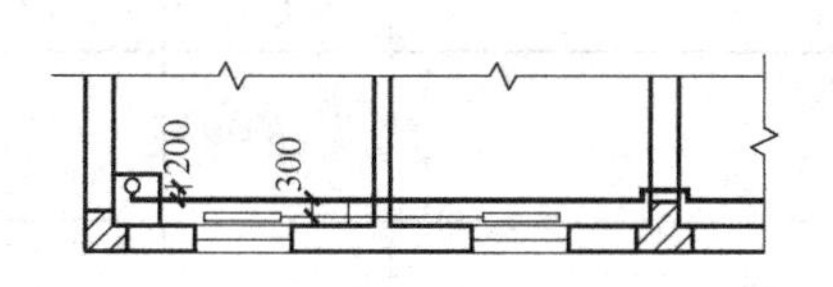

图 3-48　顶层采暖平面图

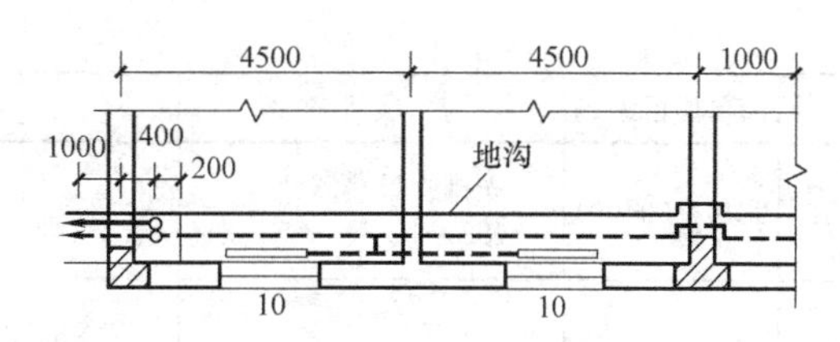

图 3-49　底层采暖平面图

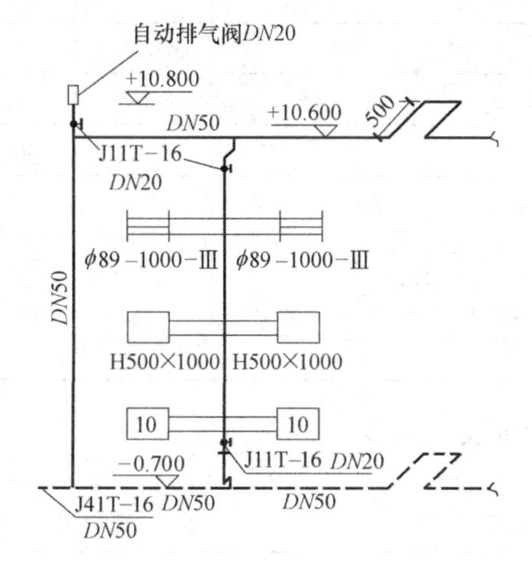

图 3-50　部分采暖系统图

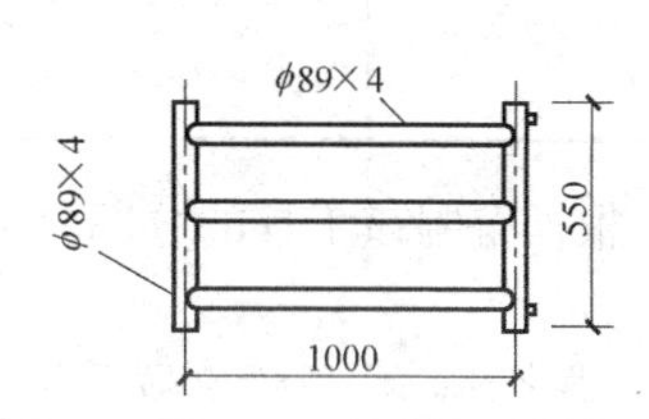

图 3-51　光排管散热器详图

【解】 根据图 3-50 和图 3-51 及采暖工程量计算规则，该采暖工程的工程量见表 3-10。

某采暖工程清单工程量计算表 **表 3-10**

工程名称：某工程（采暖工程）

序号	清单项目编码	清单项目名称	计算式	工程量合计	计量单位
1	031001002001	焊接钢管 DN20	立管：10.8+0.7+0.3×2(乙字弯)=12.1 水平支管：[(4.5−1)+(4.5−1)+(4.5−0.057×10)]×2=21.86 合计：33.66	33.66	m
2	031001002002	焊接钢管 DN50	水平干管：(1+4.5+4.5+1.0+0.5×2)×2+0.2=24.2 立管：(0.7+10.6)=11.3 合计：24.2+11.3=35.5	35.5	m
3	031002001001	管道支架	(35.5+33.66)×0.5=34.58	34.58	kg
4	031003001001	法兰阀门 DN50 J41T-16		1	个
5	031003001002	螺纹阀门 DN20 J11T-16		3	个
6	031003001003	自动排气阀 DN20		1	个
7	031003003001	手动放风阀		6	个
8	031005001001	铸铁散热器（四柱 813）	10+10	20	片
9	031005002001	钢制板式散热器 H500×1000	1+1	2	组

续表

序号	清单项目编码	清单项目名称	计　算　式	工程量合计	计量单位
10	031005004001	光排管散热器 $\phi89\times4$	3×2	6	m
11	031201001001	管道刷防锈漆两道	$DN50$：35.5×π×0.06=6.688 $DN20$：33.66×π×0.025=2.642 合计：9.33	9.33	m^2
12	031201001002	管道刷银粉漆两道		9.33	m^2
13	031201003001	支架刷防锈漆两道		34.58	kg
14	031201003002	支架刷银粉漆两道		34.58	kg
15	031208001001	管道岩棉保温 δ=50mm	$DN50$：35.5－4.5－4.5－1－0.5×2＋0.4=24.9m $V=\pi(D+1.033)\times1.033\delta L$ $=\pi(0.06+1.033)\times1.033\times0.05\times24.9$ =4.414	4.414	m^3

根据编制该工程的分部分项工程项目清单与计价表，如表 3-11 所示。

分部分项工程量清单与计价表　　表 3-11

工程名称：某工程（采暖工程）　　标段　　：　　第　页　共　页

序号	项目编码	项目名称	项目特征描述	计量单位	工程数量	金额(元)		
						综合单价	合价	其中
								暂估价
1	031001002001	焊接钢管	1. 安装部位：室内 2. 介质：热媒体 3. 规格：$DN20$ 4. 连接形式：丝接 5. 压力试验、水冲洗：按规范要求	m	33.66			
2	031001002002	焊接钢管	1. 安装部位：室内 2. 介质：热媒体 3. 规格：$DN50$ 4. 连接形式：丝接 5. 压力试验、水冲洗：按规范要求	m	35.5			
3	031002001001	管道支架	1. 材质：型钢 2. 管架形式：一般管架	kg	34.58			
4	031003001001	螺纹阀门	1. 类型：J11T-16 截止阀 2. 材质：铜 3. 规格：$DN20$ 3. 压力：P=1.6MPa 4. 连接形式：丝接	个	3			
5	031003001002	螺纹阀门	1. 类型：ZP88-1 型立式铸铜自动排气阀 2. 材质：铜 3. 规格：$DN20$ 4. 压力：P=1.0MPa 5. 连接形式：丝接	个	1			

续表

序号	项目编码	项目名称	项目特征描述	计量单位	工程数量	金额(元)		
						综合单价	合价	其中 暂估价
6	031003001003	螺纹阀门	1. 类型:手动放风阀 2. 材质:铜 3. 规格:*DN*10 4. 安装位置:散热器上	个	6			
7	031003003001	法兰阀门	1. 类型:J41T-16 截止阀 2. 材质:碳钢 3. 规格:*DN*50 4. 压力:*P*=1.6MPa 5. 焊接方法:平焊	个	1			
8	031005001001	铸铁散热器	1. 型号、规格:四柱 813 铸铁散热器 2. 安装方式:落地安装 3. 托架:厂配丝接	片	20			
9	031005002001	钢制板式散热器	1. 结构形式:板式 2. 型号、规格:H500×1000 3. 安装方式:挂式 4. 托架:厂配丝接	组	2			
10	031005004001	光排管散热器	1. 材质、类型:无缝钢管 2. 型号、规格:ϕ89×4 3. 托架形式及做法:厂配丝接	m	6			
11	031201001001	管道刷油	1. 除锈级别:手工除微锈 2. 油漆品种:红丹防锈漆 3. 涂刷遍数:二遍	m^2	9.33			
12	031201001002	管道刷油	1. 除锈级别:手工除微锈 2. 油漆品种:银粉漆 3. 涂刷遍数:二遍	m^2	9.33			
13	031201003001	支架刷油	1. 除锈级别:手工除微锈 2. 油漆品种:红丹防锈漆 3. 涂刷遍数:二遍	kg	34.58			
14	031201003002	支架刷油	1. 除锈级别:手工除微锈 2. 油漆品种:银粉漆 3. 涂刷遍数:二遍	kg	34.58			
15	031208001001	管道绝热	1. 绝热材料:岩棉管壳 2. 绝热厚度:50mm	m^3	4.414			

3.5.2 采暖工程施工图预算编制实例二

【例 2】 某住宅区室外热水管网布置如图 3-52 所示，已知条件如下：

(1) 管网的分部分项工程量清单项目的统一编码见表 3-12。

分部分项工程量清单项目的统一编码 **表 3-12**

项 目 编 码	项 目 名 称	项 目 编 码	项 目 名 称
031001002	钢管	030801001	低压碳钢管
031002001	管道支架制作安装	030815001	管道支架制作安装
031003003	焊接法兰阀门	030807003	低压法兰阀门
031003010	法兰	030810002	低压碳钢管平焊法兰
031003011	水表	030804001	低压碳钢管件
031003008	伸缩器	031009001	采暖系统调整费

（2）有一输气管线工程需用 ϕ1020×6 的碳钢板卷管直管，按管道安装设计施工图示直管段净长度（不含阀门、管件等）共 5000m，采用埋弧自动焊接。所用钢材均由业主供应标准成卷钢材。某承包商承担了该项板卷管直管的制作工程，板卷管直管制作的工料机单价和相关要求说明见表 3-13。

板卷管直管制作的工料机单价和相关要求说明 **表 3-13**

序号	工程项目及材料名称	计量单位	人工费(元)	材料费(元)	机械费(元)
1	碳钢板卷直管制作 ϕ1020×6	t	200.00	320.00	280.00
2	碳钢卷板开卷与平直	t	100.00	50.00	350.00
3	碳钢卷板	t	—	4800.00	—

注：1. ϕ1020×6 的碳钢板卷管直管重量按 150kg/m 计；

2. 按照以下规定：碳钢板卷管安装的损耗率为 4%，每制作 1t 的板卷管直管工程量耗用钢板材料 1.05t；钢卷板开卷与平直的施工损耗率为 3%；

3. 管理费、利润分别按人工费的 60%、40%计。

问题：

（1）计算各项管道和管道支架制作安装清单项目工程量。根据《通用安装工程计量规范》GB 500854—2013 的有关规定，编制如图 3-52 所示管网系统的分部分项工程量清单项目。

（2）有关项目的计算：

① ϕ1020×6 碳钢板直管制作工程量；

② 制作碳钢板直管前，需对成卷碳钢板进行开卷与平直的工程量；

③ 发包人所供应标准成卷钢材的数量及其费用；

④ 承包人应该向发包方计取的该项钢板卷管制作分部分项工程量清单费用数额。依据《通用安装工程工程量计算规范》GB 50856—2013、《全国统一安装工程预算定额》的有关的规定，计算出 ϕ1020×6 碳钢板直管制作（清单项目的统一编码为 030813001）的分部分项工程量清单综合单价，将相关数据填“分部分项工程量清单综合单价计算表”中。（以上计算结果保留两位小数。）（本题为 2007 年全国注册造价工程师案例考试真题，编者根据 2013 清单规范进行了修改。）

说明

1. 本图所示为某住宅小区室外热水管网平面布置图，该管道系统工作压力为 1.0MPa，热水温度为 95℃，图中平面尺寸均以相对坐标标注，单位以 m 计，详图尺寸以 mm 计。

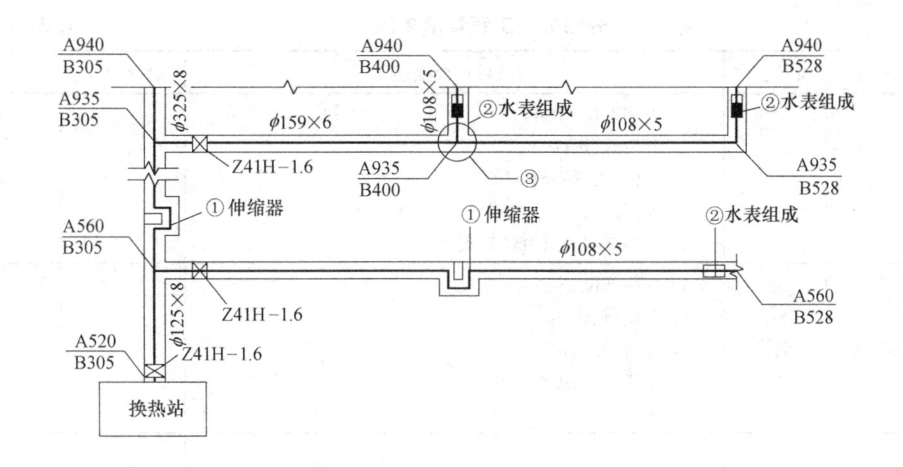

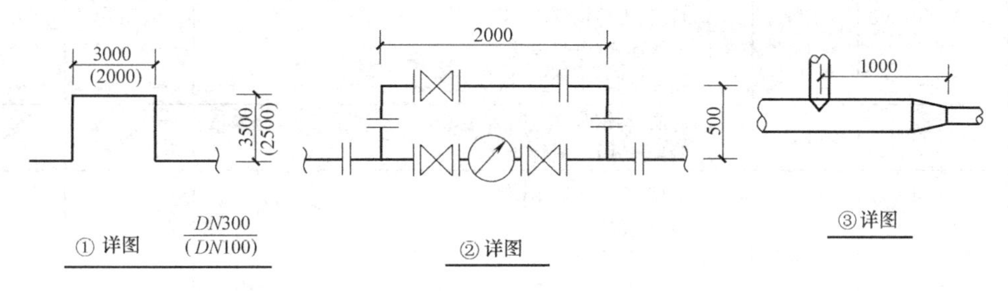

图 3-52 某住宅小区室外热水管网平面图

2. 管道敷设管沟（高 600mm×宽 800mm）内，管道均采用 20 号碳钢无缝钢管，弯头采用成品冲压弯头、异径管，三通现场挖眼连接，管道系统全部采用手工电弧焊接。

3. 闸阀型号为 Z41H-1.6，止回阀型号为 H41H-1.6。水表采用水平螺翼式法兰连接，管网所用法兰均采用碳钢平焊法兰连接.

4. 管道支架为型钢横担，管座采用碳钢板现场制作，φ325×8 管道每 7m 设一处，每处重量为 16kg；φ159×6 管道每 6m 设一处，每处重量为 15kg；φ108×5 管道每 5m 设一处，每处重量为 12kg，其中施工损耗率为 6%。

5. 管道安装完毕用水进行水压试验和消毒冲洗，之后管道外壁进行除锈，刷红丹防锈漆二遍。外包岩棉管壳（厚度为 60mm）作绝热层，外缠铝箔作保护层。

6. 管道支架进行除锈后，均刷红丹防锈漆、调合漆各二遍。

【解】 问题 1. 分部分项清单项目工程量计算：

（1）管道 *DN*300 工程量的计算式：

(940－520)＋2×3.5＝420＋7＝427（m）

（2）管道 *DN*150 工程量的计算式：

(400－305)＋1＝96（m）

（3）管道 *DN*100 工程量的计算式：

(528－305＋2×2.5)＋(528－400－1)＋(940－935)×2＝228＋127＋10＝365（m）

（4）管道支架制作安装工程量的计算式：

(427÷7×16)＋(96÷6×15)＋(365÷5×12)＝976＋240＋876＝2092（kg）

分部分项工程量清单表 **表 3-14**

序号	项目编码	项目名称	项目特征描述	计量单位	工程量
1	031001002001	钢管	1. 安装部位:室外 2. 介质:热媒体 3. 规格:无缝钢管 ϕ108×5 4. 连接形式:电弧焊接 5. 压力试验、水冲洗:按规范要求	m	365
2	031001002002	钢管	1. 安装部位:室外 2. 介质:热媒体 3. 规格:无缝钢管 ϕ159 ×6 4. 连接形式:电弧焊接 5. 压力试验、水冲洗:按规范要求	m	96
3	031001002003	钢管	1. 安装部位:室外 2. 介质:热媒体 3. 规格:无缝钢管 ϕ325 × 8 4. 连接形式:电弧焊接 5. 压力试验、水冲洗:按规范要求	m	427
4	030815001001	管道支架	1. 材质:型钢 2. 管架形式:一般管架	kg	2092
5	031003003001	法兰阀门	1. 类型:Z41T-1.6 闸阀 2. 材质:碳钢 3. 规格:$DN$300 4. 压力:P=1.6MPa 5. 焊接方法:平焊	个	1
6	031003003002	法兰阀门	1. 类型:Z41T-1.6 闸阀 2. 材质:碳钢 3. 规格:$DN$150 4. 压力:P=1.6MPa 5. 焊接方法:平焊	个	1
7	031003003003	法兰阀门	1. 类型:Z41T-1.6 闸阀 2. 材质:碳钢 3. 规格:$DN$100 4. 压力:P=1.6MPa 5. 焊接方法:平焊	个	1
8	031003011001	水表	1. 安装部位:室外 2. 型号、规格:螺翼水表 $DN$100 3. 连接形式:丝接 4. 附件名称、规格、数量:见 91SB2-1 (2005) P218 主要材料表	组	3
9	0301003008001	伸缩器	1. 类型:方形伸缩器 2. 材质:无缝钢管 3. 规格、压力等级:$DN$300 1.6MPa 4. 连接形式:焊接	个	1
10	031003008002	伸缩器	1. 类型:方形伸缩器 2. 材质:无缝钢管 3. 规格、压力等级:$DN$100 1.6MPa 4. 连接形式:焊接	个	1

问题 2. 有关项目的计算：

(1) ϕ1020×6 碳钢板直管制作工程量。

$$5000\times0.15\times1.04=780\ (t)$$

(2) 制作碳钢板直管前，需对成卷碳钢板进行开卷与平直的工程量。

$$780\times1.05=819\ (t)$$

(3) 业主应供应标准成卷板材的数量及其费用。

标准成卷板材的数量：819×(1+3%)=843.57 (t)

标准成卷板材的费用：843.57×4800=4049136 (元)

(4) 承包商应向业主计取的该项碳钢板直管制作分部分项工程量清单费用数额。

$$5320536-4049136=1271400\ (元)$$

分部分项工程量清单综合单价计算表 **表 3-15**

计量单位：t

项目编码：030813001001

工程量：780

项目名称：碳钢板直管制作 ϕ1020×6

综合单价：6821.2 元

序号	工程内容	单位	数量	其中(元)					
				人工费	材料费	机械费	管理费	利润	小计
1	碳钢板直管制作 ϕ1020×6	t	780	15600	249600	218400			
2	钢卷板开卷平直	t	819	81900	40950	286650			
3	钢卷板	t	843.57	—	4049136	—	—	—	
合计				237500	4339586	505050	142740	95160	5320536

练 习 题

1. 建筑供暖系统的基本组成和供暖方式是什么？

2. 自然循环热水供暖系统与机械循环热水供暖系统的主要区别是什么？

3. 试述蒸汽供暖系统与热水供暖的特点及区别？

4. 常用的散热器有哪几种？特点是什么？

5. 管道补偿器的作用是什么？固定支架必须与管道补偿器配合使用吗？为什么？

6. 管道支架分为哪几类？固定支架与活动支架的区别是什么？活动支架包括哪几种？

7. 散热器与管道安装施工的注意事项是什么？

8. 低温地板辐射供暖系统的施工工艺流程是什么？系统试验工作压力是多少？

9. 管道保温材料有哪几种？常用的施工方法有哪些？

10. 计算图 3-53 的工程量。已知管材为焊接钢管，散热器为四柱 760 型，供回水管入口标高为−1.000m，出入户管的管径为 $DN$25，回水横干管标高为−0.800m，请计算该工程的管道工程。

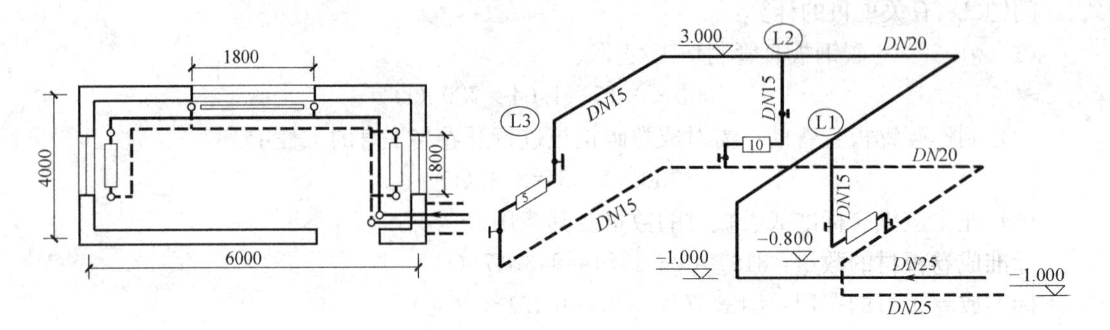

图 3-53　某采暖工程平面与系统图

4　建筑电气工程计量与计价

电气设备安装工程的内容按照设计对象的不同，分为强电部分和弱电部分。一般把动力、照明这样具有输送能力的电力称为强电，把以传输信号和进行信息交换的电力称为弱电，如有线电视、网络综合布线、有线电话、门禁系统等。

4.1　建筑电气工程基本知识

4.1.1　照明方式与照明种类

1. 照明方式

照明方式可分为：一般照明、分区一般照明、局部照明和混合照明。

(1) 一般照明

一般照明是指不考虑局部的特殊需要，为照亮整个工作场所而设置的照明。

对于工作位置较密集而对光照的方向性无要求或工艺上不适宜安装局部照明的场所，适合单独采用一般照明。这种照明方式的一次性投资少。

(2) 分区一般照明

分区一般照明是指根据房间内工作面布置的实际情况，把灯具集中或分组集中设置在工作场所上的照明，这种照明方式有利于节能。

(3) 局部照明

局部照明是为增加某些特定位置的照度而设置的照明，它只照亮一个有限的工作区域。局部照明宜在下列情况中采用：

① 在局部需要有较高的照度；

② 由于遮挡导致一般照明找不到的某些范围；

③ 视功能降低的人需要较高的照度；

④ 为加强某方向灯光以增强质感时。

必须注意在整个被照场所不应单独使用局部照明。

(4) 混合照明

混合照明是由一般照明和局部照明共同组成的照明方式。

2. 照明种类

照明种类可分为正常照明、应急照明、值班照明、警卫照明、景观照明、障碍照明和标志照明。

(1) 正常照明

正常照明是指人们正常生活与工作所需的永久性人工照明，它必须满足正常活动时视觉所需的必须照明条件，而且应有利于身心健康。

(2) 应急照明

应急照明是指当工作照明因故障全部熄灭后，供暂时继续工作或供工作人员疏散用的照明。根据应急照明的具体作用，将应急照明分为备用照明、安全照明和疏散照明。

① 备用照明：用以确保正常活动继续进行；

② 安全照明：用以确保处于潜在危险之中的人员安全；

③ 疏散照明：用以确保安全出口通道能被有效地辨认和应用，使人们安全撤离建筑物。

应急照明一般设置在高层建筑中的疏散楼梯间（包括防烟楼梯前室）、疏散走道、消防电梯室、消防控制中心、消防水泵间；公共建筑中的旅游旅馆、礼堂、影剧院、展览厅、百货商店、体育馆等人员出入的走廊、楼梯、安全门等处。

（3）值班照明：是指在重要的车间和场所或有重要关键设备的厂房、重要的仓库等处设置作为值班时一般观察用的照明。

（4）警卫照明：是指用于警卫地区周围附近的照明。是否设置警卫照明，应根据单位的重要性和当地保卫部门的要求来决定。

（5）景观照明：主要用于烘托气氛、美化环境。包括建筑物装饰照明、外观照明、庭园照明、建筑小品照明、喷泉照明、节日照明等。

（6）障碍照明：是指装设在高层建筑物尖顶上作为飞行障碍标志用的，或者有船舶通行的两侧建筑物上作为障碍标志的照明。障碍照明应按民航和交通部门有关规定装设。

（7）标志照明：其作用就是借助照明，并以图文形式向人们提供关于通道、位置或设施功能的信息，如广告牌、地下通道照明灯等。

4.1.2 常用电工材料和设备

1. 常用导线

常用导线有裸导线和绝缘导线。

（1）裸导线

如图 4-1 所示，裸导线的外层没有绝缘层，常用裸导线有裸绞线，如钢芯铝绞线（LGJ），铜绞线（TJ）、铝绞线（LJ）等。

（2）绝缘导线

如图 4-2 所示，绝缘导线的线芯外侧包有绝缘层，常用绝缘层有橡胶绝缘层和塑料绝缘层。线芯材料有铜芯和铝芯两种，铝芯导线比铜芯导线电阻大、强度低，但价廉、质轻，常用导线的型号和用途见表 4-1。

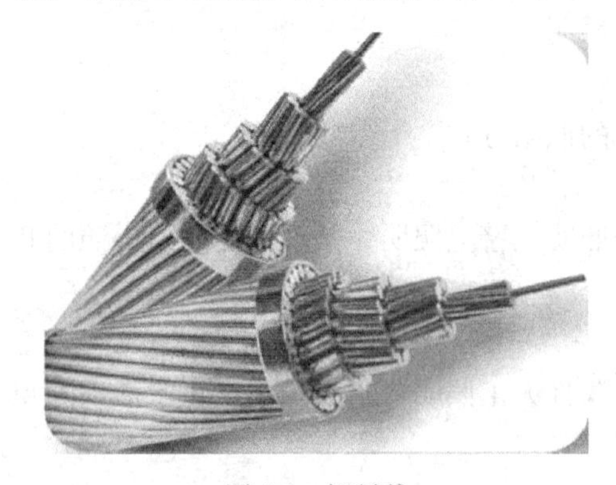

图 4-1 裸导线

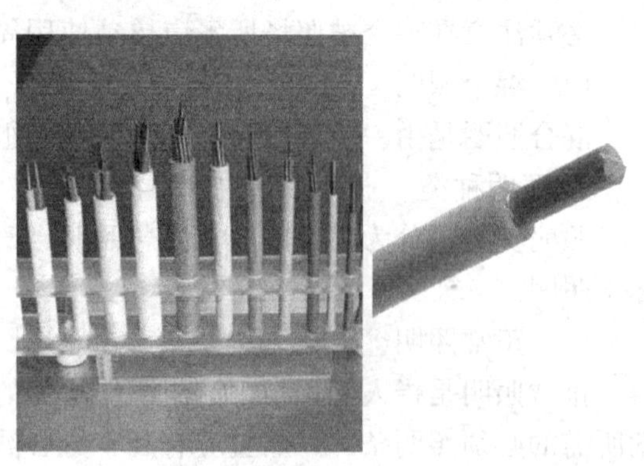

图 4-2 绝缘导线

常用导线型号及用途　　表 4-1

型号	导线名称	主要用途
BX	铜芯橡胶线	用于额定电压 220V 及 500V 以下电路，供干燥及潮湿场所固定敷设
BXR	铜芯橡胶软线	用于额定电压 500V，安装在要求柔软导线的场所
BXS	双芯橡皮线	用于额定电压 250V，安装在干燥场所敷设在绝缘子上
BXH	橡皮花线	用于额定电压 250V，安装在干燥场所移动式装置接线用
BLX	铝芯橡皮线	用于额定电压 220V 及 500V 以下电路，供干燥及潮湿场所固定敷设
BXG	铜芯穿管橡皮线	供交流 500V 或直流 1000V 电路配线
BLXG	铝芯穿管橡皮线	与铜芯穿管橡皮线 BXG 相同
BV	铜芯聚氯乙烯绝缘导线	用于交流额定电压 500V 及以下或直流电压 1000V 及以下的电气设备或照明装置
BLV	铝芯聚氯乙烯绝缘导线	同 BV 导线
BVV	铜芯聚氯乙烯绝缘，聚氯乙烯护套线	可以明敷、暗敷，护套线还可以直接埋在地下
BLVV	铝芯聚氯乙烯绝缘，聚氯乙烯护套线	同 BVV 导线
BVR	铜芯聚氯乙烯绝缘软线	用于交流额定电压 25bV 及以下小型电气设备
BLVR	铝聚氯乙烯绝缘软线	同 BVR
RVS	铜芯聚氯乙烯绝缘绞型软线	用于交流 500V 及以下移动电动工具及电器，无线电设备及照明灯头接线
RVB	铜芯聚氯乙烯绝缘平型软线	同 RVS
RVZ	铜芯聚氯乙烯绝缘护套软线	同 RVS

绝缘导线型号中的符号含义如下：

B-布线；X-橡胶；V-塑料绝缘；L-铝芯（铜芯不表示）；R-软电线。

2. 电缆

如图 4-3 和 4-4 所示，电缆是将一根或数根绞合而成线芯，裹以相应的绝缘层，外面包上密封包皮的导线称为电缆线。

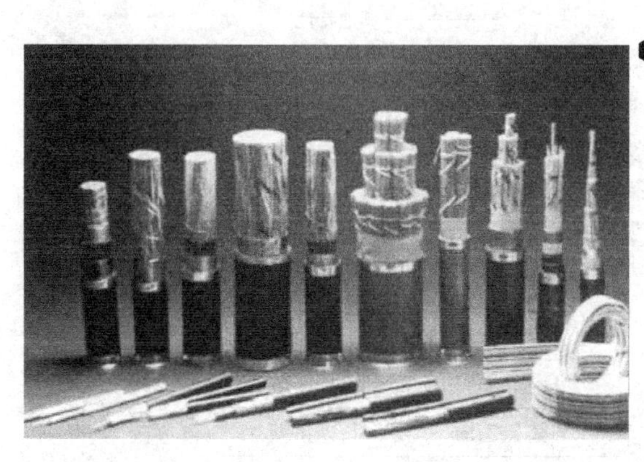

图 4-3　各类电缆

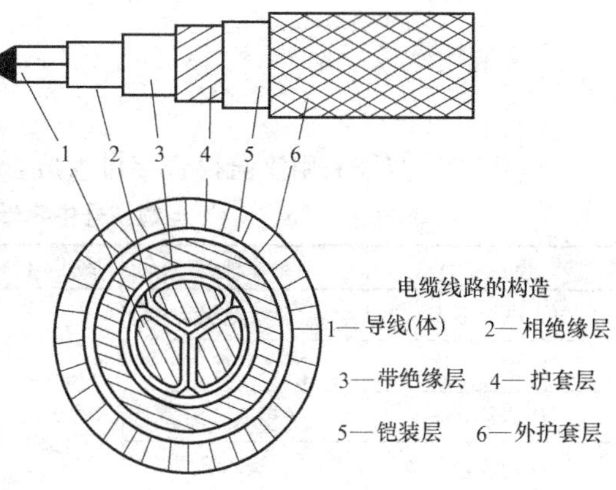

图 4-4　电缆结构

(1) 电缆分类

电缆通常分为电力电缆、控制电缆、通信电缆三大类。

① 按电缆结构分：电缆的基本结构由导体、绝缘层、保护层三部分组成。

② 按电缆绝缘层分：有油浸纸绝缘、橡皮绝缘、聚氯乙烯塑料绝缘、聚乙烯、交联胶聚乙烯塑料绝缘电缆等。

③ 按电缆芯数分：

1）电力电缆有单芯、双芯、三芯、四芯及多芯等。

2）控制电缆芯数目前从 2 芯到 40 芯不等，通信电缆是按“成对”芯数区分的。

(2) 常用电缆型号及用途

电缆的型号和种类很多，常用电缆的型号及用途见表 4-2。

常用电缆主要型号及用途 **表 4-2**

型号	名称		规格	主要用途
YHQ	橡套电缆	软型橡套电缆		交流 250V 以下移动式用电装置，能承受较小机械力
YHZ		中型橡套电缆		交流 500V 以下移动式用电装置，能承受相当的机械外力
YHC		重型橡套电缆		交流 500V 以下移动式用电装置，能承受较大的机械外力
铜芯 VV29、铝芯 VLV29	电力电缆	聚氯乙烯绝缘、聚氯乙烯护套	1～6kV 一芯 8～10mm²；二芯 4～150mm²；三芯 4～300mm²；四芯 4～185mm²	敷设于地下，能承受机械外力作用，但不能承受大的拉力
铜芯 KVV、铜芯 KLVV	控制电缆	聚氯乙烯绝缘、聚氯乙烯护套控制电缆	500V 以下，KVV-4-37 芯/0.75～10mm²，KLVV-4-37/1.5～10mm²	敷设于室内、沟内或支架上

(3) 电缆型号表示方法

电缆产品型号的组成如下：

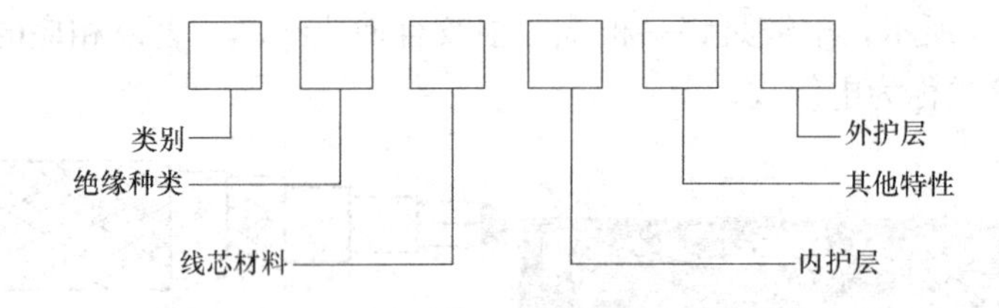

电缆产品型号采用汉语拼音字母组成，如表 4-3 所示。

电缆型号中字母含义及排列次序表 **表 4-3**

类别	绝缘种类	线芯材料	内护层	其他特征	外护层
电力电缆不表示	Z-纸绝缘	T-铜(一般不表示) L-铝	Q-铅包	D-不滴流	用两个数字表示见表 4-4
K-控制电缆	X-天然橡皮		L-铝包	F-分相护套	
P-信号电缆	V-聚氯乙烯		H-橡胶套	P-屏蔽	
Y-移动式软电缆	Y-聚乙烯		V-聚氯乙烯	C-重型	
H-市内电话电缆	YJ-交联聚乙烯		Y-聚乙烯套		

电缆外护层代号的含义 **表 4-4**

第一个数字		第二个数字	
代号	铠装层类型	代号	外护层类型
0	无	0	无
1	无	1	纤维绕包
2	双钢带	2	聚氯乙烯护套
3	细圆钢丝	3	聚乙烯护套
4	粗圆钢丝	4	无

3. 电线管材

(1) 常用穿线管材及其性能

常用电线管材有：焊接钢管、电线管、硬质塑料管、半硬质塑料管、金属软管等。

① 焊接钢管（或镀锌钢管），用于受力环境中，如照明工程总干管或立管配管、动力工程配管。

② 电线管（涂漆薄型管），用于干燥环境中。

③ 硬质塑料管（聚乙烯管），质轻，耐腐蚀性好，用于腐蚀性较大的场所的明、暗配管。

④ 半硬质塑料管，刚柔结合，易于施工，劳动强度较低，质轻，运输较方便，已广泛用于民用建筑暗配管。

⑤ 金属软管（蛇皮管），用于可移动场所，如温差较大的塔区平台，管与管之间的连接。

(2) 穿线管管径选用原则

穿管配线，穿线管管径选择的基本原则是：多根导线穿于同一穿线管内时，穿线管内截面不小于导线截面积（含绝缘层和保护层）总和的 2.5 倍；单根导线穿管时，穿线管内径不小于导线外径的 1.4～1.5 倍；电缆穿管时，穿线管内径不小于电缆外径的 1.5 倍。常见绝缘导线和穿线管的配合见表 4-5。

绝缘导线与穿线管的配合 **表 4-5**

导线截面积(mm^2)	最小管径								
	DG	G	VG	DG	G	VG	DG	G	VG
	2 根			3 根			4 根		
1.5	15	15	15	20	15	20	25	20	20
2.5	15	15	15	20	15	20	25	20	25
4.0	20	15	20	25	20	20	25	20	25
6.0	20	15	20	25	20	25	25	25	25
10	25	20	25	32	25	32	40	32	40
16	32	25	32	40	32	40	40	32	40
25	40	32	32	50	32	40	50	40	50
32	40	32	40	50	40	50	50	50	50
50	50	40	50	50	40	50	70	50	70
70	70	50	70	80	70	70	80	80	80
95	70	70	70	80	70	80	—	80	—

注：DG-电线管；G-焊接钢管；VG-塑料管。

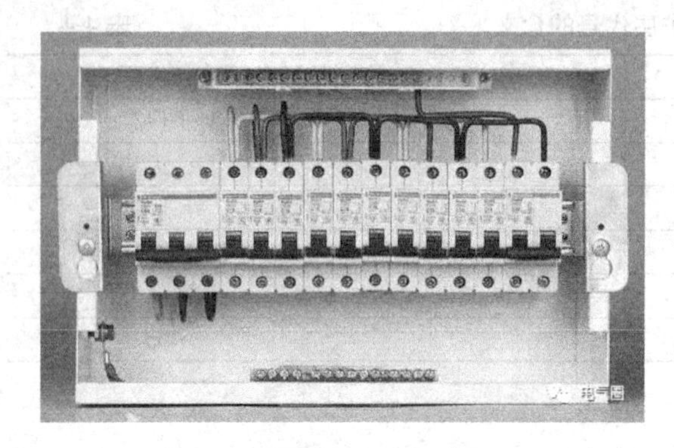

图 4-5　动力、照明配电箱

4. 动力、照明配电箱

（1）定义

如图 4-5 所示，动力、照明配电箱由各种开关电器、电气仪表、保护电气、引入引出线等按照一定方式组合而成的成套电气装置，称为配电箱。它是接收和分配电能的电气装置，用于低压电量小的建筑物内，一般控制供电半径 30m 左右，支线 6～8 个回路。

（2）配电箱表示方法

① 照明配电箱表示方法

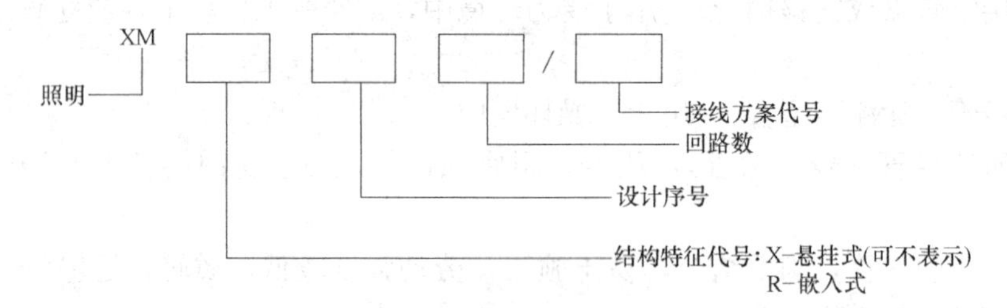

② 动力配电箱表示方法

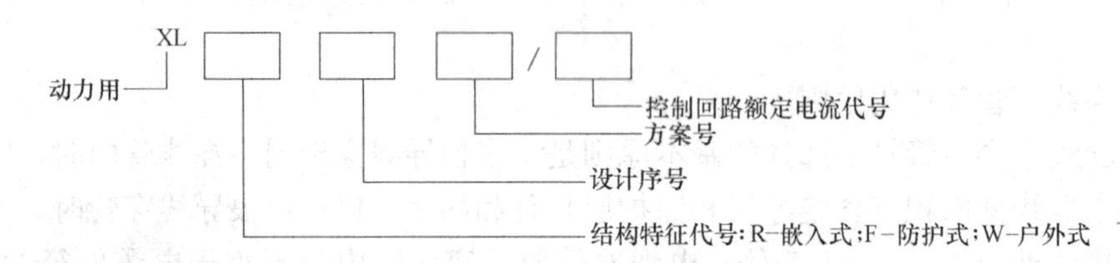

5. 常用照明灯具

照明灯具的种类很多，如荧光灯、吸顶灯、花灯、碘钨灯、投光灯、防水防潮灯等。照明灯具常用安装方式有吸顶式、吸壁式、嵌入式、悬挂式等类型。

6. 接线盒

接线盒是电气暗配管线路中，当管线需要接头或管线弯头超过规范规定的距离或管线有分支时，需设置过渡盒辅助完成上述功能。接线盒外形如图 4-6 所示，目前常用的是 H86 盒，盒面宽 86mm，盒深有 50mm、60mm 和 70mm 等几种类型。

4.1.3　电气设备工程施工规定

1. 高压配电屏的安装

成套高压配电屏的基本形式有固定式和手车式，各种配电屏的安装方法与安装步骤相同，具体如下所述：

（1）基础型钢的安装

（2）立柜固定

配电屏安放在槽钢上以后，利用薄垫铁将高压柜粗调水平，再以其中一台为基准，调整其他高压柜，使全体高压柜盘面一致，间隙均匀。

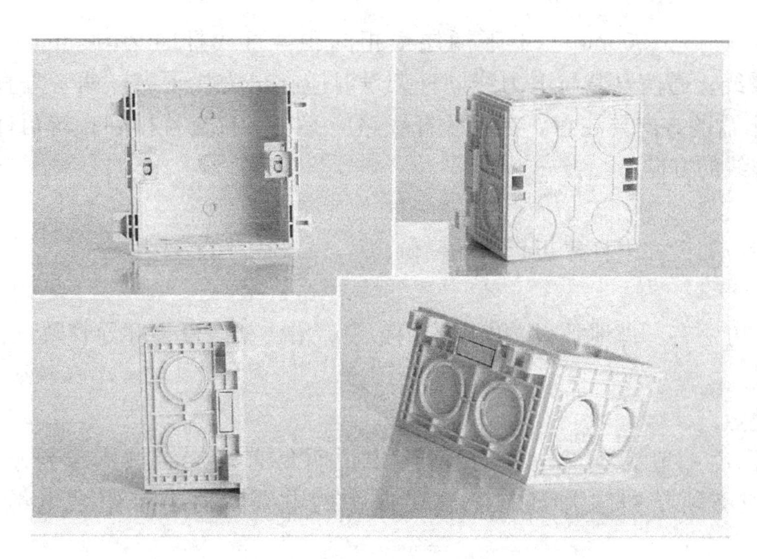

图 4-6　接线盒外形图

(3) 连接母排

高压配电屏上的主母排，仪表由开关厂配套提供，也可以在施工现场按设计图纸制作。主母排的连接及母排与引下母排的连接，仪表用螺栓连接，在母排连接处应涂上电力复合脂，螺栓的拧紧程度以及连接面的连接状态，用力矩扳手按规定力矩值拧紧螺栓来控制。

2. 配电箱安装

(1) 安装方式

配电箱的安装分明装、暗装和落地式安装三种方式。按《电气安装工程施工图册》的规定，明装配电箱安装高度距地 1.2m（指箱下口距地高度）。暗装配电箱距地 1.4m。落地配电箱（柜、台）安装在型钢上，柜下进线方式常用电缆沟敷设。

(2) 安装工艺要求

① 落地式配电箱的安装倾斜度不大于 5°，安装场所不得有剧烈振动和颠簸。明装时，常用角钢作支架，安装在墙上或柱上。

② 安装时，按接线的要求先把必须穿管的敲落孔打掉，然后穿管线。注意配电箱内的管口要平齐，尤其是要及时堵好管口，以防掉进异物而严重影响管内穿线。

③ 配电箱内安装的各种开关在断电状态时，刀片或可动部分均不应该带电（特殊情况除外）。装于明盘的电器应有外壳保护，带电部分不能外露。垂直安装时，上端接电源，下端接负载；横装时左端接电源，右端接负载。

④ 配电箱上装有计量仪表、互感器时，二次侧的导线应使用截面不小于 2.5 mm^2 的铜芯绝缘线。配电箱内的电源指示灯应接在总开关的前面，即接在电源侧。接零保护系统中的专用保护线 PE 线，在引入建筑物处应作重复接地，要求接地电阻不大于 10Ω。

3. 架空线路敷设

(1) 架空线路敷设

低压电杆的杆距宜在 30～45m 之间。架空导线间距不小于 300mm，靠近混凝土杆的两根导线间距不小于 500mm。上下两层横担间距：直线杆时为 600mm；转角杆时为 300mm。广播线、通信电缆与电力线同杆架设时应在电力线下方，两者垂直距离不小于 1.5m。安装卡盘的方向要注意，在直线杆线路应一左一右交替排列；转角杆应注意导线受力方向和拉线的方向。

（2）横担安装

横担一般应架设在电杆靠近负荷的一侧。

4. 电缆敷设

电缆安装方法有：埋地敷设、电缆沟内敷设、沿支架敷设、穿导管敷设、沿钢索卡设和沿桥架敷设。

（1）埋地敷设

① 敷设深度一般为 0.8m（如设计图中说明另有规定者按图纸要求深度敷设），埋地敷设电缆必须是铠装并且有防腐层保护的电缆，裸钢带铠装电缆不允许埋地敷设。

② 为了不使电缆的绝缘层和保护层过度弯曲、扭伤，在敷设电缆时其弯曲电缆外径之比应不小于下列规定：

1）纸绝缘多芯电力电缆（铅包、铝包、铠装）15 倍，单芯（铅包、铝包、铠装）20 倍。

2）橡皮或聚氯乙烯护套多芯电力电缆 10 倍，橡皮绝缘、裸铅、护套多芯电力电缆 15 倍，橡皮绝缘铅护套钢带铠装电力电缆 20 倍。

3）塑料绝缘铠装或无铠装多芯电力电缆 10 倍。

4）控制电缆、铠装或无铠装多芯电缆 10 倍。

③ 敷设方式，如图 4-7 所示，具体施工步骤如下：

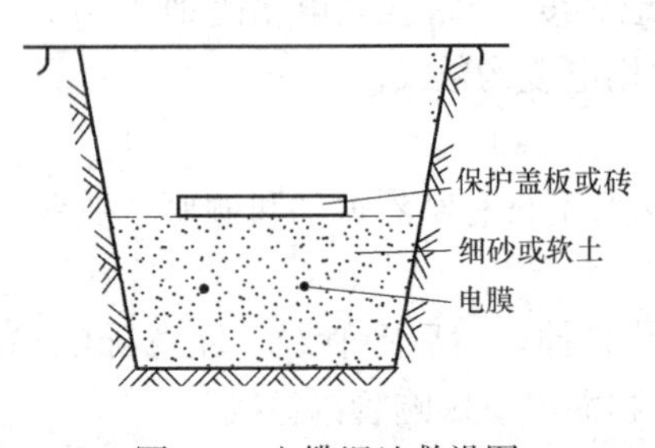

图 4-7 电缆埋地敷设图

先将电缆沟挖好，往沟底铺 10cm 厚的细砂（或软土），敷好电缆后，在电缆上再铺 10cm 厚细砂（或软土）。然后盖砖或保护板，上面回填土略高于地坪。多根电缆同沟敷设时，10kV 以下电缆平行距离平均为 170mm，10kV 以上电缆平行距离为 350mm，电缆埋地敷设时要留有电缆全长的 1.4%～2.5%曲折弯长度（俗称 S 弯）。

（2）在电缆沟内敷设

电缆在电缆沟内敷设根据电缆沟内支架的不同类型，可分为无支架电缆沟敷设、单侧支架电缆沟敷设和双侧支架电缆沟敷设等三种类型，如图 4-8（*a*）、（*b*）、（*c*）所示：

电缆支架安装的水平距离为：电力电缆 1m 一个支架，控制电缆为 0.8m 一个支架。由于实际施工时，电力电缆和控制电缆一般同沟敷设，所以支架的安装距离一般为 0.8m。电缆垂直敷设时，一般为卡设，电力电缆每隔 1.5m 设一个支架，控制电缆每隔 1m 设一个支架，故支架距离一般为 1m 或 1.2m。电缆支架无论是自制的还是装配式电缆支架，安装好后，都必须焊接地线。

（3）电缆沿支架敷设

电缆沿墙、柱安装的方法如图 4-9 所示。

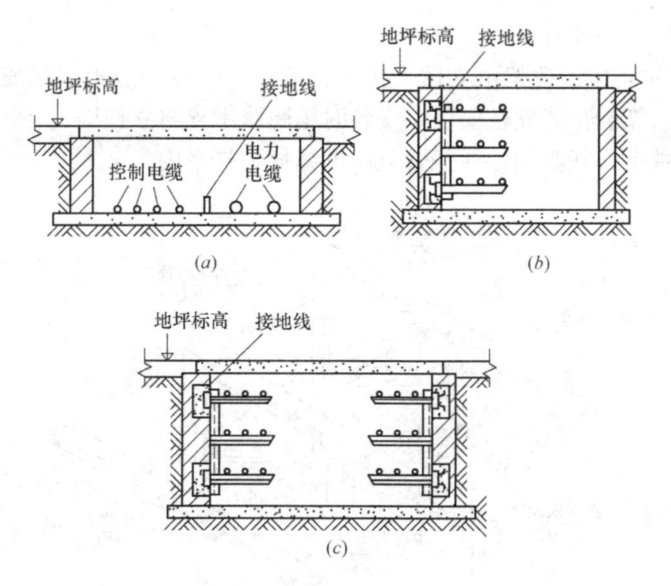

图 4-8　电缆沟内敷设电缆

（*a*）无支架电缆沟敷设；（*b*）单侧支架电缆沟敷设；（*c*）双侧支架电缆沟敷设

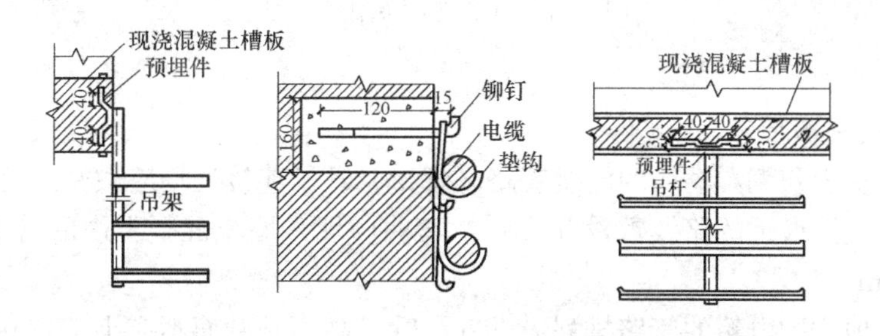

图 4-9　电缆沿支架敷设

（4）电缆穿导管敷设

先将导管敷设好（明敷或暗敷），再将电缆穿入管内，要求管内径不应小于电缆外径的 1.5 倍，管道的两头应打喇叭口，铸铁管、混凝土管、陶土管、石棉水泥管其内径不应小于 100mm，敷设电缆管时要有 0.1%的排水坡度，单芯电缆不允许穿入钢管内。

（5）电缆沿钢索卡设

如图 4-10 所示，先将钢索两端固定好，其中一端装有花篮螺栓用以调节钢索松紧度，再用卡子将电缆固定在钢丝绳上。固定电缆卡子的距离：水平敷设时电力电缆为 750mm，控制电缆为 600mm；垂直敷设时电力电缆为 1500mm，控制电缆为 750mm。

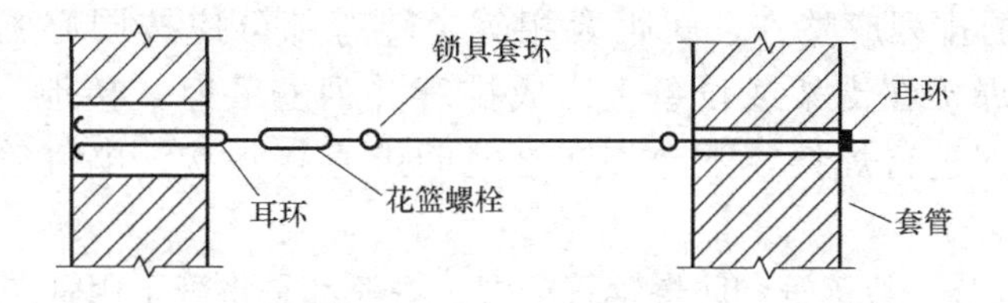

图 4-10　电缆沿钢索卡设

（6）电缆沿电缆桥架敷设

如图 4-11 所示，电缆桥架由立柱、托臂、托盘、隔板和盖板等组成。电缆一般敷设在托盘内。电缆桥架悬吊式立柱安装，安装时用膨胀螺栓将立柱固定在预埋铁件上，然后将托臂固定于立柱上，托盘固定在托臂上，电缆放在托盘内。

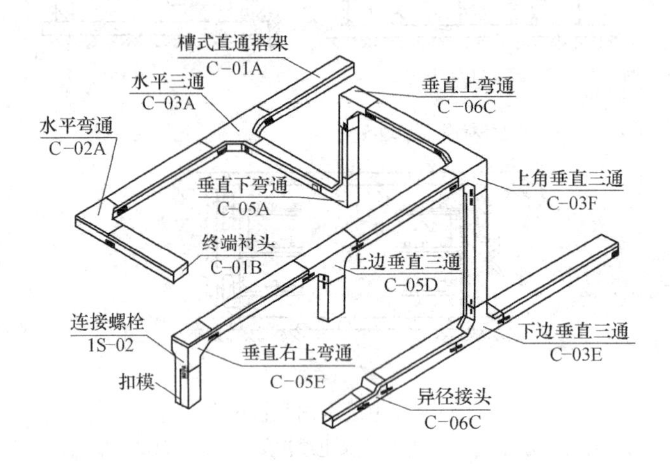

图 4-11　电缆槽式桥架示意图

5. 配管施工

（1）配管的一般要求

① 敷设于多尘和潮湿场所的电线管路、管口、管子连接处均应做密封处理。

② 暗配管应沿最近的路线敷设并应减少弯曲，埋入墙或混凝土内的管子离表面的净距不小于 15mm。

③ 进入落地式配电箱的管路排列应整齐，管口高出基础面不应小于 50mm。

④ 埋于地下的管路不宜穿过设备基础。穿过建筑物时，应加保护管保护。

⑤ 明配钢管不允许焊接，只可用管箍丝接。

⑥ 钢管（镀锌钢管除外）内、外均应刷防腐漆，但埋于混凝土内的管路外壁不刷，埋入土层内的钢管应刷两道沥青漆。

（2）配管的连接

① 管与管的连接应采用丝扣连接，禁止采用电焊或气焊对焊连接。用丝扣连接时加焊跨接地线。

② 配管与配电箱、盘、开关盒、灯头盒、插座盒等的连接应套丝扣、加锁母。

（3）配管的安装

① 明配管的安装

安装时管道的排列应整齐，间距要相等，转弯部分应按同心圆弧的形式进行排列。管道不允许焊接在支架或设备上。成排管并列安装时，接地、接零线和跨接线应使用圆钢或扁钢进行焊接，不允许在管缝间隙直接焊接。电气管应敷设在热水管或蒸汽管的下面。

明配管的敷设分一般钢管和防爆钢管配管。一般都是将管子用管卡卡住，再将管卡用螺栓固定在角钢支架上或固定在预埋于墙内的木桩上。

② 暗配管的安装

在混凝土内暗设管道时，管道不得穿越基础和伸缩缝。如必须穿过时应改为明配，并用金属软管作补偿。配合土建施工做好预埋的工作，埋入混凝土地面内的管道应尽量不深入土层中，出地管口高度（设计有规定者除外）不宜低于200mm。

电线管路平行敷设超过下列长度时，中间应加接线盒：

1）管子长度每超过30m、无弯曲时；

2）管子长度超过20m、有1个弯时；

3）管子长度超过15m、有2个弯时；

4）管子长度超过8m、有3个弯时。

在垂直敷设管路时，装设接线盒或拉线盒的距离尚应符合下列要求：

1）导线截面$50mm^2$及以下时，为30m；

2）导线截面$70\sim95mm^2$时，为20m；

3）导线截面$120\sim240mm^2$时，为18m。

电气线路中使用的接线盒、拉线盒应符合下列要求：

1）Q-1级场所应用隔爆型；

2）Q-2级场所应用任意一种防爆型；

3）Q-3级场所用防尘型。

6. 配线施工

（1）穿管配线

① 穿线前应当用破布或空气压缩机将管内的杂物、水分清除干净。

② 电线接头必须放在接线盒内，不允许在管内有接头和扭结，并有足够的预留长度。

（2）钢索配线

钢索配线分鼓型绝缘子钢索配线、塑料护套线钢索配线两种。这两种钢索配线不包括钢索架设及拉紧装置的安装和制作。钢索配线的第一步是钢索架设，对钢索架设的具体要求如下：

① 钢索的截面积一般不得小于$16mm^2$，钢索必须保持完好，不得有伤痕现象。

② 钢索配线使用的钢索应符合下列要求：

1）宜使用镀锌钢索，不得使用含油芯的钢索；

2）敷设在潮湿或有腐蚀性的场所应使用塑料套钢索；

3）钢索的单根钢丝直径应小于$0.5mm^2$，并不应有扭曲和断股现象；

4）选用圆钢作钢索时，在安装前应调直、预拉伸和刷防腐漆。

③ 钢索两端应固定牢固，弛度应适当，不得过松过紧，两端应可靠接地。

④ 钢索长度在50m及以下时，可在一端装花篮螺栓；超过50m两端均应装设花篮螺栓。每超过50m应加装一个中间花篮螺栓。钢索的终端固定处，钢索卡不少于2个。

⑤ 钢索中间固定的间距不应大于12m。中间吊钩宜使用圆钢，其直径不应小于8mm，吊钩深度不应小于20mm。

（3）槽板配线

槽板配线包括木槽板配线和塑料槽板配线两种。木槽板和塑料槽板又分为二线式和三线式。槽板配线是先将槽板的底板用木螺栓固定于棚、墙壁上，将电线放入底板槽内，然后将盖板盖在底板上并用木螺栓固定。

（4）金属线槽配线

金属线槽布线一般适用于正常环境的室内场所明敷，但对金属线槽有严重腐蚀的场所不应采用。具有槽盖的封闭式金属线槽，可在建筑顶棚内敷设。线槽应平整、无扭曲变形，内壁应光滑、无毛刺。金属线槽应做防腐处理。

（5）瓷夹、瓷瓶配线

瓷夹、瓷瓶配线应按规定要求进行施工，瓷夹、瓷瓶配线只适用于室内、外明配线。室内绝缘导线与建筑物表面的最小距离，瓷夹板配线不应小于5mm，瓷瓶配线不应小于10mm。

（6）护套线配线

塑料护套线是一种具有塑料保护层的双芯或多芯的绝缘导线，具有防潮、耐酸和耐腐蚀等性能。可以直接敷设在楼板、墙壁及建筑物上，用钢筋扎头作为导线的支持物。

（7）导线的连接

导线连接的方法很多，有铰接、焊接、压接和螺栓连接等。各种连接方法适用于不同导线及不同的工作地点。

7. 灯具安装

安装照明灯具时，灯具及其配件应齐全，并应无机械损伤、变形、油漆剥落和灯罩破裂等缺陷。

固定在移动结构上的灯具，其导线宜敷设在移动构架的内侧；在移动构架活动时，导线不应受拉和磨损。

灯具按安装方式不同有吸顶式、壁式、线吊式、链吊式、管吊式、柱式、嵌入式等。

8. 开关、插座、吊扇的安装

（1）开关安装

开关安装位置应便于操作，距地面高度应符合下列要求：拉线开关一般距地面为2～3m，或距顶棚0.3m，距门框为0.14～0.2m，且拉线开关的出口应向下；其他各种开关安装，一般距地面为1.3m，距门框为0.14～0.2m；成排安装的开关高度应一致，高低差不应大于2mm，拉线开关相邻间距一般不应小于20mm。

（2）插座安装

① 一般距地面高度为0.3m，托儿所、幼儿园及小学不应低于1.8m，相同场所安装的插座高度应尽量一致；

② 车间及试验室的明、暗插座一般距地面高度不得低于0.3m，特殊场所暗装插座一般应低于0.5m，同一室内安装的插座高低差不应大于5mm，成排安装的插座不应大于2mm；

③ 在两眼插座上，左边插孔接线柱接电源的零线，右边插孔接线柱接电源的相线；在三眼插座上，上方插孔接线柱接地线，左边插孔接线柱接电源零线，右边插孔接线柱接电源相线。

（3）吊扇安装

① 吊扇的挂钩直径不应小于悬挂销钉的直径，且不得小于10mm。预埋混凝土中的挂钩应与主筋相焊接。如无条件焊接时，可将挂钩末端部分弯曲后钩在主筋上并绑扎、固定牢固。

② 吊杆上的悬挂销钉必须装设防震橡皮垫及防松装置。

4.2 建筑电气工程施工图

电气工程施工图是表达电气工程设计人员对工程内容构思的一种文字图画。它是以统一规定的图形符号辅以简明扼要的文字说明，把电气工程师们所设计的电气设备安装位置、配管配线方式、灯具安装规格、型号以及其他一些特征和它们相互之间的联系及其实际形状表示出来的一种图样。电气施工图是进行安装施工的依据，也是编制施工图预算、核算工程造价的依据。

4.2.1 常用建筑电气工程施工图例

为了正确，简明地表达电气设计内容，有利于提高图纸设计速度，电气施工图根据本专业的特点，制定了一套电气设计的图例、符号、标注的规定，常用制图图例见表 4-6 至表 4-12 的规定。

常用电气设备图例　　表 4-6

序号	名称	图 例
1	电压表	V
2	电铃	
3	电度表	Wh
4	接触器	
5	断路器	
6	隔离开关	
7	负荷开关	
8	按钮	
9	电机	
10	总配线架	
11	架空交接箱	
12	落地交接箱	
13	端子板	1 2 3 4 5 6
14	屏、台、箱、柜	
15	动力(照明)配电箱	
16	信号板、信号箱	
17	照明电箱(屏)	
18	事故照明配电箱	
19	多种电源配电箱(屏)	
20	直流配电盘(屏)	
21	交流配电盘(屏)	
22	电源自动切换箱(屏)	
23	电阻箱	

常用电气灯具图例　　表 4-7

序号	名称	图 例
1	信号灯	
2	投光灯一般符号	
3	聚光灯	
4	泛光灯	
5	引出线的位置	
6	在墙上的引出线	
7	单管荧光灯	
8	三管荧光灯	
9	天鹏灯	
10	弯灯	
11	五管荧光灯	5
12	防爆荧光灯	
13	专用事故照明灯	
14	应急灯	
15	深照型灯	
16	广照灯型	
17	防水防尘灯	
18	球形灯	
19	局部照明灯	
20	矿山灯	
21	安全灯	
22	隔爆灯	
23	花灯	
24	壁灯	

常用电气插座、开关图例 **表 4-8**

序号	名称	图例	序号	名称	图例	序号	名称	图例
1	单相插座		17	隔离插座		32	防爆三级开关	
2	暗装单相插座		18	插座箱		33	单极拉线开关	
3	防水单相插座		19	带熔断器的插座		34	单极双控拉线开关	
4	防爆单相插座		20	开关一般符号		35	多拉开关	
5	带保护接地插座		21	单极开关		36	单极限时开关	
6	暗装单相插座		22	暗装单极开关		37	双控开关	
7	防水带接地插座		23	防水单极开关		38	具有指示灯的开关	
8	防爆带接地插座		24	防爆单极开关		39	定时开关	
9	带接地三相插座		25	双极开关		40	钥匙开关	
10	暗装三相插座		26	暗装双极开关		41	电话插座	
11	密闭三相插座		27	防水双极开关		42	电传插座	TX
12	防爆三相插座		28	防爆双极开关		43	电视插座	TV
13	多个插座		29	三极开关		44	扬声器插座	
14	具有护板的插座		30	暗装三极开关		45	传声器插座	M
15	单极开关插座		31	防水三极开关		46	调频插座	FM
16	连锁开关插座							

工程平面图中文字符号标注格式 **表 4-9**

序号	名称及含义	标准格式
1	用电设备 a-设备编号；b-额定容量(kW)；c-线路首端熔断体(A)；d-标高(m)	$\frac{a}{b}$或$\frac{a}{b}\Big\vert\frac{c}{d}$
2	电力或照明配电设备 (1)一般标注方法；(2)当需要标注引入线的规格时 a-设备编号；b-设备型号；c-设备容量(kW)；d-导线型号；e-导线根数；f-导线截面(mm^2)；g-导线敷设方式及部位	(1)$a\frac{b}{c}$或 a-b-c (2)$a\frac{b-c}{d(e\times f)\text{-}g}$
3	照明灯具 (1)一般标注方法；(2)灯具吸顶灯安装 a-灯数；b-型号或编号；c-每盏照明灯具的灯泡数；d-灯泡容量(W)；e-灯泡安装高度(m)；f-安装方式；L-光源种类	(1)$a-b\frac{c\times d\times L}{e}f$ (2)$a-b\frac{c\times d\times L}{-}f$
4	开关箱及熔断器 (1)一般标注方法；(2)当需要标注引入线的规格时 a-设备编号；b-设备型号；c-额定电流(A)；d-导线型号；e-导线根数；f-导线截面(mm^2)；g-导线敷设方式及部位；i-整定电流(A)	(1)$a\frac{b}{c/i}$或 a-b-c/i (2)$a\frac{b\text{-}c/i}{d(e\times f)\text{-}g}$
5	安装或敷设标高(m) (1)用于室内平面、剖面图上；(2)用于总平面图上的室外地面	▼ ±0.000
6	导线根数：穿 2 根导线时，在导线上不标注数字；若穿 3 根及以上导线时，需要在导线上标注数字表示导线数，可用加小短斜线或画一条短线加数字表示 例：(1)表示穿 4 根线；(2)表示穿 2 根线	(1) —/— 4 (2) ——

灯具安装方式符号含义对照表 **表 4-10**

符号	安装方式	符号	安装方式	符号	安装方式
SW	线吊式	C	吸顶式	CR	顶棚内安装
CS	链吊式	R	嵌入式	WR	墙壁内安装
DS	管吊式	S	支架上安装	HM	座装
W	壁装式	CL	柱上安装		

导线敷设方式文字符号含义 **表 4-11**

符号	含义	符号	含义
PCL	用塑料夹敷设	MT	穿电线管敷设
AL	用铅皮线卡敷设	PC	穿硬塑料管敷设
PR	用塑料线槽敷设	FPC	穿半硬塑料管敷设
MR	用金属线槽敷设	KPC	穿塑料波纹电线管敷设
SC	穿焊接钢管敷设	CP	穿金属软管敷设

导线敷设部位文字符号含义　　表 4-12

符号	含义	符号	含义
AB	沿梁敷设	WC	暗敷在墙内
BC	敷设在梁内	CE	沿天棚或顶板敷设
AC	沿柱敷设	CC	暗敷在屋面或顶板内
CLC	暗敷在柱内	SCE	吊顶内敷设
WS	沿墙敷设	F	地板或地面下敷设

4.2.2 建筑电气工程施工图的组成

电气施工图一般由图纸目录、设计说明、平面图、系统图、电气详图组成。电气照明工程每一单项工程施工图的内容都不一样，但一般是由进户装置、配电箱、线路、插座、开关和灯具等基本内容组成的。

1. 电气工程设计说明

电气工程设计说明包括设计说明、施工图例和主要设备材料表三部分。在设计说明中阐述导线的材料、敷设方式、接地要求、施工注意事项等内容。

2. 电气工程平面图

建筑电气平面图是电气照明施工图中的基本图样，用来表示建筑物内所有电气设备、开关、插座和配电线路的安装平面位置图以及各种动力设备平面布置、安装、接线的图示，电气平面图主要包括电气照明平面图和动力平面图。

照明平面图如图 4-12 所示，它是在建筑施工平面图上，用各种电气图形符号和文字符号表示电气线路及电气设备安装位置及要求。电气照明平面图一般要求按楼层、段分别绘制。在电气平面图上详细、具体地标注所有电气线路的走向及电气设备的位置，各类用电设备的安装安置、规格、安装方式和高度等。

3. 电气系统图

建筑电气系统图如图 4-13 所示，它是用来表示照明和动力供配电系统组成的图纸，可分为照明系统图和动力系统图两种。

建筑电气系统图是由各种电气图形符号用线条连接起来，并加注文字代号而形成的一种简图，它不表明电气设施的具体安装位置，所以它不是投影图，也不按比例绘制。各种配电装置都是按规定的图例绘制，相应的型号注在旁边。电气系统图一般用单线绘制，且画为粗实线，并按规定格式标注出各段导线的数量和规格。动力系统图有时也用多线绘制。图中主要标注电气设备、元件等的型号、规格和它们之间的连接关系。

一般在配电系统图上要标注导线型号、敷设部位、敷设方式、穿管管径、线路编号及总的设备容量；照明配电箱内要标注各开关、控制电器的型号、规格等。通过系统图可以看到整个工程的供电全貌和接线关系。

4. 电气详图

电气详图一般为各种箱、盘、柜的盘面布置情况，如图 4-14 所示。

若各箱、盘、柜采用标准图集，则不需再画详图。

4.2.3 建筑电气工程识图方法

一个单项工程的电气施工图纸，一般有数十页之多，多者有几十张。因此，看电气工程施工图应在掌握图纸内容组成的基础上，按照一定的步骤和方法进行，才能收到较好的效果。

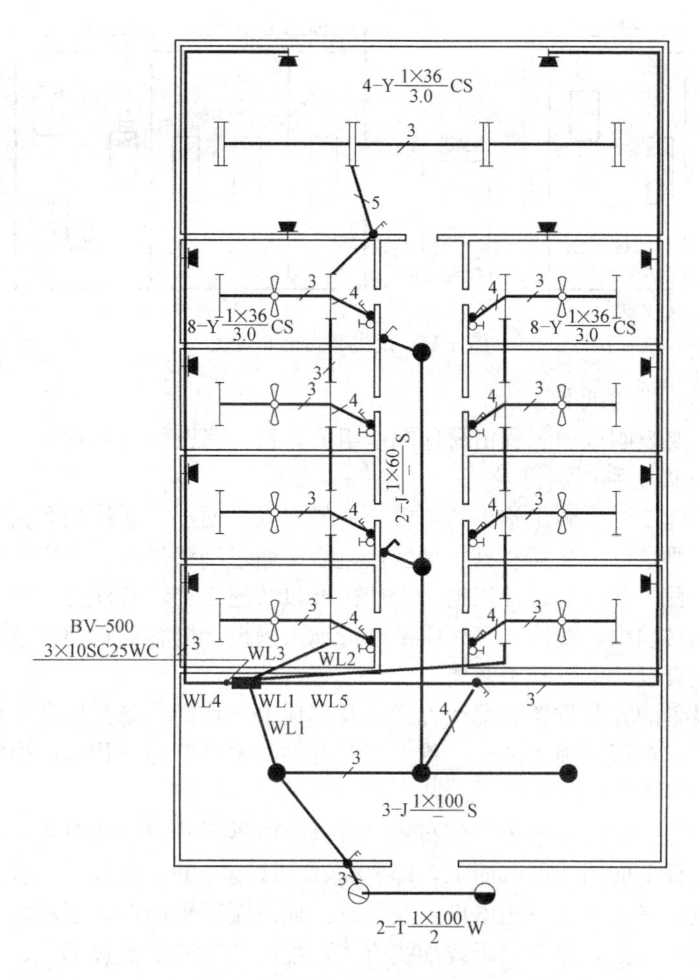

图 4-12　某办公楼照明平面图

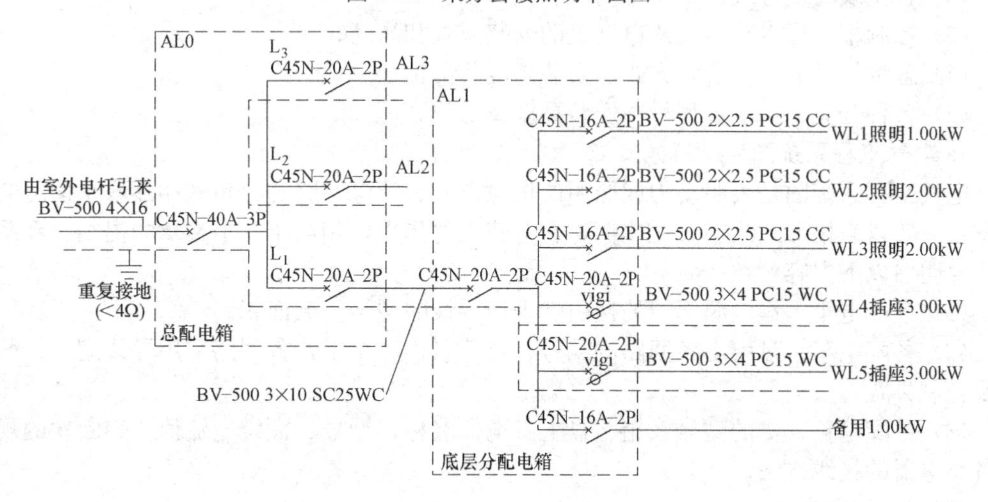

图 4-13　某办公楼照明系统图

1. 查看图纸目录

为了迅速地了解该工程的某一部分内容，首先应该查看一下它的图纸目录，看一看某

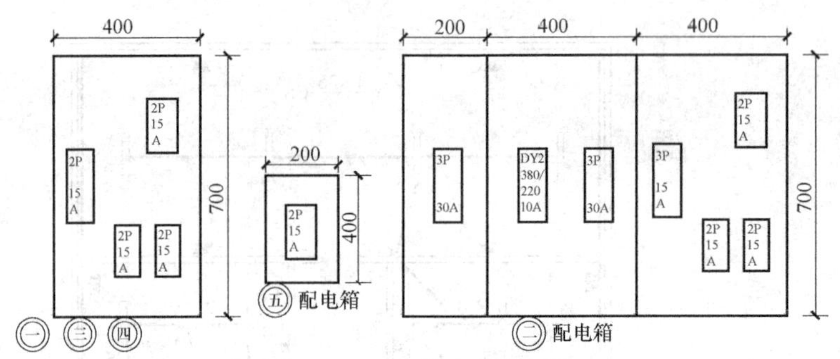

图 4-14　配电箱盘面布置图

一部分内容在哪一张图纸上。

图纸目录主要表明该项工程由哪些图纸组成，每一张图纸的名称、图号和张次。

2. 阅读设计说明和图例符号

电气工程的施工图要满足施工的要求，一般仅以平面图、系统图和大样图来表明还不够，特别是安装质量标准和某些具体做法，就需要通过阅读设计说明来解决。设计说明主要阐明该单项工程的概况、设计依据、设计标准以及施工要求和注意事项等。因此，在看电气施工图的全过程中，阅读文字说明是弄清施工图设计内容的重要环节，必须认真细心地阅读，逐条领会设计意图和工艺要求。

由于电气设备的安装位置、配线方式以及其他一些特征，都是以统一规定的图形符号来表达的，因此，在识读施工图时，首先了解有关的图例符号所代表的内容。

3. 电气工程平面图

电气平面图是表明电气系统平面布置，灯具、电器形状以及线路走向的施工图。

识读电气工程平面图可循线而下，即要循着导线走过的“路线”来看。具体说，就是从引入线→配电箱→引出线→用电设备及器具。通过阅读平面图，了解以下内容：

（1）电源进户方式、位置，干线配线方式，配线的走向及敷设部位；

（2）各支线配线方式、配线走向及敷设部位；

（3）控制柜、配电箱、盘或电度表的安装方式和高度；

（4）各种灯具型号、安装方式、安装高度及部位；

（5）各种开关、插座的型号、安装高度及部位。

4. 电气工程系统图

电气工程系统图是表明动力或照明的供电方式、配电回路的分布和相互联系情况的示意图。一般以表格形式绘制，无比例，它对施工的作用，相当于一个文章的提纲。看系统图，要明白以下内容：

（1）各配电箱、盘电源干线的接引和采用导线的型号、截面积。

（2）各配电箱、盘引出各回路的编号、负荷名称和功率，各回路采用导线型号、截面积及控制方式。

（3）各配电箱、盘的型号及箱、盘上各电器名称、型号、额定电流值，熔断丝的规格及各类电器的接线方法。

4.2.4　识图举例

【例】　图 4-12、图 4-13 为某办公楼底层照明平面图及系统图，请应用所学知识，阅读一下该图所表达的信息。

（1）平面图

从图 4-12 中可以看到，该办公楼的进户线为 BV-500 的三根截面积为 $10mm^2$ 的导线穿 *DN*25 的焊接钢管，沿墙面暗敷设至配电箱。从配电箱中引出了 5 个回路，分别为 WL1～WL5。WL1 回路安装了 5 盏圆球吸顶灯（大厅 3 盏，走廊 2 盏），2 盏壁灯；WL2 回路负责为走廊右侧 4 间办公室的照明和电风扇供电，其中每间办公室安装 2 盏单管荧光灯和一台吊扇；WL3 回路负责为走廊左侧 4 间办公室照明和电风扇及走廊尽头的大办公室照明供电，其中每间小办公室安装 2 盏单管荧光灯和一台吊扇，大办公室安装 4 盏双管荧光灯；WL4 和 WL5 回路为插座供电回路，每个回路安装了 6 个三相暗插座。图中导线上所标数字为穿导线的根数，未标数字的表示穿 2 根线。

（2）系统图

从图 4-13 中可以看到，总配电箱为 AL0，它的进线为 4 根 BV-500 的截面为 $16mm^2$ 导线，由室外电杆引来。从总配电箱引出了 3 个回路，分别是 AL1、AL2 和 AL3，其中 AL1 为底层分配电箱，该箱的进线为 3 根 BV-500 的截面为 $10mm^2$ 导线，穿 *DN*25 焊接钢管沿墙面暗敷设，从总配电箱引来。AL1 配电箱引出了 6 个回路，分别是 WL1～WL5，还有一个备用回路。WL1 、WL2 和 WL3 为照明回路，所用导线为 2 根 BV-500 的截面为 $2.5mm^2$ 导线，穿 *DN*15 塑料管沿天棚暗敷设；WL4 和 WL5 为插座回路，所用导线为 3 根截面为 $4mm^2$ 的 BV-500 导线，穿 *DN*15 塑料管沿墙面暗敷设。

4.3 建筑电气设备工程消耗量定额

4.3.1 建筑电气设备工程定额适用范围

根据全国统一安装工程预算定额第二册《电气设备安装工程》预算定额的规定，本册定额适用于工业与民用新建、扩建工程中 10KV 以下变配电设备及线路安装工程、车间动力电气设备及电气照明器具、防雷及接地装置安装、配管配线、电梯电气装置、电气调整试验等的安装工程。

4.3.2 建筑电气设备工程定额费用规定

（1）脚手架搭拆费：

脚手架搭拆费（10kV 以下架空线路除外）按人工费 4%计算，其中人工工资占 25%。

（2）工程超高增加费：

操作物高度距楼地面 5m 以上，20m 以下的电气安装工程，按超高部分人工费的 33%计算。

（3）高层建筑增加费：

高层建筑增加费的费率按表 4-19 计算，且全部计入人工费。

高层建筑增加费系数　　表 4-13

层数	9 层以下（30m）	12 层以下（40m）	15 层以下（50m）	18 层以下（60m）	21 层以下（70m）	24 层以下（80m）	27 层以下（90m）	30 层以下（100m）	33 层以下（110m）
按人工费的%	1	2	4	6	8	10	13	16	19
层数	36 层以下（120m）	39 层以下（130m）	42 层以下（140m）	45 层以下（150m）	48 层以下（160m）	51 层以下（170m）	54 层以下（180m）	57 层以下（190m）	60 层以下（200m）
按人工费的%	22	25	28	31	34	37	40	43	46

为高层建筑供电的变电所和供水等动力工程，如装在高层建筑的底层或地下室，均不计取高层建筑增加费。

（4）安装与生产同时进行时，安装工程的总人工费增加10%，全部计入人工费。

（5）在有害环境（包括高温、多尘、噪声超过标准和在有害气体等有害环境）中施工时，安装工程的总人工费增加10%，全部计入人工费。

4.3.3 建筑电气设备工程定额内容及计算规则

本册定额共十四章，每章的内容及工程量计算规则如下：

1. 定额第一章变压器

（1）定额内容

本章包括油浸电力变压器、干式变压器、消弧线圈的安装，电力变压器的干燥和变压器油过滤等内容。

（2）工程量计算规则

① 变压器安装，按不同容量以“台”为计量单位。

② 干式变压器如果带有保护罩时，其定额人工和机械乘以系数2.0。

③ 变压器通过试验，判定绝缘受潮时才需进行干燥，所以只有需要干燥的变压器才能计取此项费用（编制施工图预算时可列此项，工程结算时根据实际情况再作处理），以“台”为计量单位。

④ 消弧线圈的干燥按同容量电力变压器干燥定额执行，以“台”为计量单位。

⑤ 变压器油过滤不论过滤多少次，直到过滤合格为止，以“t”为计量单位，其具体计算方法如下：

1）变压器安装定额未包括绝缘油的过滤，需要过滤时，可按制造厂提供的油量计算。

2）油断路器及其他充油设备的绝缘油过滤，可按制造厂规定的充油量计算。

2. 定额第二章配电装置

（1）定额内容

本章包括油断路器、真空断路器、SF6断路器、大型空气断路器、真空接触器、隔离开关、负荷开关、互感器、熔断器、避雷器、电抗器、电力电容器、成套高压配电柜、组合型成套箱式变电站的安装以及电抗器的干燥等内容。

（2）工程量计算规则

① 断路器、电流互感器、电压互感器、油浸电抗器、电力电容器及电容器柜的安装以“台（个）”为计量单位。

② 隔离开关、负荷开关、熔断器、避雷器、干式电抗器的安装以“组”为计量单位，每组按三相计算。

③ 交流滤波装置的安装以“台”为计量单位。每套滤波装置包括三台组架安装，不包括设备本身及铜母线的安装，其工程量应按本册相应定额另行计算。

④ 高压设备安装定额内均不包括绝缘台的安装，其工程量应按施工图设计执行相应定额。

⑤ 高压成套配电柜和箱式变电站的安装以“台”为计量单位，均未包括基础槽钢、母线及引下线的配置安装。

⑥ 配电设备安装的支架、抱箍及延长轴、轴套、间隔板等，按施工图设计的需要量

计量，执行第四章铁构件制作安装定额或成品价。

⑦ 绝缘油、六氟化硫气体、液压油等均按设备带有考虑；电气设备以外的加压设备和附属管道的安装应按相应定额另行计算。

⑧ 配电设备的端子板外部接线，应按本册第四章相应定额另行计算。

⑨ 设计安装用的地脚螺栓按土建预埋考虑，不包括二次灌浆。

3. 定额第三章母线、绝缘子

（1）定额内容

本章包括绝缘子、穿墙套管、软母线、组合软母线、带形母线，带形引下线、槽形母线、共箱母线、重型母线安装，软母线引下线跳线及设备连线，带形母线用伸缩节头及铜过滤板安装，槽形母线与设备连接，重型铝母线伸缩器互导板制作等内容。

（2）工程量计算规则

① 悬垂绝缘子串安装，指垂直或V形安装的提挂导线、跳线、引下线、设备连接线或设备等所用的绝缘子串安装，按单串以“串”为计量单位。耐张绝缘子串的安装，已包括在软母线安装定额内。

② 支持绝缘子安装分别按安装在户内、户外、单孔、双孔、四孔固定，以“个”为计量单位。

③ 穿墙套管安装不分水平、垂直安装，均以“个”为计量单位。

④ 软母线安装，指直接由耐张绝缘子串悬挂部分，按软母线截面大小分别以“跨/三相”为计量单位。设计跨距不同时，不得调整。导线、绝缘子、线夹、弛度调节金具等均按施工图设计用量加定额规定的损耗率计算。

⑤ 软母线引下线，指由T型线夹或并沟线夹从软母线引向设备的连接线，以“组”为计量单位，每三相为一组；软母线经终端耐张线夹引下（不经T型线夹或并沟线夹引下）与设备连接的部分均执行引下线定额，不得换算。

⑥ 两跨软母线间的跳引线安装，以“组”为计量单位，每三相为一组。不论两端的耐张线夹是螺栓式或压接式，均执行软母线跳线定额，不得换算。

⑦ 设备连接线安装，指两设备间的连接部分。不论引下线、跳线、设备连接线，均应分别按导线截面、三相为一组计算工程量。

⑧ 组合软母线安装，按三相为一组计算。跨距（包括水平悬挂部分和两端引下部分之和）系以45m以内考虑，跨度的长与短不得调整、导线、绝缘子、线夹、金具按施工图设计用量加定额规定的损耗率计算。

⑨ 软母线安装预留长度按表表4-14计算。

软母线安装预留长度　　单位：m/根　　表4-14

项目	耐张	跳线	引下线、设备连接线
预留长度	2.5	0.8	0.6

⑩ 带型母线安装及带型母线引下线安装包括铜排、铝排，分别以不同截面和片数以“m/单相”为计量单位。母线和固定母线的金具均按设计量加损耗率计算。

⑪ 钢带型母线安装，按同规格的铜母线定额执行，不得换算。

⑫ 母线伸缩接头及铜过渡板安装均以“个”为计量单位。

⑬ 槽型母线安装以“m/单相”为计量单位。槽型母线与设备连接分别以连接不同的设备以“台”计量为单位。槽型母线及固定槽型母线的金具按设计用量加损耗率计算。壳的大小尺寸以“m”为计量单位，长度按设计共箱母线的轴线长度计算。

⑭ 低压（指380V以下）封闭式插接母线槽安装分别按导体的额定电流大小以“m”为计量单位，长度按设计母线的轴线长度计算，分线箱以“台”为计量单位，分别以电流大小按设计数量计算。

⑮ 重型母线安装包括铜母线、铝母线，分别按截面大小以母线的成品重量以“t”为计量单位。

⑯ 重型铝母线接触加工面指铸造件需加工接触面时，可以按其接触面大小，分别以“片/单相”为计量单位。

⑰ 硬母线配置安装预留长度按表4-15的规定计算。

硬母线配置安装预留长度　　单位：m/根　　表4-15

序号	项　目	预留长度	说　明
1	带形、槽形母线终端	0.3	从最后一个支持点算起
2	带形、槽形母线与分支线连接	0.5	分支线预留
3	带形母线与设备连接	0.5	从设备端子接口算起
4	多片重型母线与设备连接	1.0	从设备端子接口算起
5	槽形母线与设备连接	0.5	从设备端子接口算起

⑱ 带型母线、槽型母线安装均不包括支持瓷瓶安装和钢构件配置安装，其工程量应分别按设计成品数量执行本册相应定额。

4. 定额第四章控制设备及低压电器

（1）定额内容

本章包括控制、继电、模拟及配电屏安装，硅整流柜、可控硅柜、直流屏、控制台、控制箱、成套配电箱、控制开关、熔断器、限位开关、自动开关、电阻器、变阻器、分流器、按钮、电铃的安装，盘柜配线，焊铜接线端子，压铝接线端子、压铜接线端子，铁构件制作、安装，木配电箱制作，配电板制作、安装等内容。

（2）工程量计算规则

① 控制设备及低压电器安装均以“台”为计量单位。以上设备安装均未包括基础槽钢、角钢的制作安装，其工程量应按相应定额另行计算。

② 铁构件制作安装均按施工图设计尺寸，以成品重量“kg”为计量单位。

③ 网门、保护网制作安装，按网门或保护网设计图示的框外围尺寸，以“m^2”为计量单位。

④ 盘柜配线分不同规格，以“m”为计量单位。

⑤ 盘、箱、柜的外部进出线预留长度按表4-16计算。

⑥ 配电板制作安装及包铁皮，按配电板图示外形尺寸，以“m^2”为计量单位。

⑦ 焊（压）接线端子定额只适用于导线，电缆终端头制作安装定额中已包括压接线端子，不得重复计算。

⑧ 端子板外部接线按设备盘、箱、柜、台的外部接线图计算，以“个头”为计量

单位。

⑨ 盘、柜配线定额只适用于盘上小设备元件的少量现场配线，不适用于工厂的设备修、配、改工程。

盘、箱、柜的外部进出线预留长度　　　单位：m/根　　　表 4-16

序号	项　　目	预留长度	说明
1	各种箱、柜、盘、板、盒	高＋宽	盘面尺寸
2	单独安装的铁壳开关、自动开关、刀开关、启动器、箱式电阻器、变阻器	0.5	从安装对象中心算起
3	继电器、控制开关、信号灯、按钮、熔断器等小电器	0.3	从安装对象中心算起
4	分支接头	0.2	分支线预留

5. 定额第五章蓄电池

(1) 定额内容

本章包括蓄电池防震支架安装、碱性蓄电池安装、固定密闭式铜酸蓄电池安装，免维护铅酸蓄电池安装、蓄电池充放电等内容。

(2) 工程量计算规则

① 铅酸蓄电池和碱性蓄电池安装，分别按容量大小以单体蓄电池“个”为计量单位，按施工图设计的数量计算工程量。其定额内已包括了电解液的材料消耗，执行时不得调整。

② 免维护蓄电池安装以“组件”为计量单位，其具体计算如下例：

某项工程设计一组蓄电池为220V/500A・h，由12V的组件18个组成，那么就应该套用12V/500A・h的定额18组件。

③ 蓄电池充放电按不同容量以“组”为计量单位。

6. 定额第六章电机

(1) 定额内容

本章包括发电机反调相机、小型直流电机、小型交流异步电机、小型交流同步电机、小型防爆式电机、小型立式电机、大中型电机、微型电机、变频机组、电磁调速电动机的检查接线，小型电机干燥、大中型电机干燥等内容。

(2) 工程量计算规则

① 发电机、调相机、电动机的电气检查接线，均以“台”为计量单位。直流发电机组和多台一串的机组，按单台电机分别执行定额。

② 起重机上的电气设备、照明装置和电缆管线等安装均执行本册的相应定额。

③ 电气安装规范要求每台电机接线均需要配金属软管，设计有规定的按设计规格和数量计算，设计没有规定的，平均每台电机配相应规格的金属软管1.25m和与之配套的金属软管专用活接头。

④ 本章的电机检查接线定额，除发电机和调相机外，均不包括电机干燥，发生时其工程量应按电机干燥定额另行计算。电机干燥定额系按一次干燥所需的工、料、机、消耗量考虑的，在特别潮湿的地方，电机需要进行多次干燥，应按实际干燥次数计算。在气候干燥、电机绝缘性能良好、符合技术标准而不需要干燥时，则不计算干燥费用，实行包干

的工程，可参照以下比例，由有关各方协商而定：

1）低压小型电机 3kW 以下按 25%的比例考虑干燥。

2）低压小型电机 3kW 以上至 220kW 按 30%～50%考虑干燥。

3）大中型电机按 100%考虑一次干燥。

⑤ 电机定额的界线划分：单台电机重量在 3t 以下的为小型电机；单台电机重量在 3t 以上至 30t 以下的中型电机；单台电机重量在 30t 以上的为大型电机。

⑥ 小型电机按电机类别和功率大小执行相应定额，大、中型电机不分类别一律按电机重量执行相应定额。

⑦ 电机的安装执行第一册《机械设备安装工程》中的电机安装定额；电机检查接线执行本册定额。

7. 定额第七章滑触线装置

（1）定额内容

本章包括轻型滑触线、安全节能型滑触线、角钢、扁钢滑触线、圆钢、工字钢滑触线安装、滑触线支架安装、滑触线拉紧装置及挂式支持器制作安装、移动软电缆安装等内容。

（2）工程量计算规则

滑触线安装以“m/单相”为计量单位，其附加和预留长度按表 4-17 所示。

滑触线安装预留长度　　单位：m/根　　表 4-17

序号	项　目	预留长度	说　明
1	圆钢、铜母线与设备连接	0.2	从设备接线端子接口算起
2	圆钢、铜滑触线终端	0.5	从最后一个固定点算起
3	角钢滑触线终端	1.0	从最后一个支持点算起
4	扁钢滑触线终端	1.3	从最后一个固定点算起
5	扁钢母线分支	0.5	分支线预留
6	扁钢母线与设备连接	0.5	从设备接线端子接口算起
7	轻轨滑触线终端	0.8	从最后一个支持点算起
8	安全节能及其他滑触线终端	0.5	从最后一个固定点算起

8. 定额第八章电缆

（1）定额内容

本章包括电缆沟挖填、人工开挖路面；电缆沟铺砂、盖板及移动盖板；电缆保护管敷设及顶管；桥架安装；塑料电缆槽、混凝土电缆槽安装；电缆防火涂料、堵洞、隔板及阻燃槽盒安装；电缆防腐，缠石棉绳、刷漆、剥皮；铝芯电力电缆敷设；铜芯电力电缆敷设；户内干包式电力电缆头制作、安装；户内浇注式电力电缆终端头制作、安装；户内热缩式电力电缆终端头制作、安装；户外电力电缆终端头制作、安装；浇注式电力电缆中间头制作、安装；热缩式电力电缆中间头制作、安装；控制电缆敷设；控制电缆头制作、安装等内容。

（2）工程量计算规则

① 直埋电缆的挖、填土（石）方，除特殊要求外，可按表 4-18 计算土方量。

直埋电缆的挖、填土（石）方量 **表 4-18**

项目	电缆根数	
	1～2	每增一根
每米沟长挖方量(m^3)	0.45	0.153

② 电缆沟盖板揭、盖定额，按每揭或每盖一次以延长米计算，如又揭又盖，则按两次计算。

③ 电缆保护管长度，除按设计规定长度计算外，遇有下列情况，应按以下规定增加保护管长度：

1）横穿道路，按路基宽度两端各增加 2m。

2）垂直敷设时，管口距地面增加 2m。

3）穿过建筑物外墙时，按基础外缘以外增加 1m。

4）穿过排水沟时，按沟壁外缘以外增加 1m。

④ 电缆保护管埋地敷设，其土方量凡有施工图注明的，按施工图计算；无施工图的，一般按沟深 0.9m、沟宽按最外边的保护管两侧边缘外各增加 0.3m 工作面计算。

⑤ 电缆敷设按单根以延长米计算，一个沟内（或架上）敷设三根各长 100m 的电缆，应按 300m 计算，以此类推。

⑥ 电缆敷设长度应根据敷设路径的水平和垂直敷设长度，按表 4-19 规定增加附加长度。

电缆敷设预留及附加长度 **表 4-19**

序号	项目	预留(附加)长度	说明
1	电缆敷设弛度、波形弯度、交叉	2.5%	按电缆全长计算
2	电缆进入建筑物	2.0m	规范规定最小值
3	电缆进入沟内或吊架时引上(下)预留	1.5m	规范规定最小值
4	变电所进线、出线	1.5m	规范规定最小值
5	电力电缆终端头	1.5m	检修余量最小值
6	电缆中间接线盒	两端各留 2.0m	检修余量最小值
7	电缆进控制、保护屏及模拟盘、配电箱等	高+宽	按盘面尺寸
8	高压开关柜及低压配电盘、箱	2.0m	盘下进出线
9	电缆至电动机	0.5m	从电动机接线盒算起
10	厂用变压器	3.0m	从地坪算起
11	电缆绕过梁柱等增加长度	按实计算	按被绕物的断面情况计算增加长度
12	电梯电缆与电缆架固定点	每处 0.5m	规范规定最小值

⑦ 电缆终端头及中间头均以“个”为计量单位。电力电缆和控制电缆均按一根电缆有两个终端头考虑。中间电缆头设计有图示的，按设计确定；设计没有规定的，按实际情况计算（或按平均 250m 一个中间头考虑）。

⑧ 桥架安装，以“10m”为计量单位。

⑨ 吊电缆的钢索及拉紧装置，应按本册相应定额外负担另行计算。

钢索的计算长度以两端固定点的距离为准，不扣除拉紧装置的长度。

电缆敷设及桥架安装，应按定额说明的综合内容范围计算。

9. 定额第九章防雷及接地装置

（1）定额内容

本章包括接地极（板）制作、安装；接地母线敷设；接地跨接线安装；避雷针制作、安装；半导体少长针消雷装置安装；避雷引下线敷设；避雷网安装等内容。

（2）工程量计算规则

① 接地极制作安装以“根”为计量单位，其长度按设计长度计算，设计无规定时，每根长度按 2.5m 计算。若设计有管帽时，管帽另按加工件计算。

② 接地母线敷设，按设计长度以“m”为计量单位计算工程量。接地母线、避雷线敷设，均按延长米计算，其长度按施工图设计水平和垂直规定长度另加 3.9%的附加长度（包括转弯、上下波动、避绕障碍物、搭接头所占长度）计算。计算主材费时应另增加规定的损耗率。

③ 接地跨地线以“处”为计量单位，按规程规定凡需作接地跨接线的工程内容，每跨接一次按一处计算，户外配电装置构架均需接地，每隔构架按“一处”计算。

④ 避雷针的加工制作、安装，以“根”为计量单位，独立避雷针安装以“基”为计量单位。长度、高度、数量均按设计规定。独立避雷针的加工制作应执行“一般铁件”制作定额或按成品计算。

⑤ 半导体少长针消雷装置安装以“套”为计量单位，按设计安装高度分别执行相应定额。装置本身由设备制造厂成套供货。

⑥ 利用建筑物内主筋作接地引下线安装以“10m”为计量单位，每一柱子内按焊接两根主筋考虑，如果焊接主筋数超过两根时，可按比例调整。

⑦ 断接卡子制作安装以“套”为计量单位，按设计规定装设的断接卡子数量计算，接地检查井内的断接卡子安装按每井一套计算。

⑧ 高层建筑物屋顶的防雷接地装置应执行“避雷网安装”定额，电缆支架的接地线安装应执行“户内接地线敷设”定额。

⑨ 均压环敷设以“m”为单位计算，主要考虑利用圈梁内主筋作均压环接地连线，焊接按两根主筋考虑，超过两根时，可按比例调整。长度按设计需要作均压接地的圈梁中心线长度，以延长米计算。

钢、铝窗接地以“处”为计量单位（高层建筑六层以上的金属窗设计一般要求接地），按设计规定接地的金属窗数进行计算。

柱子主筋与圈梁连接以“处”为计量单位，每处按两根主筋与两根圈梁钢筋分别焊接连接考虑。如果焊接主筋和圈梁钢筋超过两根时，可按比例调整，需要连接的柱子主筋和圈梁钢筋“处”数按设计规定计算。

10. 定额第十章 10kV 以下架空配电线路

（1）定额内容

本章包括工地运输；土石方工程；底盘、拉盘、卡盘安装及电杆防腐；电杆组立；横担安装；拉线制作、安装；导线架设；导线跨越及进户线架设；杆上变配电设备安装等内容。

（2）工程量计算规则

① 工地运输，是指定额内未计价材料从集中材料堆放点或工地仓库运至杆位上的工程运输，分人力运输和汽车运输，以“吨公里”为计量单位。

运输量计算公式如下：

工程运输量＝施工图用量×（1＋损耗率）

预算运输重量＝工程运输量×包装物重量（不需要包装的可不计算包装物重量）

运输重量可按表 4-20 的规定进行计算。

② 无底盘、卡盘的电杆坑，其挖方体积

$$V=0.8\times0.8\times h$$

式中 h——坑深（m）。

③ 电杆坑的马路上，石方量按每坑 0.2m^3 计算。

运输重量表 **表 4-20**

材料名称		单位	运输重量(kg)	备注
混凝土制品	人工浇筑	m^3	2600	包括钢筋
	离心浇筑	m^3	2860	包括钢筋
线材	导线	kg	$W\times1.15$	有线盘
	钢绞线	kg	$W\times1.07$	无线盘
木杆材料		m^3	500	包括木横担
金属、绝缘子		kg	$W\times1.07$	
螺栓		kg	$W\times1.01$	

④ 施工操作裕度按底拉盘底宽每边增加 0.1m。

⑤ 各类土质的放坡系数按表 4-21 计算：

各类土质的放坡系数 **表 4-21**

土质	普通土、水坑	坚土	松砂石	泥水、流砂、岩石
放坡系数	1∶0.3	1∶0.25	1∶0.2	不放坡

⑥ 冻土厚度大于 300mm 时，冻土层的挖方量按挖坚土定额乘以系数 2.5，其他土层按土质性质执行定额。

⑦ 土方量计算公式

$$V=h/6[ab+(a+a_1)\times(b+b_1)+a_1\times b_1]$$

式中 V——土（石）方体积（m^3）；

h——坑深（m）；

$a(b)$——坑底宽（m），$a(b)$＝底拉盘底宽＋2×每边操作裕度；

$a_1(b_1)$——坑口宽（m），$a_1(b_1)=a(b)\times2\times h\times$边坡系数。

⑧ 杆坑土质按一个坑的主要土质而定，如一个坑大部分为普通土，少量为坚土，则该坑应全部按普通土计算。

⑨ 带卡盘的电杆坑，如原计算的尺寸不能满足卡盘安装时，因卡盘超长而增加的土（石）方量另计。

⑩ 底盘、卡盘、拉线盘按设计用量以“块”为计量单位。

⑪ 杆塔组立，分杆塔形式和高度按设计数量以“根”为计量单位。

⑫ 拉线制作安装按施工图设计规定，分不同形式，以“根”为计量单位。

⑬ 横担安装按施工图设计规定，分不同形式和截面，以“根”为计量单位，定额按单根拉线考虑，若安装V形、Y形或双拼型拉线时，按2根计算。拉线长度按设计全根长度计算，设计无规定时可按表4-22计算。

拉线长度　　　　单位：m/根　　　　表4-22

项目		普通拉线	V(Y)形拉线	弓形拉线
杆高(m)	8	11.47	22.94	9.33
	9	12.61	25.22	10.10
	10	13.74	27.48	10.92
杆高(m)	11	15.10	30.2	11.82
	12	16.14	32.28	12.62
	13	18.69	37.38	13.42
	14	19.68	39.36	15.12
水平拉线		26.47		

⑭ 导线架设，分别导线类型和不同截面以“km/单线”为计量单位计算。架空导线预留长度按表4-23的规定计算。

架空导线预留长度　　　　表4-23

单位：m/根

项目名称		长度
高压	转角	2.5
	分支、终端	2.0
低压	分支、终端	0.5
	交叉跳线转角	1.5
与设备连接		0.5
进户线		2.5

导线长度按线路总长度和预留长度之和计算。计算主材费时应另增加规定的损耗率。

⑮ 导线跨越架设，包括跨线架的搭、拆和运输以及因跨越（障碍）施工难度增加而增加的工作量，以“处”为计量单位。每个跨越间距按50m以内考虑，大于50m而小于100m时按2处计算，以此类推。在计算架线工程量时，不扣除跨越档的长度。

⑯ 杆上变配电设备安装以“台”或“组”为计量单位，定额内包括杆上钢支架及设备的安装工作，但钢支架主材、连引线、线夹金属等应按设计规定另行计算，设备的接地装置安装和调试应按本册相应定额另行计算。

11. 定额第十一章电气调整试验

（1）定额内容

本章包括发电机、调相机系统调试；电力变压器系统调试；送配电装置系统调试；特殊保护装置调试；自动投入装置调试；中央信号装置、事故照明切换装置、不间断电源调试；母线、避雷器、电容器、接地装置调试；电抗器、消弧线圈、电除尘器调试；硅整流设备、可控硅整流装置调试；普遍小型直流电动机调试；可控硅调速直流电动机系统调试；普通交流同步电动机调试；低压交流异步电动机调试；高压交流异步电动机调试；交流变频调速电动机（AC-AC、AC-DC-AC 系统）调试；微型电机、电加热器调试；电动机组及连锁装置调试；绝缘子、套管、绝缘油、电缆试验等内容。

（2）工程量计算规则

① 电气调试系统的划分以电气原理系统图为依据。电气设备元件的本体试验均包括在相应定额的系统调试之内，不得重复计算。

② 电气调试所需的电力消耗已包括在定额内，一般不另计算。但 10kW 以上电机及发电机的启动调试用的蒸气、电力和其他动力能源消耗及变压器空载试运转的电力消耗，另行计算。

③ 供电回路的断路器、母线分段断路器，均按独立的送配电设备系统计算调试费。

④ 送配电设备系统调试，系按一侧有一台断路器考虑的，若两侧均有断路器时，则应按两个系统计算。

⑤ 送配电设备系统调试，适用于各种供电回路（包括照明供电路）的系统调试。凡供电回路中带有仪表、继电器、电磁开关等调试元件的（不包括闸刀开关、保险器），均按调试系统计算。移动式电器和以插座连接的家电设备已经厂家调试合格、不需要用户自调的设备均不应计算调试费用。

⑥ 变压器系统调试，以每个电压侧有一台断路器为准，多于一个断路器的按相应电压等级送配电设备系统调试的相应定额另行计算。

⑦ 干式变压器调试，执行相应容量变压器调试定额乘以系数 0.8。

⑧ 特殊保护装置，均以构成一个保护回路为一套，其工程量计算规定如下（特殊保护装置未包括在各系统调试定额之内，应另行计算）：

1）发电机转子接地保护，按全厂发电机共用一套考虑。

2）距离保护，按设计规定所保护的送电线路断路器台数计算。

3）高频保护，按设计规定所保护的送电线路断路器台数计算。

4）故障录波器的调试，以一块屏为一套系统计算。

5）失灵保护，按设置该保护的断路器台数计算。

6）失磁保护，按所保护的电机台数计算。

7）交流器的断线保护，按交流器台数计算。

8）小电流接地保护，按装设该保护的供电回路断路器台数计算。

9）保护检查及打印机调试，按构成该系统的完整回路为一套计算。

⑨ 自动装置及信号系统调试，均包括继电器、仪表等元件本身和二次回路的调整试验，具体规定如下：

1）备用电源自动投入装置，按连锁机构的个数确定备用电源自投装置系统数。一个备用厂用变压器，作为三段厂用工作母线备用的厂用电源，计算备用电源自动投入装置调试时，应为三个系统。装设自动投入装置的两条互为备用的线路或两台变压器，计算备用电源自动投入装置调试时，应为两个系统，备用电动机自动投入装置亦按此计算。

2）线路自动重合闸调试系统，按采用自动重合闸装置的线路自动断路器的台数计算系统数，综合重合闸也按此规定计算。

3）自动调频装置的调试，以一台发电机为一个系统。

4）同期装置调试，按设计构成一套能完成同期并车行为的装置为一个系统计算。

5）蓄电池及直流监视系统调试，一组蓄电池按一个系统计算。

6）事故照明切换装置调试，按设计能完成交直流切换的一套装置为一个调试系统计算。

7）周波减负荷装置调试时，凡有一个周率继电器，不论带几个回路均按一个调试系统计算。

8）变送器屏以屏的个数计算。

9）中央信号装置调试，按每个变电所或配电室为一个调试系统计算工程量。

10）不间断电源装置调试，按容量以“套”为单位计算。

⑩ 接地网的调试规定如下：

1）接地网接地电阻的测定。一般发电厂或变电站连为一体的母网，按一个系统计算；自在母网不与厂区母网相连的独立接地网，另按一个系统计算。大型建筑群各有自己的接地网（接地电阻值设计有要求），虽然在最后也将各接地网连在一起，但应按各自的接地网计算，不能作为一个网，具体应按接地网的试验情况而定。

2）避雷针接地电阻的测定。每一避雷针均有单独接地网（包括独立的避雷针、烟囱避雷针等）时，均按一组计算。

3）独立的接地装置按组计算。如一台柱上变压器有一个独立的接地装置，即按一组计算。

⑪ 避雷器、电容器的调试，按每三相为一组计算；单个装设亦按一组计算，上述设备如设备在发电机、变压器、输、配电线路的系统或回路内，仍应按相应定额另外计算调试费用。

⑫ 高压电气除尘系统调试，按一台升压变压器、一台机械整流器及附属设备为一个系统计算，分别按除尘器的范围执行定额。

⑬ 硅整流装置调试，按一套硅整流装置为一个系统计算。

⑭ 普通电动机的调试，分别按电机的控制方式、功率、电压等级，以“台”为计量单位。

⑮ 可控硅调速直流电动机调试以“系统”为计量单位，其调试内容包括可控硅整流装置系统和直流电动机控制回路系统两个部分的调试。

⑯ 交流变频调速电机调试以“系统”为计量单位，其调试内容包括变频装置系统和交流电动机控制回路系统两个部分的调试。

⑰ 微型电机系指功率在 0.75kW 以下的电机，不分类别，一律执行微电机综合调试定额，以“台”为计量单位。电机功率在 0.75kW 以上的电机调试应按电机类别和功率分别执行相应的调试定额。

⑱ 一般的住宅、学校、办公楼、旅馆、商店等民用电气工程的供电调试应按下列规定：

1）配电室内带有调试元件的盘、箱、柜和带有调试元件的照明主配电箱，应按供电方式执行相应的“配电设备系统调试”定额。

2）每个用户房间的配电箱（板）上虽装有电磁开关等调试元件，但如果生产厂家已按固定的常规参数调试好，不需要安装单位进行调试就可直接投入使用的，不得计取调试费用。

3）民用电度表的调整校验属于供电部门的专业管理，一般皆由用户向供电局订购调试完毕的电度表，不得另外计算调试费用。

⑲ 高标准的高层建筑、高级宾馆、大会堂、体育馆等具有较高控制技术的电气工程（包括照明工程中有程控调光控制的装饰灯具），应按控制方式执行相应的电气调试定额。

12. 定额第十二章配管、配线

(1) 定额内容

本章包括电线管敷设；钢管敷设；防爆钢管敷设；可挠金属套管敷设；塑料管敷设；金属软管敷设；瓷夹板配线；塑料夹板配线；鼓形绝缘子配线；针式绝缘子配线；蝶式绝缘子配线；木槽板配线；塑料槽板配线；塑料护套线明敷设；线槽配线；钢索架设；母线拉紧装置及钢索拉紧装置制作、安装；车间带形母线安装；动力配管混凝土地面刨沟；接线箱安装；接线盒安装等内容。

(2) 工程量计算规则

① 各种配管应区别不同敷设方式、敷设位置、管材材质、规格，以"延长米"为计量单位，不扣除管路中间的接线箱（盒）、灯头盒、开关盒所占长度。

② 定额中未包括钢索架设及拉紧装置、接线箱（盒）、支架的制作安装，其工程量应另行计算。

③ 管内穿线的工程量，应区别线路性质、导线材质、导线截面，以单线"延长米"为计量单位计算。线路分支接头线的长度已综合考虑在定额中，不得另行计算。

照明线路中的导线截面大于或等于 6mm^2 时，应执行动力线路穿线相应项目。

④ 线夹配线工程量，应区别线夹材质（塑料、瓷质）、线式（两线、三线）、敷设位置（在木、砖、混凝土）以及导线规格，以线路"延长米"为计量单位计算。

⑤ 绝缘子配线工程量，应区别绝缘子形式（针式、鼓形、蝶式）、绝缘子配线位置（沿屋架、梁、柱、墙，跨屋架、梁、柱、木结构、顶棚内、砖混凝土结构，沿钢支架及钢索）、导线截面积，以线路"延长米"为计量单位计算。

绝缘子暗配，引下线按线路支持点至天棚下缘距离的长度计算。

⑥ 槽板配线工程量，应区别槽板材质（木质、塑料）、配线位置（木结构、砖、混凝土）、导线截面、线式（二线、三线），以线路"延长米"为计量单位计算。

⑦ 塑料护套线明敷设工程量，应区别导线截面、导线芯数（二芯、三芯）、敷设位置（木结构、砖混凝土结构、沿钢索），以单根线路每束"延长米"为计量单位计算。

⑧ 线槽配线工程量，应区别导线截面，以单根线路每束"延长米"为计量单位计算。

⑨ 钢索架设工程量，应区别圆钢、钢索直径（6、9）按图示墙（柱）内缘距离，以"延长米"为计量单位计算，不扣除拉紧装置所占长度。

⑩ 母线拉紧装置及钢索拉紧装置制作安装工程量，应区别母线截面、花篮螺栓直径（12、16、18）以"套"为计量单位计算。

⑪ 车间带形母线安装工程量，应区别母线材质（铝、钢）、母线截面、安装位置（沿屋架、梁柱、墙，跨屋架、梁、柱）以"延长米"为计量单位计算。

⑫ 动力配管混凝土地面刨沟工程量，应区别管子直径，以"延长米"为计量单位计算。

⑬ 接线箱安装工程量，应区别安装形式（明装、暗装）、接线箱半周长，以"个"为计量单位计算。

⑭ 接线盒安装工程量，应区别安装形式（明装、暗装、钢索上）以及接线盒类型，以“个”为计量单位计算。

⑮ 灯具、明、暗开关、插座、按钮等的预留线，已分别综合在相应定额内，不另行计算。配线进入开关箱、柜、板的预留线，按表4-24规定的长度，分别计入相应的工程量。

配线进入箱、柜、板的预留长度 **表4-24**

单位：m/根

序号	项目	预留长度(m)	说明
1	各种开关箱、柜、板	高+宽	盘面尺寸
2	单独安装(无箱、盘)的铁壳开关、闸刀开关、启动器、线槽进出线盒等	0.3	从安装对象中心算起
3	由地面管子出口引至动力接线箱	1.0	从管口计算
4	电源与管内导线连接(管内穿线与软、硬母线接点)	1.5	从管口计算
5	出户线	1.5	从管口计算

13. 定额第十三章照明器具

(1) 定额内容

本章包括普通灯具安装；装饰灯具安装；荧光灯具安装；工厂灯防水防尘灯安装；工厂其他灯具安装；医院灯具安装；路灯安装；开关、按钮、插座安装；安全变压器、电铃、风扇安装；盘管风机开关、请勿打扰灯、须刨插座、钥匙取电器安装等内容。

(2) 工程量计算规则

① 普通灯具安装的工程量，应区别灯具的种类、型号、规格以“套”为计量单位计算。

② 吊式艺术装饰灯具的工程量，应根据装饰灯具示意图集所示，区别不同装饰物以及灯体直径和灯体垂吊长度，以“套”为计量单位计算。灯体直径为装饰物的最大外缘直径，灯体垂吊长度为灯座到灯梢之间的总长度。

③ 吸顶式艺术装饰灯具安装的工程量，应根据装饰灯具示意图集所示，区别不同装饰物、吸盘的几何形状、灯体直径、灯体周长和灯体垂吊长度，以“套”为计量单位计算。灯体直径为吸盘最大外缘直径；灯体半周长为矩形吸盘的半周长；吸顶式艺术装饰灯具的灯体垂吊长度为吸盘到灯梢之间的总长度。

④ 荧光艺术装饰灯具安装的工程量，应根据装饰灯具示意图集所示，区别不同安装形式和计量单位计算。

1) 组合荧光灯光带安装的工程量，应根据装饰灯具示意图集所示，区别安装形式、灯管数量，以“延长米”为计量单位计算。灯具的设计数量与定额不符时可以按设计量加损耗量调整主材。

2) 内藏组合式灯安装的工程量，应根据装饰灯具示意图集所示，区别灯具组合形式，以“延长米”为计量单位。灯具的设计数量与定额不符时，可根据设计数量加损耗量调整主材。

3) 发光棚安装的工程量，应根据装饰灯具示意图集所示，以“m^2”为计量单位，发光棚灯具按设计用量加损耗量计算。

4) 立体广告灯箱、荧光灯光沿的工程量，应根据装饰灯具示意图集所示，以“延长米”为计量单位。灯具设计用量与定额不符时，可根据设计数量加损耗量调整主材。

⑤ 几何形状组合艺术灯具安装的工程量，应根据装饰灯具示意图集所示，区别不同

安装形式及灯具的不同形式，以“套”为计量单位计算。

⑥ 标志、装饰灯具安装的工程量，应根据装饰灯具示意图集所示，区别不同安装形式，以“套”为计量单位计算。

⑦ 水下艺术装饰灯具安装的工程量，应根据装饰灯具示意图所示，区别不同安装形式，以“套”为计量单位计算。

⑧ 点光源艺术装饰灯具安装的工程量，应根据装饰灯具示意图集所示，区别不同安装形式、不同灯具直径，以“套”为计量单位计算。

⑨ 草坪灯具安装的工程量，应根据装饰灯具示意图集所示，区别不同安装形式，以“套”为计量单位计算。

⑩ 歌舞厅灯具安装的工程量，应根据装饰灯具示意图所示，区别不同灯具形式，分别以“套”、“延长米”、“台”为计量单位计算。

⑪ 荧光灯具安装的工程量，应区别灯具的安装形式、灯具种类、灯管数量，以“套”为计量单位计算。

⑫ 工厂灯及防水防尘灯安装的工程量，应区别不同安装形式，以“套”为计量单位计算。

⑬ 工厂其他灯具安装的工程量，应区别不同灯具类型、安装形式、安装高度，以“套”、“个”、“延长米”为计量单位计算。

⑭ 医院灯具安装的工程量，应区别灯具种类，以“套”为计量单位计算。

⑮ 路灯安装工程，应区别不同臂长，不同灯数，以“套”为计量单位计算。

工厂厂区内、住宅小区内路灯安装执行本册定额，城市道路的路灯安装执行《全国统一市政工程预算定额》。

⑯ 开关、按钮安装的工程量，应区别开关、按钮安装形式，开关、按钮种类，开关极数以及单控与双控，以“套”为计量单位计算。

⑰ 插座安装的工程量，应区别电源相数、额定电流、插座安装形式、插座插孔个数，以“套”为计量单位计算。

⑱ 安全变压器安装的工程量，应区别安全变压器容量，以“台”为计量单位计算。

⑲ 电铃、电铃号码牌箱安装的工程量，应区别电铃直径、电铃号牌箱规格（号），以“套”为计量单位计算。

⑳ 门铃安装工程量计算，应区别门铃安装形式，以“个”为计量单位计算。

㉑ 风扇安装的工程量，应区别风扇种类，以“台”为计量单位计算。

㉒ 盘管风机三速开关、请勿打扰灯，须刨插座安装的工程量，以“套”为计量单位计算。

14. 定额第十四章电梯电气装置

（1）定额内容

本章包括交流手柄操作或按钮控制（半自动）电梯电气安装；交流信号或集选按制（自动）电梯电气安装；直流快速自动电梯电气安装；直流高速自动电梯电气安装；小型杂物电梯电气安装；电厂专用电梯电气安装；电梯增加厅门、自动轿厢门及提升高度等内容。

（2）工程量计算规则

① 交流手柄操纵或按钮控制（半自动）电梯电气安装的工程量，应区别电梯层数、站数，以“部”为计量单位计算。

② 交流信号或集选控制（自动）电梯电气安装的工程量，应区别电梯层数、站数，以“部”为计量单位计算。

③ 直流信号或集选控制（自动）快速电梯电气安装的工程量，应区别电梯层数、站数，以“部”为计量单位计算。

④ 直流集选控制（自动）高速电梯电气安装的工程量，应区别电梯层数、站数，以“部”为计量单位计算。

⑤ 小型杂物电梯电气安装的工程量，应区别电梯层数、站数，以“部”为计量单位计算。

⑥ 电厂专用电梯电气安装的工程量，应区别配合锅炉容量，以“部”为计量单位计算。

⑦ 电梯增加厅门、自动轿厢门及提升高度的工程量，应区别电梯形式、增加自动轿厢门数量、增加提升高度，分别以“个”、“延长米”为计量单位计算。

4.4 电气设备安装工程清单计算规则

4.4.1 变压器安装

变压器安装的工程量清单计算规则，应按表 4-25 的规定执行。

变压器安装（编码：030401） **表 4-25**

<table>
<tr><th>项目编码</th><th>项目名称</th><th>项目特征</th><th>计量单位</th><th>工程量计算规则</th><th>工作内容</th></tr>
<tr><td>030401001</td><td>油浸电力变压器</td><td rowspan="2">1. 名称
2. 型号
3. 容量(kV·A)
4. 电压(kV)
5. 油过滤要求
6. 干燥要求
7. 基础型钢形式、规格
8. 网门、保护门材质、规格
9. 温控箱型号、规格</td><td rowspan="5">台</td><td rowspan="5">按设计图示数量计算</td><td>1. 本体安装
2. 基础型钢制作、安装
3. 油过滤
4. 干燥
5. 接地
6. 网门、保护门制作、安装
7. 补刷(喷)油漆</td></tr>
<tr><td>030401002</td><td>干式变压器</td><td>1. 本体安装
2. 基础型钢制作、安装
3. 温控箱安装
4. 接地
5. 网门、保护门制作、安装
6. 补刷(喷)油漆</td></tr>
<tr><td>030401003</td><td>整流变压器</td><td rowspan="3">1. 名称
2. 型号
3. 容量(kV·A)
4. 电压(kV)
5. 油过滤要求
6. 干燥要求
7. 基础型钢形式、规格
8. 网门、保护门材质、规格</td><td rowspan="3">1. 本体安装
2. 基础型钢制作、安装
3. 油过滤
4. 干燥
5. 网门、保护门制作、安装
6. 补刷(喷)油漆</td></tr>
<tr><td>030401004</td><td>自耦变压器</td></tr>
<tr><td>030401005</td><td>有载调压变压器</td></tr>
</table>

续表

项目编码	项目名称	项目特征	计量单位	工程量计算规则	工作内容
030401006	电炉变压器	1. 名称 2. 型号 3 容量(kV·A) 4. 电压(kV) 5. 基础型钢形式、规格 6. 网门、保护门材质、规格	台	按设计图示数量计算	1. 本体安装 2. 基础型钢制作、安装 3. 网门、保护门制作、安装 4. 补刷(喷)油漆
030401007	消弧线圈	1. 名称 2. 型号 3. 容量(kV·A) 4. 电压(kV) 5 油过滤要求 6. 干燥要求 7. 基础型钢形式、规格			1. 本体安装 2. 基础型钢制作、安装 3. 油过滤 4. 干燥 5. 补刷(喷)油漆

注：变压器油如需试验、化验、色谱分析应按《通用安装工程工程量计算规范》GB 50856—2013 附录 N 措施项目相关项目编码列项。

4.4.2 配电装置安装

配电装置安装的工程量清单计算规则，应按表 4-26 的规定执行。

配电装置安装（编码：030402） **表 4-26**

项目编码	项目名称	项目特征	计量单位	工程量计算规则	工作内容
030402001	油断路器	1. 名称 2. 型号 3. 容量(A) 4. 电压等级(kV) 5. 安装条件 6. 操作机构名称及型号 7. 基础型钢规格 8. 接线材质、规格 9. 安装部位 10. 油过滤要求	台	按设计图示数量计算	1. 本体安装、调试 2. 基础型钢制作、安装 3. 油过滤 4. 补刷(喷)油漆 5. 接地
030402002	真空断路器				
030402003	SF_6 断路器				1. 本体安装、调试 2. 基础型钢制作、安装 3. 补刷(喷)油漆 4. 接地
030402004	空气断路器	1. 名称 2. 型号 3. 容量(A) 4. 电压等级(kV) 5. 安装条件 6. 操作机构名称及型号 7. 接线材质、规格 8. 安装部位	台	按设计图示数量计算	1. 本体安装、调试 2. 基础型钢制作、安装 3. 补刷(喷)油漆 4. 接地
030402005	真空接触器				
030402006	隔离开关		组		1. 本体安装、调试 2. 补刷(喷)油漆 3. 接地
030402007	负荷开关				

续表

项目编码	项目名称	项目特征	计量单位	工程量计算规则	工作内容
030402008	互感器	1. 名称 2. 型号 3. 规格 4. 类型 5. 油过滤要求	台	按设计图示数量计算	1. 本体安装、调试 2. 干燥 3. 油过滤 4. 接地
030402009	高压熔断器	1. 名称 2. 型号 3. 规格 4. 安装部位	组		1. 本体安装、调试 2. 接地
030402010	避雷器	1. 名称 2. 型号 3. 规格 4. 电压等级 5. 安装部位			1. 本体安装、调试 2. 接地
030402011	干式电抗器	1. 名称 2. 型号 3. 规格 4. 质量 5. 安装部位 6. 干燥要求			1. 本体安装、调试 2. 干燥
030402012	油浸电抗器	1. 名称 2. 型号 3. 规格 4. 容量(kV·A) 5. 油过滤要求 6. 干燥要求	台		1. 本体安装、调试 2. 油过滤 3. 干燥
030402013	移相及串联电容器	1. 名称 2. 型号 3. 规格 4. 质量 5. 安装部位	个		1. 本体安装、调试 2. 接地
030402014	集合式并联电容器				
030402015	并联补偿电容器组架	1. 名称 2. 型号 3. 规格 4. 结构形式	台		
030402016	交流滤波装置组架	1. 名称 2. 型号 3. 规格			

续表

项目编码	项目名称	项目特征	计量单位	工程量计算规则	工作内容
030402017	高压成套配电柜	1. 名称 2. 型号 3. 规格 4. 母线配置方式 5. 种类 6. 基础型钢形式、规格	台	按设计图示数量计算	1. 本体安装、调试 2. 基础型钢制作、安装 3. 补刷（喷）油漆 4. 接地
030402018	组合型成套箱式变电站	1. 名称 2. 型号 3. 容量(kV・A) 4. 电压(kV) 5. 组合形式 6. 基础规格、浇筑材质			1. 本体安装、调试 2. 基础浇筑 3. 进箱母线安装 4. 补刷（喷）油漆 5. 接地

注：1. 空气断路器的储气罐及储气罐至断路器的管路应按《通用安装工程工程量计算规范》GB 50856—2013 附录 H 工业管道工程相关项目编码列项。

2. 干式电抗器项目适用于混凝土电抗器、铁芯干式电抗器、空心干式电抗器等。

3. 设备安装未包括地脚螺栓、浇注（二次灌浆、抹面），如需安装应按《房屋建筑与装饰工程工程量计算规范》GB 50854—2013 相关项目编码列项。

4.4.3 母线安装

母线安装的工程量清单计算规则，应按表 4-27 的规定执行。

母线安装（编码：030403） **表 4-27**

项目编码	项目名称	项目特征	计量单位	工程量计算规则	工作内容
030403001	软母线	1. 名称 2. 材质 3. 型号 4. 规格 5. 绝缘子类型、规格	m	按设计图示尺寸以单相长度计算（含预留长度）	1. 母线安装 2. 绝缘子耐压试验 3. 跳线安装 4. 绝缘子安装
030403002	组合软母线				
030403003	带形母线	1. 名称 2. 型号 3. 规格 4. 材质 5. 绝缘子类型、规格 6. 穿墙套管材质、规格 7. 穿通板材质、规格 8. 母线桥材质、规格 9. 引下线材质、规格 10. 伸缩节、过渡板材质、规格 11. 分相漆品种	m	按设计图示尺寸以单相长度计算（含预留长度）	1. 母线安装 2. 穿通板制作、安装 3. 支持绝缘子、穿墙套管的耐压试验、安装 4. 引下线安装 5. 伸缩节安装 6. 过渡板安装 7. 刷分相漆

续表

项目编码	项目名称	项目特征	计量单位	工程量计算规则	工作内容
030403004	槽形母线	1. 名称 2. 型号 3. 规格 4. 材质 5. 连接设备名称、规格 6. 分相漆品种	m	按设计图示尺寸以单相长度计算（含预留长度）	1. 母线制作、安装 2. 与发电机、变压器连接 3. 与断路器、隔离开关连接 4. 刷分相漆
030403005	共箱母线	1. 名称 2. 型号 3. 规格 4. 材质		按设计图示尺寸以中心线长度计算	1. 母线安装 2. 补刷(喷)油漆
030403006	低压封闭式插接母线槽	1. 名称 2. 型号 3. 规格 4. 容量(A) 5. 线制 6. 安装部位			
030403007	始端箱、分线箱	1. 名称 2. 型号 3. 规格 4. 容量(A)	台	按设计图示数量计算	1. 本体安装 2. 补刷(喷)油漆
030403008	重型母线	1. 名称 2. 型号 3. 规格 4. 容量(A) 5. 材质 6. 绝缘子类型、规格 7. 伸缩器及导板规格	t	按设计图示尺寸以质量计算	1. 母线制作、安装 2. 伸缩器及导板制作、安装 3. 支持绝缘子安装 4. 补刷(喷)油漆

注：1. 软母线安装预留长度见表 4-40。
2. 硬母线配置安装预留长度见表 4-41。

4.4.4 控制设备及低压电器安装

控制设备及低压电器安装的工程量清单计算规则，应按表 4-28 的规定执行。

控制设备及低压电器安装（编码：030404） **表 4-28**

项目编码	项目名称	项目特征	计量单位	工程量计算规则	工作内容
030404001	控制屏	1. 名称 2. 型号 3. 规格 4. 种类 5. 基础型钢形式、规格 6. 接线端子材质、规格 7. 端子板外部接线材质、规格 8. 小母线材质、规格 9. 屏边规格	台	按设计图示数量计算	1. 本体安装 2. 基础型钢制作、安装 3. 端子板安装 4. 焊、压接线端子 5. 盘柜配线、端子接线 6. 小母线安装 7. 屏边安装 8. 补刷(喷)油漆 9. 接地
030404002	继电、信号屏				
030404003	模拟屏				

续表

项目编码	项目名称	项目特征	计量单位	工程量计算规则	工作内容
030404004	低压开关柜(屏)	1. 名称 2. 型号 3. 规格 4. 种类 5. 基础型钢形式、规格 6. 接线端子材质、规格 7. 端子板外部接线材质、规格 8. 小母线材质、规格 9. 屏边规格	台	按设计图示数量计算	1. 本体安装 2. 基础型钢制作、安装 3. 端子板安装 4. 焊、压接线端子 5. 盘柜配线、端子接线 6. 屏边安装 7. 补刷(喷)油漆 8. 接地
030404005	弱电控制返回屏				1. 本体安装 2. 基础型钢制作、安装 3. 端子板安装 4. 焊、压接线端子 5. 盘柜配线、端子接线 6. 小母线安装 7. 屏边安装 8. 补刷(喷)油漆 9. 接地
030404006	箱式配电室	1. 名称 2. 型号 3. 规格 4. 质量 5. 基础规格、浇筑材质 6. 基础型钢形式、规格	套	按设计图示数量计算	1. 本体安装 2. 基础型钢制作、安装 3. 基础浇筑 4. 补刷(喷)油漆 5. 接地
030404007	硅整流柜	1. 名称 2. 型号 3. 规格 4. 容量(A) 5. 基础型钢形式、规格	台		1. 本体安装 2. 基础型钢制作、安装 3. 补刷(喷)油漆 4. 接地
030404008	可控硅柜	1. 名称 2. 型号 3. 规格 4. 容量(kW) 5. 基础型钢形式、规格			

续表

项目编码	项目名称	项目特征	计量单位	工程量计算规则	工作内容
030404009	低压电容器柜	1. 名称 2. 型号 3. 规格 4. 基础型钢形式、规格 5. 接线端子材质、规格 6. 端子板外部接线材质、规格 7. 小母线材质、规格 8. 屏边规格	台	按设计图示数量计算	1. 本体安装 2. 基础型钢制作、安装 3. 端子板安装 4. 焊、压接线端子 5. 盘柜配线、端子接线 6. 小母线安装 7. 屏边安装 8. 补刷(喷)油漆 9. 接地
030404010	自动调节励磁屏				
030404011	励磁灭磁屏				
030404012	蓄电池屏(柜)				
030404013	直流馈电屏				
030404014	事故照明切换屏				
030404015	控制台	1. 名称 2. 型号 3. 规格 4. 基础型钢形式、规格 5. 接线端子材质、规格 6. 端子板外部接线材质、规格 7. 小母线材质、规格			1. 本体安装 2. 基础型钢制作、安装 3. 端子板安装 4. 焊、压接线端子 5. 盘柜配线、端子接线 6. 小母线安装 7. 补刷(喷)油漆 8. 接地
030404016	控制箱	1. 名称 2. 型号 3. 规格 4. 基础形式、材质、规格 5. 接线端子材质、规格 6. 端子板外部接线材质、规格 7. 安装方式	台	按设计图示数量计算	1. 本体安装 2. 基础型钢制作、安装 3. 焊、压接线端子 4. 补刷(喷)油漆 5. 接地
030404017	配电箱				
030404018	插座箱	1. 名称 2. 型号 3. 规格 4. 安装方式			1. 本体安装 2. 接地
030404019	控制开关	1. 名称 2. 型号 3. 规格 4. 接线端子材质、规格 5. 额定电流(A)	个		1. 本体安装 2. 焊、压接线端子 3. 接线

续表

<table>
<tr><th>项目编码</th><th>项目名称</th><th>项目特征</th><th>计量单位</th><th>工程量计算规则</th><th>工作内容</th></tr>
<tr><td>030404020</td><td>低压熔断器</td><td rowspan="10">1. 名称
2. 型号
3. 规格
4. 接线端子材质、规格</td><td rowspan="2">个</td><td rowspan="11">按设计图示数量计算</td><td rowspan="11">1. 本体安装
2. 焊、压接线端子
3. 接线</td></tr>
<tr><td>030404021</td><td>限位开关</td></tr>
<tr><td>030404022</td><td>控制器</td><td rowspan="6">台</td></tr>
<tr><td>030404023</td><td>接触器</td></tr>
<tr><td>030404024</td><td>磁力启动器</td></tr>
<tr><td>030404025</td><td>Y—△自耦减压启动器</td></tr>
<tr><td>030404026</td><td>电磁铁(电磁制动器)</td></tr>
<tr><td>030404027</td><td>快速自动开关</td></tr>
<tr><td>030404028</td><td>电阻器</td><td>箱</td></tr>
<tr><td>030404029</td><td>油浸频敏变阻器</td><td>台</td></tr>
<tr><td>030404030</td><td>分流器</td><td>1. 名称
2. 型号
3. 规格
4. 容量(A)
5. 接线端子材质、规格</td><td>个</td></tr>
<tr><td>030404031</td><td>小电器</td><td>1. 名称
2. 型号
3. 规格
4. 接线端子材质、规格</td><td>个(套、台)</td><td rowspan="6">按图示数量计算</td><td>1. 本体安装
2. 焊、压接线端子
3. 接线</td></tr>
<tr><td>030404032</td><td>端子箱</td><td>1. 名称
2. 型号
3. 规格
4. 安装部位</td><td rowspan="2">台</td><td>1. 本体安装
2. 接线</td></tr>
<tr><td>030404033</td><td>风扇</td><td>1. 名称
2. 型号
3. 规格
4. 安装方式</td><td>1. 本体安装
2. 调速开关安装</td></tr>
<tr><td>030404034</td><td>照明开关</td><td rowspan="2">1. 名称
2. 材质
3. 规格
4. 安装方式</td><td rowspan="2">个</td><td rowspan="2">1. 本体安装
2. 接线</td></tr>
<tr><td>030404035</td><td>插座</td></tr>
<tr><td>030404036</td><td>其他电器</td><td>1. 名称
2. 规格
3. 安装方式</td><td>个(套、台)</td><td>1. 安装
2. 接线</td></tr>
</table>

注：1. 控制开关包括：自动空气开关、刀型开关、铁壳开关、胶盖刀闸开关、组合控制开关、万能转换开关、风机盘管三速开关、漏电保护开关等。

2. 小电器包括：按钮、电笛、电铃、水位电气信号装置、测量表计、继电器、电磁锁、屏上辅助设备、辅助电压互感器、小型安全变压器等。

3. 其他电器安装指：本节未列的电器项目。

4. 其他电器必须根据电器实际名称确定项目名称，明确描述工作内容、项目特征、计量单位、计算规则。

5. 盘、箱、柜的外部进出电线预留长度见表 4-42。

4.4.5 蓄电池安装

蓄电池安装的工程量清单计算规则，应按表4-29的规定执行。

蓄电池安装（编码：030405） **表4-29**

项目编码	项目名称	项目特征	计量单位	工程量计算规则	工作内容
030405001	蓄电池	1. 名称 2. 型号 3. 容量(A·h) 4. 防震支架形式、材质 5. 充放电要求	个 (组件)	按设计图示数量计算	1. 本体安装 2. 防震支架安装 3. 充放电
030405002	太阳能电池	1. 名称 2. 型号 3. 规格 4. 容量 5. 安装方式	组		1. 安装 2. 电池方阵铁架安装 3. 联调

4.4.6 电机检查接线及调试

电机检查接线及调试的工程量清单计算规则，应按表4-30的规定执行。

电机检查接线及调试（编码：030406） **表4-30**

项目编码	项目名称	项目特征	计量单位	工程量计算规则	工作内容
030406001	发电机	1. 名称 2. 型号 3. 容量(kW) 4. 接线端子材质、规格 5. 干燥要求	台	按设计图示数量计算	1. 检查接线 2. 接地 3. 干燥 4. 调试
030406002	调相机				
030406003	普通小型直流电动机				
030406004	可控硅调速直流电动机	1. 名称 2. 型号 3. 容量(kW) 4. 类型 5. 接线端子材质、规格 6. 干燥要求			
030406005	普通交流同步电动机	1. 名称 2. 型号 3. 容量(kW) 4. 启动方式 5. 电压等级(kV) 6. 接线端子材质、规格 7. 干燥要求			

续表

项目编码	项目名称	项目特征	计量单位	工程量计算规则	工作内容
030406006	低压交流异步电动机	1. 名称 2. 型号 3. 容量(kW) 4. 控制保护方式 5. 接线端子材质、规格 6. 干燥要求	台	按设计图示数量计算	1. 检查接线 2. 接地 3. 干燥 4. 调试
030406007	高压交流异步电动机	1. 名称 2. 型号 3. 容量(kW) 4. 保护类别 5. 接线端子材质、规格 6. 干燥要求			
030406008	交流变频调速电动机	1. 名称 2. 型号 3. 容量(kW) 4. 类别 5. 接线端子材质、规格 6. 干燥要求			
030406009	微型电机、电加热器	1. 名称 2. 型号 3. 规格 4. 接线端材质、规格 5. 干燥要求			
030406010	电动机组	1. 名称 2. 型号 3. 电动机台数 4. 连锁台数 5. 接线端子材质、规格 6. 干燥要求	组		
030406011	备用励磁机组	1. 名称 2. 型号 3. 接线端子材质、规格 4. 干燥要求			
030406012	励磁电阻器	1. 名称 2. 型号 3. 规格 4. 接线端子材质、规格 5. 干燥要求	台		1. 本体安装 2. 检查接线 3. 干燥

注：1. 可控硅调速直流电动机类型指一般可控硅调速直流电动机、全数字式控制可控硅调速直流电动机。
2. 交流变频调速电动机类型指交流同步变频电动机、交流异步变频电动机。
3. 电动机按其质量划分为大、中、小型：3t 以下为小型，3t～30t 为中型，30t 以上为大型。

4.4.7 滑触线装置安装

滑触线装置安装的工程量清单计算规则，应按表4-31的规定执行。

滑触线装置安装（编码：030407） **表4-31**

项目编码	项目名称	项目特征	计量单位	工程量计算规则	工作内容
030407001	滑触线	1. 名称 2. 型号 3. 规格 4. 材质 5. 支架形式、材质 6. 移动软电缆材质、规格、安装部位 7. 拉紧装置类型 8. 伸缩接头材质、规格	m	按设计图示尺寸以单相长度计算（含预留长度）	1. 滑触线安装 2. 滑触线支架制作、安装 3. 拉紧装置及挂式支持器制作、安装 4. 移动软电缆安装 5. 伸缩接头制作、安装

注：1. 支架基础铁件及螺栓是否浇注需说明。
2. 滑触线安装预留长度见表4-43。

4.4.8 电缆安装

电缆安装的工程量清单计算规则，应按表4-32的规定执行。

电缆安装（编码：030408） **表4-32**

<table>
<tr><th>项目编码</th><th>项目名称</th><th>项目特征</th><th>计量单位</th><th>工程量计算规则</th><th>工作内容</th></tr>
<tr><td>030408001</td><td>电力电缆</td><td rowspan="2">1. 名称
2. 型号
3. 规格
4. 材质
5. 敷设方式、部位
6. 电压等级(kV)
7. 地形</td><td rowspan="5">m</td><td rowspan="2">按设计图示尺寸以长度计算(含预留长度及附加长度)</td><td rowspan="2">1. 电缆敷设
2. 揭(盖)盖板</td></tr>
<tr><td>030408002</td><td>控制电缆</td></tr>
<tr><td>030408003</td><td>电缆保护管</td><td>1. 名称
2. 材质
3. 规格
4. 敷设方式</td><td rowspan="3">按设计图示尺寸以长度计算</td><td>保护管敷设</td></tr>
<tr><td>030408004</td><td>电缆槽盒</td><td>1. 名称
2. 材质
3. 规格
4. 型号</td><td>槽盒安装</td></tr>
<tr><td>030408005</td><td>铺砂、盖保护板(砖)</td><td>1. 种类
2. 规格</td><td>1. 铺砂
2. 盖板(砖)</td></tr>
<tr><td>030408006</td><td>电力电缆头</td><td>1. 名称
2. 型号
3. 规格
4. 材质、类型
5. 安装部位
6. 电压等级(kV)</td><td rowspan="2">个</td><td rowspan="2">按设计图示数量计算</td><td rowspan="2">1. 电力电缆头制作
2. 电力电缆头安装
3. 接地</td></tr>
<tr><td>030408007</td><td>控制电缆头</td><td>1. 名称
2. 型号
3. 规格
4. 材质、类型
5. 安装方式</td></tr>
</table>

续表

项目编码	项目名称	项目特征	计量单位	工程量计算规则	工作内容
030408008	防火堵洞	1. 名称 2. 材质 3. 方式 4. 部位	处	按设计图示数量计算	安装
030408009	防火隔板		m^2	按设计图示尺寸以面积计算	
030408010	防火涂料		kg	按设计图示尺寸以质量计算	
030408011	电缆分支箱	1. 名称 2. 型号 3. 规格 4. 基础形式、材质、规格	台	按设计图示数量计算	1. 本体安装 2. 基础制作、安装

注：1. 电缆穿刺线夹按电缆头编码列项。

2. 电缆井、电缆排管、顶管，应按现行国家标准《市政工程工程量计算规范》GB 50857 相关项目编码列项。

3. 电缆敷设预留长度及附加长度见表 4-44。

4.4.9 防雷及接地装置安装

防雷及接地装置安装的工程量清单计算规则，应按表 4-33 的规定执行。

防雷及接地装置（编码：030409） **表 4-33**

项目编码	项目名称	项目特征	计量单位	工程量计算规则	工作内容
030409001	接地极	1. 名称 2. 材质 3. 规格 4. 土质 5. 基础接地形式	根（块）	按设计图示数量计算	1. 接地极（板、桩）制作、安装 2. 基础接地网安装 3. 补刷（喷）油漆
030409002	接地母线	1. 名称 2. 材质 3. 规格 4. 安装部位 5. 安装形式	m	按设计图示尺寸以长度计算（含附加长度）	1. 接地母线制作、安装 2. 补刷（喷）油漆
030409003	避雷引下线	1. 名称 2. 材质 3. 规格 4. 安装部位 5. 安装形式 6. 断接卡子、箱材质、规格			1. 避雷引下线制作、安装 2. 断接卡子、箱制作、安装 3. 利用主钢筋焊接 4. 补刷（喷）油漆
030409004	均压环	1. 名称 2. 材质 3. 规格 4. 安装形式			1. 均压环敷设 2. 钢铝窗接地 3. 柱主筋与圈梁焊接 4. 利用圈梁钢筋焊接 5. 补刷（喷）油漆
030409005	避雷网	1. 名称 2. 材质 3. 规格 4. 安装形式 5. 混凝土块标号			1. 避雷网制作、安装 2. 跨接 3. 混凝土块制作 4. 补刷（喷）油漆

续表

项目编码	项目名称	项目特征	计量单位	工程量计算规则	工作内容
030409006	避雷针	1. 名称 2. 材质 3. 规格 4. 安装形式、高度	根	按设计图示数量计算	1. 避雷针制作、安装 2. 跨接 3. 补刷(喷)油漆
030409007	半导体少长针消雷装置	1. 型号 2. 高度	套		本体安装
030409008	等电位端子箱、测试版	1. 名称 2. 材质 3. 规格	台(块)		
030409009	绝缘垫		m^2	按设计图示尺寸以展开面积计算	1. 制作 2. 安装
030409010	浪涌保护器	1. 名称 2. 规格 3. 安装形式 4. 防雷等级	个	按设计图示数量计算	1. 本体安装 2. 接线 3. 接地
030409011	降阻剂	1. 名称 2. 类型	kg	按设计图示以质量计算	1. 挖土 2. 施放降阻剂 3. 回填土 4. 运输

注：1. 利用桩基础作接地极，应描述桩台下桩的根数，每桩台下需焊接柱筋根数，其工程量按柱引下线计算；利用基础钢筋作接地极按均压环项目编码列项。
2. 利用柱筋作引下线的，需描述柱筋焊接根数。
3. 利用圈梁筋作均压环的，需描述圈梁筋焊接根数。
4. 使用电缆、电线作接地线，应按表 4-32 及表 4-35 相关项目编码列项。
5. 接地母线、引下线、避雷网附加长度见表 4-45。

4.4.10 10kV 以下架空配电线路安装

10kV 以下架空配电线路安装的工程量清单计算规则，应按表 4-34 的规定执行。

10kV 以下架空配电线路（编码：030410） **表 4-34**

项目编码	项目名称	项目特征	计量单位	工程量计算规则	工作内容
030410001	电杆组立	1. 名称 2. 材质 3. 规格 4. 类型 5. 地形 6. 土质 7. 底盘、拉盘、卡盘规格 8. 材质、规格、类型 9. 现浇基础类型、钢筋类型、规格，基础垫层要求 10. 电杆防腐要求	根(基)	按设计图示数量计算	1. 施工定位 2. 电杆组立 3. 土(石)方挖填 4. 底盘、拉盘、卡盘安装 5. 电杆防腐 6. 拉线制作、安装 7. 现浇基础、基础垫层 8. 工地运输

续表

项目编码	项目名称	项目特征	计量单位	工程量计算规则	工作内容
030410002	横担组装	1. 名称 2. 材质 3. 规格 4. 类型 5. 电压等级(kV) 6. 瓷瓶型号、规格 7. 金具品种规格	组	按设计图示数量计算	1. 横担安装 2. 瓷瓶、金具组装
030410003	导线架设	1. 名称 2. 型号 3. 规格 4. 地形 5. 跨越类型	km	按设计图示尺寸以单线长度计算(含预留长度)	1. 导线架设 2. 导线跨越及进户线架设 3. 工地运输
030410004	杆上设备	1. 名称 2. 型号 3. 规格 4. 电压等级(kV) 5. 支撑架种类、规格 6. 接线端子材质、规格 7. 接地要求	台(组)	按设计图示数量计算	1. 支撑架安装 2. 本体安装 3. 焊压接线端子、接线 4. 补刷(喷)油漆 5. 接地

注：1. 杆上设备调试，应按表 4-38 相关项目编码列项。
2. 架空导线预留长度见表 4-46。

4.4.11 配管、配线

配管、配线的工程量清单计算规则，应按表 4-35 的规定执行。

配管、配线（编码：030411） **表 4-35**

项目编码	项目名称	项目特征	计量单位	工程量计算规则	工作内容
030411001	配管	1. 名称 2. 材质 3. 规格 4. 配置形式 5. 接地要求 6. 钢索材质、规格	m	按设计图示尺寸以长度计算	1. 电线管路敷设 2. 钢索架设(拉紧装置安装) 3. 预留沟槽 4. 接地
030411002	线槽	1. 名称 2. 材质 3. 规格			1. 本体安装 2. 补刷(喷)油漆
030411003	桥架	1. 名称 2. 型号 3. 规格 4. 材质 5. 类型 6. 接地方式			1. 本体安装 2. 接地

续表

项目编码	项目名称	项目特征	计量单位	工程量计算规则	工作内容
030411004	配线	1. 名称 2. 配线形式 3. 型号 4. 规格 5. 材质 6. 配线部位 7. 配线线制 8. 钢索材质、规格	m	按设计图示尺寸以单线长度计算（含预留长度）	1. 配线 2. 钢索架设(拉紧装置安装) 3. 支持体(夹板、绝缘子、槽板等)安装
030411005	接线箱	1. 名称 2. 材质 3. 规格 4. 安装形式	个	按设计图示数量计算	本体安装
030411006	接线盒				

注：1. 配管、线槽安装不扣除管路中间的接线箱（盒）、灯头盒、开关盒所占长度。
2. 配管名称指电线管、钢管、防爆管、塑料管、软管、波纹管等。
3. 配管配置形式指明配、暗配、吊顶内、钢结构支架、钢索配管、埋地敷设、水下敷设、砌筑沟内敷设等。
4. 配线名称指管内穿线、瓷夹板配线、塑料夹板配线、绝缘子配线、槽板配线、塑料护套配线、线槽配线、车间带形母线等。
5. 配线形式指照明线路，动力线路，木结构，顶棚内，砖、混凝土结构，沿支架、钢索、屋架、梁、柱、墙，以及跨屋架、梁、柱。
6. 配线保护管遇到下列情况之一时，应增设管路接线盒和拉线盒：(1) 管长度每超过30m，无弯曲；(2) 管长度每超过20m，有1个弯曲；(3) 管长度每超过15m，有2个弯曲；(4) 管长度每超过8m，有3个弯曲。垂直敷设的电线保护管遇到下列情况之一时，应增设固定导线用的拉线盒：(1) 管内导线截面为$50mm^2$及以下，长度每超过30m；(2) 管内导线截面为$70\sim95mm^2$，长度每超过20m；(3) 管内导线截面为$120\sim240mm^2$，长度每超过18m。在配管清单项目计量时，设计无要求时上述规定可以作为计量接线盒、拉线盒的依据。
7. 配管安装中不包括凿槽、刨沟，应按表4-37相关项目编码列项。
8. 配线进入箱、柜、板的预留长度见表4-42。

4.4.12 照明器具安装

照明器具安装的工程量清单计算规则，应按表4-36的规定执行。

照明器具安装（编码：030412） **表4-36**

项目编码	项目名称	项目特征	计量单位	工程量计算规则	工作内容
030412001	普通灯具	1. 名称 2. 型号 3. 规格 4. 类型	套	按设计图示数量计算	本体安装
030412002	工厂灯	1. 名称 2. 型号 3. 规格 4. 安装形式			

续表

项目编码	项目名称	项目特征	计量单位	工程量计算规则	工作内容
030412003	高度标志（障碍）灯	1. 名称 2. 型号 3. 规格 4. 安装部位 5. 安装高度			
030412004	装饰灯	1. 名称 2. 型号 3. 规格 4. 安装形式			
030412005	荧光灯				本体安装
030412006	医疗专用灯	1. 名称 2. 型号 3. 规格			
030412007	一般路灯	1. 名称 2. 型号 3. 规格 4. 灯杆材质、规格 5. 灯架形式及臂长 6. 附件配置要求 7. 灯杆形式（单、双） 8. 基础形式、砂浆配合比 9. 杆座材质、规格 10. 接线端子材质、规格 11. 编号 12. 接地要求	套	按设计图示数量计算	1. 基础制作、安装 2. 立灯杆 3 杆座安装 4. 灯架及灯具附件安装 5. 焊、压接线端子 6. 补刷（喷）油漆 7. 灯杆编号 8. 接地
030412008	中杆灯	1. 名称 2. 灯杆的材质及高度 3. 灯架的型号、规格 4. 附件配置 5. 光源数量 6. 基础形式、浇筑材质 7. 杆座材质、规格 8 接线端子材质、规格 9. 铁构件规格 10. 编号 11. 灌浆配合比 12. 接地要求			1. 基础浇筑 2. 立灯杆 3. 杆座安装 4. 灯架及灯具附件安装 5. 焊、压接线端子 6. 铁构件安装 7. 补刷（喷）油漆 8. 灯杆编号 9. 接地

续表

项目编码	项目名称	项目特征	计量单位	工程量计算规则	工作内容
030412009	高杆灯	1. 名称 2. 灯杆高度 3. 灯架形式(成套或组装、固定或升降) 4. 附件配置 5. 光源数量 6. 基础形式、浇筑材质 7. 杆座材质、规格 8. 接线端子材质、规格 9. 铁构件规格 10. 编号 11. 灌浆配合比 12. 接地要求	套	按设计图示数量计算	1. 基础浇筑 2. 立灯杆 3. 杆座安装 4. 灯架及灯具附件安装 5. 焊、压接线端子 6. 铁构件安装 7. 补刷(喷)油漆 8. 灯杆编号 9. 升降机构接线调试 10. 接地
030412010	桥栏杆灯	1. 名称 2. 型号 3. 规格 4. 安装形式			1. 灯具安装 2. 补刷(喷)油漆
030412011	地道涵洞灯				

注：1. 普通灯具包括圆球吸顶灯、半圆球吸顶灯、方形吸顶灯、软线吊灯、座灯头、吊链灯、防水吊灯、壁灯等。
2. 工厂灯包括工厂罩灯、防水灯、防尘灯、碘钨灯、投光灯、泛光灯、混光灯、密闭灯等。
3. 高度标志（障碍）灯包括烟囱标志灯、高塔标志灯、高层建筑屋顶障碍指示灯等。
4. 装饰灯包括吊式艺术装饰灯、吸顶式艺术装饰灯、荧光艺术装饰灯、几何型组合艺术装饰灯、标志灯、诱导装饰灯、水下（上）艺术装饰灯、点光源艺术灯、歌舞厅灯具、草坪灯具等。
5. 医疗专用灯包括病房指示灯、病房暗脚灯、紫外线杀菌灯、无影灯等。
6. 中杆灯是指安装在高度小于或等于19m的灯杆上的照明器具。
7. 高杆灯是指安装在高度大于19m的灯杆上的照明器具。

4.4.13 附属工程

附属工程的工程量清单计算规则，应按表4-37的规定执行。

附属工程（编码：030413） 表4-37

项目编码	项目名称	项目特征	计量单位	工程量计算规则	工作内容
030413001	钢构件	1. 名称 2. 材质 3. 规格	kg	按设计图示尺寸以质量计算	1. 制作 2. 安装 3. 补刷(喷)油漆
030413002	凿(压)槽	1. 名称 2. 规格 3. 类型 4. 填充(恢复)方式 5. 混凝土标准	m	按设计图示尺寸以长度计算	1. 开槽 2. 恢复处理
030413003	打洞(孔)	1. 名称 2. 规格 3. 类型 4. 填充(恢复)方式 5. 混凝土标准	个	按设计图示数量计算	1. 开孔、洞 2. 恢复处理

续表

项目编码	项目名称	项目特征	计量单位	工程量计算规则	工作内容
030413004	管道包封	1. 名称 2. 规格 3. 混凝土强度等级	m	按设计图示长度计算	1. 灌注 2. 养护
030413005	人(手)孔砌筑	1. 名称 2. 规格 3. 类型	个	按设计图示数量计算	砌筑
030413006	人(手)孔防水	1. 名称 2. 类型 3. 规格 4. 防水材质及做法	m^2	按设计图示防水面积计算	防水

注：铁构件适用于电气工程的各种支架、铁构件的制作安装。

4.4.14 电器调整试验

电器调整试验的工程量清单计算规则，应按表 4-38 的规定执行。

电气调整试验（编码：030414） **表 4-38**

<table>
<tr><th>项目编码</th><th>项目名称</th><th>项目特征</th><th>计量单位</th><th>工程量计算规则</th><th>工作内容</th></tr>
<tr><td>030414001</td><td>电力变压器系统</td><td>1. 名称
2. 型号
3. 容量(kV·A)</td><td rowspan="2">系统</td><td rowspan="2">按设计图示系统计算</td><td rowspan="2">系统调试</td></tr>
<tr><td>030414002</td><td>送配电装置系统</td><td>1. 名称
2. 型号
3. 电压等级(kV)
4. 类型</td></tr>
<tr><td>030414003</td><td>特殊保护装置</td><td rowspan="2">1. 名称
2. 类型</td><td>台(套)</td><td rowspan="3">按设计图示数量计算</td><td rowspan="8">调试</td></tr>
<tr><td>030414004</td><td>自动投入装置</td><td>系统(台、套)</td></tr>
<tr><td>030414005</td><td>中央信号装置</td><td rowspan="2">1. 名称
2. 类型</td><td>系统(台)</td></tr>
<tr><td>030414006</td><td>事故照明切换装置</td><td rowspan="2">系统</td><td rowspan="2">按设计图示系统计算</td></tr>
<tr><td>030414007</td><td>不间断电源</td><td>1. 名称
2. 类型
3. 容量</td></tr>
<tr><td>030414008</td><td>母线</td><td rowspan="3">1. 名称
2. 电压等级(kV)</td><td>段</td><td rowspan="3">按设计图示数量计算</td></tr>
<tr><td>030414009</td><td>避雷器</td><td rowspan="2">组</td></tr>
<tr><td>030414010</td><td>电容器</td></tr>
</table>

续表

项目编码	项目名称	项目特征	计量单位	工程量计算规则	工作内容
030414011	接地装置	1. 名称 2. 类别	1. 系统 2. 组	1. 以系统计量，按设计图示系统计算 2. 以组计量，按设计图示数量计算	接地电阻测试
030414012	电抗器、消弧线圈		台	按设计图示系统计算	调试
030414013	电除尘器	1. 名称 2. 型号 3. 规格	组		
030414014	硅整流设备、可控硅整流装置	1. 名称 2. 类别 3. 电压(V) 4. 电流(A)	系统	按设计图示系统计算	
030414015	电缆试验	1. 名称 2. 电压等级(kV)	次 (根、点)	按设计图示数量计算	试验

注：1. 功率大于10kW电动机及发电机的启动调试用的蒸汽、电力和其他动力能源消耗及变压器空载试运转的电力消耗及设备需烘干处理应说明。

2. 配合机械设备及其他工艺的单体试车，应按《通用安装工程工程量计算规范》GB 50856—2013附录N措施项目相关项目编码列项。

3. 计算机系统调试应按《通用安装工程工程量计算规范》GB 50856—2013附录F自动化控制仪表安装工程相关项目编码列项。

4.4.15 电气设备安装清单其他相关问题说明

其他相关问题说明，应按表4-39的规定执行。

其他相关问题说明 **表4-39**

序号	说 明
1	电气设备安装工程适用于10kV以下变配电设备及线路的安装工程、车间动力电气设备及电气照明、防雷及接地装置安装、配管配线、电气调试等
2	挖土、填土工程，应按现行国家标准《房屋建筑与装饰工程工程量计算规范》GB 50854相关项目编码列项
3	开挖路面，应按现行国家标准《市政工程工程量计算规范》GB 50857相关项目编码列项。
4	过梁、墙、楼板的钢(塑料)套管，应按《通用安装工程工程量计算规范》GB 50856—2013附录K采暖、给水排水、燃气工程相关项目编码列项
5	除锈、刷漆(补刷漆除外)、保护层安装，应按《通用安装工程工程量计算规范》GB 50856—2013附录M刷油、防腐蚀、绝热工程相关项目编码列项
6	由国家或地方检测验收部门进行的检测验收应按《通用安装工程工程量计算规范》GB 50856—2013附录N措施项目编码列项
7	本附录中的预留长度及附加长度见表4-40～表4-46

软母线安装预留长度 **表4-40**

单位：m/根

项目	耐张	跳线	引下线、设备连接线
预留长度	2.5	0.8	0.6

硬母线配置安装预留长度 **表 4-41**

单位：m/根

序号	项　　目	预留长度	说　　明
1	带形、槽形母线终端	0.3	从最后一个支持点算起
2	带形、槽形母线与分支线连接	0.5	分支线预留
3	带形母线与设备连接	0.5	从设备端子接口算起
4	多片重型母线与设备连接	1.0	从设备端子接口算起
5	槽形母线与设备连接	0.5	从设备端子接口算起

盘、箱、柜的外部进出线预留长度 **表 4-42**

单位：m/根

序号	项目	预留长度	说明
1	各种箱、柜、盘、板、盒	高＋宽	盘面尺寸
2	单独安装的铁壳开关、自动开关、刀开关、启动器、箱式电阻器、变阻器	0.5	从安装对象中心算起
3	继电器、控制开关、信号灯、按钮、熔断器等小电器	0.3	从安装对象中心算起
4	分支接头	0.2	分支线预留

滑触线安装预留长度 **表 4-43**

单位：m/根

序号	项　　目	预留长度	说　　明
1	圆钢、铜母线与设备连接	0.2	从设备接线端子接口算起
2	圆钢、铜滑触线终端	0.5	从最后一个固定点算起
3	角钢滑触线终端	1.0	从最后一个支持点算起
4	扁钢滑触线终端	1.3	从最后一个固定点算起
5	扁钢母线分支	0.5	分支线预留
6	扁钢母线与设备连接	0.5	从设备接线端子接口算起
7	轻轨滑触线终端	0.8	从最后一个支持点算起
8	安全节能及其他滑触线终端	0.5	从最后一个固定点算起

电缆敷设预留及附加长度 **表 4-44**

序号	项目	预留(附加)长度	说明
1	电缆敷设弛度、波形弯度、交叉	2.5%	按电缆全长计算
2	电缆进入建筑物	2.0m	规范规定最小值
3	电缆进入沟内或吊架时引上(下)预留	1.5m	规范规定最小值
4	变电所进线、出线	1.5m	规范规定最小值
5	电力电缆终端头	1.5m	检修余量最小值
6	电缆中间接线盒	两端各留 2.0m	检修余量最小值
7	电缆进控制、保护屏及模拟盘、配电箱等	高＋宽	按盘面尺寸
8	高压开关柜及低压配电盘、箱	2.0m	盘下进出线
9	电缆至电动机	0.5m	从电动机接线盒算起
10	厂用变压器	3.0m	从地坪算起
11	电缆绕过梁柱等增加长度	按实计算	按被绕物的断面情况计算增加长度
12	电梯电缆与电缆架固定点	每处 0.5m	规范规定最小值

接地母线、引下线、避雷网附加长度 **表 4-45**

单位：m

项目	附加长度	说明
接地母线、引下线、避雷网附加长度	3.9%	按接地母线、引下线、避雷网全长计算

架空导线预留长度 **表 4-46**

单位：m/根

项目		预留长度
高压	转角	2.5
	分支、终端	2.0
低压	分支、终端	0.5
	交叉跳线转角	1.5
与设备连线进户线		0.5
		2.5

4.5 建筑电气工程计量与计价实例

4.5.1 建筑电气工程综合实例一

某工程层高 3.2m，内外墙厚 0.24m，其室内电气照明工程如图 4-39 所示。配电箱 XRM 的盘面尺寸为 250mm×120mm，其安装高度为距地 1.5m。插座安装高度为距地 0.3m、开关安装高度为距地 1.5m。照明配线采用 BV-2.5 线，穿 PVC15 的塑料管，插座配线采用 BV-3×4 线，穿 PVC20 的塑料管，沿墙面、天棚和地面暗敷设。（1）计算该工程的工程量；（2）套全国统一安装工程预算定额及甘肃省兰州市地区基价；（3）编制工程量清单（电源进户线不计算）。

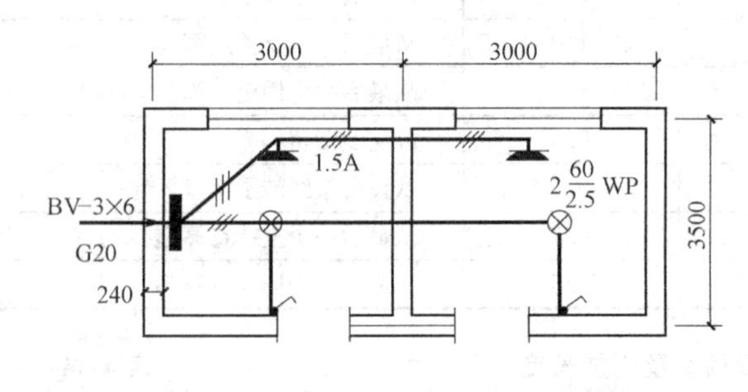

图 4-15　某住宅照明平面图

解　一、计算工程量

1. 统计照明灯具、开关、插座的配电箱的数量。

（1）照明灯具为普遍软线吊灯，共两套。

（2）开关为暗装单控开关，共两个。

（3）插座为暗装单相插座，共两个。

（4）配电箱一台。

（5）接线盒 6 个，开关底盒 2 个，插座底盒 2 个。

2. 计算配管、配线工程量。

（1）配管工程量

① 配电箱→灯具、开关 PVC15

为后面方便计算配线工程量，在统计配管工程量时，分别将穿两线的配管和穿三线的配管分开计算。

1）穿三根线的配管工程量（3.2－1.4－0.12）（配电箱顶面至天棚的高度）＋3.0（从图中量取配电箱至第二道墙中心线的水平距离）＝4.58m

2）穿两根线的配管工程量 1.5（第二道纵墙中心线至第二套灯具的水平距离）＋1.75（每套灯具至安装开关墙面的水平距离）×2（两个开关）＋（3.2－1.5）（天棚至开关的垂直距离）×2（两个开关）＝8.4m

② 配电箱→插座 PVC20

穿三根线的配管工程量 1.5（配电箱底距地面的距离）＋2.30（配电箱至第一个插座水平距离）＋0.3（插座距地面的距离）×2＋3.0（两插座间水平距离）＝7.40m

③ 配管合计：PVC15 暗敷设 4.58＋8.4＝12.98m

PVC20 暗敷设 7.40m

（2）配线工程量 BV-2.5mm²

4.58（穿三根线的配管量）×3（导线根数）＋8.4（穿两根的配管量）×2（导线根数）＋（0.12＋0.25）（配电箱预留长度）×3（导线根数）＝31.65m

配线工程量 BV-4mm²

7.40（穿三根线的配管量）×3（导线根数）＋（0.12＋0.25）（配电箱预留长度）×3（导线根数）＝23.31m

二、套定额及地区基价

将以上工程量，套入全国统一安装工程预算定额第二册及甘肃省兰州市地区基价，具体结果见表 4-47。

某照明工程预算表　　表 4-47

定额编号	工程(项目)名称	工程量		价值(元)		其中(元)					
		定额单位	数量	基价	合价	人工费		材料费		机械费	
						单价	金额	单价	金额	单价	金额
2-263	配电箱安装 250×120	台	1.00	72.58	72.58	32.12	32.12	40.46	40.46		
2-1143	配管暗装 PVC15	100m	0.13	246.89	32.05	228.44	29.65	18.45	2.39		
2-1144	配管暗装 PVC20	100m	0.07	272.37	20.16	253.92	18.79	18.45	1.37		
2-1172	管内穿线 BV-2.5mm²	100m	0.32	41.16	13.03	21.41	6.78	19.75	6.25		
2-1173	管内穿线 BV-4mm²	100m	0.23	34.40	8.02	14.99	3.49	19.41	4.52		
2-1378	插座盒安装	10个	0.20	15.00	3.00	10.28	2.06	4.72	0.94		
2-1378	开关盒安装	10个	0.20	15.00	3.00	10.28	2.06	4.72	0.94		
2-1389	普通软线吊灯安装	10套	0.20	92.29	18.46	20.13	4.03	72.16	14.43		
2-1637	单联单控暗开关安装	10套	0.20	20.15	4.03	18.20	3.64	1.95	0.39		
2-1668	单相三孔暗插座安装	10套	0.20	24.63	4.93	19.48	3.90	5.15	1.03		
2-1377	接线盒安装	10个	0.60	19.82	11.89	9.63	5.78	10.19	6.11		
合　计				192.10		112.16		79.94			

注：本表中未计主材价。

三、编制工程量清单

依据工程量清单计价规范的规定，编制本工程的分部分项工程量清单表，见表 4-48。

分部分项工程量清单表 **表 4-48**

工程名称：某照明工程　　　　标段：　　　　第　页 共　页

序号	项目编码	项目名称	项目特征描述	计量单位	工程数量
1	030404017001	配电箱	1. 名称:照明配电箱 2. 型号:XRM 3. 规格:250×120 4. 安装方式:暗装 底边距地 1.5m	台	1
2	030411001001	配管	1. 名称:穿线管 2. 材质:PVC 3. 规格:DN15 4. 配置形式:暗装	m	12.98
3	030411001002	配管	1. 名称:穿线管 2. 材质:PVC 3. 规格: DN20 4. 配置形式:暗装	m	7.40
4	030411004001	配线	1. 名称:铜芯塑料绝缘线 2. 配线形式:照明线路穿管 3. 型号:BV 4. 规格:2.5mm^2 5. 材质:铜芯	m	31.65
5	030411004002	配线	1. 名称:铜芯塑料绝缘线 2. 配线形式:照明线路穿管 3. 型号:BV 4. 规格:4mm^2 5. 材质:铜芯	m	23.31
6	030412001001	普通灯具	1. 名称:软线吊灯 2. 型号:8602 3. 规格:25W 4. 类型:悬挂安装	套	2
7	030404034001	照明开关	1. 名称:单相单控双联暗开关 2. 材质:塑料 3. 规格: 250V/10A,86 型 4. 安装方式:暗装	个	2
8	030404035001	插座	1. 名称:单相三级暗插座 2. 材质:塑料 3. 规格: 250V/10A,86 型三级 4. 安装方式:暗装	个	2
9	030411006001	接线盒	1. 名称:接线盒 2. 材质:塑料 3. 规格: 250V/10A,86 型三级 4. 安装方式:暗装	个	6
10	030411006002	开关底盒	1. 名称:开关底盒 2. 材质:塑料 3. 规格: 250V/10A,86 型三级 4. 安装方式:暗装	个	2
11	030411006003	插座底盒	1. 名称:插座底盒 2. 材质:塑料 3. 规格: 250V/10A,86 型三级 4. 安装方式:暗装	个	2

4.5.2 建筑电气工程综合实例二

图 4-16 为某锅炉房动力配电工程图，设计说明如下：

（1）循环泵、炉排风机、液位计等处管线管口高出地坪 0.5m，鼓风机、引风机电机处管口高出地坪 2m，所有电机和液位计处的预留线均为 1.0m，管路旁括号内数据为该管的水平长度（单位：m）。

（2）动力配电香为暗装，底边距地面 1.4m，箱体尺寸为：400mm(宽)×300mm(高)×200mm(厚)。

（3）电源进户线不计算。(注：本题为 2001 年全国造价工程师考试案例分析考试真题)

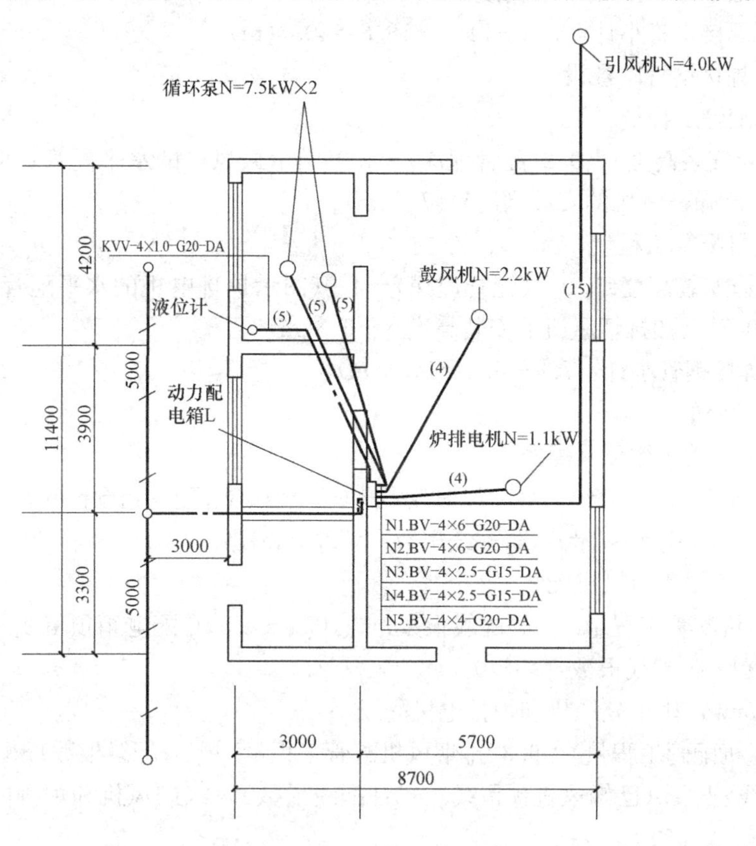

图 4-16　某锅炉房动力配电工程图

问题：（1）计算该工程的工程量；（2）套全国统一安装工程预算定额及地区基价；（3）编制工程量清单。

解：一、工程量计算

1. 统计配电箱数量

从图中可见该系统，安装动力配电箱一台。

2. 计算配管、配线工程量

（1）配管工程量

① *DN*20 焊接钢管暗敷设

a. 液位计配管工程量

1.4(配电箱安装高度)＋0.2(配管埋深)＋5.0(图示液位计的水平配管长度)＋0.2(配管埋深)＋0.5(已知液位计的安装高度)＝7.3(m)

b. 循环泵配管工程量

[1.4(配电箱安装高度)+0.2(配管埋深)+5.0(图示液位计的水平配管长度)+0.2(配管埋深)+0.5(已知循环泵的安装高度)] ×2(循环泵数量)=14.6(m)

c. 引风机配管工程量

1.4(配电箱安装高度)+0.2(配管埋深)+15.0(图示引风机的水平配管长度)+0.2(配管埋深)+2.0(已知引风机的安装高度) =18.8(m)

d. *DN*20 焊接钢管小计：7.3+14.6+18.8=40.7(m)

② *DN*15 焊接钢管暗敷设

a. 鼓风机配管工程量

1.4(配电箱安装高度)+0.2(配管埋深)+4.0(图示鼓风机的水平配管长度)+0.2(配管埋深)+2.0(已知鼓风机的安装高度)=7.8(m)

b. 炉排电机配管工程量

1.4(配电箱安装高度)+0.2(配管埋深)+4.0(图示炉排电机的水平配管长度)+0.2(配管埋深)+0.5(已知排烟风机的安装高度) =6.3(m)

c. *DN*15 焊接钢管小计：7.8+6.3=14.1(m)

(2) 配线工程量

① BV-6mm^2 用于循环泵配线

14.6(循环泵配管工程量)×4(配线根数)+[(0.4+0.3)(配电箱预留线)+1.0(已知循环泵预留线)]×2(循环泵数量)×4(配线根数)=72.0(m)

② BV-4mm^2 用于引风机配线

18.8(引风机配管工程量) ×4(配线根数)+[(0.4+0.3)(配电箱预留线)+1.0(已知引风机预留线)]×4(配线根数)=82.0(m)

③ BV-2.5mm^2 用于鼓风机和炉排电机配线

[7.8(鼓风机配管工程量)+6.3(排烟风机配管工程量)]×4(配线根数)+[(0.4+0.3)(配电箱预留线)+1.0(已知风机预留线)]×4(配线根数)×2(鼓风机和炉排电机数量)=70.0(m)

(3) 电缆 KVV×1 用于液位计

[7.3(液位计配管工程量)+1.0(已知液位计预留线)+2.0(电缆敷设预留长度)] ×(1+2.5%)(电缆敷设弛度)=10.56(m)

二、套定额及地区基价

将以上工程量，套入全国统一安装工程预算定额第二册及甘肃省兰州市地区基价，具本结果见表 4-49 工程预算表。

某电气安装工程预算表 **表 4-49**

定额编号	工程(项目)名称	工程量		价值(元)		其中(元)					
		定额单位	数量	基价	合价	人工费		材料费		机械费	
						单价	金额	单价	金额	单价	金额
2-263	配电箱安装 400×300	台	1.00	72.58	72.58	32.12	32.12	40.46	40.46		

续表

定额编号	工程(项目)名称	工程量		价值(元)		其中(元)					
		定额单位	数量	基价	合价	人工费		材料费		机械费	
						单价	金额	单价	金额	单价	金额
2-672	KVV4×1 电缆敷设	100m	0.11	154.09	16.27	85.07	8.98	69.02	7.29		
2-1008	焊接钢管 *DN*15 暗敷设	100m	0.14	236.63	33.36	144.52	20.38	92.11	12.99	24.8	
2-1009	焊接钢管 *DN*20 暗敷设	100m	0.41	259.23	105.51	154.15	62.74	105.08	42.77	24.8	
2-1172	管内穿线 BV-2.5mm^2	100m	0.70	41.16	28.81	21.41	14.99	19.75	13.83		
2-1173	管内穿线 BV-4mm^2	100m	0.82	34.40	28.21	14.99	12.29	19.41	15.92		
2-1174	管内穿线 BV-6mm^2	100m	0.72	0.00	0.00		0.00		0.00		
合计				284.74		151.50		133.24			

注：本预算表中未计主材价。

三、编制工程量清单

分部分项工程量清单表 **表 4-50**

工程名称：某照明工程　　标段：　　第　页　共　页

序号	项目编码	项目名称	项目特征描述	计量单位	工程数量
1	030404017001	配电箱	1. 名称:动力配电箱 2. 型号:L 3. 规格:400×300 4. 安装方式:暗装 底边距地 1.4m	台	1
2	030408001001	电缆敷设	1. 名称:聚氯乙烯护套铜芯控制电缆 2. 型号:KVV4×1 3. 材质:铜芯 4. 敷设方式、部位:室内 6. 电压等级(kV):1	m	10.56
3	030411001001	配管	1. 名称:穿线管 2. 材质:焊接钢管 3. 规格:DN15 4. 配置形式:暗装	m	14.10
4	030411001002	配管	1. 名称:穿线管 2. 材质:焊接钢管 3. 规格:DN20 4. 配置形式:暗装	m	40.70
5	030411004001	配线	1. 名称:铜芯塑料绝缘线 2. 配线形式:动力线路穿管 3. 型号:BV 4. 规格:2.5mm^2 5. 材质:铜芯	m	70.00

续表

序号	项目编码	项目名称	项目特征描述	计量单位	工程数量
6	030411004002	配线	1. 名称:铜芯塑料绝缘线 2. 配线形式:动力线路穿管 3. 型号:BV 4. 规格:4mm^2 5. 材质:铜芯	m	82.00
7	030411004003	配线	1. 名称:铜芯塑料绝缘线 2. 配线形式:动力线路穿管 3. 型号:BV 4. 规格:6mm^2 5. 材质:铜芯	m	72.00

4.5.3 建筑电气工程综合实例三

某工程资料如图4-17所示为某办公楼一层插座平面图，该建筑物为砖、混凝土结构。该工程的相关定额、主材单价及损耗率见下表：

定额编号	项目名称	定额单位	安装基价(元)			主材	
			人工费	材料费	机械费	单价	损耗率(%)
4-2-76	照明配电箱 嵌入式安装 半周长≤1.0m	台	102.30	10.60	0	900.00元/台	
4-2-76	插座箱 嵌入式安装 半周长≤1.0m	台	102.30	10.60	0	500.00元/台	
4-12-34	砖、混凝土结构暗配 钢管 *DN*15	10m	46.80	9.92	3.57	5.00元/m	3
4-12-35	砖、混凝土结构暗配 钢管 *DN*20	10m	46.80	17.36	3.65	6.50元/m	3
4-13-5	管内穿照明线 BV2.5mm^2	10m	8.10	2.70	0	3.00元/m	16
4-13-6	管内穿照明线 BV4mm^2	10m	5.40	3.00	0	4.20元/m	10
4-13-178	暗装插座盒 86H50型	个	3.30	0.96	0	3.00元/个	2
4-13-178	暗装地坪插座盒 100H60型	个	3.30	0.96	0	10.00元/个	2
4-14-401	单相带接地暗插座 10A	套	6.80	1.85	0	12.00元/套	2
4-14-401	单相带接地地坪暗插座 10A	套	6.80	1.85	0	90.00元/套	2

该工程的人工费单价（综合普工、一般技工和高级技工）为100元/工日，管理费和利润分别按人工费的30%和10%计算，相关分部分项工程量清单项目编码及项目名称见下表：

项目编码	项目名称	项目编码	项目名称
030404017	配电箱	030411001	配管
030404018	插座箱	030411004	配线
030404031	小电器	030411005	接线箱
030404035	插座	030411006	接线盒
030404036	其他电器		

问题：

(1) 按照背景资料和图4-17所示内容，根据《建设工程量清单计价规范》GB

50500—2013 和《通用安装工程工程量计算规范》GB 50856—2013 的规定，计算各分部分项工程量，并将配管（*DN*15，*DN*20）和配线（BV2.5mm^2，BV4mm^2）的工程量计算式与结果填写在答题卡指定位置；计算各分部分项工程的综合单价与合价，编制完成分部分项工程和单价措施项目清单与计价表 4-51。

（2）设定该工程“管内穿线 BV2.5mm^{2}的清单工程量为 300m，其余条件均不变，根据背景材料中的相关数据，编制完成表 4-52 综合单价分析表。（计算结果保留两位小数）

（注：本题为 2016 年全国造价工程师案例分析考试真题）

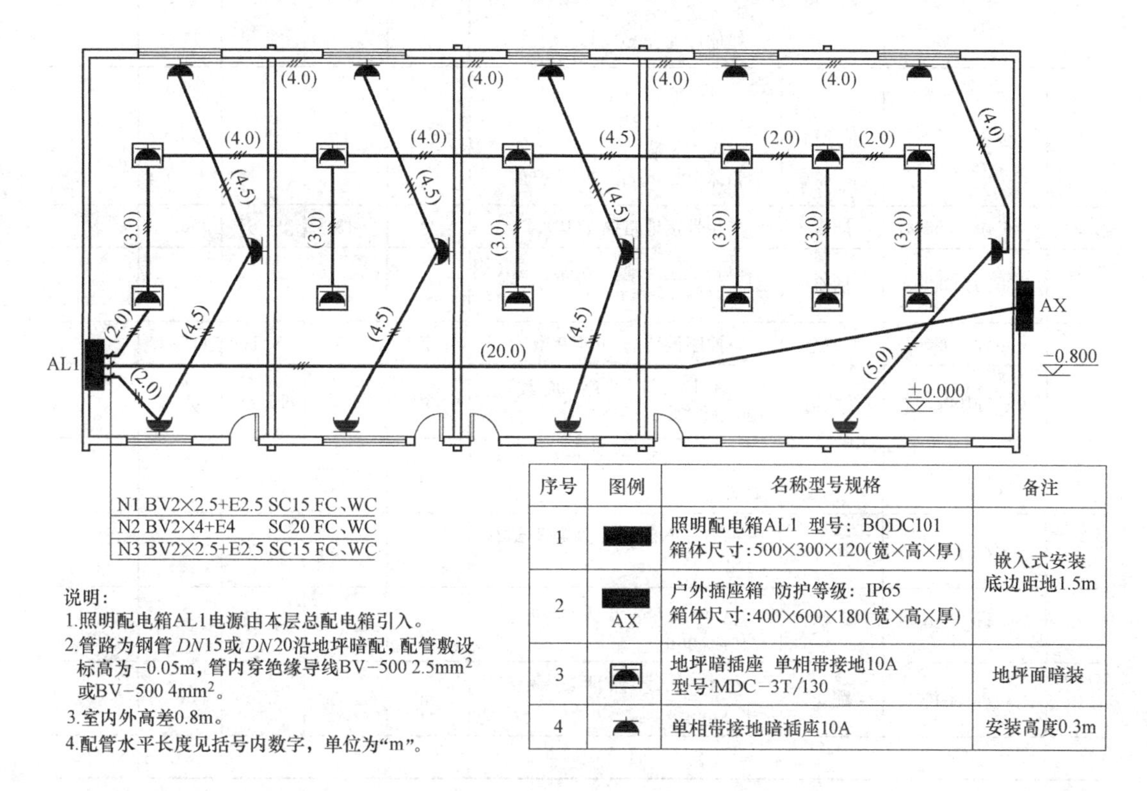

序号	图例	名称型号规格	备注
1		照明配电箱AL1 型号：BQDC101 箱体尺寸：500×300×120(宽×高×厚)	嵌入式安装 底边距地1.5m
2	AX	户外插座箱 防护等级：IP65 箱体尺寸：400×600×180(宽×高×厚)	
3		地坪暗插座 单相带接地10A 型号:MDC-3T/130	地坪面暗装
4		单相带接地暗插座10A	安装高度0.3m

图 4-17 办公楼一层插座平面图

解：

问题 1：

（1）钢管 *DN*15 暗配工程量计算：

N_1：1.5＋0.05＋2.0＋(3.0×6)＋4.0＋4.0＋4.5＋2.0＋2.0＝38.05(m)

N_3：1.5＋0.05＋2.0＋(4.5×6)＋(4.0×5)＋5.0＋(0.05＋0.3)×25＝64.30(m)

合计：38.05＋64.30＝102.35(m)

（2）钢管 *DN*20 暗配工程量计算：

N_2：1.5＋0.05＋20.0＋(1.5－0.8＋0.05)＝22.30(m)

（3）管内穿线 BV2.5mm^2 工程量计算：

102.35×3＋(0.5＋0.3)×6＝307.05＋4.8＝311.85(m)

（4）管内穿线 BV4mm^2 工程量计算：

(22.30＋0.5＋0.3＋0.4＋0.6)×3＝72.30(m)

分部分项工程和单价措施项目清单与计价表　　　　　　　表 4-51

工程名称：办公楼　　　　　　　标段：一层插座

序号	项目编码	项目名称	项目特征描述	计量单位	工程量	金额(元)		
						综合单价	合价	其中：暂估价
1	030404017001	配电箱	照明配电箱 AL1 型号：BQDC101 嵌入式安装 箱体尺寸：500×300×120	台	1	1053.82	1053.82	
2	030404018001	插座箱	户外插座箱 AX 防护等级：IP65 嵌入式安装 箱体尺寸：400×600×180	台	1	653.82	653.82	
3	030404035001	插座	单相带接地暗插座 10A	套	13	23.61	306.93	
4	030404035002	插座	单相带接地地坪暗插座 10A 型号：MDC-3T/130	套	12	103.17	1238.04	
5	030411006001	接线盒	暗插座接线盒 86H50 型	个	13	8.64	112.32	
6	030411006002	接线盒	地坪暗插座接线盒 100H60 型	个	12	15.78	189.36	
7	030411001001	配管	钢管 *DN*15 砖、混凝土结构暗配	m	102.35	13.05	1335.67	
8	030411001002	配管	钢管 *DN*20 砖、混凝土结构暗配	m	22.30	15.35	342.31	
9	030411004001	配线	管内穿线 照明线路 BV-500 2.5mm^2	m	311.85	4.88	1521.83	
10	030411004002	配线	管内穿线 照明线路 BV-500 4mm^2	m	72.30	5.68	410.66	
合　计							7164.76	

问题 2：

综合单价分析表　　　　　　　表 4-52

工程名称：办公楼　　标段：一层插座

项目编码	030411004001	项目名称	配线	计量单位	m	工程量	300

清单综合单价组成明细

定额编号	定额项目名称	定额单位	数量	单价				合价			
				人工费	材料费	机械费	管理费和利润	人工费	材料费	机械费	管理费和利润
4-13-5	管内穿照明线 2.5mm^2	10m	0.10	8.10	2.70	0	3.24	0.81	0.27	0	0.32
人工单价		小　计						0.81	0.27	0	0.32
100 元/工日		未计价材料费						3.48			
清单项目综合单价								4.88			

续表

材料费明细	主要材料名称、规格、型号	单位	数量	单价（元）	合价（元）	暂估单价（元）	暂估合价（元）
	绝缘导线 BV-500 2.5mm²	m	1.16	3.00	3.48		
	其他材料费			—	0.27	—	
	材料费小计			—	3.75	—	

练　习　题

1. 某照明工程如图 4-18 所示，试计算其工程量。

该工程层高 3.3m，配电箱板面尺寸为 250mm×120mm，插座安装高度为 0.3m，开关、配电箱安装高度均为 1.5m，照明回路线为 BV-2.5mm² 线穿 PVC15 配管，插座回路线 BV-3×4 mm² 线，穿 PVC20 配管，沿墙面和天棚暗敷。

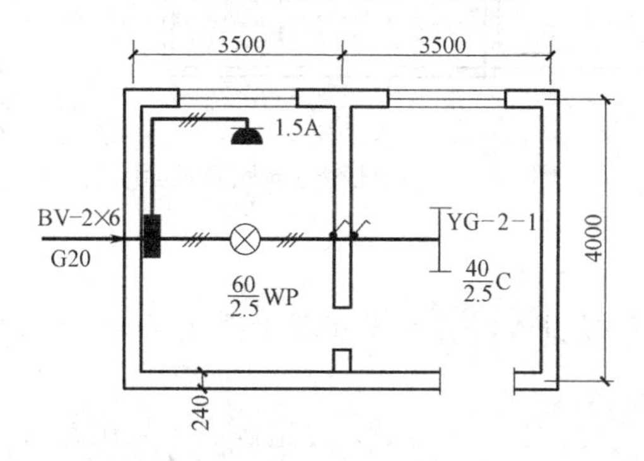

图 4-18　某照明工程

2. 某照明工程如图 4-19 所示，试计算其工程量。

该照明工程，从 8 轴线算起。层高 4m，吊顶高 3.2m；照明回路线为 BV-2.5mm² 线穿 PVC15 配管，插座回路线 BV-3×4mm² 线，穿 PVC20 配管；晶片组合吸顶灯一套，双方筒乳白壁灯两套，高 2m；插座安装高度为 0.3m，开关安装高度为 1.5m，从天棚处接引入线。

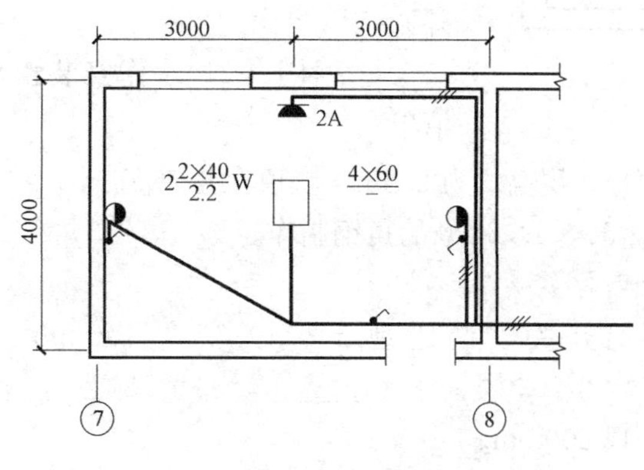

图 4-19　某照明工程

3. 据图 4-20 计算工程量，并编制工程量清单。

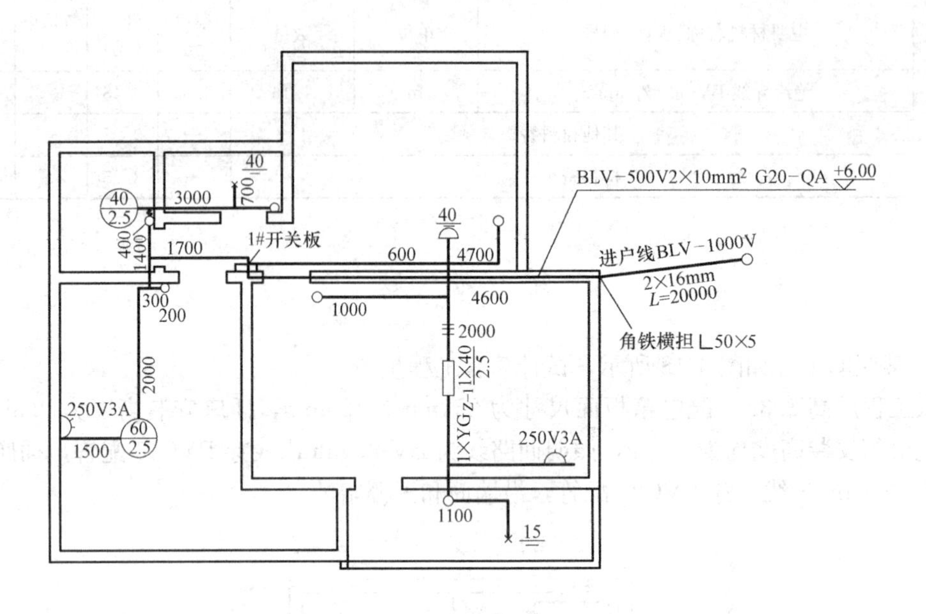

图 4-20　三层住宅电器照明平面图

说明：

(1) 电源由室外架空线引入，引入线在墙上距地 6m 处装设角钢支持架（两端埋设式）。

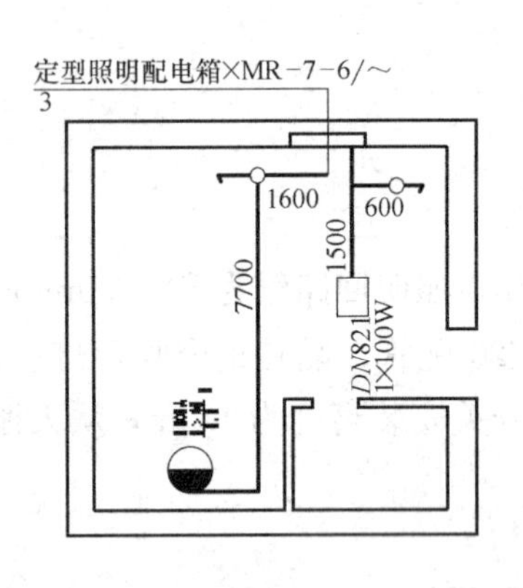

图 4-21

(2) 除电源引入采用穿管暗配外，其余一律采用木槽板明配，用 BLV-500V-2.5mm² 导线配线。

(3) 拉线开关一律距顶板 0.3m，插座距地 0.3m，开关板距地 1.5m。

(4) 房屋层高为 2.8m，共 3 层，本图为第三层电器照明安装，本例题工程量，只计算第三层的灯具、导线等。为了清楚起见，门窗都未画出，尺寸注明在图上，一律用 mm 为单位（除标高外）。

4. 据图 4-21 计算安装工程量，并编制工程量清单。

已知该工程为三层楼，层高均为 2.8m，屋顶女儿墙高 1m，室内外高差 0.3m，接地极埋深 1m，接地板用∠50×5×2500 的角钢制作。

说明：

(1) 配电箱、板把开关安装距地 1.5m，箱高 400mm，宽 500mm，房屋层高 2.8m。

(2) 壁灯安装高距顶 200mm。

5. 某别墅局部照明系统回路如图 4-22 所示。

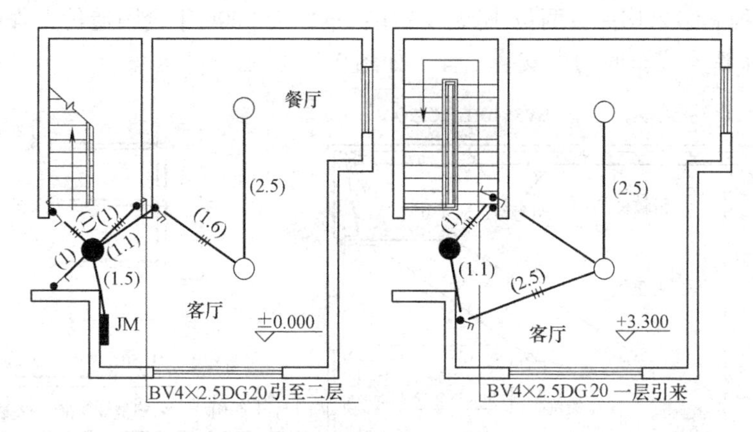

图 4-22　某别墅局部照明工程图

表 4-53 的数据为该照明工程的相关费用：

照明工程的相关费用　　　　**表 4-53**

序号	项目名称	计量单位	安装费(元)			主　材	
			人工费	材料费	机械使用费	单价(元)	损耗率(%)
1	镀锌钢管间配 *DN*20	m	1.28	0.32	0.18	3.50	3
2	照明线路管内穿线 BV2.5mm^2	m	0.23	0.18	0	1.50	16
3	暗装接线盒	个	1.05	2.15	0	3.00	2
4	暗装开关盒	个	1.12	1.00	0	3.00	2

管理费和利润分别按人工费的 65%和 35%计。分部分项工程量清单的统一编码如表 4-54 所示：

问题

(1) 根据图示内容和《建设工程工程量清单计价规范》的规定，计算相关工程量和编制分部分项工程量清单。将配管和配线的计算式填入答题纸上的相应位置，并填写答题纸表“分部分项工程量清单表”。

分部分项工程量清单的编码　　　　**表 4-54**

项目编码	项目名称	项目编码	项目名称
030411001	电气配管	030404031	小电器
030411004	电气配线	030413003	装饰灯
030404017	配电箱	030413001	普通吸顶灯及其他灯具
030404019	控制开关	030404017	控制箱

(2) 假设镀锌钢管 *DN*20 暗配和管内穿绝缘导线 BV2.5mm^2 清单工程量分别为 30m 和 80m，依据上述相关费用数据计算以上两个项目的综合单价，并分别填写答题纸表和“分部分项工程量清单综合单价计算表”。

(3) 依据问题 2 中计算所得的数据进行综合单价分析，将电气配管（镀锌钢管 *DN*20 暗配）和电气配线（管内穿绝缘导线 BV2.5mm^2）两个项目的综合单价及其组成计算后填写答题纸“分部分项工程量清单综合单价分析表”。

（计算过程和结果均保留两位小数。）（注：本题为 2006 年全国造价工程师考试真题）

6. 某化工厂合成车间动力安装工程，如图 4-23 所示。

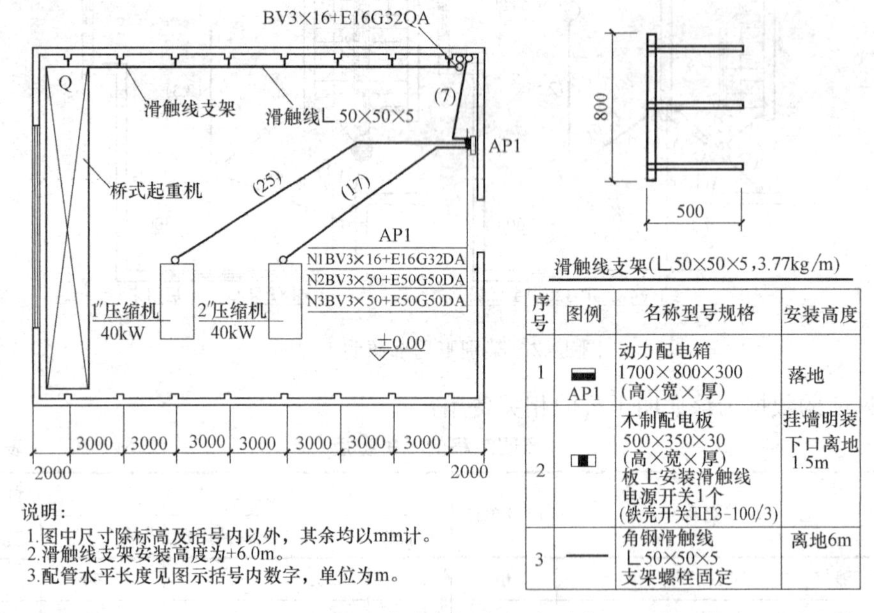

图 4-23　合成车间动力平面图

已知条件如下：

（1）AP1 为定型动力配电箱，电源由室外电缆引入，基础型钢采用 10 号槽钢（单位重量为 10kg/m）。

（2）所有埋地管标高均为－0.2m，其至 AP1 动力配电箱出口处的管口高出地坪 0.1m。设备基础顶标高为＋0.5m，埋地管管口高出基础顶面 0.1m，导线出管口后的预留长度为 1m，并安装 1 根同口径 0.8m 长的金属软管。

（3）木制配电板引至滑触线的管、线与其电源管、线相同，其至滑触线处管口标高为＋6m，导线出管口后的预留长度为 1m。

（4）滑触线支架采用螺栓固定，两端设置信号灯。滑触线伸出两端支架的长度为 1m。

（5）表中数据为计算该动力工程的相关费用：

项　目　名　称	计量单位	安装费(元)			主材	
		人工费	辅材费	机械使用费	单价(元)	损耗率(%)
管内穿线动力线路 BV16mm^2	m	0.64	0.76	0	5.80	5

管理费和利润分别按人工费的 55％和 45％计。

（6）分部分项工程量清单的统一编码为：

项目编码	项目名称	项目编码	项目名称
030407001	滑触线	030411001	电气配管
030404017	配电箱	030411004	电气配线
030404019	控制开关	030406006	电机检查接线与调试 低压交流异步电动机

问题：

（1）根据图示内容和《建设工程工程量清单计价规范》的规定，计算相关工程量和编制分部分项工程量清单。将配管、配线和滑触线的计算式填入答题纸上的相应位置，并填写答题纸的“分部分项工程量清单”。

（2）假设管内穿线 $BV16mm^2$ 的清单工程量为 60m，依据上述相关费用计算该项目的综合单价，并填入答题纸“分部分项工程量清单综合单价计算表”。

（计算过程和结果均保留两位小数）（注：本题为 2008 年全国造价工程师考试真题）

7. 电气和自动化控制工程的工程背景资料如下：

（1）图 4-24 所示为某汽车库动力配电平面图，动力配电工程的相关定额见下表（本题不考虑焊压铜接线端子工作内容）：

定额编号	项目名称	定额定位	安装基价(元)			主　材	
			人工费	材料费	机械费	单价	损耗率(%)
2-263	成套动力配电箱嵌入式安装(半周长 0.5m 以内)	台	135.00	63.66	0	2000 元/台	
2-264	成套动力配电箱嵌入式安装(半周长 1.0m 以内)	台	162.00	68.78	0	5000 元/台	
2-265	成套动力配电箱嵌入式安装(半周长 1.5m 以内)	台	207.00	73.68	0	8000 元/台	
2-266	成套动力配电箱嵌入式安装(半周长 2.5m 以内)	台	252.00	62.50	7.14	11000 元/台	
2-263	成套动力配电箱嵌入式安装(半周长 0.5m 以内)	台	135.00	63.66	0	1500 元/台	
2-438	小型交流异步电机检查接线(功率 3kW 以下)	台	120.60	39.24	14.62		
2-439	小型交流异步电机检查接线(功率 13kW 以下)	台	230.40	66.98	16.76		
2-440	小型交流异步电机检查接线(功率 30kW 以下)	台	360.90	88.22	22.44		
2-1010	钢管 Φ25 沿砖、混凝土结构暗配	100m	785.70	144.94	41.50	9.30 元/m	3
2-1020	钢管 Φ40 沿砖、混凝土结构暗配	100m	1341.60	248.40	59.36	12.80 元/m	3
2-1198	管内穿线 动力线路 $BV2.5m^2$	100m	63.00	34.86	0	1.40 元/m	5
2-1203	管内穿线 动力线路 $BV25mm^2$	100m	123.30	57.44	0	14.60 元/m	5

（2）该工程的管理费和利润分别按人工费的 30％和 10％计算。

（3）相关分部分项工程量清单项目统一编码见下表：

项目编码	项目名称	项目编码	项目名称
030404017	配电箱	030411001	配管
030404018	插座箱	030411004	配线
030406006	低压交流异步电动机		

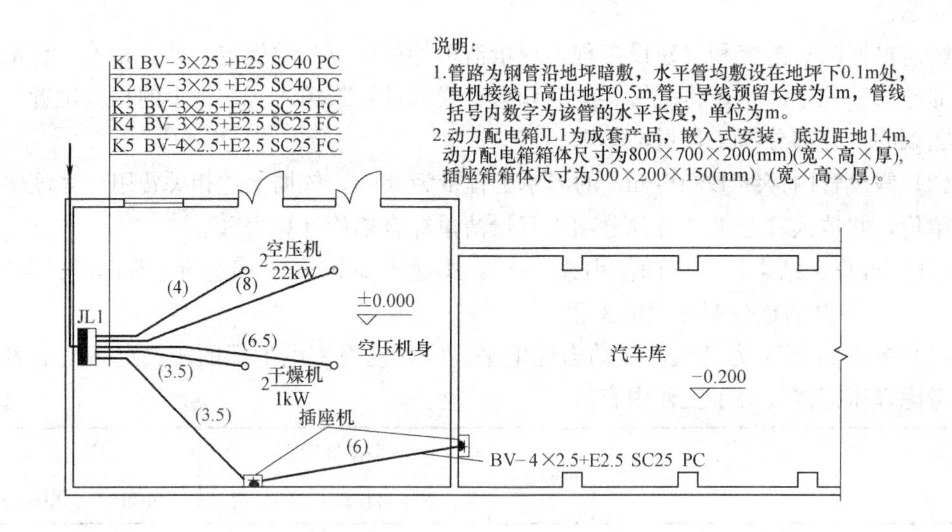

图 4-24　汽车库及其电力配电平面图

问题：

（1）按照背景资料和图 4-24 所示，根据《建设工程工程量清单计价规范》GB 50500—2013 和《通用安装工程工程量计算规范》GB 50856—2013 的规定，分别列式计算管、线工程量（不计算进线电缆部分），将计算式与结果填入分部分项工程和单价措施项目清单与计价综合单价分析表。

（2）本工程在编制招标控制价时的数据设定如下：分部分项工程量清单费用为 200 万元，其中人工费为 34 万元，发包人提供材料为 20 万元，总价项目措施费为 8 万元，单价项目措施费为 6 万元，暂列金额为 12 万元，材料暂估价为 18 万元，发包人发包专业工程暂估价为 13 万元，计日工为 15 万元，总承包服务费率（发包人发包专业工程）按 3%计，总承包服务费率（发包人提供材料）按 1%计，规费、税金为 15 万元。

请根据上述给定的数据，在其他项目清单与计价汇总表中计算并填写其他项目中各项费用的金额；在单位工程招标控制价汇总表中计算并填写本工程招标控制价中各项费用的金额。（注：本题为 2014 年全国造价工程师考试案例分析真题）

8.（1）图 4-25 所示为某综合楼底层会议室的照明平面图，照明工程的相关定额见下表：

定额编号	项目名称	定额定位	安装基价(元)			未计价主材	
			人工费	材料费	机械费	单价	损耗率(%)
2-263	成套配电箱嵌入式安装(半周长 0.5m 以内)	台	119.98	79.58	0	250.00 元/台	
2-264	成套配电箱嵌入式安装(半周长 1m 以内)	台	144.00	85.98	0	300.00 元/台	
2-1596	格荧光灯盘 XD-512-Y20-3 吸顶安装	10 套	243.97	53.28	0	120.00 元/套	1
2-1594	单管荧光灯 YG2-1 吸顶安装	10 套	173.59	53.28	0	70.00 元/套	1

续表

定额编号	项目名称	定额定位	安装基价(元)			未计价主材	
			人工费	材料费	机械费	单价	损耗率(%)
2-1384	半圆球吸顶灯 JXD2-1 安装	10 套	179.69	299.60	0	50.00 元/套	1
2-1637	单联单控暗开关安装	10 个	68.00	11.18	0	12.00 元/个	2
2-1638	双联单控暗开关安装	10 个	71.21	15.45	0	15.00 元/个	2
2-1639	三联单控暗开关安装	10 个	74.38	19.70	0	18.00 元/个	2
2-1377	暗装接线盒	10 个	36.00	53.85	0	2.70 元/个	2
2-1378	暗装开关盒	10 个	38.41	24.93	0	2.30 元/个	2
2-982	镀锌电线管 φ20 沿砖混凝土结构暗配	100m	471.96	82.65	35.68	6.00 元/m	3
2-983	镀锌电线管 φ25 沿砖混凝土结构暗配	100m	679.94	144.68	36.50	8.00 元/m	3
2-1172	量内穿线 BV-2.5mm^2	100m	79.99	44.53	0	2.20 元/m	16

（2）该工程的人工费单位为 80 元/工日，管理费和利润分别按人工费的 50%和 30%计算。

（3）相关分部分项工程量清单项目统一编码见下表：

项目编码	项目名称	项目编码	项目名称
030404017	配电箱	030404034	照明开关
030412001	普通灯具	030404036	其他电器
030412004	装饰灯	030411005	接线盒
030412005	荧光灯	030411006	接线盒
030404009	控制开关	030411001	配管
030404031	小电器	030411004	配线

问题：

（1）按照背景资料和图 4-25 所示内容，根据《建设工程工程量清单计价规范》GB 50856—2013 和《通用安装工程工程量计算规范》GB 50856—2013 的规定，分别列式计算管、线工程量，将计算结果填入答题纸上，并编制该工程的“分部分项工程和单价措施项目清单与计价表”。

（2）设定该工程镀锌电线管 ϕ20 暗配的清单工程量为 70m，其余条件均不变，要求上述相关定额计算镀锌电线管 ϕ20 暗配项目的综合单价，并填入“综合单价分析表”中。(保留两位小数)（注：本题为 2013 年全国造价工程师考试案例分析真题）

说明：

1. 照明配电箱 AZM 电源由本层总配电箱引来。

2. 管路为镀锌电线管 ϕ20 或 ϕ25 沿墙、楼板暗配，顶管敷设标高除雨篷为 4m 外，其余均为 5m，管内穿绝缘导线 BV-500 2.5mm^2。管内穿线管径选择：3 根线选用 ϕ20 镀锌电线管；4～5 根线选用 ϕ25 镀锌电线管。所有管路内均带一根专用接地线（PE 线）。

3. 配管水平长度见图 4-25，括号内数字单位为 m。

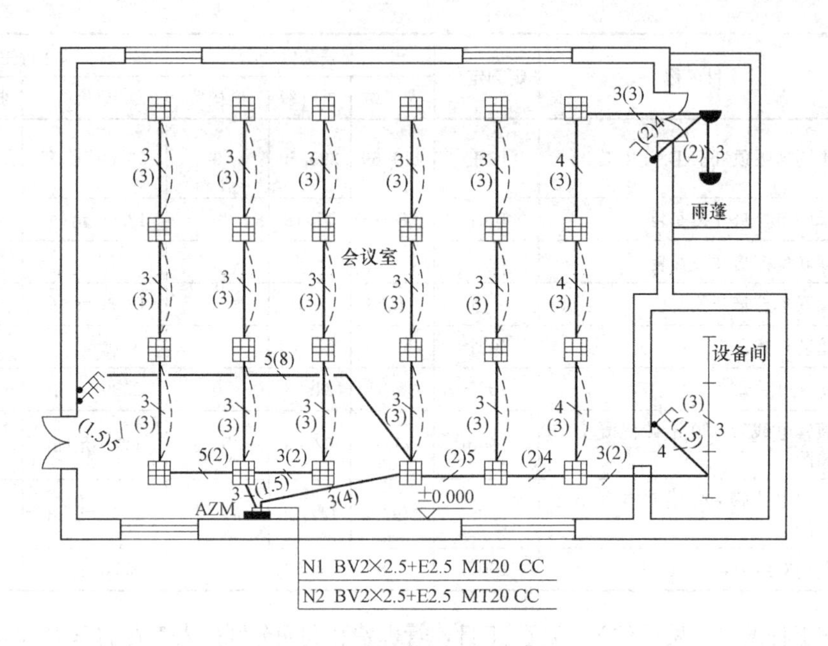

图 4-25　底层会议室照明平面图

图例及设备安装高度　　　　**表 4-55**

序号	图例	名称　型号　规格	备注
1	▬	照明配电箱 AZM 500mm×300mm×150mm 宽×高×厚	箱底高 底 1.5m
2	▦	格栅荧光灯盘 XD512-Y20×3	吸顶
3	├─┤	单管荧光灯 YG2-1　1×40W	
4	◗	半圆球吸顶灯 JXD2-1　1×18W	
5	●	双联单控暗开关 250V　10A	安装高度 1.3m
6	●	三联单控暗开关 250V　10A	

5　建筑通风空调工程计量与计价

5.1　建筑通风空调工程基本知识

5.1.1　通风系统的分类与组成

所谓通风，就是将室内污浊空气排走，而将清洁的空气送入房间内代替排走的空气，使房间的空气参数符合卫生要求，以保证人们的身体健康及产品的质量。

通常把污浊空气从空气排除，称为排风；把新鲜的空气或净化后的空气向室内补充，称为送风。为实现送风和排风，所采用的一系列设备装置的总体称为通风系统。

1. 通风系统的分类

(1) 按室内通风系统的动力不同，可分为自然通风和机械通风

① 自然通风

自然通风是依靠室内外空气温差所造成的热压，或者室外风力作用在建筑物上所形成的风压，使房间内外的空气进行交换的一种通风方式。如图 5-1（*a*）是利用穿堂风使房间通风换气的示意图。房屋的迎风面形成正压区，风从迎风面的门、窗吹入，同时在背风面形成负压，室内空气即从背风面的门、窗等压出。依靠风压的自然通风换气量的大小取决于风速。风速大，换气量就大。此外，这种通风的效果还与风向有关，当风向不利时，房间内就不能达到所要求的通风效果。

热压是当室内空气温度高于室外空气温度时，室内热空气密度小，重量轻，就会上升从建筑物上部开口（天窗等）流出，密度大的室外冷空气就会从下部门窗补充进来。图 5-1（*b*）工厂车间是利用热压进行自然通风的换气示意图。

依靠热压的自然通风换气量的大小取决于房间内外温差及进、排风口的高度差。如同烟囱的道理，温度差越大，高度差越大，抽力越大，通风换气量就越大。

实际上，自然通风大多是热压和风压同时作用的。一般来说，热压作用的变化较小，风压作用的变化较大。利用热压和风压进行换气的自然通风，对于产生大量余热的生产车间是一种经济而有效的通风降温方法。例如机械制造厂的铸造、锻工、热处理车间，冶金工厂的轧压、冶炼炉车间、各种加热炉，化工厂的烘干车间以及锅炉房等均可利用自然通风，这种方法既简单又经济。在考虑通风时，应优先考虑采用这种方法。

实际上，自然通风大多是热压和风压同时作用的。一般来说，热压作用的变化较小，风压作用的变化较大。利用热压和风压进行换气的自然通风，对于产生大量余热的生产车间是一种经济而有效的通风降温方法。例如机械制造厂的铸造、锻工、热处理车间，冶金工厂的轧压、冶炼炉车间、各种加热炉，化工厂的烘干车间以及锅炉房等均可利用自然通风，这种方法既简单又经济。在考虑通风时，应优先考虑采用这种方法。

② 机械通风

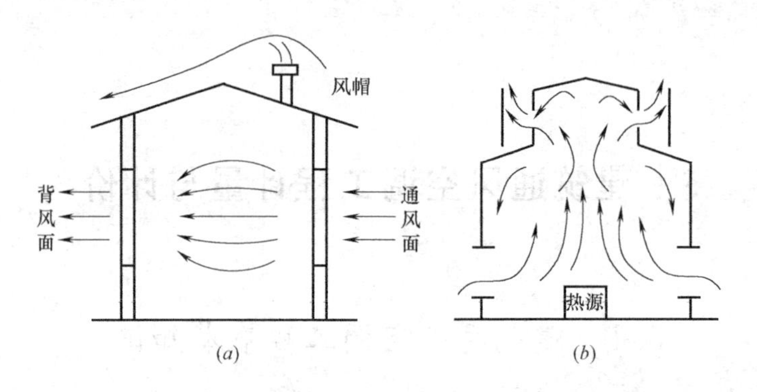

图 5-1　房间通风换气示意图

利用通风机产生的抽力或压力，并借助于通风管网进行室内外空气交换的通风方式称为机械通风。机械通风种类很多，如安装在墙洞上的轴流风机是最简单的一种机械通风。

（2）按通风系统的作用范围分，可分为全面通风和局部通风

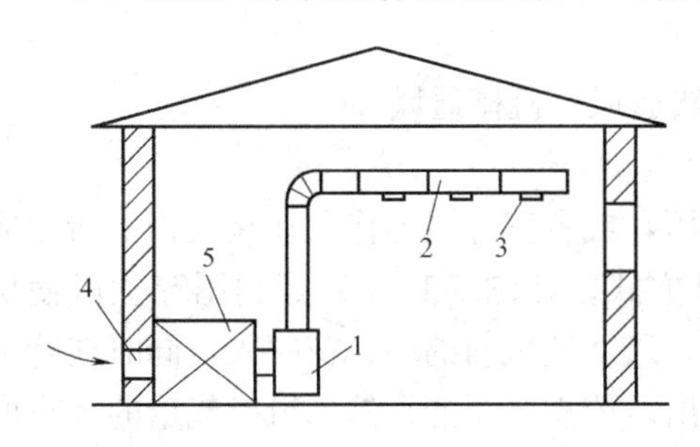

图 5-2　全面机械送风
1—通风机；2—风道；3—送风口；4—采气口；5—处理小室

① 全面通风

全面通风是在整个房间内进行空气交换。它适用于有害物产生的位置不固定，面积不大或不适用局部通风；允许有害物散入室内，但浓度不超过允许范围内等情况。全面通风可分为全面排风系统、全面送风系统和全面送排风系统。图 5-2 是全面机械送风示意图。全面机械送风系统主要由采气口、风机、风道系统、空气处理设备、送风口和阀门等组成。

图 5-3 即全面机械排风示意图。在机械动力的作用下，将含尘量大的室内空气通过引风机排出，此时室内会出现负压，一般不需进行处理的、较干净的空气从其他房间、区域或室外补入，以稀释有害物的浓度。如图 5-3（*a*）是在墙上装有轴流风机的简单的全面机械排风；图 5-3（*b*）是室内设有排风口，且含尘量大的室内空气从专设的排气装置排入大气的全面机械排风系统。

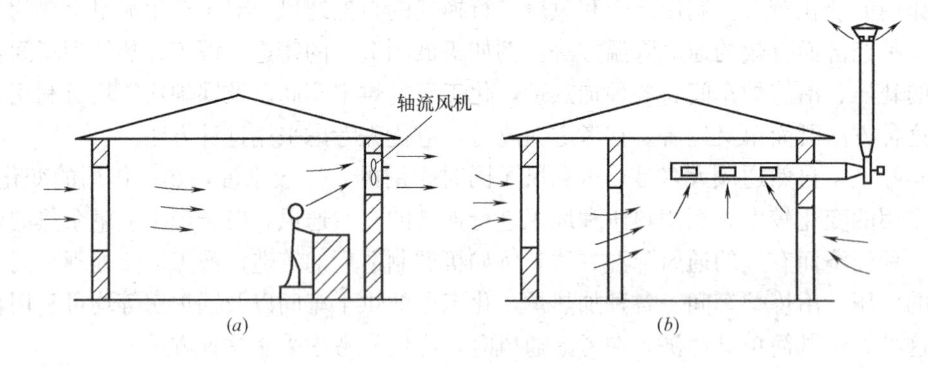

图 5-3　全面机械排风

② 局部通风

为了保证某一局部地区的空气环境、将新鲜空气直接送至该地区，或者将污浊空气、有害气体直接从产生地方收集排走，防止其扩散，这种通风系统称为局部通风系统。局部通风可分为局部送风和局部排风两种。图 5-4 是铸工车间浇注工段局部送风示意图，空气从集中式送风系统的特殊送风口送出，系统包括从室外吸取空气的采气口、风机、风道系统、空气处理设备、局部送风罩和阀门等。分散式岗位吹风装置一般采用轴流风机，适用于空气处理要求不高，工作地点不固定的地方。图 5-5 为局部排风示意图，

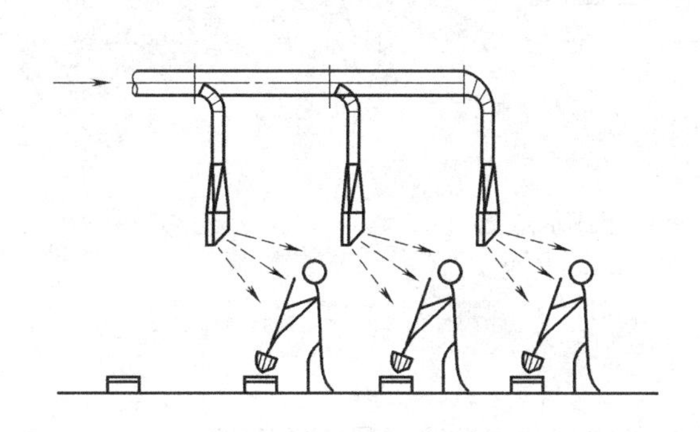

图 5-4　局部送风示意图

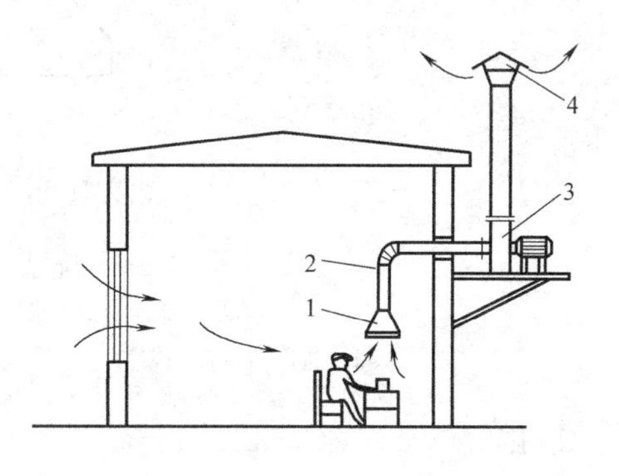

图 5-5　局部机械排风系统

1—排风帽；2—风管；3—风机；4—伞形风帽

2. 通风系统的组成

(1) 送风系统

如图 5-6 所示，送风系统一般由进气口、进风室、通风机、通风管道、调节阀、出风口等部分组成。

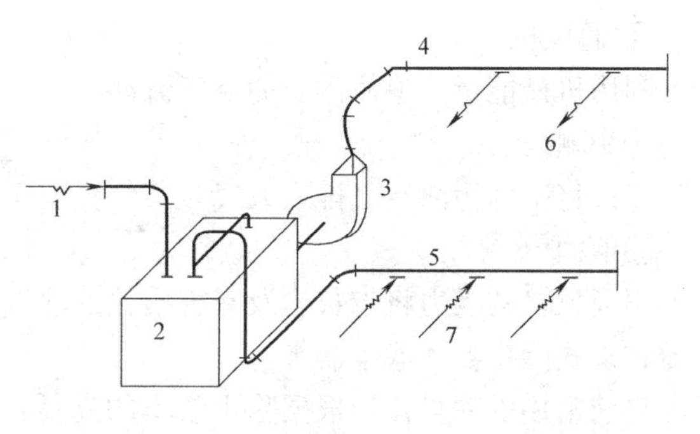

图 5-6　送风（J）系统组成示意图

1—新风口；2—空气处理室；3—通风机；4—送风管；5—回风管；6—送（出）风口；7—吸（回）风口

① 进气口

又称进风口，进风口上设百叶窗，以挡住杂物进入进气室，百叶窗上还设保温阀，以防止送风系统停止工作时，大量冷空气进入室内。

② 进风室

用砖砌或混凝土浇筑而成，进风室内装有过滤器和空气加热器，以过滤和加热送入室内的空气。

③ 通风机

通风机是迫使空气流动的机械设备，它的作用是将进入室内的经过处理的空气送入风管。

④ 送风管

用来输送空气，为了使室内空气分布均匀，在支管上可设调节阀门。

⑤ 送风口

送风口的作用是将空气分布在室内。

(2) 排风系统

如图 5-7 所示，排风系统一般由排气罩、风管、通风机、风帽组成，有除尘要求的排系统还装有除尘器。

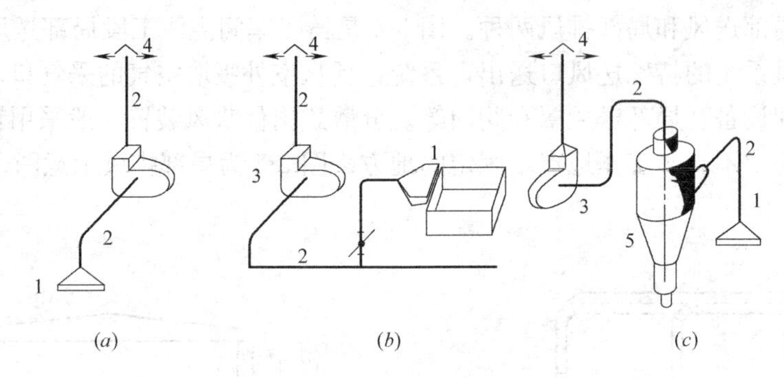

图 5-7 排风（P）系统组成示意图

（a）p 系统；（b）倒吸罩 p 系统；（c）除尘 p 系统

1—排风口（侧吸罩）；2—排风管；3—排风机；4—风帽；5—除尘器

① 排气罩

也称吸气罩、吸尘罩。它是将污浊的或含尘的空气收集并吸入风管的部件。

② 风管

和送风系统一样，也是用来输送空气的。

③ 通风机

利用机械能量，迫使污浊的空气流动。

④ 风帽

直接将室内污浊空气排入大气，其位置处于排风系统的末端。

⑤ 除尘器

用通风机的吸力将带灰尘及有害质粒的浊气吸入除尘器中，将尘粒集中排除如旋风除尘器、袋式除尘器、滤尘器等。

目前常用的除尘器，根据除尘效率的高低，可分为低效除尘器（50％～80％）、中效除尘器（80％～95％）、高效除尘器（95％以上）；根据除尘的原理不同，可分为重力沉降室除尘器、旋风除尘器、袋式除尘器、湿式除尘器和电除尘器。

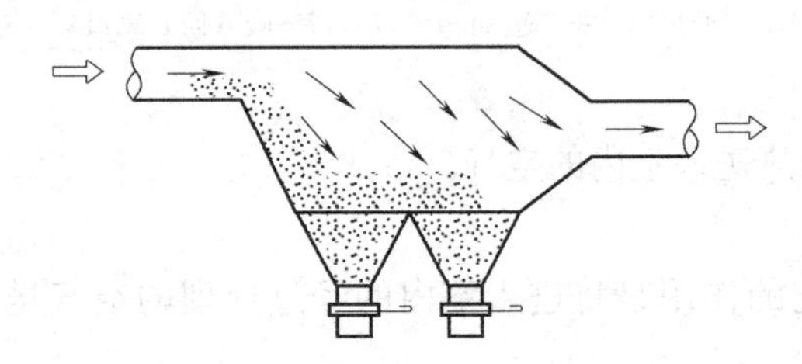

图 5-8 重力沉降室除尘器

1）重力沉降室除尘器

重力沉降室除尘器实际上是一个比通风管道断面尺寸增大了若干倍的除尘小室，结构如图 5-8。其工作原理是当含尘气流进入重力沉降室后，由于断面积突然扩大，气流流速迅速下降，尘粒在重力作用下缓慢向灰斗沉降而被收集。

重力沉降室除尘器的实质是利用重力使粉尘从空气中分离。它结构简单，造价低，是一种粗净化设备，适宜捕集大粒径（在 50μm 以上）的粉尘。在实际应用中，为了提高除尘效率，常在除尘小室内增设一些挡板。由于其占地面积大而较少使用。

2）旋风除尘器

旋风除尘器是利用含尘空气在除尘器中的螺旋运动、离心力作用，气流中的尘粒向外壁移动到达壁面，并在气流和重力的作用下沿壁面落入灰斗而达到分离的目的。

旋风除尘器结构简单，耐高温，如图 5-9。是目前应用较广泛除尘器之一。如在内壁上敷设耐磨衬，可用于净化含有高腐蚀性的粉尘的烟气，但对微细尘粒的除尘效率不高，适合净化粒径在 5～10μm 的非黏性、非纤维的干燥粉尘。如锅炉房内的烟气除尘。

3）袋式除尘器。

袋式除尘器是利用毛呢、棉布和人造纤维等做成滤袋，将滤袋按一定的排列规律设置在一个箱体内，含尘空气沿预先设计好的路线，由箱体下部进入各条滤袋中，将粉尘从空气中分离出来。这种除尘器属于干式除尘器，其效率高（可达 99%）、适应性强、处理范围大，在冶金、水泥、食品、化学、陶瓷等行业广泛使用；但受滤袋耐高温和耐腐蚀性限制，对温度过高的烟气及腐蚀性强的含尘气体的处理不能使用。结构如图 5-10。

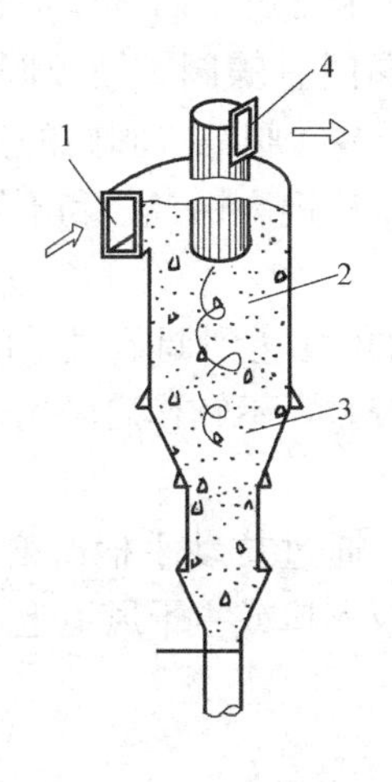

图 5-9 旋风除尘器

1—进气口；2—圆筒体；3—圆锥体；4—排气管

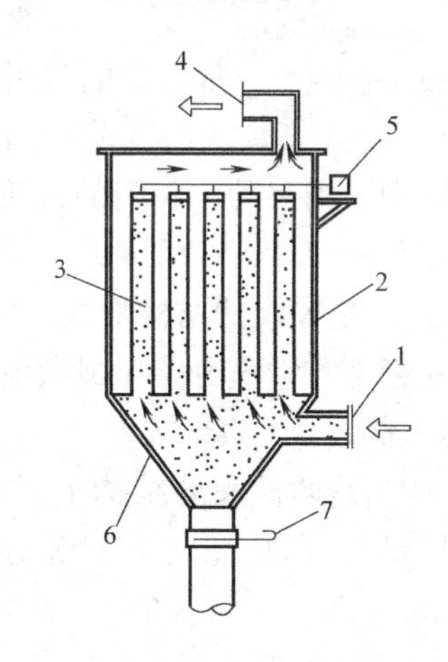

图 5-10 袋式除尘器

1—进气口；2—箱体；3—滤袋；4—净化气体出口；5—振打装置；6—灰斗；7—插板阀

4）湿式除尘器

湿式除尘器的工作原理是通过含尘气体与液滴或液膜接触使尘粒从气体中分离出来。根据液体与气体接触的程度不同可分为两种形式：

a. 整体接触式。在除尘器内装有一定量的水，高速含尘气体冲击水体形成水滴、水膜和气泡，对含尘气体进行洗涤，如卧式旋风水膜除尘器、水浴式除尘器和冲击式除尘器等。

b. 分散接触式。向除尘器内供给加压水，利用喷淋或喷雾产生水滴而对含尘气体进行洗涤，如湍球塔、填料塔、泡沫除尘器和文氏管除尘器等。

如图 5-11 是湍球塔的结构形式。当有毒气体通过筛板时，小球湍动旋转、相互碰撞，吸收用的化学药液自上而下喷淋加湿小球表面进行吸收。

湿式除尘器结构简单，造价低，占地面积小，除尘效率高，能同时进行有害气体的净化，适用于对有爆炸危险或同时含有多种有害物的气体。缺点是不能干法回收有用物料，泥浆处理困难等，不适合捕集纤维尘和水硬性粉尘。

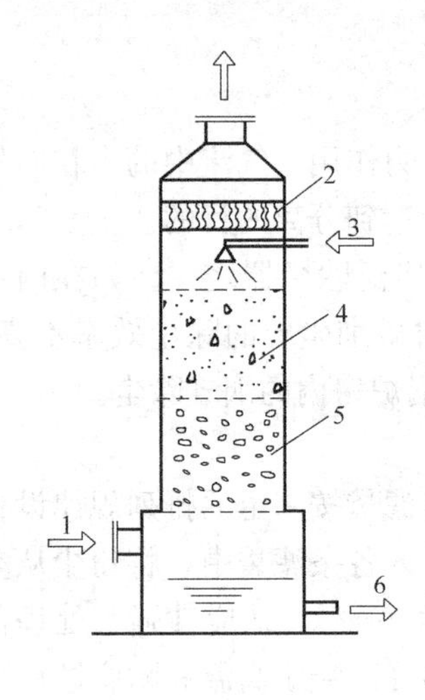

图 5-11　湍球塔

1—有害气体入口；2—液滴分离器；3—吸收药液入口；4—轻质小球；5—筛板；6—气体出口

5）电除尘器

电除尘器的工作原理是利用电场产生电力捕集气流悬浮尘粒。根据电极清灰方式的不同可分为干式电除尘器和湿式电除尘器；根据气体在除尘器内流动的方向可分为卧式和立式两种。

电除尘器的除尘效率较高，对于粒径范围在 1～2μm 的尘粒，除尘效率可达 98%～99%，且阻力小，能处理高温烟气及烟气量较大的气流，常用于冶金、化学、造纸、水泥和火力发电等工业部门，缺点是造价高，设备占地面积大。

⑥ 阀门

阀门安装在通风管道上，主要用于调节风量和控制管路的启闭。通风系统中常用的阀门有蝶阀、插板阀、止回阀、防火阀、平行式多叶阀和对开多叶阀等。阀门的传动方式有电动、气动和手动三种。阀门的材质有灰铸铁、球墨铸铁、铸钢、铝合金和不锈钢等。

1）蝶阀

如图 5-12 是蝶阀的结构形式，蝶阀是通过转动阀板的角度达到调节风量的目的，多设置于分支管上、空气分布器或散流器前，缺点是严密性较差，不宜作启闭用。

2）插板阀

如图 5-13 是插板阀的结构形式，插板阀又称闸板阀，通过拉动手柄改变闸板位置，达到调节风量的目的。由于其严密性好，多用于通风机的吸入口或主干风道上，只是占地较大。

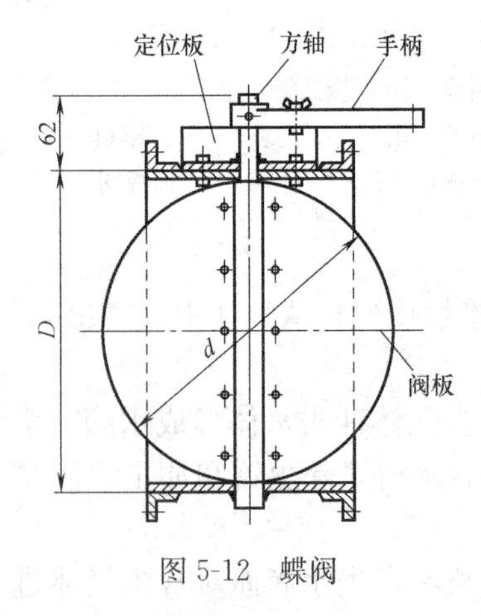

图 5-12　蝶阀

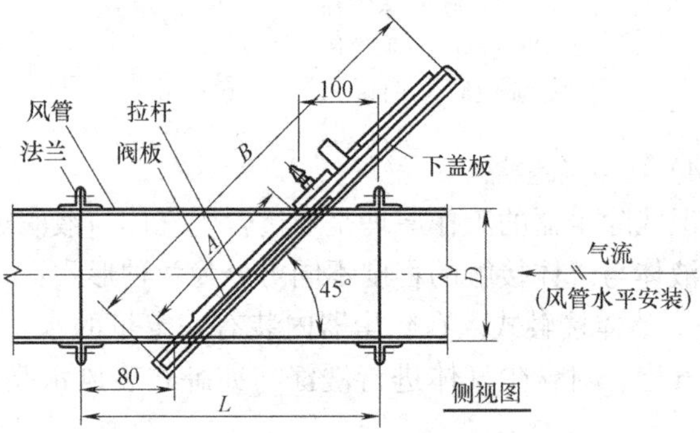

图 5-13　插板阀

3）止回阀

如图 5-14 是止回阀的结构形式，止回阀要求气流只能按一个方向流动，一旦气体回流，阀门自动关闭。避免通风机停止运转后空气倒流，常设置于通风机的出口处。

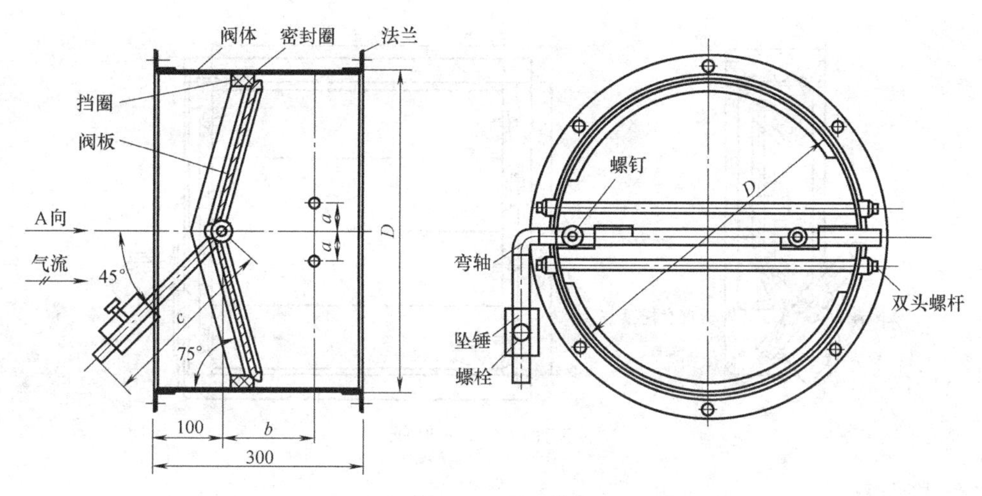

图 5-14　止回阀

4）防火阀

如图 5-15 是防火阀的结构形式，防火阀安装在通风系统的送、回风管路上，平时呈开启状态；火灾发生时，当管道内气体温度达到 70℃时自动关闭阀门，在一定时间内能满足耐火稳定性和耐火完整性的要求，起到隔烟阻火的作用。

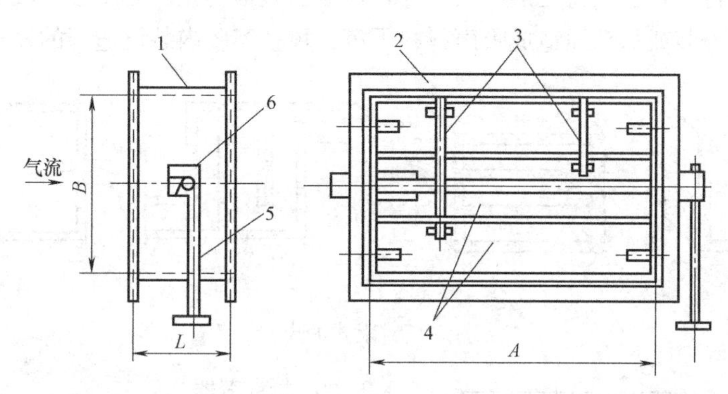

图 5-15　防火阀

1—壳体；2—法兰；3—连杆；4—叶片；5—开启执行机构；6—手柄

5）对开多叶阀与平行多叶阀

如图 5-16 是对开多叶阀的结构形式，对开多叶阀是指相邻叶片按相反方向旋转的多叶联动调节阀。由平行叶片组成，按照同一方向旋转的多叶联动调节阀称为平行式多叶阀。这类阀门多用于通风机的出口或主干风道上，用来控制风速，调节风量。

⑦ 消声器

风机运转时，由于机械运动产生振动、噪声，对通风、空调房间造成噪声污染，工程上常采用消声器来降低噪声。消声器一般是用吸声材料按不同的消声原理设计而成的装置。它是用来降低风机产生的空气动力性噪声，阻止或降低噪声传播到空调房间内，在通风、空调系统中一般安装在风机出口水平总管上。在空调系统中也有将消声器安装在各个送风口前的弯头内，这种消声装置又称为消声弯头。

消声器的种类很多，根据原理的不同有四种基本类型，即阻式、抗式、共振式或宽频

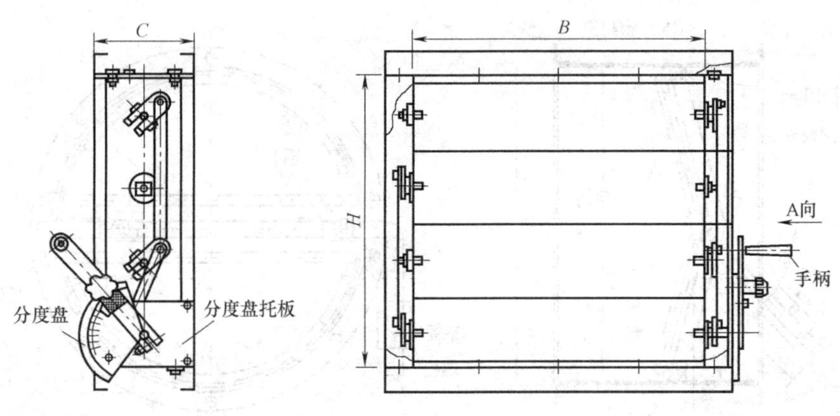

图 5-16　对开多叶阀

带复合式消声器等。

1）阻式消声器

阻式消声器结构如图 5-17。其阻性消声片如图 5-18，是用木筋制成木框，内填超细玻璃棉等吸声材料，外包玻璃布等覆面材料制成。在填充吸声材料时，应按设计的容重，厚度等要求铺放均匀，覆面层不得破损。装订吸声片时，与气流接触部分均用漆包钉，其余部分用鞋钉装订。钉泡钉时，在泡钉处加 1 层垫片，可减少破损现象。对于容积较大的吸声片，为了防止因消声器安装或移动而造成吸声材料下沉，可在容腔内装设适当的托挡板。

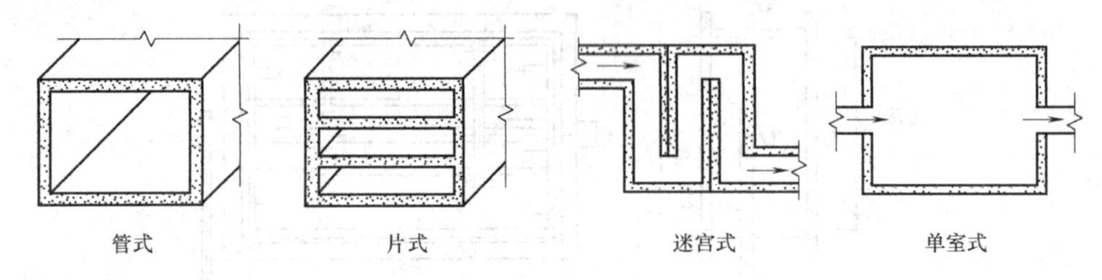

图 5-17　阻式消声器

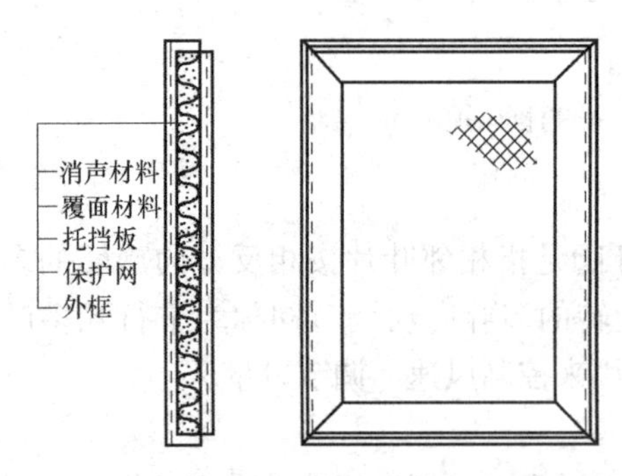

图 5-18　阻性消声片

2）抗式消声器

抗式消声器是利用管道内截面突变，起到消声作用。结构如图 5-19。

3）共振式消声器

共振式消声器是一种微孔管与共振腔组成的消声器，如图 5-20。其消声量大，对低频噪声吸声效果较好，微孔板可用铝制，外壳由镀锌钢板或不锈钢板制成。

4）消声管段、消声弯头

消声管段、消声弯头是在风管或弯头内壁贴附消声材料，如聚酯泡沫或带有玻璃布面层的超细玻璃棉，以减少空气在输送中的噪声。

5.1.2　空调系统的分类与组成

空气调节工程是更高级的通风，它不仅能保证送入室内的空气的温度和洁净度，又能保持空气的干湿度和速度。

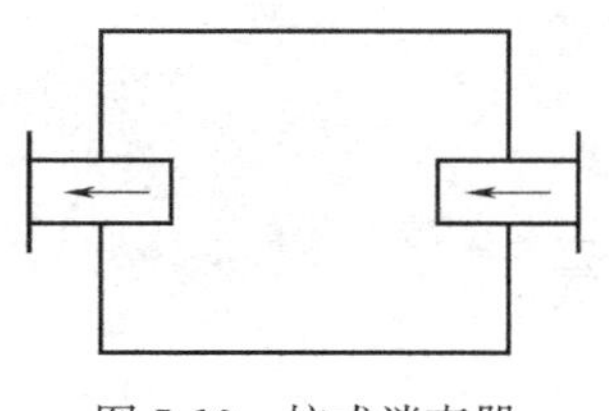

图 5-19　抗式消声器

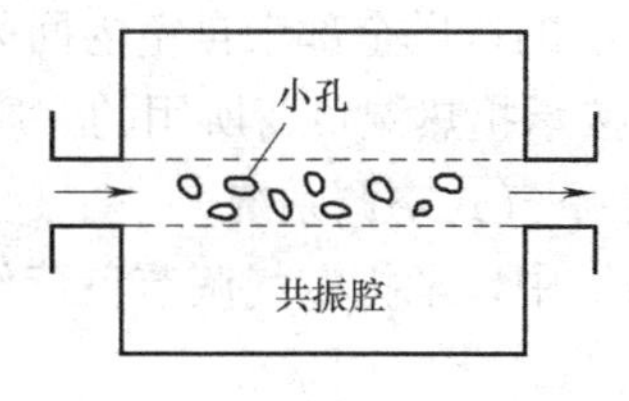

图 5-20　共振式消声器

1. 空调系统的分类

(1) 按空气处理设备的设置情况

① 集中空调系统

又称中央空调系统，该系统是将所有处理空气的设备（空气调节器，包括风机）都集中设置在一个空调机房内，空气加热、加湿用的冷源和热源由专用的冷冻站或锅炉房供给。这种系统适用于大型空调系统，多用于工业空调或大型公共场所。

② 半集中空调系统

如图 5-21 所示，又称混合式空调系统，它的一部分空气处理设备设在空调机房内，另一部分设备设在空调房间内的空调系统。设在空调房间内的空气处理设备称为二次设备，其大多数是冷热交换装置，这类系统以风机盘管机组形式应用较广。

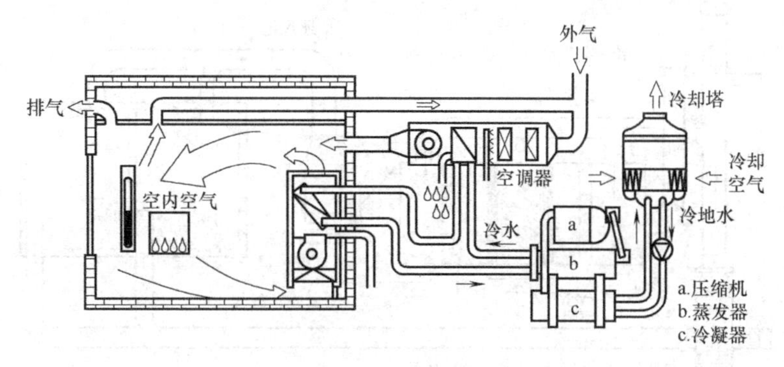

图 5-21　半集中式空调系统

③ 全分散式空调系统（局部空调系统）

如图 5-22，当建筑物需要空调房间少，而且分散，不适宜设置集中空调系统和风机盘管空调系统时，可设全分散式空调系统。

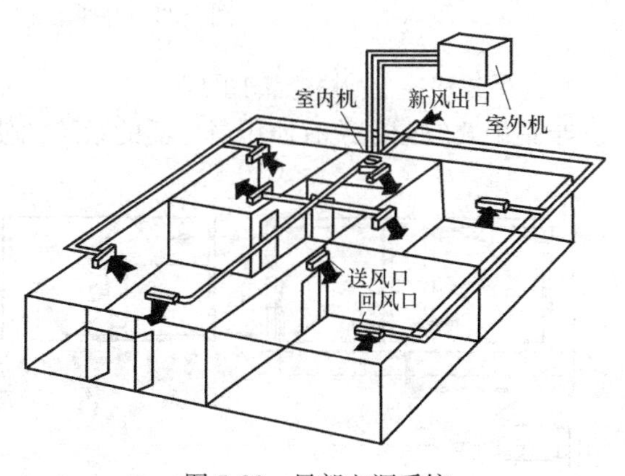

图 5-22　局部空调系统

(2) 按使用新风量的多少

① 直流式空气调节系统

该系统送风全部来自室外，不利用空调房间的回风。

② 部分回风式空调系统

该系统的送风中一部分来自室外，一部分来自室内回风。

③ 全回风式空调系统

该系统的送风全部来自室内回风，而不补充新鲜空气。

(3) 按承担热湿负荷所用的介质

① 全空气式空调系统

该系统中，承担空气调节负荷作用的介质全部是空气。

② 空气—水空调系统

该系统中，承担热湿空调负荷的介质既有空气又有水。

③ 全水式空调系统

该系统中，承担热湿空调负荷的介质全部是水。

④ 制冷剂式空调系统

该系统中，承担热湿空调负荷的介质全部是制冷剂。

2. 空调系统的组成

(1) 集中式空调系统的组成

如图 5-23 所示，集中空调系统由下列内容组成：新风入口；空气过滤器；喷水室；加热器；送风机；送风管道；送风口；回风口；回风管道；回风机；排风口；冷冻水管；热水或蒸汽管等。

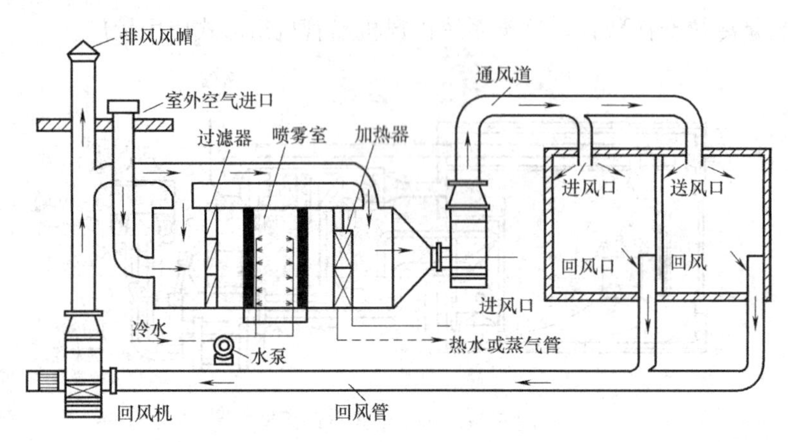

图 5-23 普通集中空调系统示意图

(2) 半集中式空调系统的组成

半集中式空调系统有使用诱导器的系统和使用风机盘管的系统两种。

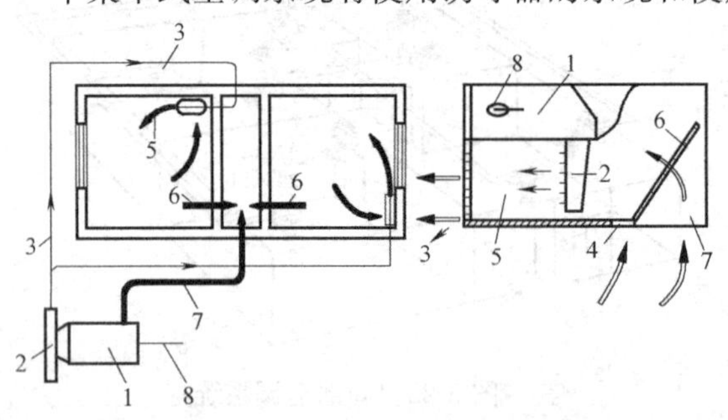

图 5-24 诱导器空调系统图

1—集中空气处理室；2—送风机；3—送风道；4—诱导器；5—送风；6—回风；7—回风道；8—室外新风

① 诱导器空调系统

如图 5-24 所示，诱导器系统是由一次空气处理室、送风机、送风末端装置—诱导器、风管和水系统组成。

诱导器是设置在空调房间内的局部处理和送风设备，它的工作原理是：一次风进入静压箱，在一定静压下从喷嘴喷出时，在诱导器内形成负压，使一部分室内空气（二次风）被吸入诱导器，并经盘管加热或冷却，最后和一次风混合后进入室内。

② 风机盘管系统

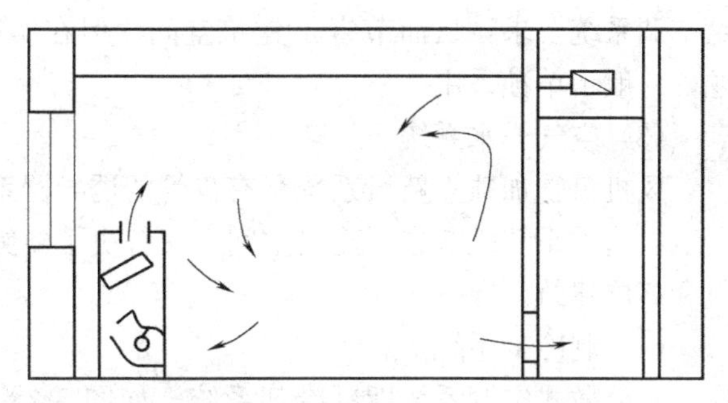

图 5-25　风机盘管空调系统示意图

如图 5-25 和 5-26 所示，风机盘管是指风机与换热器盘管（冷却、加热两用）组成的，该机组设于空调房间内，通过使室内空气再循环的方法，将室内空气用盘管冷却或加热，再配合新风系统达到空调的目的。风机盘空调系统运行经济，节省设备及能源费用，减小风道断面尺寸，对各空调房间温度调节的范围大，当无人居住、办公时可关闭房间的风机盘管。风机盘管一般分为立式和卧式两种，立式常安装在窗台下，卧式常安装在室内吊顶内。

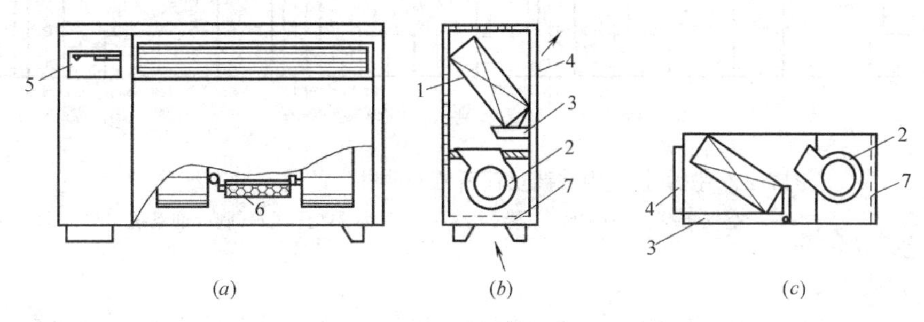

图 5-26　立式风机盘管构造图

1—盘管；2—风机；3—凝水盘；4—出风口；5—控制器；6—电动机；7—过滤层

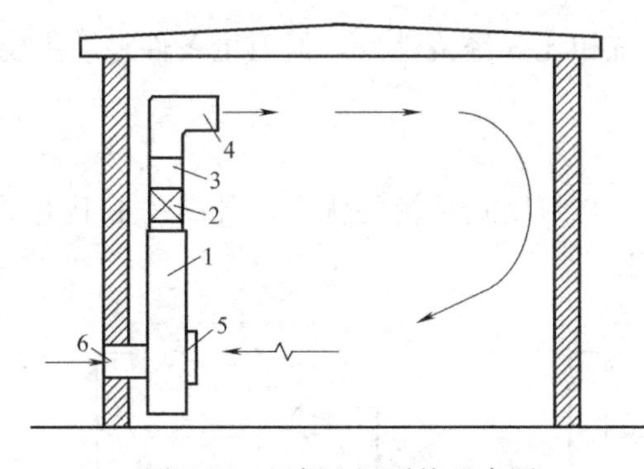

图 5-27　局部空调系统示意图

1—空调机组；2—电加热器；3—送风管；4—送风口；5—回风口；6—新风口

(3) 局部式空调系统的组成

如图 5-27 所示，局部式空调系统由新风口、空调机组、电加热器、送风管、送风口、回风口等组成。其工作过程是：室内空气由新风口进入空调机组进行处理，再通过送风管、送风口送入室内，室内的空气经回风口进入机组与新风混合之后再被处理利用。

3. 常用空调系统的特点

(1) 全空气空调系统

集中式空调系统即全空气系统。如图 5-28 (*a*) 所示。这种系统全部由空气承担房间空调负荷，如果承担的空调房间面积过大，则总的送风量也较大，致使风管断面尺寸过大，占据较大的建筑空间；采用高速空调系统可减小风管的断面尺寸。但风管中的风速过大，会产生较大的噪声，同时形成较大的流动阻力，导致运行消耗的能量增加。

(2) 全水系统

不设新风的独立的风机盘管系统即全空气系统。如图 5-28 (*b*) 所示。由于水携带冷量（或热量）的能力要比空气大得多，在空调负荷相同的条件下，只需较小的水量就能满足空调系统要求，从而节省了建筑空间。但在实际应用中，不能解决新鲜空气的供应问题，一般不单独采用。

(3) 空气—水系统

风机盘管加独立新风系统和有盘管的诱导器系统都是此种系统的应用。如图 5-28 (*c*) 所示。这种系统既节省了建筑空间，又解决了新鲜空气的供应问题，因而特别适合大型建筑和高层建筑。

(4) 制冷剂系统

全分散式空调系统即制冷剂系统。如图 5-28 (*d*) 所示。该系统冷、热源利用率高，占用建筑空间少，如柜式空调机组。

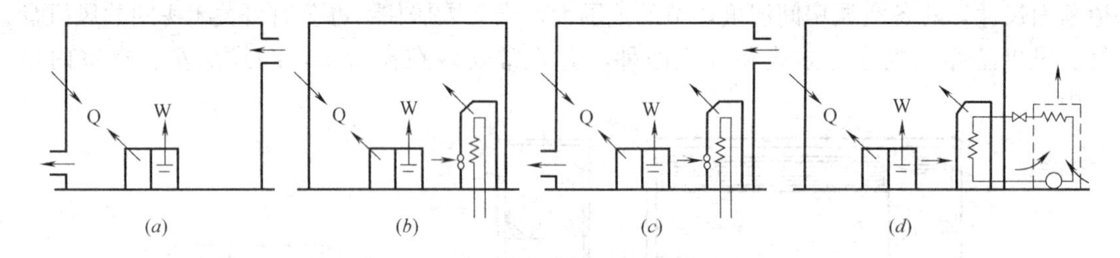

图 5-28 按负担室内空调负荷所用介质种类的对空调系统分类

(*a*) 全空气系统；(*b*) 全水系统；(*c*) 空气—水系统；(*d*) 制冷剂系统

(5) 全新风系统

如图 5-29 (*a*) 所示。这种系统消耗的冷、热量较大，卫生条件好，因而常用于不允许利用回风的场合，如放射性实验室、散发大量有害物质的房间等。

(6) 封闭式系统

如图 5-29 (*b*) 所示。这种系统与全新风系统相比，经济性好，但卫生条件差，主要用于无人员停留的密闭空间。

(7) 混合式系统

如图 5-29 (*c*) 所示。这种系统综合了全新风与封闭式系统的优点，既满足了卫生要求，又比较经济合理，故实际工程中被广泛采用。

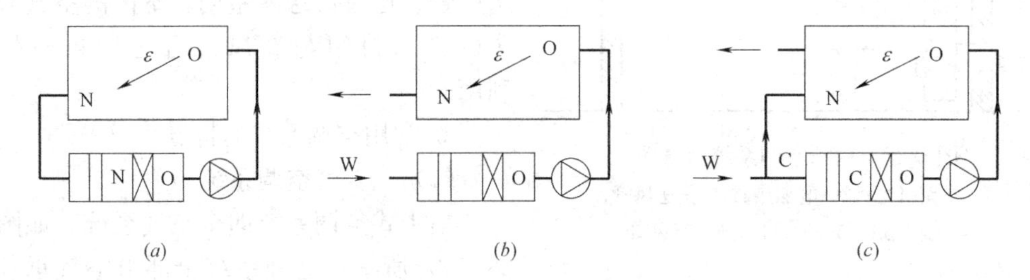

图 5-29 全空气空调系统分类

(*a*) 封闭式；(*b*) 直流式；(*c*) 混合式

N—室内空气；W—室外空气；C—混合空气；O—冷却达到送风状态的

5.1.3 空调房间的气流组织

经处理到一定参数水平的空气以何种方式送入空调房间，并排走原房间内的空气，将直接影响空气调节的效果。目前，国内常用的气流组织方式可归纳为以下几种，具体应根据空调工程的建筑结构、使用特点及允许波动范围来选择适宜的气流组织方式，本着节省投资综合考虑。

（1）侧送风方式

侧送风方式通常采用贴附射流的型式，具体有四种：单侧上送上回、下回或走廊回风；双侧外送上回风；双侧内送上回或下回风；中部双侧内送上下回或上部排风，如图5-30。

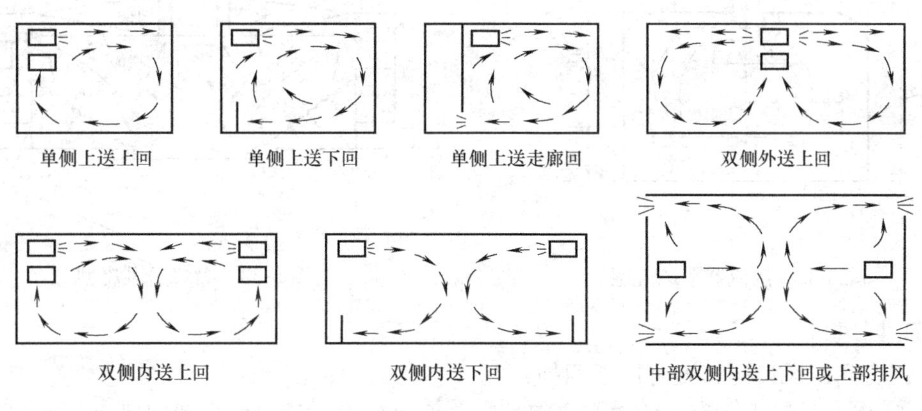

图 5-30　侧送方式

侧送风方式用于一般的空调系统，其中单侧送风适用于小面积，双侧送风适用于长度超过单面送风口射程的房间，中部双侧送回风适用于高大的厂房。

（2）孔板送风方式

对于区域温差和工作地区风速要求严格，单位面积风量较大，而空调房间层高较低（<5m），且工作区要求有均匀的温度场、速度场的空调房间，适宜采用孔板送风方式。如图 5-31

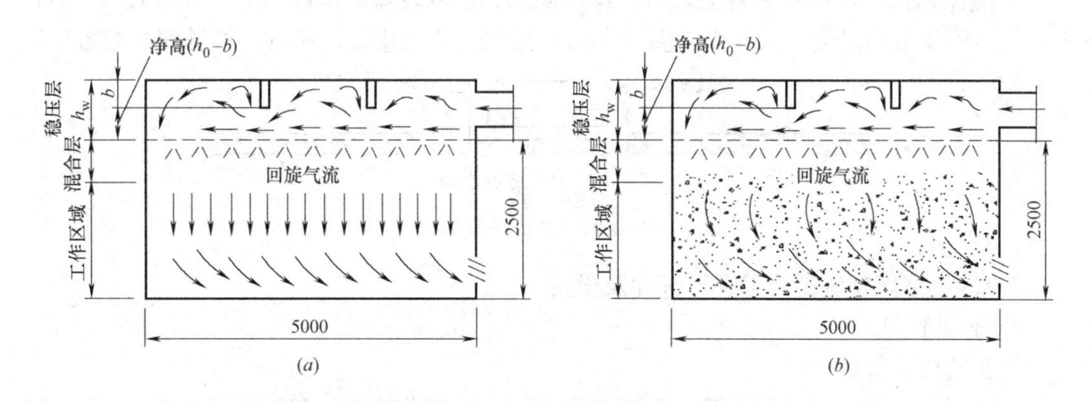

图 5-31　全面孔板流型

（a）下送平行流；（b）不稳定流

（3）散流器送风

散流器送风分平送和下送两种。通风工程中常采用平送，使其送风射流沿着顶棚横向流动，又使工作区处于回流地带。采用散流器平送时，应设置顶棚，送风管道暗装在顶棚间层内。如图 5-32。

(4) 喷口送风

喷口送风是大型体育馆、礼堂、剧院、通用大厅及高大空间等建筑中常用的一种送风方式，如图 5-33。喷口高速送出的射流，使得室内空气强烈混合，室内空气的流动量增为送风量的 3～5 倍。这种送风方式射程远，系统简单，投资较少。

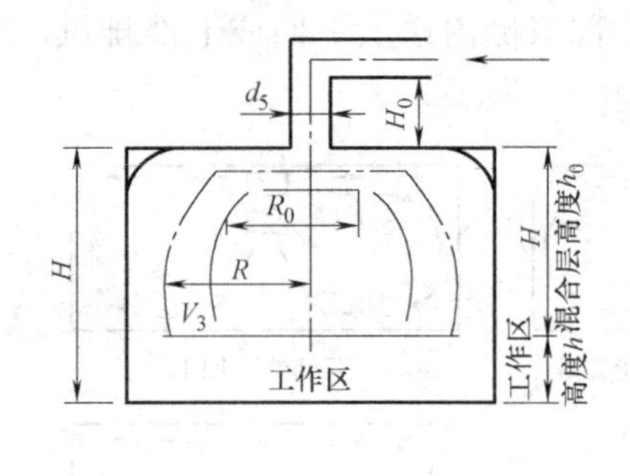

图 5-32　散流器平送流型

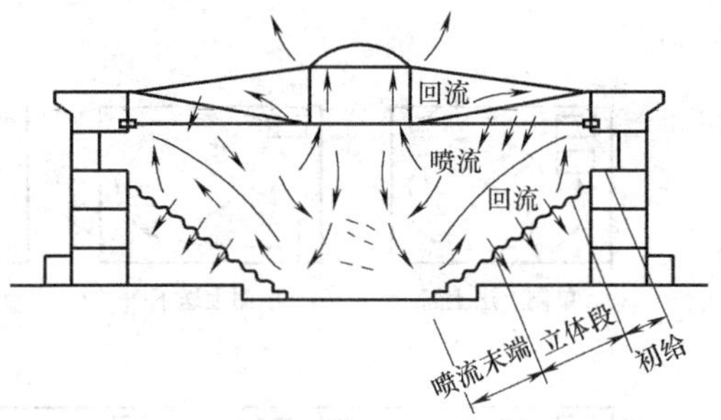

图 5-33　喷口送风流型

(5) 回风口

空调房间回风口的布置有以下四种：

① 除高大空间或面积大的空调房间外，一般可仅在一侧集中布置回风口。

② 侧送风方式的回风口一般设在送风口同侧下方；孔板和散流器送、回风应设在下侧。

③ 高大厂房上部有一定余热量时，宜在上部增设排风口或回风口。

④ 有走廊的多间空调房间，如对消声、洁净度要求不高，室内又不排出有害气体时，可在走廊端头布置回风口集中回风。各空调房间内与走廊邻接的门或内墙下侧，宜设置可调百叶栅口，走廊两端应设密闭性能较好的门。

(6) 条缝型送风

条缝型送风口属于扁平射流，与喷口送风相比射程较短，温度和速度衰减较快，如图 5-34。适用于散热量大、只要求降温的车间、民用或公共建筑，还可与灯具配合布置使用

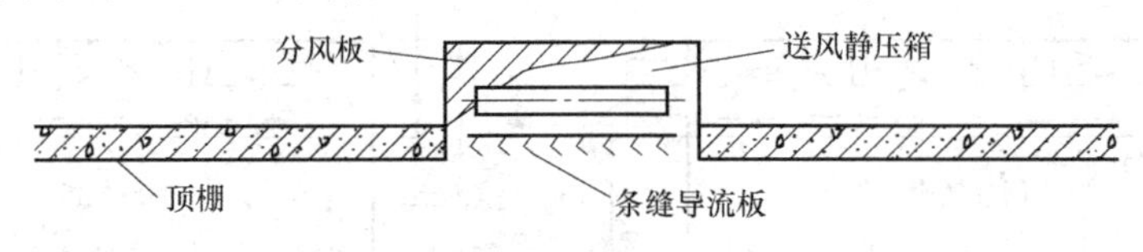

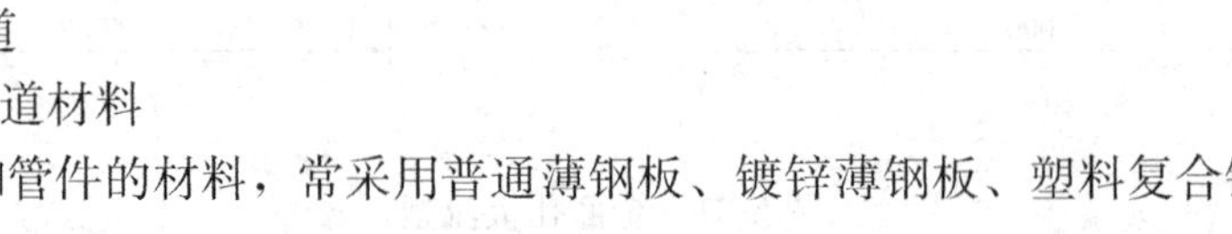

图 5-34　条缝送风口

5.1.4　通风空调工程管道、部件及设备

1. 通风管道

(1) 通风管道材料

制作风管和管件的材料，常采用普通薄钢板、镀锌薄钢板、塑料复合钢板、不锈钢板和铝板等。

① 普通薄钢板

有板材和卷材，板厚为 0.5～2mm，板材规格为 750mm×1800mm，900mm×1800mm，1000mm×2000mm 等。要求板材表面平整、光滑、厚度均匀，允许有紧密的氧化铁薄膜，但不得有裂纹。

② 镀锌薄钢板

钢板厚度为0.5～1.5mm，规格和尺寸与普通薄钢板相同，要求表面光滑洁净，表层有热镀锌层结晶花纹。

③ 塑料复合钢板

这种钢板是在钢板上覆以厚度为0.2～0.4mm软质或半硬质聚氯乙烯塑料膜，它具有普通薄钢板机加工性能，适用于具有酸、碱、油及醇类的通风工程中。

(2) 通风管道形状

通风管道有圆形、矩形两种，各种风管在设计选用和加工制作时，均以国家制定的通风管道统一规格（见表5-1和表5-2）尺寸为依据，圆形风管以外径 D 表示，矩形风管以外边长 $A\times B$ 表示。另外，通风管道还可做成均匀渐缩的，即均匀送风风管。

圆形通风管道规格 **表5-1**

<table>
<tr><th rowspan="2">外径
(mm)</th><th colspan="2">钢板制风管</th><th colspan="2">塑料制风管</th><th rowspan="2">外径
(mm)</th><th colspan="2">钢板制风管</th><th colspan="2">塑料制风管</th></tr>
<tr><th>外径允差</th><th>壁厚</th><th>外径允差</th><th>壁厚</th><th>外径允差</th><th>壁厚</th><th>外径允差</th><th>壁厚</th></tr>
<tr><td>100</td><td rowspan="13">±1</td><td>0.5</td><td rowspan="13">±1</td><td rowspan="10">3.0</td><td>500</td><td rowspan="13">±1</td><td>0.75</td><td>±1</td><td>4.0</td></tr>
<tr><td>120</td><td>0.5</td><td>560</td><td>1.0</td><td>±1.5</td><td>4.0</td></tr>
<tr><td>140</td><td rowspan="4">0.5</td><td>630</td><td rowspan="6">1.0</td><td rowspan="11">±1.5</td><td rowspan="4">5.0</td></tr>
<tr><td>160</td><td>200</td></tr>
<tr><td>180</td><td>800</td></tr>
<tr><td>200</td><td>900</td></tr>
<tr><td>200</td><td rowspan="7">0.75</td><td>1000</td><td rowspan="7">6.0</td></tr>
<tr><td>250</td><td>1120</td></tr>
<tr><td>280</td><td>1250</td><td rowspan="5">1.2
1.5</td></tr>
<tr><td>320</td><td>1400</td></tr>
<tr><td>360</td><td rowspan="3">4.0</td><td>1600</td></tr>
<tr><td>400</td><td>1800</td></tr>
<tr><td>450</td><td>2000</td></tr>
</table>

(3) 通风管道管件

通风管件有三通（如图5-35）、弯头（如图5-36）、四通（如图5-37）、变径管（如图5-38）、天圆地方（如图5-39）等。

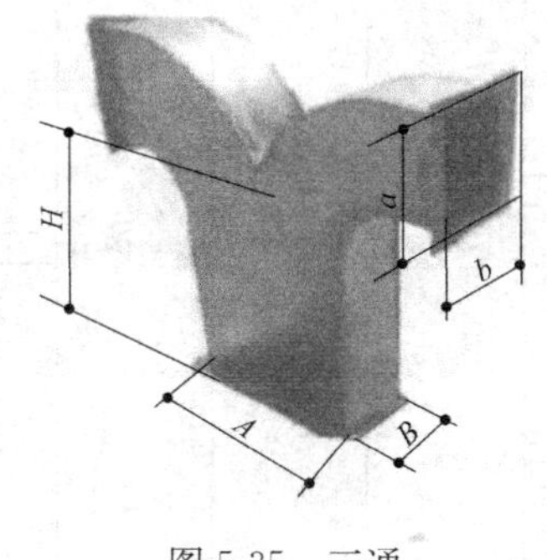

图5-35 三通

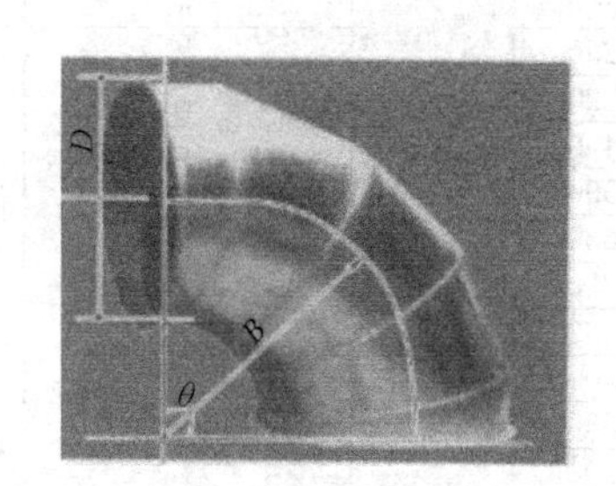

图5-36 弯头

图 5-37　四通

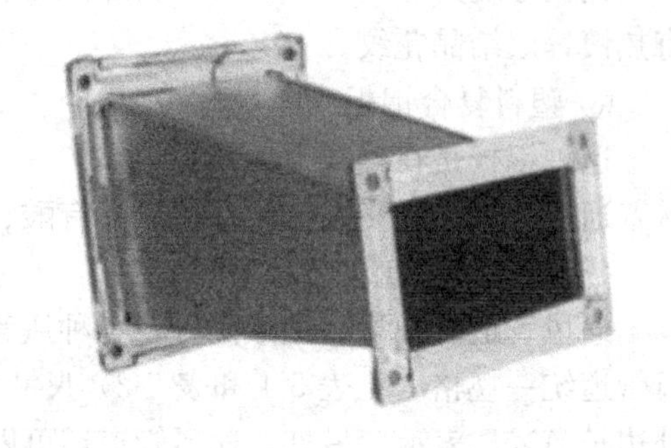

图 5-38　变径

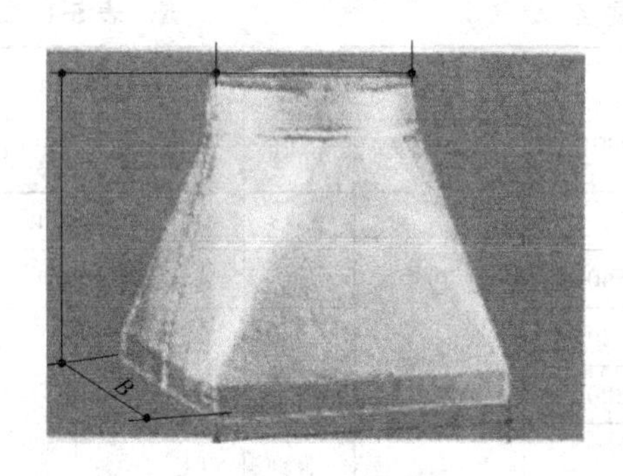

图 5-39　天圆地方

（4）通风管道连接

① 集中空调系统：

金属薄板制作的风管，可采用咬口，铆接及焊接等方式。板厚小于 1.2mm，常采用咬口连接。板厚大于 1.2mm，可采用焊接，用镀锌钢板制作的风管只能用咬口连接或铆接。

② 塑料风管采用热风焊接。

③ 塑料复合钢板，只能用咬口连接和铆接。

矩形通风管道规格　　**表 5-2**

<table>
<tr><th rowspan="2">外径长
A×B</th><th colspan="2">钢板制风管</th><th colspan="2">塑料制风管</th><th rowspan="2">外径长
A×B</th><th colspan="2">钢板制风管</th><th colspan="2">塑料制风管</th></tr>
<tr><th>边长允差</th><th>壁厚</th><th>边长允差</th><th>壁厚</th><th>边长允差</th><th>壁厚</th><th>边长允差</th><th>壁厚</th></tr>
<tr><td>120×120</td><td rowspan="6">−2</td><td rowspan="6">0.5</td><td rowspan="14">−2</td><td rowspan="9">3.0</td><td>250×250</td><td rowspan="26">−2</td><td rowspan="9">0.75</td><td rowspan="9">−2</td><td rowspan="5">3.0</td></tr>
<tr><td>160×120</td><td>320×160</td></tr>
<tr><td>160×160</td><td>320×200</td></tr>
<tr><td>200×120</td><td>320×250</td></tr>
<tr><td>200×120</td><td>320×320</td></tr>
<tr><td>200×200</td><td>400×200</td><td rowspan="4">4.0</td></tr>
<tr><td>250×120</td><td rowspan="20">−2</td><td rowspan="8">0.75</td><td>400×250</td></tr>
<tr><td>250×160</td><td>400×320</td></tr>
<tr><td>250×200</td><td>400×400</td></tr>
<tr><td>500×200</td><td rowspan="5">4.0</td><td>1000×500</td><td rowspan="17">1</td><td rowspan="17">−3</td><td rowspan="9">6.0</td></tr>
<tr><td>500×250</td><td>1000×630</td></tr>
<tr><td>500×320</td><td>1000×800</td></tr>
<tr><td>500×400</td><td>1000×1000</td></tr>
<tr><td>500×500</td><td>1250×400</td></tr>
<tr><td>630×250</td><td rowspan="12">1.0</td><td rowspan="12">−3</td><td rowspan="10"></td><td>1250×500</td></tr>
<tr><td>630×320</td><td>1250×630</td></tr>
<tr><td>630×400</td><td>1250×800</td></tr>
<tr><td>630×500</td><td>1250×1000</td></tr>
<tr><td>630×630</td><td>1600×500</td><td rowspan="8">8.0</td></tr>
<tr><td>800×320</td><td>1600×630</td></tr>
<tr><td>800×400</td><td>1600×800</td></tr>
<tr><td>800×500</td><td>1600×1000</td></tr>
<tr><td>800×630</td><td>1600×1250</td></tr>
<tr><td>800×800</td><td>2000×800</td></tr>
<tr><td>1000×320</td><td rowspan="2"></td><td>2000×1000</td></tr>
<tr><td>1000×400</td><td>2000×1250</td></tr>
</table>

2. 通风及空调部件

通风空调系统部件，包括各类风口、调节阀系统末端装置及连接风机的柔性接管等。

（1）送风、排风口。

（2）常见的送、排风口形式很多，如插板式风口、活动百叶式风口、散流器等。

（3）调节阀：

在通风空调系统中，调节阀起调节风量和开关作用，按照驱动方式的不同，可分为电动式和手动式，常用的有：

① 蝶阀

蝶阀主要设在分支管道或散流器前端，用来调节风量。

② 插板阀

插板阀主要用在除尘和气力输送的管道上，作为开关用。

③ 防火阀

防火阀的作用是当火灾发生时，它能自动关闭管道，隔断气流，防止火势蔓延。

④ 止回阀

止回阀的作用是风机停转时防止气体倒流。为使阀板启闭灵活，防止产生火花，板材选用重量轻的板材。

3. 空气处理设备

（1）空气加热处理设备

目前，在空调工程中常用的空气加热设备有蒸汽、热水空气加热器和电加热器。前者常用在喷水室内。电加热器处理空气的优点是加热均匀，加热量稳定。

（2）空气加湿处理设备

目前在空调工程中常用的加湿处理设备有干式蒸汽加湿器和电加湿器。

（3）空气减湿处理设备

空调中常用的减湿方法有四种：通风减湿、冷却减湿（露点法）、吸收减湿和吸附减湿。冷却减湿常用设备有表面式空气冷却器和冷冻降湿机。

（4）喷水室（图 5-40）

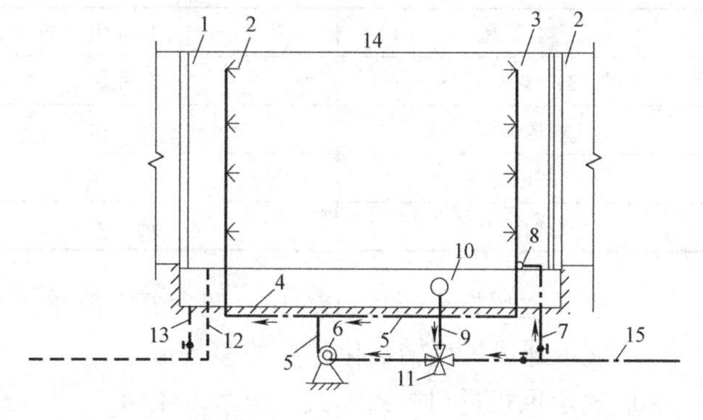

图 5-40 喷水室的构造图

1—前挡水板；2—后挡水板；3—喷嘴与排管；4—底池；5—供水管；6—水泵；7—补水管；8—浮球阀；9—循环水管；10—滤水器；11—三通混合阀；12—溢水管；13—泄水管；14—外壳；15—自来水管

（5）通风机

通风机按其工作原理分为离心式通风机和轴流式通风机，空调系统中最常用的是离心式通风机。见图 5-41。

① 离心式通风机

1）应用场所：作为一般工厂及大型建筑物的室内通风换气，既可输送气体，也可排出气体。

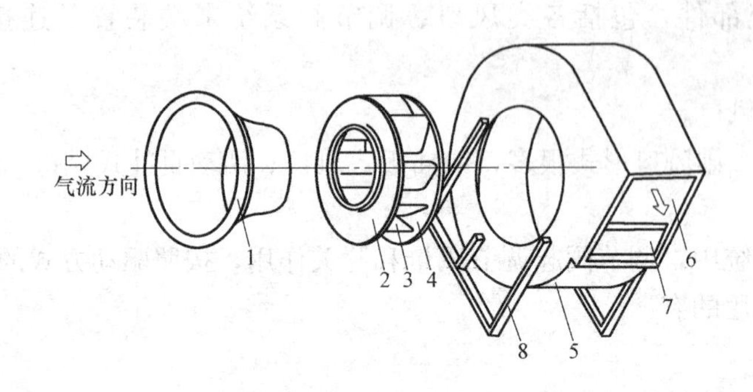

图 5-41　离心式通风机

1—吸气口；2—叶轮前盘；3—叶片；4—叶轮后盘；5—机壳；6—排气口；7—截流板；8—支架

2）构造：离心式通风机气流送出的方向与机轴方向垂直，主要由机壳、机轴、叶轮、轴承和机座组成。

3）型号表示方法，离心式风机的机号，用叶轮外径的分米数表示，如 NO4.5 型风机，表示叶轮外径为 450mm，风机型号可用下面的表示方法：

[a][b]-[c]-[d][e][f][g][h][i]

a. 表示名称，可用汉字或拼音简写表示，见表 5-3。

风机名称代号　　**表 5-3**

用　途	代　号	
	汉　字	简　写
排尘通风	排　尘	C
工业炉吹风	工业炉	L
输送煤粉	煤　粉	M
冷却塔通风	冷　却	LE
一般通风换气	通　风	T

b. 表示通风机全压系数乘 10，四舍五入取整。

c. 表示通风机比转数化整后的整数值。

d. 表示风机进口吸入形式，见表 5-4。

通风机进口吸入形式　　**表 5-4**

代号	0	1	2
进口吸入形式	双侧吸入	单侧吸入	二级串联吸入

e. 表示设计序号。

f. 表示机号，用通风机叶轮外径的分米数表示，前面加符号 No。

g. 表示电动机与通机的传动方式，见表 5-5。

h. 表示叶轮的旋转方向，见表 5-6。

i. 表示风口位置：

如风机型号为4-72-11No4.5A右90°表示风机的全压系数为0.4，比转数为72，单吸入口，第一次设计，风机叶轮外径为450mm，传动方式为无轴承直联传动，风机的旋转方向为顺时针旋转，出风口位置为90°。

离心式风机六种传动方式 **表5-5**

代号	A	B	C	D	E	F
传动代号	无轴承电机直接传动	悬臂支承皮带轮在轴承中间	悬臂支承皮带轮在轴承外侧	悬臂支承联轴器传动	双支承皮带轮在外侧	双支承联轴器传动
图式						

叶轮旋转方向代号 **表5-6**

代号	代表意义
左	从主轴或电动机的位置看为顺时针方向
右	从主轴或电动机的位置看为逆时针方向

② 轴流式通风机

因风机进风和出风，均沿轴向，故称为轴流式风机，轴流式风机输送风量大，体积小，风压比离心式低，但运转时噪声较大。

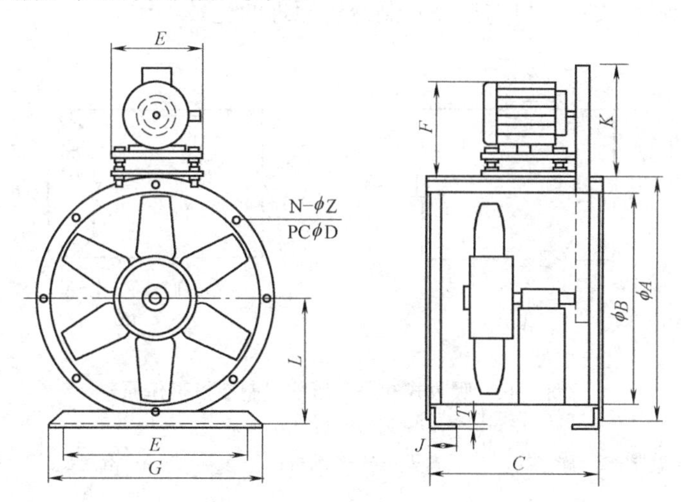

图5-42 轴流式通风机

5.1.5 空调制冷系统

1. 空调制冷系统的组成

空调制冷系统通过制备冷冻水提供冷量，主要由制冷设备、冷冻水系统和冷却水系统组成。

(1) 制冷设备

制冷设备是制冷系统的核心装置，常用的有蒸汽压缩式冷水机组和溴化锂吸收式制冷机组。

① 蒸汽压缩式冷水机组

压缩式制冷机主要由压缩机、冷凝器、膨胀阀和蒸发器四个部件组成，由管道将其连接成一个封闭的循环系统，制冷剂在系统中经过压缩、冷凝、节流和蒸发四个热力过程，实现制冷，如图 5-43 所示。

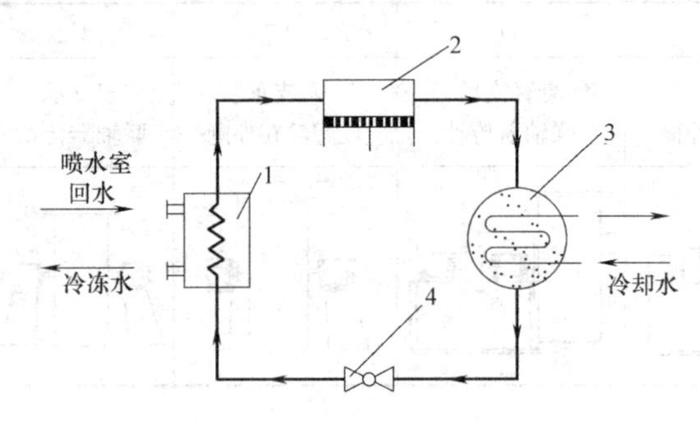

图 5-43　压缩式制冷机工作原理

1—蒸发器；2—压缩机；3—冷凝器；4—膨胀阀

按驱动方式的不同可分为活塞式、涡旋式、螺杆式及离心式四种。

按制冷剂的种类不同，可分为氟利昂和氨制冷。氟利昂无毒、无臭、不易燃烧，对金属不腐蚀，绝热指数小；含氯原子的氟利昂遇明火会分解出有毒气体，易于泄漏而不易被发现，且对大气臭氧层有破坏作用。氨制冷剂制冷能力强、价格低，试漏检查容易，易溶于水；但易燃、易爆，有强烈的刺激性气味、剧毒。

② 溴化锂吸收式制冷机组

溴化锂吸收式制冷机组主要由发生器、冷凝器、蒸发器和吸收器四部分组成。以溴化锂为吸收剂，水为制冷剂，利用溴化锂水溶液在常温下（尤其在较低温度时）吸收水蒸气的能力较强，在高温时又能将所吸收的水分释放出来的特性，通过水在低压下蒸发吸热而实现制冷目的。吸收式制冷机与压缩式制冷机原理的比较如图 5-44。

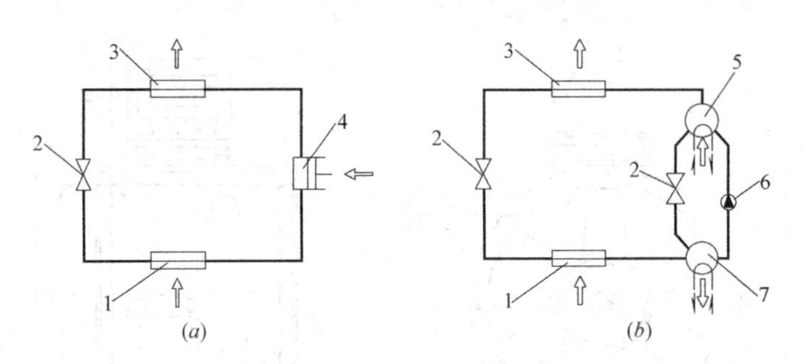

图 5-44　吸收式和蒸汽压缩式制冷机工作原理

(*a*) 蒸汽压缩式制冷机；(*b*) 吸收式制冷机

1—蒸发器；2—膨胀阀；3—冷凝器；4—压缩机；5—发生器；6—溶液泵；7—吸收器

(2) 冷冻水系统

空调冷冻水系统是向用户供应冷量的管道系统，将制冷设备制备的冷冻水输送到空气处理设备，是集中式、半集中式系统空调系统的重要组成部分，一般有开式和闭式两种系统。

① 开式系统

开式管路循环系统的回水借重力自流回冷冻站，也称为重力回水系统，如图 5-45 所示。开式系统有贮水池或喷水室，水在系统内循环流动时，与大气或被处理的空气接触，会引起水量的变化，需要补水。另外，采用壳管式蒸发器的开式系统，必须设置回水池。

开式系统常用定流量系统，特点是需设冷水箱和回水箱，系统流量大，制冷设备采用水箱式蒸发器，用于喷水室冷却系统。

② 闭式系统

闭式管路循环系统又称为压力式回水系统，水在封闭的管路中循环流动，如图 5-46 所示。需在系统最高点设膨胀水箱容纳膨胀水量，其膨胀管一般接到水泵的入口，也有接在集水器或回水干管上的。由于在系统最高点设置了膨胀水箱，系统充满水时，冷冻水泵的扬程只需克服系统的流动阻力，因而冷冻水泵运行费用低。

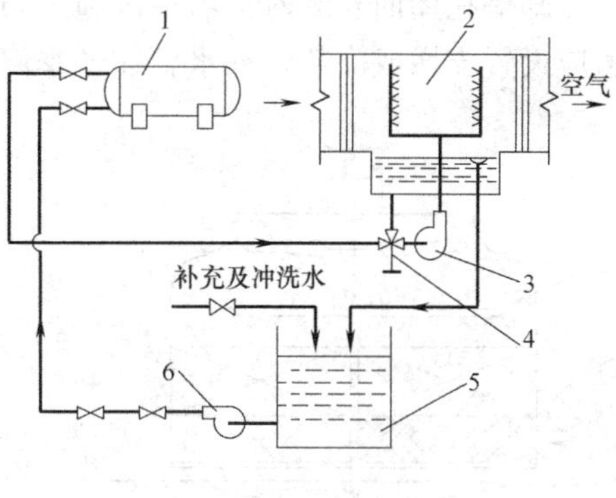

图 5-45 重力式回水系统

1—壳管式蒸发器；2—空调淋水器；3—淋水泵；4—三角阀；5—水池；6—冷冻水泵

闭式系统常用变流量系统，特点是水与外界空气接触少，减缓了对管道的腐蚀，制冷设备采用壳管式蒸发器，常用于表面式冷却器冷冻水系统。为保证系统的水量平衡，送水总管与回水总管之间设自动调节装置，当供水量减少而管道内压差增加时，调节一部分冷水直接流至回水总管内，确保制冷设备和水泵的正常运行。

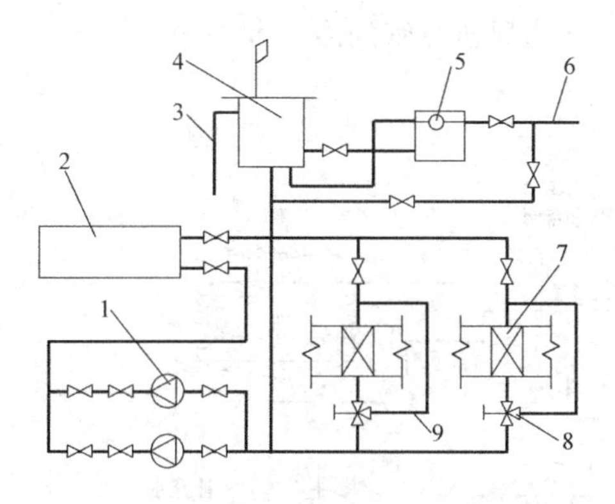

图 5-46 闭式冷冻水系统

1—冷冻水循环泵；2—蒸发器；3—溢流管；4—膨胀水箱；5—自动补水水箱；6—自来水管；7—表面式冷却器；8—三通阀；9—旁通管

(3) 冷却水系统

水冷冷水机组必须设置冷却水系统，主要由冷水机组或空调机组的水冷冷凝器，供、回水管道，冷却水循环水泵和冷却塔组成。系统的任务是将冷凝器放出的热量散发到室外大气中去。按供水方式的不同分为直流式供水和循环供水。

① 直流式供水系统

系统将河水、井水或自来水直接压入冷凝器，升温后的冷却水直接排入河道或下水道。该系统设备简单、易于管理，但耗水量大。

② 循环供水系统

系统用冷却水循环水泵将通过冷凝器后温度较高的冷却水压入冷却装置，经降温处理后，再送入冷凝器循环使用。冷却装置按通风方式的不同分为：

1) 自然通风喷水冷却池。在室外设置水池，靠自然通风使水降温，这种方法构造简单，节省能源，但冷却水量小，适用于夏季室外温度较低、相对湿度较小的区域，一般用于小型制冷系统中。

2) 机械通风冷却塔。依靠风机降低冷却水的温度。因冷却塔运行时噪声较大，应考虑控制环境噪声在 55～60dB 以内。冷却塔有圆形、矩形两种，有成品冷却塔，对工业区需大量冷却水时，可采用现浇框架混凝土的凉水塔，还可根据冷却水流量组合成多间凉水塔。圆形冷却塔构造如图 5-47。

冷却塔在屋面安装时，需在未施工防水层前做好塔基础，以免破坏防水层，进出口的管道应设置支墩或支架，补水管在冬季停运期应考虑泄水防冻。

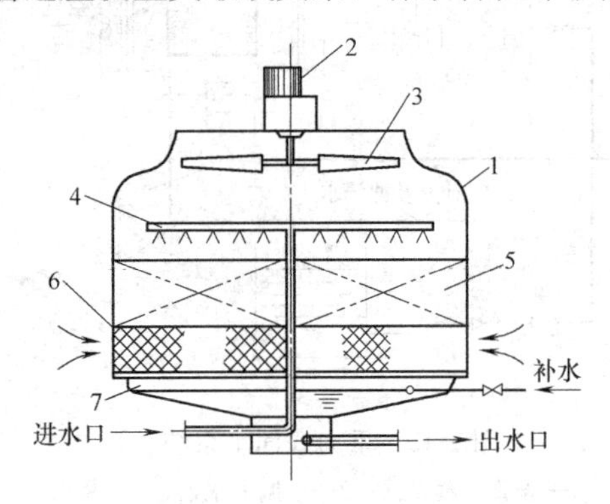

图 5-47　圆形冷却塔构造示意图

1—冷却塔外壳；2—电机；3—轴流风机；4—喷水管及喷嘴；5—填料；6—进风网；7—接水槽

2. 空调制冷系统的工艺流程

（1）冷却塔内工艺流程

如图 5-47，从冷凝器出来的温度较高的冷却水，经冷却水泵送至冷却塔底部进水口，进入布水器，将水喷洒下来，流经塔内设置的填料层，以增加水与空气的接触面积，塔顶风扇可加速水的蒸发，加强冷却效果，冷却后的水进入塔底部的水槽，通过连接管道及循环水泵送回冷水机组冷凝器，完成一个循环。水冷式冷凝器冷却水进出口温差一般为 3～5℃，进水为 28℃，出水 32℃。

（2）空调制冷系统工艺流程

如图 5-48 为空调冷水机组工艺流程图。从冷凝器出来的温度较高冷却水进入冷却塔喷淋，被冷却塔上的风机抽进来的空气所冷却，水的温度降低，而热湿空气排入大气。冷却水由冷却水泵送回冷凝器循环使用。从蒸发器出来的冷冻水被送至各空调房间内的风机盘管处，作为风机盘管的冷源。

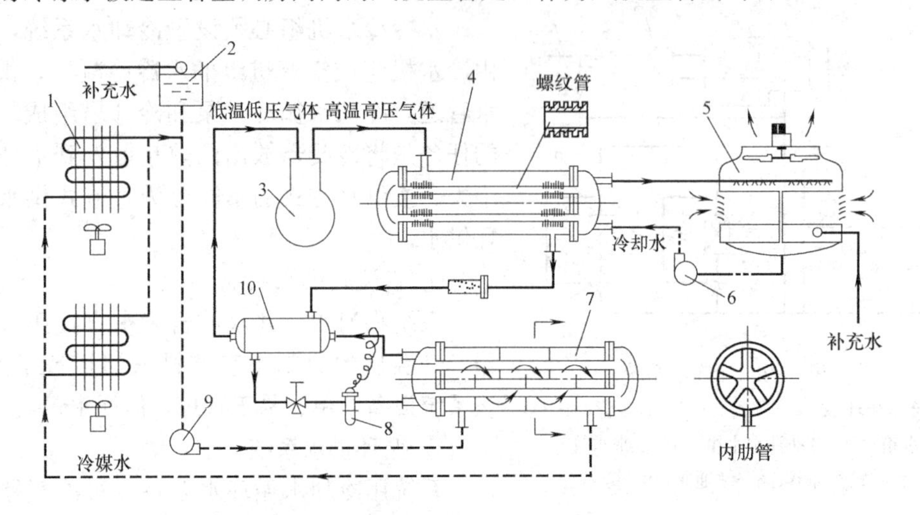

图 5-48　空调用冷水机组工作流程图

1—风机盘管；2—补充水箱；3—压缩机；4—冷凝器；5—冷却塔；6—冷却水泵；7—蒸发器；8—热力膨胀阀；9—冷媒水泵；10—热交换器

5.1.6　通风空调工程的安装

通风空调系统的安装分为加工和安装两步。加工是指构成整个系统的风管及部件、配件的制作过程。安装是指风管、部件、设备在建筑物中组合成系统的过程。

1. 通风机的安装

（1）风机安装操作工艺流程如图 5-49。

（2）离心式风机安装

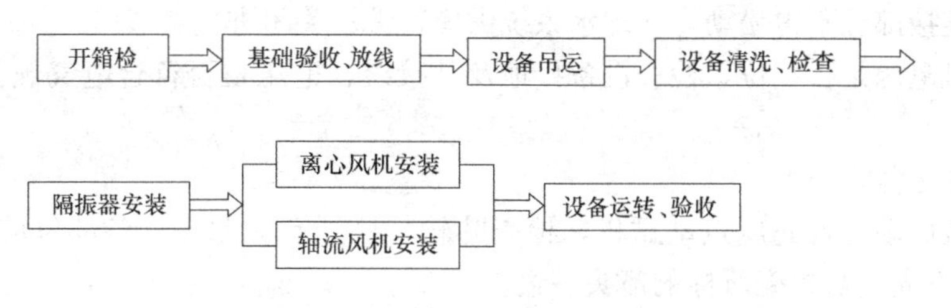

图 5-49　风机安装操作工艺流程

① 安装前先开箱检查。根据设备清单核对型号、规格是否符合设计要求；用手拨动叶轮等部位是否灵活，有无卡壳现象；风机外观有无缺陷。

② 再根据不同连接方式，检查风机、电动机和联轴器基础的标高、基础尺寸及位置、基础预留地脚螺栓位置大小等是否符合安装要求。

③ 安装时，将风机机壳放在基础上，放正，穿上地脚螺栓（暂不紧固），再将叶轮、轴承和带轮的组合体吊放在基础上，叶轮穿入机壳，穿上轴承箱底座的地脚螺栓，电动机吊装上基础；对轴承箱、电动机、风机分别进行找正、找平，找正以风机为准，轴心偏差在允许范围内，找平用平垫片或斜垫铁；垫铁与底座之间焊牢。

④ 在混凝土基础预留孔洞及设备底座与混凝土基础之间灌浆，灌浆的混凝土标号比基础的标号高一级，待初凝后再检查一次各部分是否平正，最后紧固地脚螺栓。

⑤ 应采取减振措施消除（或减少）噪声和保护环境。一般在设备底座、支架与楼板或基础之间设置减振器，减振装置支撑点一般不少于 4 个。减振装置有弹簧减振器、JG 系列橡胶剪切减振器、JD 型橡胶减振垫等形式。

⑥ 风机传动机构外露部分以及直通大气的进出口必须装设防护罩（网），或采取其他安全措施，防护罩的具体做法参见国标图集 T108。室外安装的风机还应采取防雨措施，安装电动机防雨罩，具体做法参见国标图集 T110。

（3）轴流式风机安装

① 轴流式风机多安装于风管中间、墙洞内或单独安装与支架上。

在风管内安装与在支架上安装轴流风机相同，将底座固定在角钢支架上，支架按照设计要求标高及位置固定于建筑结构上，支架钻螺栓孔位置与风机底座相匹配，并在支架与底座之间垫上 4～5mm 厚橡胶板，找平、找正，紧固螺栓即可。注意安装时应留出电动机检查接线用的孔。

② 在墙洞内安装轴流风机，应在土建施工时预留孔洞，孔洞的尺寸、位置及标高应符合要求，并在孔洞四周预埋风机框架及支座。风机底座与支架之间垫减振橡胶板，并用地脚螺栓连接，四周与挡板框拧紧，在外墙侧安装 45°的防雨雪弯管。

（4）通风机试运转及验收

① 试运转前应首先对风机进行检查，主要包括：

1）核对安装风机的型号、规格、油位、叶片调节功能及角度等是否与设计及设备技术文件相符。

2）检查传动皮带轮是否同心，松紧是否适度。

3）轴承箱清洗合格，检查油位并加注符合设备技术文件要求的润滑油。

4）手动盘车时叶轮不得有卡阻、蹭刮现象，并关闭人孔门。

5）各连接部位不得松动；冷却水系统供应正常；关闭进气调节门。

6）风机电源是否到位，检查设备接地及其接线、电压是否符合电气规范及设备技术文件要求。

② 风机的启动

1）风机启动前首先应点动试机，检查叶轮与机壳有无摩擦、各部位应无异常现象，风机的旋转方向应与机壳所标的箭头一致。

2）风机启动时应对其瞬间启动电流进行测量。

③ 风机的运转

1）风机运转时应对风机的转速进行测量，并将测量结果与风机铭牌或设计给定的参数相对照，以保证风机的风量及风压满足设计要求。

2）风机运转时应对其运行电流进行测量，其数值应等于或小于电动机的额定电流。

3）在风机运转时，严禁停留于喘振工况内，如发现异常现象应立即停机检查，查明并消除后方可再次运行。

4）风机运转过程中应检查轴承有无杂音，温升稳定后测量轴承温度：滚动轴承正常工作温度不大于70℃，滑动轴承正常工作温度不大于65℃。风机轴承的振动速度有效值不应大于6.3mm/s；轴承箱安装在机壳内的风机，可在机壳上测量；其测量方法见现行国家标准《风机、压缩机、泵安装工程施工及验收规范》GB 50275附录一。

5）风机小负荷运转正常后，可进行规定负荷连续运转，其运转时间不少于2h。具有滑动轴承的通风机，再连续运转不小于2h。

6）风机试运转时应做好试运转记录，停机后检查风机隔振基础有无移位和损坏现象。

2. 风管安装

（1）风管安装的基本规定

① 风管的安装必须符合以下规定：

1）风管内严禁其他管线穿越；

2）输送含有易燃、易爆气体或安装在易燃、易爆环境的风管系统应有良好的接地，通过生活区或其他辅助生产房间时必须严密，并不得设置接口；

3）室外立管的固定拉索严禁拉在避雷针或避雷网上。

② 风管的安装应符合以下规定：

1）风管安装前，应清除内、外杂物，并做好清洁和保护工作；

2）风管安装的位置、标高、走向，应符合设计要求。现场风管接口的配置，不得缩小其有效截面积；

3）连接法兰的螺栓应均匀拧紧，其螺母宜在同一侧；

4）风管接口的连接应严密、牢固。风管法兰的垫片材质应符合系统功能的要求，厚度不应小于3mm。垫片不应凹入管内，也不宜凸出法兰外；

5）柔性短管的安装，应松紧适度，无明显扭曲；

6）可伸缩性金属或非金属软风管的长度不宜超过2m，并不应有死弯或塌凹；

7）风管与砖、混凝土风道的连接接口，应顺着气流方向插入，并应采取密封措施。风管穿出屋面处应设有防雨装置；

8）不锈钢板、铝板风管与碳素钢支架的接触处，应有隔绝或防腐绝缘措施。

③ 非金属风管的安装还应符合下列规定：

1）风管连接两法兰端面应平行、严密，法兰螺栓两侧应加镀锌垫圈；

2）应适当增加支、吊架与水平风管的接触面积；

3）硬聚氯乙烯风管的直段连续长度大于 20m，应按设计要求设置伸缩节；支管的重量不得由干管来承受，必须自行设置支、吊架；

4）风管垂直安装，支架间距不应大于 3m。

（2）风管安装施工

① 安装前的检查

1）风管安装前，应检查吊架、托架等固定件的位置是否正确，是否安装牢固。并应根据施工现场和现有的的施工机具条件，选用滑轮、麻绳吊装或液压升降台吊架。

2）采用滑轮、麻绳吊装时，先把滑轮穿上麻绳，并根据现场的具体情况挂好滑轮，一般可挂在梁、柱的节点上。其受力点应牢靠，吊装用的麻绳必须结实，没有损伤，绳扣要绑扎结实。

② 风管吊装与找正

1）吊装时，先把水平干管绑扎牢靠，然后就可进行起吊。当风管离地 200～300mm 时，应停止起吊，检查滑轮受力点、所绑麻绳与绳扣。没有问题再继续吊装到安装高度，把风管放在托架上或安装到吊架上，然后解开绳扣，去掉绳子。

2）风管安装时的找正、找平可用吊架上的调节螺钉或托架上加垫的方法。水平干管找正找平后，就可以进行支、立管的安装。

3）风管安装后，可用拉线或吊线的方法进行检查。一般只要支架安装正确，风管接得平直，风管就能保持横平竖直。风管的安装允许偏差为水平度不大于 3mm/m，总偏差不大于 20mm。

③ 风管地沟敷设

1）当风管敷设在地沟时，地沟较宽便于上法兰螺栓，可在地沟内分段进行连接。不便于上螺栓时，应在地面上连接得长些，用麻绳把风管绑好，慢慢放入地沟的支架上。

2）风管较重时，可多绑几处，多人进行抬放。抬放时，应注意步调一致，同起同落，防止发生事故。

3）地沟内的风管与地面上的风管连接时，或穿越楼层时，风管伸出地面的接口距地面的距离不应小于 200mm，以便于和地面上的风管连接。

4）安装在地沟内的风管，其内部应保持清洁，安装完毕后，露出的敞口应做临时封口，防止杂物落入。

④ 风管的连接

1）风管的连接应平直、不扭曲。明装风管水平安装，水平度的允许偏差为 3/1000，总偏差不应大于 20mm。明装风管垂直安装，垂直度的允许偏差为 2/1000，总偏差不应大于 20mm。安装风管的位置，应正确、无明显偏差。

2）除尘系统的风管，宜垂直或倾斜敷设，与水平夹角宜大于 45°，小坡度和水平管应尽量短。

3）对含有凝结水或其他液体的风管，坡度应符合设计要求，并在最低处设排液装置。

3. 风管部件的安装

(1) 风管部件安装必须符合的规定

① 各类风管部件及操作机构的安装，应能保证其正常的使用功能，并便于操作；

② 斜插板风阀的安装，阀板必须为向上拉启；水平安装时，阀板还应为顺气流方向插入；

③ 止回风阀、自动排气活门的安装应正确。

(2) 部件的安装

① 风管各类调节装置应安装在便于操作的部位。

② 防火阀的安装，方向位置应正确，易熔件应迎气流方向。排烟阀手动装置（预埋导管）不得出现死弯及瘪管现象。

③ 止回阀宜安装在风机压出端，开启方向必须与气流方向一致。

④ 变风量末端装置安装，应设独立支吊架，与风管连接前应做动作试验。

⑤ 各类排气罩安装宜在设备就位后进行。风帽滴水盘（槽）安装要牢固、不得渗漏。凝结水应引流到指定位置。

⑥ 手动密闭阀安装时阀门上标志的箭头方向应与受冲击波方向一致。

(3) 成品保护

① 安装完的风管要保证表面光滑洁净，室外风管应有防雨雪措施。

② 暂停施工的系统风管，应将风管开口处封闭，防止杂物进入。

③ 风管伸入结构风道时，其末端应安装钢板网，防止系统运行时，杂物进入金属风管内。

④ 交叉作业较多的场地，严禁以安装完的风管作为支、吊、托架，不允许将其他支、吊架焊在或挂在风管法兰和风管支、吊架上。

⑤ 运输和安装不锈钢、铝板风管时，应避免产生刮伤表面现象。安装时，尽量减少与铁质物品接触。

⑥ 运输和安装阀件时，应避免由于碰撞而产生的执行机构和叶片变形。露天堆放应有防雨、雪措施。

(4) 风管系统严密性检验

风管系统安装完毕后，必须按类别进行严密性检验。其严密性检验以主、干管为主。漏风量应符合设计与《通风管道技术规程》JGJ 141—2004 的要求。在能够保证加工工艺的前提下，低压风管系统可采用漏光法检测

4. 常用空调设备的安装

(1) 空调机组安装

常用空调机组有柜式空调机组、窗式空调器和装配式空调机组等。安装前应对空调机组的进行外观检查，检查转动设施是否完好，合格后再进行安装。

① 柜式空调机组可直接安装于平整的地面之上，不必做基础，为减少振动也可在四角垫以 20mm 厚的橡胶垫。

② 窗式空调器一般安装于窗台墙体或有可靠支撑的部位，应设置遮阳板、防雨罩，但不得阻碍冷凝器排风；凝结水盘安装应有坡向室外的坡度，内外高差 10mm 左右，以利于排水和防止雨水进入室内。接通电源后，先开动风机，检查其旋转方向是否正确。

③ 装配式空调机组安装前应检查外观，对表冷器或加热器进行水压试验，试验压力

为 1.5 倍工作压力，不得低于 0.4MPa，试验时间 2～3min，合格后方可安装。可安装于混凝土基础上，按设计要求机组下垫橡胶减振垫或减振器。各功能段采用专门的法兰连接，并用 7mm 厚乳胶海绵板做垫料。注意机组各功能段有左右之分，按设计要求安装。安装完毕后进行漏风量检测，漏风量必须符合《组合式空调机组》GB/T 14294—2008 的规定。检测数应为机组总数的 20%并不得少于 1 台；净化空调系统 1～5 级全部检查，6～9级抽查 50%。

装配式空调机组空气处理室的安装应符合下列规定：

1）金属空气处理室壁板及各段组装位置正确，表面平整，连接严密、牢固。

2）喷水段的本体及其检查门不得漏水，喷水管和喷嘴的排列、规格应符合设计规定。

3）表面式换热器的散热面应保持清洁、完好。当用于冷却空气时，在下部应设排水装置，冷凝水的引流管或槽应畅通，冷凝水不外溢。

4）表面式换热器与维护结构间的缝隙，以及表面式换热器之间的缝隙，应封堵严密。

5）热器与系统供回水管的连接应正确，且严密不漏。

（2）风机盘管、诱导器安装

① 安装前对风机盘管、诱导器进行外观检查，检查电动机机壳、表面换热器有无损伤、锈蚀等缺陷；每台应进行通电试验，机械部分摩擦应符合设计要求，电气部分不允许漏电。

② 风机盘管、诱导器应进行水压试验，试验压力为 1.5 倍设计工作压力，观察 2～3min，不渗不漏为合格。注意冬期施工时，实验完毕应及时将水放掉，避免冻坏设备。

③ 吊装的风机盘管应设置独立的吊架，吊杆不能自由摆动，应保证风机盘管安装紧固平整；凝水管安装应有坡度，坡度及坡向应正确，凝水盘应无积水现象。

5.1.7 风管系统的防腐与绝热

1. 风管系统的防腐

（1）风管的去污与除锈

为了保证管道、部件、支吊架的防腐质量，在涂刷油漆前必须对管道、支吊架等金属材料进行表面处理，清除掉附着在上面的铁锈、油污、灰尘、污物等，使其表面光滑、清洁。

清除油污的方法一般采用碱性溶剂清理。

铁锈的清除有人工和机械两种方法。人工除锈主要用钢丝刷、砂布等擦拭。机械除锈主要是喷砂和采用自制除锈机。

（2）常用油漆

防腐涂料和油漆必须是有效保质期内的合格产品，即必须具备产品合格证及性能检测报告或厂家的质量证明书；涂刷在同一部位的底漆和面漆的化学性能要相同，否则涂刷前应做溶性试验；漆的深、浅色调要一致。

常用的油漆如表 5-7，油漆的选用如表 5-8。

（3）管道涂漆

对于一般通风、空调系统、空气洁净系统及制冷管道采用的油漆类别及涂刷遍数应分别符合表 5-9～表 5-11 的要求。

常用的油漆 表 5-7

序号	名　称	适　用　范　围
1	锌黄防锈漆	金属表面底漆，防海洋性空气及海水腐蚀
2	铁红防锈漆	黑色金属表面底漆或面漆
3	混合红丹防锈漆	黑色金属底漆
4	铁红醇酸底漆	高温黑色金属
5	环氧铁红底漆	黑色金属表面漆，防锈耐水性好
6	铝粉漆	采暖系统，金属零件
7	耐酸漆	金属表面防酸腐蚀
8	耐碱漆	金属表面防碱腐蚀
9	耐热铝粉漆	300℃以下部件
10	耐热烟囱漆	≤300℃以下金属表面如烟囱系统
11	防锈富锌底漆	镀锌金属表面修补或高腐蚀环境

油漆的选用 表 5-8

管道种类	表面温度（℃）	序号	油漆种类	
			底　漆	面　漆
不保温管道	≤60	1	铝粉环氧防腐底漆	环氧防腐漆
		2	无机富锌底漆	环氧防腐漆
		3	环氧沥青底漆	环氧沥青防腐漆
		4	乙烯磷化底漆＋过氯乙烯底漆	过氯乙烯防腐漆
		5	铁红醇醛底漆	醇醛防腐漆
		6	红丹醇醛底漆	醇醛耐酸漆
		7	氯磺化聚乙烯底漆	氯磺化聚乙烯磁漆
	60～250	8	无机富锌底漆	环氧耐热磁漆、清漆
		9	环氧耐热底漆	环氧耐热磁漆、清漆
保温管道	保温	10	铁红酚醛防锈漆	
	保冷	11	石油沥青	
		12	沥青底漆	

薄钢板的油漆 表 5-9

序 号	风管所输送的气体介质	油漆类别	油漆涂刷遍数
1	不含有灰尘且温度不高于 70℃空气	内表面涂防锈底漆	2
		外表面涂防锈底漆	1
		外表面涂面漆（调和漆等）	2
2	不含有灰尘且温度高于 70℃空气	内外表面各涂耐热漆	2
3	含有粉尘或粉屑的空气	内表面涂防锈底漆	1
		外表面涂防锈底漆	1
		外表面涂面漆	2
4	含有腐蚀性介质的空气	内外表面涂耐酸底漆	≥2
		内外表面涂耐酸底漆	≥2

制冷剂管道的油漆 **表 5-10**

管道类别		油漆类别	油漆涂刷遍数
低压系统	保温层以沥青为黏结剂	沥青漆	2
	保温层不以沥青为黏结剂	防锈底漆	2
高压系统		防锈底漆	2
		色漆	2

空气洁净风管的油漆 **表 5-11**

风管材料	系统部位	油漆类别	油漆涂刷遍数
冷轧钢板	全部	内表面:醇酸类底漆	2
		醇酸类磁漆	2
		外表面:有保温:铁红底漆	2
		无保温:铁红底漆	1
		磁漆或调和漆	2
镀锌钢板	回风管、高效过滤器前送风管	内表面:一般不涂漆	
		当镀锌钢板表面有明显氧化层,有针孔、麻点、起皮和镀锌层脱落等缺陷时,按下列要求涂刷:	
		内表面:磷化底漆	1
		锌黄醇酸类底漆	2
		面漆(磁漆或调合漆)	2
		外表面:不涂刷	
	高效过滤器后送风管	内表面:磷化底漆	1
		锌黄醇酸类底漆	2
		面漆(磁漆或调合漆等)	2

(4) 管道涂漆的注意事项

① 油漆涂刷前，应检查管道或设备的表面处理是否符合要求。涂刷前，管道或设备表面必须彻底干燥。

② 涂刷油漆的环境温度不能过低或相对湿度不能过高，否则它将会使油漆挥发时间过长，影响防腐性能。一般要求环境温度高于5℃，相对湿度小于85%。

③ 调油漆时注意稠度适宜，以保证涂刷后漆膜厚度均匀。稠度过大既造成浪费，又易产生脱落、卷皮等现象；稠度过小则会产生漏涂、起泡或露底等现象。

④ 第一遍防锈底漆彻底干燥后，才能涂刷第二遍防锈漆，以使得漆膜之间牢固，避免产生漆层脱落的现象。

⑤ 薄钢管风管的防腐可采用制作前和制作进行两种形式。风管制作前预先在钢板上涂刷防锈底漆，特点是涂刷的质量好，无漏涂，风管咬口缝内均有油漆，风管的使用寿命长，且下料后的多余边角料短期内不会锈蚀，可回收利用。风管制作后再进行涂漆，需注意风管的制作过程中，必须先将钢板在咬口部位涂刷防锈底漆。

⑥ 风管法兰或加固角钢制作后，必须在与风管组装前涂刷防锈底漆，以免法兰或加固角钢与风管接触面的漏涂防锈底漆而锈蚀。

⑦ 送风口或风阀的叶片和本体，在组装前应根据工艺情况先涂刷防锈底漆，以免漏涂而导致局部锈蚀。

⑧ 管道的支、吊、托架必须在下料预制后进行防腐工作，如此可避免支、吊、托架与管道接触部分漏涂。

⑨ 应了解使用的各种油漆的理化性质，按技术安全条件进行操作，防止发生事故。

2. 风管系统的绝热

风管（道）在输送低温或高温气体时，均需做绝热处理。夏季当输送的气体温度低于环境温度的空气露点温度时，管道外壁会发生结露现象，凝结水滴会污染吊顶、墙面或地面，此时需做防结露的绝热处理。当输送温度较高的气体时，既要防止管道内气体的无效热损失，又要防止在输送废热蒸汽时，热量散发到房间内，影响室温或烫伤人，风管道需做绝热保温处理。

（1）风管（道）绝热材料

风管（道）绝热材料多采用导热系数值在0.035～0.058W/(m·℃）左右，并具有良好的阻燃性，常用的绝热材料有聚苯乙烯泡沫板、岩棉板、超细玻璃棉板和聚氨酯泡沫塑料等。

有些材料的表面可加贴铝箔、玻璃丝布等贴面，可节省面层包裹工序。

保温层的厚度应经过计算，选择经济厚度。目前普遍使用的超细玻璃棉保温材料，根据其不同的密度适用范围较广，既可用作保温又可用作消声材料。

（2）风管（道）及部件绝热施工

风管（道）与部件及空调设备绝热工程施工应在风管系统严密性检验合格后进行；空调工程的制冷剂管道，包括制冷剂和空调水系统绝热工程的施工，应在管路系统强度与严密性检验合格和防腐处理后进行。

管道的绝热结构包括保温层和保护层。绝热工程在施工时，多层管道或施工地点狭窄时，应按先上后下、先里后外的顺序施工，即先隔热层、防潮层，最后是保护层的施工。

① 矩形风管板材绑扎式保温结构

将选用的软木板或甘蔗板等板材，按风管的尺寸及所需保温厚度裁配好，裁配时注意纵横缝的交错。然后将沥青浇在保温板上，用木板刮匀，将保温板迅速粘在风管上。粘合后，用铁丝或打包钢带沿四周捆紧（打包钢带可用打包机咬紧）。风管四角应做铁皮包角。保温层外包以网孔12mm×12mm、直径1mm的镀锌铁丝网，再用0.55mm细铁丝缝合；包铁丝网时，应将铁丝网拉紧，并用骑马钉使铁丝网紧贴在保温板上。然后用20%的Ⅳ级石棉，80%（重量比）等级为32.5的水泥拌合的石棉水泥浆，分两次抹成厚度为15mm的保护壳，最后粉光压平。待保护壳干燥后，按设计涂刷两道调和漆。这种保温结构工程中用得不多，大多由其他结构形式代替。

② 矩形风管板材及木龙骨式保温结构

施工时，先用35mm×35mm的方木沿风管四周钉成木框，其间距可按保温板的长度决定，一般为1～1.2m。然后用圆钉将保温板钉在木龙骨上，每层保温板的纵横缝应交错设置，缝隙处填入松散的保温材料。最后用圆钉将三合板或纤维板钉在龙骨和保温板上。三合板或纤维板外应按照设计要求涂刷两道调合漆。

③ 矩形风管散材、毡材及木龙骨保温结构

施工时，先用方木沿风管四周每隔1.2～1.5m钉好横向木龙骨，并在风管的四角钉上纵向龙骨，然后用矿渣棉毡沿直线包敷。如使用散装矿渣棉或玻璃棉时，应将散材装在用玻璃布缝制的袋内，用线将袋口缝合后再包敷；两侧垂直方向的保温袋，中间应缝线，防止保温层下坠。如采用脲醛塑料保温时，应填入用塑料布缝制的袋内，将袋口缝合严密再包敷，防止脲醛塑料受潮，降低保温效果。保温层填入后，其外层用圆钉将三合板或纤维板钉在木龙骨上。

④ 矩形风管聚苯乙烯泡沫塑料板粘接保温结构

聚苯乙烯泡沫塑料有自熄型和非自熄型两种，一般通风空调工程中均采用自熄型聚苯乙烯泡沫塑料板，施工前必须进行确认。

粘接常采用树脂胶或热沥青。粘接前应用棉纱将风管表面的油污等杂物擦干净，以增加黏结剂的粘接能力，否则易导致塑料板脱落。采用这种保温结构的表面不做其他处理，因此在粘接时，要求塑料板拼搭整齐，小块的放在风管上部，双层保温，小块的放在里面，大块塑料保温板放在外表，以求外形美观。

⑤ 矩形风管岩棉（或玻璃棉）毡、板保温钉固定结构

采用保温钉在风管上固定岩棉（或玻璃棉）毡、板及聚苯乙烯泡沫塑料板，比粘接方法更为简单，在通风空调工程中广为采用。

保温钉有铁制或塑料材质，外形如图5-50。铁制保温钉与垫片的连接，采用钉的端部扳倒的方法固定；塑料保温钉与垫片利用鱼刺形刺而自锁。保温结构如图5-51。施工时应将风管外表面的油污、杂物擦干净。保温钉粘接的数量及分布应满足表5-12的要求。

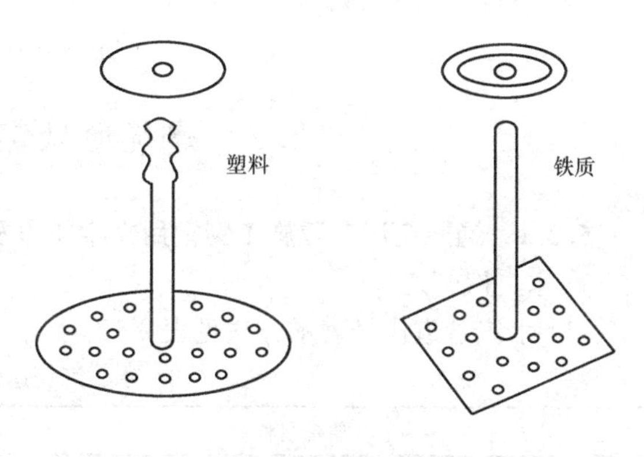

图5-50　保温钉

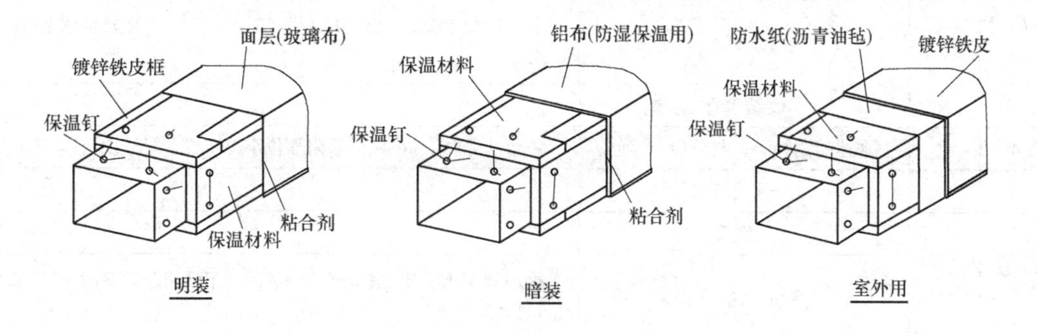

图5-51　用保温钉固定保温材料的结构形式

保温钉的数量 **表 5-12**

保温材料的种类	风管侧面、下面	风管上面
岩棉保温板	20 只/m^2	10 只/m^2
玻璃棉保温板	10 只/m^2	5 只/m^2

目前，国内还生产一种岩棉（或玻璃棉）板外层直接已贴有铝箔玻璃布或铝箔牛纸的一体化保温材料，采用保温钉固定的方法更为简便，可减少外覆铝箔玻璃布防潮、保温层的工序，只是用铝箔玻璃布粘接其横向和纵向接缝，使之成为一个保温整体。

⑥ 圆形风管保温结构

采用玻璃棉毡、沥青矿棉毡及岸棉毡进行保温，结构如图 5-52。包扎风管时，其前后搭接边应紧贴；保温层每隔 300mm 左右用直径 1mm 的镀锌铁丝绑扎。包扎完第 1 层再包第 2 层。做好保温层后，再用玻璃布按螺旋状把保温层缠紧，布的前后搭接量为 50～60mm。如用玻璃棉毡或沥青矿棉毡保温时，应根据设计要求涂刷两道调合漆。

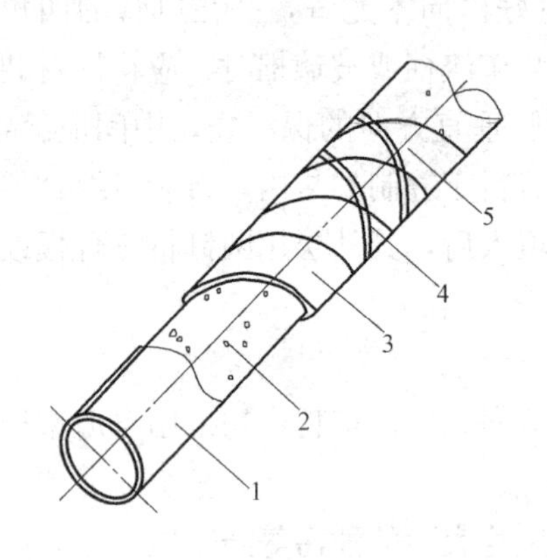

图 5-52 圆形风管的保温结构
1—风管；2—樟丹防锈漆；3—保温层；4—镀锌铁丝；5—玻璃纤维布

5.2 建筑通风空调工程识图

5.2.1 通风空调工程施工图常用文字符号及图例

1. 水、汽管道

(1) 水汽管道代号表示方法见表 5-13。

水、汽管道代号 **表 5-13**

序号	代号	管道名称	备　注
1	R	(供暖、生活、工艺用)热水管	(1)用粗实线、粗虚线区分供水、回水时,可省略代号 (2)可附加阿拉伯数字 1、2 区分供水、回水 (3)可附加阿拉伯数字 1,2,3…表示一个代号、不同参数的多种管道
2	Z	蒸汽管	需要区分宝盒、过热、自用蒸汽时,可在代号前分别附加 B、G、Z
3	N	凝结水管	
4	P	膨胀水管、排污管、排气管、旁通管	需要区分时,可在代号后附加位小写字母,即 P_Z、P_w、P_q、P_t
5	G	补给水管	
6	X	泄水管	
7	XH	循环管、信号管	循环管为粗实线,信号管为细虚线。不致引起误解时,循环管也可以“X”
8	Y	溢排管	

续表

序号	代号	管道名称	备　注
9	L	空调冷却管	
10	LR	空调冷/热水管	
11	LQ	空调冷却水管	
12	n	空调冷凝水管	
13	RH	软化水管	
14	CY	除氧水管	
15	YS	盐液管	
16	FQ	氟汽管	
17	FY	氟液管	

（2）水、汽管道代号表示方法见表5-14。

水、汽管道阀门和附件　　**表5-14**

序号	名　称	图　例	附　注
1	阀门(通用)截止阀	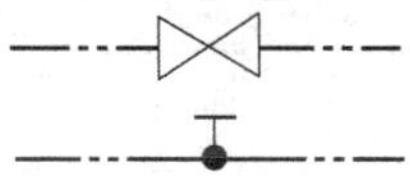	1.没有说明时,表示螺纹连接 快焊连接时  焊接时  2.输测图画法 阀杆为垂直  阀杆为水平 
2	闸阀		
3	手动调节阀	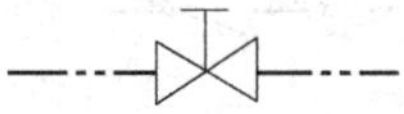	
4	球阀、转心阀		
5	蝶阀	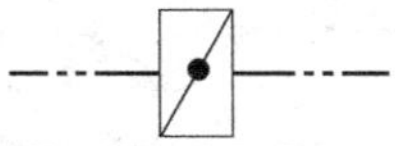	
6	角阀	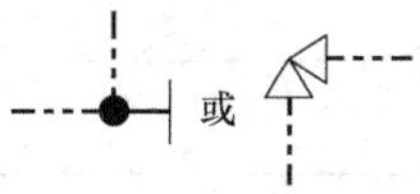 或	
7	平衡阀	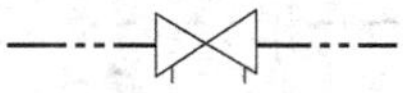	
8	三通阀	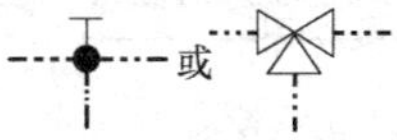 或	

续表

序号	名　　称	图　　例	附　　注
9	四通阀	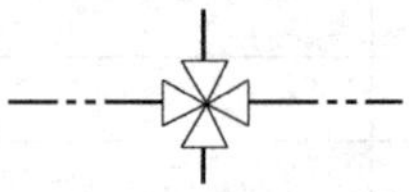	
10	节流阀		
11	膨胀阀	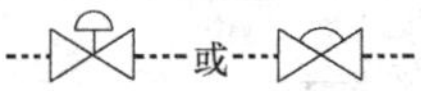 或	也称“隔膜阀”
12	旋塞	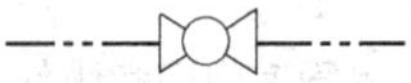	
13	快放阀		也称快速排污阀
14	止回阀	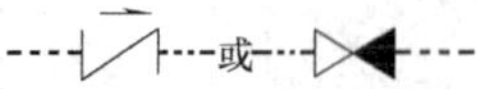 或	左、中为通用画法，流向均由空白三角形至非空白三角形；中也代表升降式止回阀；右代表旋启式止回阀
15	减压阀	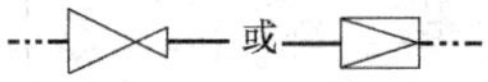 或	左图小三角形为高压端，右图右侧为高压端。其余同阀门类推
16	安全阀		左图为通用，中为弹簧安全阀，右为重锤安全阀
17	浮球阀	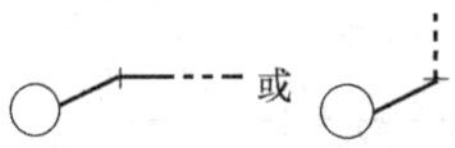 或	
18	变径管异径管	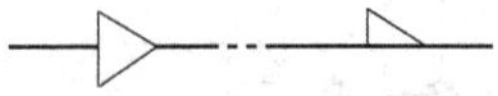	左图为同心异径管，右图为偏心异径管
19	活接头	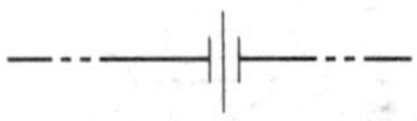	
20	法兰	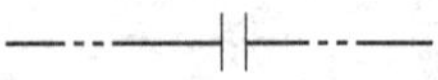	

续表

序号	名　称	图　例	附　注
21	法兰盖	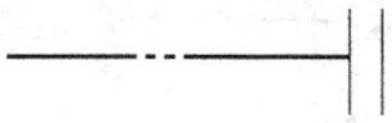	
22	丝堵		也可表示为： 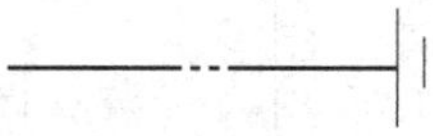
23	可屈挠接头		
24	金属软管		也可表示为： 

2. 风道

(1) 风道代号表示方法见表 5-15。

风道代号　　表 5-15

代号	风道名称	代号	风道名称
K	空调风管	H	回风管(一、二次回风可附加 1、2 区别)
S	送风管	P	排风管
X	新风管	PY	排烟管或排风、排烟共用管道

注：自定义风道代号应避免与表中相矛盾，并应在相应图面说明。

(2) 风道、阀门及附件图例见表 5-16。

风道、阀门及附件图例　　表 5-16

序号	名称	图　例	附　注
1	砌筑风管	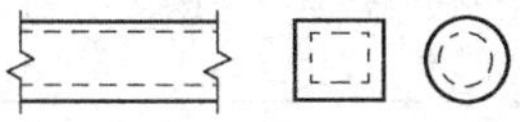	其余均为： 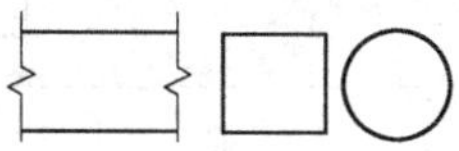
2	带导流片弯头	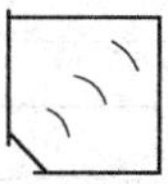	
3	消声器消声弯头	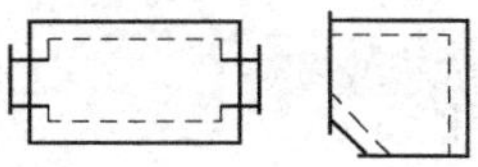	也可表示为： 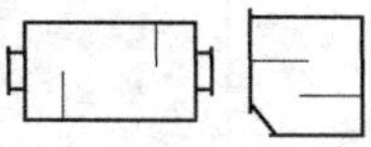
4	插板阀	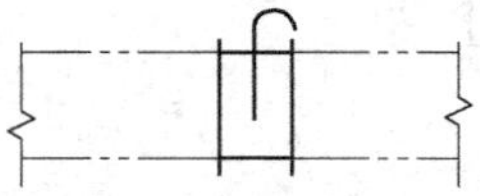	

续表

序号	名称	图例	附注
5	天圆地方		左接矩形风管,右接圆形风管
6	蝶阀		
7	对开多叶调节阀		左为手动,右为电动
8	风管止回阀		
9	三通调节阀		
10	防火阀	70℃	
11	排烟阀	280℃ 280℃	左为280℃动作的常闭阀,右为常开阀。若因图面小,表示方法同上
12	软接头		
13	软管	或光滑曲线(中粗)	
14	风口(通用)	或	
15	气流方向		左为通用表示方法,中表示送风,右表示回风
16	百叶窗		

续表

序号	名称	图　例	附　注
17	散流器	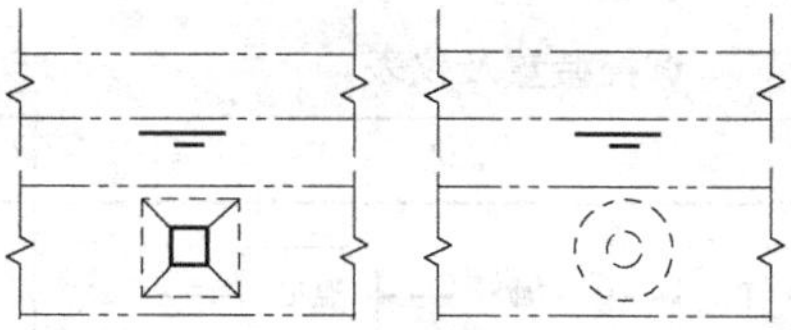	左为矩形散流器，右为圆形散流器。散流器为可见时，虚线改为实线
18	检查孔测量孔	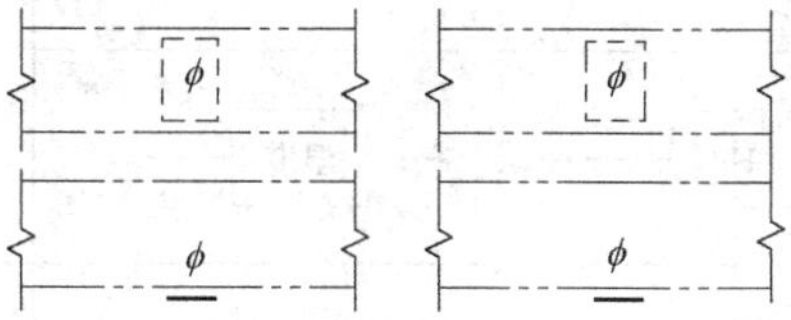	

3. 空调设备

空调设备图例见表5-17。

空调设备 **表5-17**

序号	名称	图　例	附　注
1	轴流风机	 或	
2	离心风机		左为左式风机，右为右式风机
3	水泵		左侧为进水，右侧为出水
4	空气加热、冷却器		左、中分别为单加热、单冷却，右为双功能换热装置
5	板式换热器	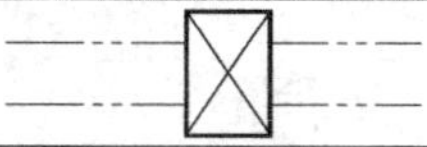	
6	空气过滤器		左为粗效，中为中效，右为高效
7	电加热器		
8	加湿器		
9	挡水板	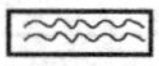	
10	窗式空调器	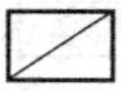	
11	分体空调器		
12	风机盘管		
13	减振器	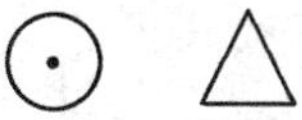	左为平面图画法，右为剖面图画法

4. 调控装置及仪表

调控装置及仪表图例见表 5-18。

调控装置及仪表 **表 5-18**

序号	名称	图 例	附 注
1	温度传感器	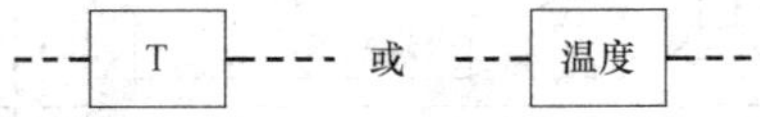 T 或 温度	
2	湿度传感器	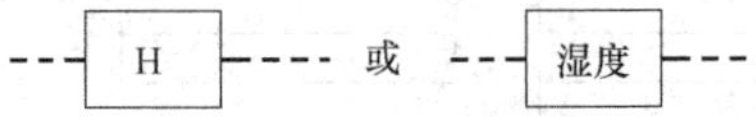 H 或 湿度	
3	压力传感器	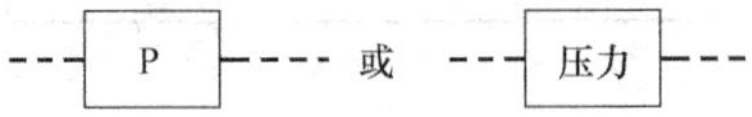 P 或 压力	
4	压差传感器	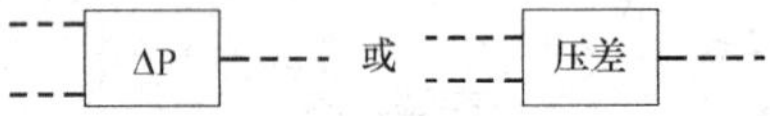 ΔP 或 压差	
5	弹簧执行机构		
6	重力执行机构	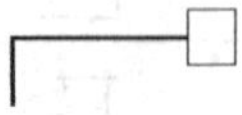	
7	浮力执行机构	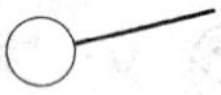	
8	活塞执行机构		
9	膜片执行机构		
10	电动执行机构	 ~ 或	
11	电磁(双位)执行机构	 M 或	
12	记录仪	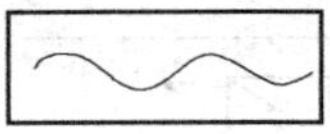	
13	温度计	 T 或	左为圆盘式温度计，右为管式温度计
14	压力表	 或	

续表

序号	名称	图　例	附　注
15	流量计	F.M. 或	
16	能量计	F.M. 或 T1 T2	
17	水流开关	F	

5.2.2　通风空调工程施工图组成

在通风空调工程平面图上主要表明风机、通风管道、风口、阀门等设备和部件在平面上的布置，主要尺寸及它们与建筑尺寸的关系等。

（1）系统图

通风空调系统图表明整个通风系统所有管路和设备的布置和连接关系；设备及管路的安装高度、规格、型号及数量等情况。

（2）剖面图

通风空调系统剖面图表明通风管路及设备在建筑物中的垂直位置、相互之间的关系、标高及尺寸。

（3）详图

又称大样图，包括制作加工详图和安装详图，若选用国家标准，只需注明图号，不必再画图。若为非标准产品，则必须画出大样图，以便加工制作和安装。

5.2.3　通风空调工程施工图识读方法

（1）阅读设计说明，了解该工程设计者意图，通风管及设备的选型情况及有关施工要求。

（2）阅读通风空调工程平面图，送风系统可顺着气流流动方向逐段阅读，排风系统可以从吸风口看起，沿着管路直到室外排风口。

（3）阅读通风空调工程系统图，了解管道、部件及设备的布置情况，管道及部件的规格型号。

5.2.4　通风空调工程识读实例

如图5-53～图5-57所示，为某建筑物内安装恒温恒湿通风系统两组，每组有一台恒温恒湿机，配DAC26冷凝器，通风系统用玻璃钢风管。部件有防火阀520mm×400mm 4个，密闭对开式调节阀1200mm×400mm 4个，直片式散流器250mm×250mm 48个，密闭对开多叶调节阀250mm×250mm 48个，据所学知识读图，说明该图所表达的工程内容。

（1）平面图

从平面图5-53上可看到该建筑物有两个送风系统，分别为K-1和K-2。K-1系统有两条主送风管，风管为矩形，尺寸为 200mm×400mm。在送风主管上各安装一个密闭对开式调节阀，共安装 4 个。

（2）系统图

从 K-1 系统图上可看到，该系统送风由两根截面为 520mm×400mm 的风管接至主送风管，再由截面为 1200mm×400mm 的主送风管分两路供给各散流器。每支风管上各安装 12 个散热器，每个散流器前各安装多叶调节阀 1 个。在风管（截面为 520mm×400mm）上各安装防火阀 1 个。与散流器相连的风管截面为 250mm×250mm，该系统还安装恒温恒湿机一台。K-2 系统布置与 K-1 系统相同。

（3）剖面图

从剖面图上可看到各散热器安装高度，距地 4.5m，与散流器相连的各支送风管管底标高为 5.8m。

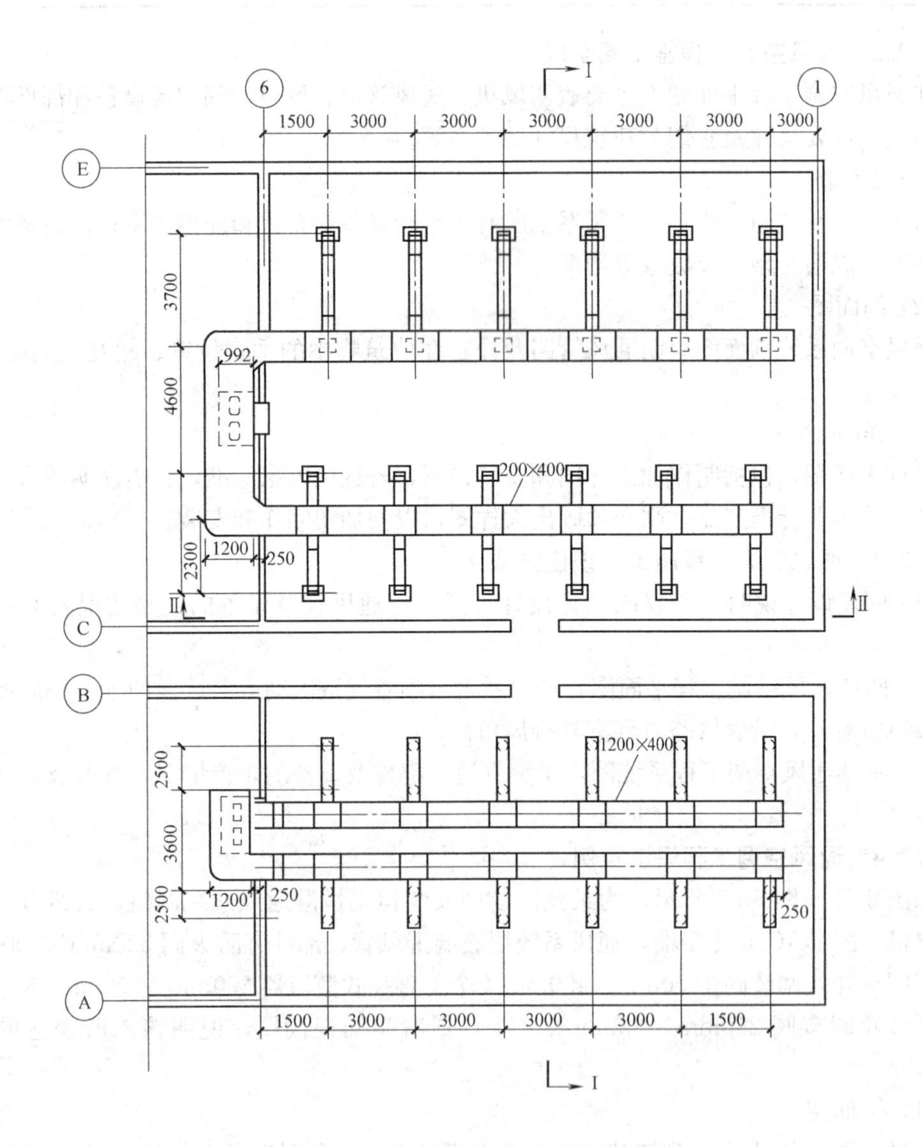

图 5-53 某建筑通风平面布置图

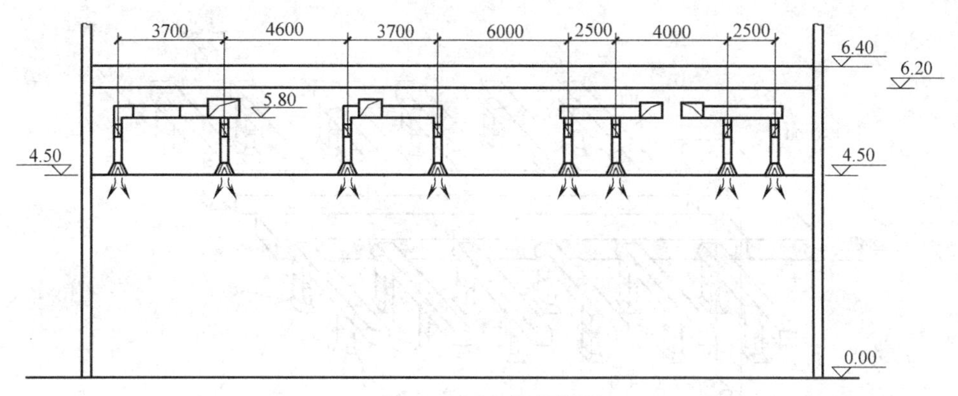

图 5-54　Ⅰ-Ⅰ部视图

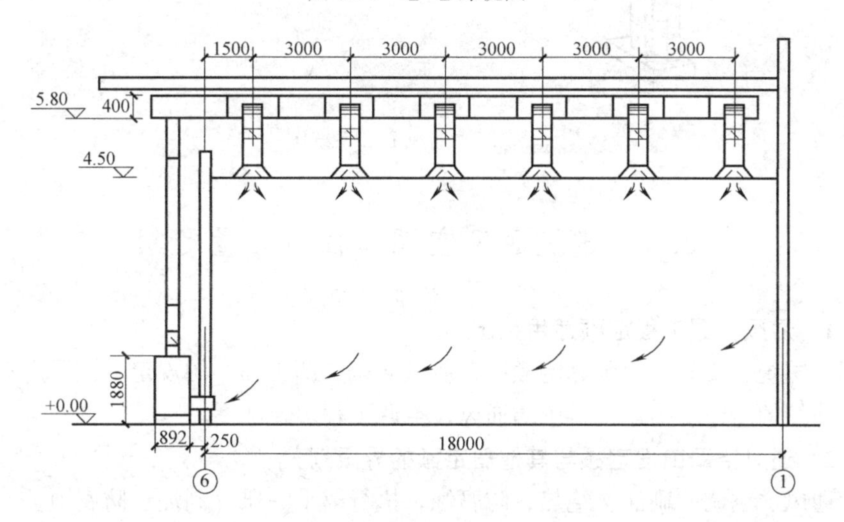

图 5-55　Ⅱ-Ⅱ部视图

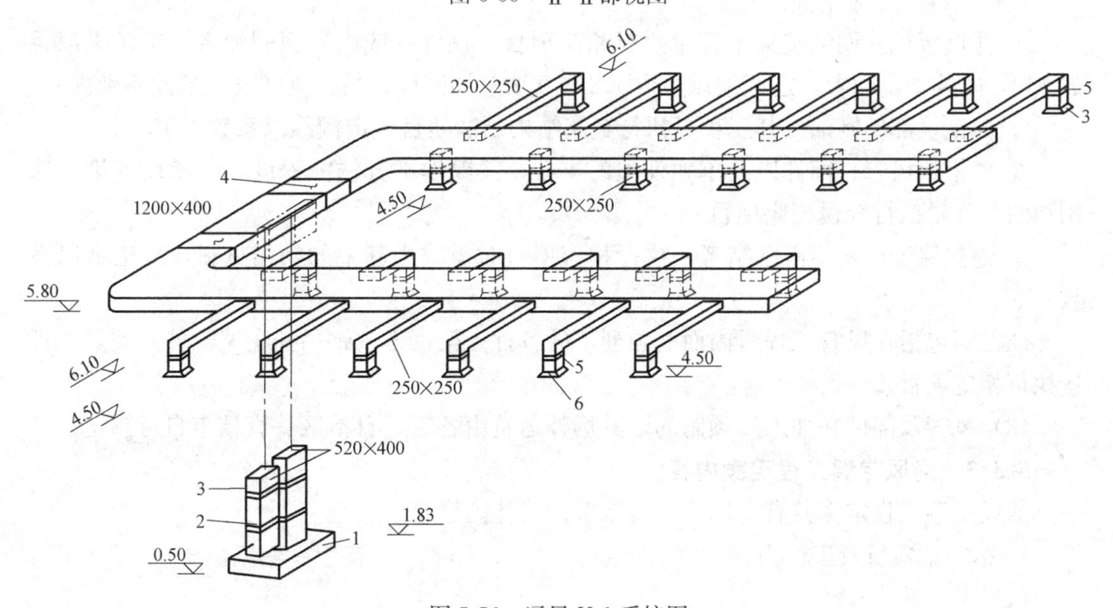

图 5-56　通风 K-1 系统图

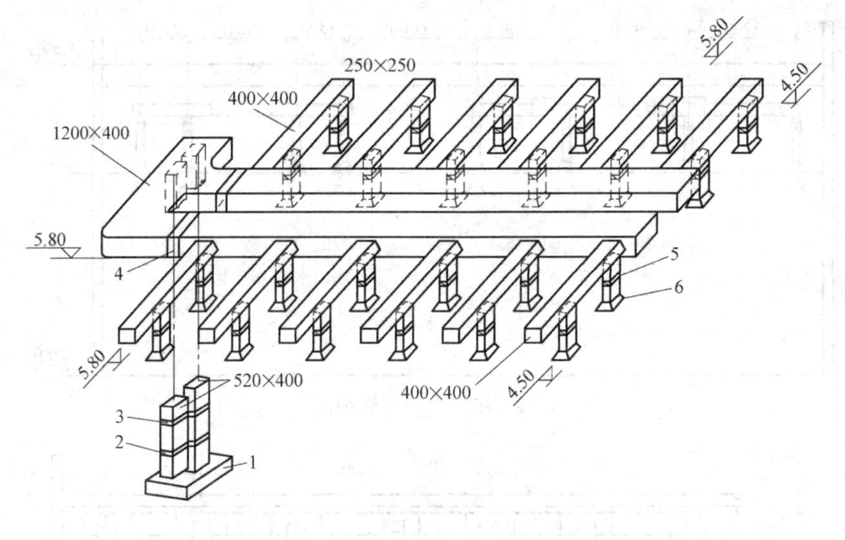

图 5-57　通风 K-2 系统图

5.3　建筑通风空调工程消耗量定额

5.3.1　通风空调工程定额适用范围

根据全国统一安装工程预算定额第九册《通风空调工程》的规定，该册定额适用于工业与民用建筑的新建、扩建项目中的通风、空调工程。

5.3.2　通风空调工程定额与其他册定额的界限划分

(1) 通风、空调的刷油、绝热、防腐蚀，执行第十一册《刷油、防腐蚀、绝热工程》相应定额：

① 薄钢板风管刷油按其工程量执行相应项目，仅外（或内）面刷油者，定额乘以系数 1.2，内外均刷油者，定额乘以系数 1.1（其法兰加固框、吊托支架已包括此系数内）。

② 薄钢板部件刷油按其工程量执行金属结构刷油项目，定额乘以系数 1.15。

③ 薄钢板风管、部件以及单独列项的支架，其除锈不分锈蚀程度，一律按其第一遍刷油的工程量执行轻锈相应项目。

④ 绝热保温材料不需粘结者，执行相应项目时需减去其中的粘结材料，人工乘以系数 0.5。

(2) 不包括在风管工程量内而单独列项的各种支架（不锈钢吊托支架除外）按其工程量执行相应项目。

(3) 风管及部件在加工厂预制的，其场外运费由各省、自治区、直辖市自行制定。

5.3.3　通风空调工程定额内容

通风空调工程定额共有十四章，各章节的具体内容是：

1. 第一章项目及工作内容

(1) 该章项目内容

镀锌薄钢板，圆形风管及矩形风管（&＝1.2mm 以内咬口）制作安装；薄钢板圆形及矩形风管（&=2～3mm以内焊接）制作安装；柔性软风管安装及柔性软风管阀门安装；软管接口、风管接口、风管检查孔（T614）制作安装。

（2）工作内容

① 风管制作：放样、下料、卷圆、折方、轧口、咬口，制作直管、管件、法兰、吊托支架，钻孔、铆焊、上法兰、组对。

② 风管安装：找标高、打支架墙洞、配合预留孔洞、埋设吊托架，组装、风管就位、找平、找正，制垫、垫垫、上螺栓、紧固。

③ 整个通风系统设计采用渐缩管均匀送风者，圆形风管按平均直径，矩形风管按平均周长执行相应规格项目，其人工乘以系数2.5。

④ 镀锌薄钢板风管项目中的板材是按镀锌薄钢板编制的，如设计要求不用镀锌薄钢板者板材可以换算，其他不变。

⑤ 风管导流叶片不分单叶片和香蕉形双叶片均执行同一项目。

⑥ 如制作空气幕送风管时，按矩形风管平均周长执行相应风管规格项目，其人工乘以系数3，其余不变。

⑦ 薄钢板通风管道制作安装项目中，包括弯头、三通、变径管、天圆地方等管件及法兰、加固框和吊托支架的制作用工，但不包括跨风管落地支架，落地支架执行设备支架项目。

⑧ 薄钢板风管项目中的板材，如设计要求厚度不同者可以换算，但人工、机械不变。

2. 第二章项目及工作内容

（1）该章项目内容

调节阀制作，包括空气加热器上旁通阀、圆形瓣式启动阀、圆形保温蝶阀、矩形保温蝶阀、圆形蝶阀、止回阀、插板阀、风管防火阀等；调节阀安装包括空气加热器上通阀、风管蝶阀、止回阀、多叶调节阀、风管防火阀等。

（2）工作内容

① 调节阀制作：放样、下料、制作短管、阀板、法兰、零件，钻孔、铆焊、组合成型。

② 调节阀安装：号孔、钻孔、对口、校正、制垫、垫垫、上螺栓、紧固、试动。

3. 第三章项目及工作内容

（1）该章项目内容

风口制作包括带调节板活动百叶风口、单层百叶风口、双层百叶风口、三层百叶风口、矩形风口、旋转吹风口、圆形直片式散流器、方形直片散流器、单面双面送吸风口、网式吹风口等。风口安装包括百叶风口、矩形送风口、旋转吹风口、方形散流器、网式风口、钢百叶窗等。

（2）工作内容

① 风口制作：放样、下料、开孔、制作零件、阀板、外框、叶片、网框、调节板、拉杆、导风板、弯管、天圆地方、扩散管、法兰，钻孔、铆焊、组合成型。

② 风口安装：对口、上螺栓、制垫、垫垫、找正、找平、试动、调整。

4. 第四章项目及工作内容

（1）该章项目内容

包括圆伞形风帽、锥形风帽、筒形风帽、风帽筝绳、风帽泛水等。

（2）工作内容

① 风帽制作：放样、下料、咬口、制作法兰、零件，钻孔、铆焊、组装。

② 风帽安装：安装、找正、找平、制垫、垫垫、上螺栓、固定。

5. 第五章项目及工作内容

（1）该章项目内容

包括：皮带防护罩、电机防雨罩、中、小型零件焊接台排气罩、吹、吸式槽边通风罩、各型风罩调节阀、升降式排气罩、手锻炉排气罩等。

（2）工作内容

① 罩类制作：放样、下料、卷圆、制作罩体、来回弯、零件、法兰，钻孔、铆焊、组合成型。

② 罩类安装：埋设支架、吊装、对口找正、制垫、垫垫、上螺栓、固定配重环及钢丝绳，试动调整。

6. 第六章项目及工作内容

（1）该章项目内容

包括：片式消声器、矿棉管式消声器、聚酯泡沫式消声器、弧形声流式消声器等。

（2）工作内容

① 制作：放样、下料、钻孔、制作内外套管、木框架、法兰、铆焊、粘贴，填充消声材料，组合。

② 安装：组对、安装、找正、找平、制垫、垫垫、上螺栓、固定。

7. 第七章项目及工作内容

（1）该章项目内容

包括：钢板密闭门、挡水板、滤水器、溢水盘、金属空调器壳体、设备支架等。

（2）工作内容

① 金属空调器壳体：

1）制作：放样、下料、调直、钻孔、制作箱体、水槽、焊接、组合、试装。

2）安装：就位、找平、找正，连接、固定、表面清理。

② 挡水板

1）制作：放样、下料、制作曲板、框架、底座、零件，钻孔、焊接、成型。

2）安装：找平、找正，上螺栓、固定。

③ 滤水器、溢水盘

1）制作：放样、下料、制配零件，钻孔、焊接、上网、组合成型。

2）安装：找平、找正、焊接管道、固定。

④ 密闭门

1）制作：放样、下料、制作门框、零件、开视门，填料、铆焊、组装。

2）安装：找正、固定。

⑤ 设备支架

1）制作：放样、下料、调直、钻孔、焊接、成型。

2）安装：测位、上螺栓、固定、打洞、埋支架。

⑥ 清洗槽、浸油槽、晾干架、LWP 滤尘器制作安装执行设备支架项目。

⑦ 风机减振台座执行设备支架项目，定额中不包括减振器用量，应依设计图纸按实计算。

⑧ 玻璃挡水板执行钢板挡水板相应项目，其材料、机械均乘以系数 0.45，人工不变。

⑨ 保温钢板密闭门执行钢板密闭门项目，其材料乘以系数 0.5，机械乘以系数 0.45，人工不变。

8. 第八章项目及工作内容

(1) 该章项目内容

包括：空气加热器（冷却器）安装、离心式通风机安装、轴流式通风机安装，屋顶式通风机安装，除尘设备安装，空调器安装，风机盘管安装，分段组装式空调器安装。

(2) 工作内容

① 开箱检查设备、附件、底座螺栓。

② 吊装、找平、找正、垫垫、灌浆，螺栓固定、装梯子。

③ 通风机安装项目内包括电动机安装，其安装形式包括 A、B、C 或 D 型，也适用不锈钢和塑料风机安装。

④ 设备安装项目的基价中不包括设备费和相应配备的地脚螺栓价值。

⑤ 诱导器安装执行风机盘管安装项目。

⑥ 风机盘管的配管执行第八册相应项目。

9. 第九章净化通风管道及部件制作安装项目及工作内容

(1) 该章项目内容

包括：矩形净化风管（咬口）制作安装、静压箱、过滤器框架、高效过滤器安装、净化工作台安装、风淋室安装等。

(2) 工作内容

① 风管制作：放样、下料、折方、轧口、咬口，制作直管、管件、法兰、吊托支架，钻孔、铆焊、上法兰、组对、口缝外表面涂密封胶，风管内表面清洗、风管两端封口。

② 风管安装：找标高、找平、找正、配合预留孔洞、打支架墙洞、埋设吊托架，风管就位、组装、制垫、垫垫、上螺栓、紧固，风管内表面清洗、管口封闭、法兰口涂密封胶。

③ 部件制作：放样、下料、零件、法兰、预留预埋，钻孔、铆焊、制作、

组装、擦洗。

④ 部件安装：测位、找平、找正、制垫、垫垫、上螺栓、清洗。

⑤ 高、中、低效过滤器，净化工作台，风淋室安装：开箱、检查、配合钻孔、垫垫、口缝涂密封胶、试压、正式安装。

⑥ 净化通风管道制作安装项目中包括弯头、三通、变径管、天圆地方等管件及法兰、

加固框和吊托支架，不包括过跨风管落地支架。落地支架执行设备支架项目。

⑦ 净化风管项目中的板材，如设计厚度不同者可以换算，人工、机械不变。

⑧ 圆形风管执行本章矩形风管相应项目。

⑨ 风管涂密封胶是按全部口缝外表面抹涂考虑的，如设计要求口缝不涂抹而只在法兰处涂抹者，每 $10m^2$ 风管应减去密封胶 1.5kg 和人工 0.37 工日。

⑩ 过滤器安装项目中包括试装、如设计不要求试装者，其人工、材料、机械不变。

风管及部件项目中，型钢未包括镀锌费，如设计要求镀锌时，另加镀锌费。

铝制孔板风口如需电化处理时，另加电化费。

低效过滤器指：M-A 型、WL 型、LWP 型等系列。

中效过滤器指：ZKL 型、YB 型、M 型、ZX-1 型。

高效过滤器指：GB 型、GS 型、JX-2 型。

净化工作台指：XHK 型、BZK 型、SXP 型、SZP 型、SZX 型、SW 型、SZ 型、SXZ 型、TJ 型、CJ 型等系列。

洁净室安装以重量计算，执行第八章“分段组装式空调安装”项目。

本章定额按空气洁净度 100000 级编制的。

10. 第十章不锈钢通风管及部件制作安装项目及工作内容

(1) 该章项目内容

包括：不锈钢板圆形风管、风口、吊托支架等制作安装。

(2) 工作内容

① 不锈钢风管制作：放样、下料、卷圆、折方、制作管件、组对焊接、试漏、清洗焊口。

② 不锈钢风管安装：找标高、清理墙洞、风管就位、组对焊接、试漏、清洗焊口、固定。

③ 部件制作：下料、平料、开孔、钻孔、组对、铆焊、攻丝、清洗焊口、组装固定，试动、短管、零件、试漏。

④ 部件安装：制垫、垫垫、找平、找正、组对、固定、试动。

⑤ 矩形风管执行本章圆形风管相应项目。

⑥ 不锈钢吊托架支架本章相应项目。

⑦ 风管凡以电焊考虑的项目，如需使用手工氩弧焊者，其人工乘以系数 1.328，材料乘以系数 1.163，机械乘以系数 1.673。

⑧ 风管制作安装项目中包括管件，但不包括法兰和吊托支架；法兰和吊托支架应单独列项计算执行相应项目。

⑨ 风管项目中的板材如设计要求厚度不同者可以换算，人工、机械不变。

11. 第十一章铝板通风管道及部件制作安装项目及工作内容

(1) 该章项目内容

包括：铝板圆形风管（气焊）、铝板矩形风管（气焊）、圆形伞风帽、圆形法兰（气焊、手工氩弧焊）、矩形法兰风口（气焊、手工氩弧焊）等。

(2) 工作内容

① 风管凡以电焊考虑的项目，如需使用手工氩弧焊者，其人工乘以系数 1.154，材料

乘以系数 0.852，机械乘以系数 9.242。

② 风管制作安装项目中包括管件，但不包括法兰和吊托支架；法兰和吊托支架应单独列项计算执行相应项目。

12. 第十二章塑料通风管及部件制作安装项目及工作内容

(1) 该章项目内容

包括：塑料圆形及矩形风管、楔形、圆形、矩形空气分布器，直片式散流器、蝶阀，各种罩及风帽、伸缩节等。

(2) 工作内容及有关规定

① 风管制作安装项目中包括管件、法兰、加固框，但不包括吊托支架，吊托支架执行相应定额。

② 风管制作安装项目中的主体，板材（指每 $10m^2$ 定额用量为 $11.6m^2$ 者），如设计要求厚度不同者可以换算，人工、机械不变。

③ 风管工程量在 $30m^2$ 以上，每 $10m^2$ 风管的胎具摊销木材为 $0.06m^3$，按地区预算价格计算胎具材料摊销费。

④ 风管工程量在 $30m^2$ 以下的，每 $10m^2$ 风管的胎具摊销木材为 $0.09m^3$，按地区预算价格计算胎具材料摊销费。

13. 第十三章玻璃钢通风管及部件制作安装项目及工作内容

(1) 该章项目内容

包括：玻璃通风管道安装，分厚度 4mm 以内和 4mm 以外的各种圆形、矩形风管安装，还包括玻璃钢通风管道部件安装。

(2) 工作内容

① 风管：找标高、打支架墙洞、配合预留孔洞、吊托支架制作及埋设、风管配合修补、粘结、组装就位、找平、找正、制垫、垫垫、上螺栓、紧固。

② 部件：组对、组装、就位、找正、制垫、垫垫、上螺栓、紧固。

③ 玻璃钢通风管道安装项目中，包括弯头、三通、变径管、天圆地方等管件的安装及法兰、加固框和吊托支架的制作安装，不包括过跨风管落地支架。落地支架执行设备支架项目。

④ 该定额玻璃钢风管及管件按计算工程量加损耗外加工订作，其价值按实际价格；风管修补应由加工单位负责，其费用按实际价格发生，计算在主材费内。

⑤ 定额内未考虑预留铁件的制作和埋设，如果设计要求用膨胀螺栓安装吊托支架者，膨胀螺栓可按实际调整，其余不变。

14. 第十四章复合型风管制作安装项目及工作内容

(1) 该章项目内容

包括：复合型圆形及矩形风管的制作安装。

(2) 工作内容

① 制作：放样、切割、开槽、成型、粘合、钻孔、组合。

② 安装：就位、制垫、垫垫、连接、找平、找正、固定。

5.3.4 通风空调工程定额费用的规定

(1) 脚架搭拆费按人工费的 3%计算，其中人工工资占 25%。

（2）高层建筑增加费（指高度在6层或20m以上的工业与民用建筑）按表5-19计算（其中全部为人工工资）：

高层建筑增加费系数表　　表5-19

层数	9层以下（30m）	12层以下（40m）	15层以下（50m）	18层以下（60m）	21层以下（70m）	24层以下（80m）	27层以下（90m）	30层以下（100m）	33层以下（110m）
按人工费的(%)	1	2	3	4	5	6	8	10	13
层数	36层以下（120m）	39层以下（130m）	42层以下（140m）	45层以下（150m）	48层以下（160m）	51层以下（170m）	54层以下（180m）	57层以下（190m）	60层以下（200m）
按人工费的(%)	16	19	22	25	28	31	34	37	40

（3）超高增加费（指操作物高度距离地面6m以上的工程）按人工费的15%计算。

（4）系统调整费按系统工程人工费的13%计算，其中人工工资占25%。

（5）安装与生产同时进行增加的费用，按人工费的10%计算。

（6）在有害身体健康的环境中施工增加的费用，按人工费的10%计算。

5.3.5 套用定额应注意的问题

（1）各种材质、各种形状的风管均按图不同规格以展开面积计算。检查孔、测定孔、送风口、吸风口等所占面积不扣除。

（2）计算各种风管长度时，一律以图注中心线长度为准，包括弯头、三通、变径管、天圆地方等管件的长度，但不包括部件所在位置的长度。因此在计算风管长度时，应减去部件所占位置的长度。

部分通风部件的长度如下所述。

① 蝶阀：$L=150$mm。

② 止回阀：$L=300$mm。

③ 密闭式对开多叶调节阀：$L=210$mm。

④ 圆形风管防火阀：$L=D+240$mm。

⑤ 矩形风管防火阀：$L=B+240$mm；B为风管高度。

⑥ 密闭式斜插板阀，见表5-20。

密闭式斜插板阀长度　(mm)　　表5-20

型号	1	2	3	4	5	6	7	8	9	10	11	12	13	14	15	16
D	80	85	90	95	100	105	110	115	120	125	130	135	140	145	150	155
L	280	285	290	300	305	310	315	320	325	330	335	340	345	350	355	360
型号	17	18	19	20	21	22	23	24	25	26	27	28	29	30	31	32
D	160	165	170	175	180	185	190	195	200	205	210	215	220	225	230	235
L	365	365	370	375	380	385	390	395	400	405	410	415	420	425	430	435
型号	33	34	35	36	37	38	39	40	41	42	43	44	45	46	47	48
D	240	245	250	255	260	270	275	280	285	290	300	310	320	330	340	350
L	440	445	450	455	460	465	470	475	480	485	490	500	510	520	530	540

注：D为风管直径。

⑦ 塑料手柄式蝶阀。如表5-21所示。

塑料手柄式蝶阀长度　　(mm)　　表 5-21

型号		1	2	3	4	5	6	7	8	9	10	11	12	13	14
圆形	D	100	120	140	160	180	200	220	250	280	320	360	400	450	500
	L	160	160	160	180	200	220	240	270	380	340	380	420	470	520
方形	A	120	160	200	250	320	400	500							
	L	160	180	220	270	340	420	520							

注：D 为风管外径，A 为方形风管外边框。

⑧ 塑料拉链式蝶阀。见表 5-22。

塑料拉链式蝶阀长度　　(mm)　　表 5-22

型号		1	2	3	4	5	6	7	8	9	10	11
圆形	D	200	220	250	280	320	360	400	450	500	560	630
	L	240	240	270	300	340	380	420	470	520	580	650
方形	A	200	250	320	400	500	630					
	L	240	270	340	420	520	650					

注：D 为风管外径，A 为方形风管外边宽。

⑨ 塑料圆形插板阀。见表 5-23。

塑料圆形插板阀长度　　(mm)　　表 5-23

型号	1	2	3	4	5	6	7	8	9	10	11
D	200	220	250	280	320	360	400	450	500	560	630
L	200	200	200	200	300	300	300	300	300	300	300

注：D 为风管外径。

⑩ 塑料方形插板阀。见表 5-24。

塑料方形插板阀　　(mm)　　表 5-24

型号	1	2	3	4	5	6
A	200	250	320	400	500	630
L	200	200	200	200	300	300

注：A 为方形风管外边宽。

(3) 在进行展开面积计算时，风管直径和周长按图注尺寸展开，咬口重叠部分不计。

(4) 通风管主管与支管从其中心交点处划分，以确定中心线长度。如图 5-58～图 5-60所示。

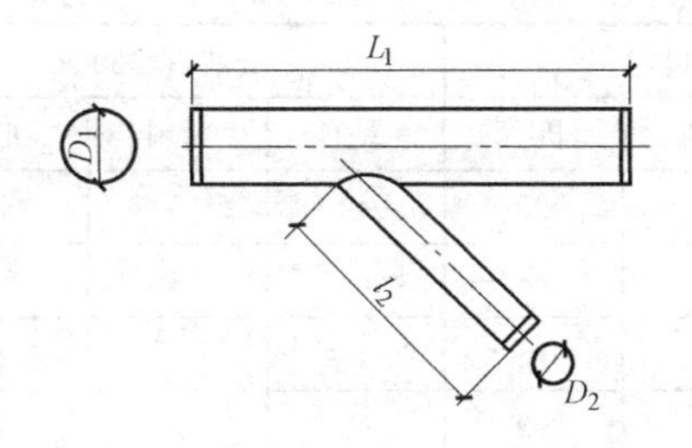

图 5-58　斜三通

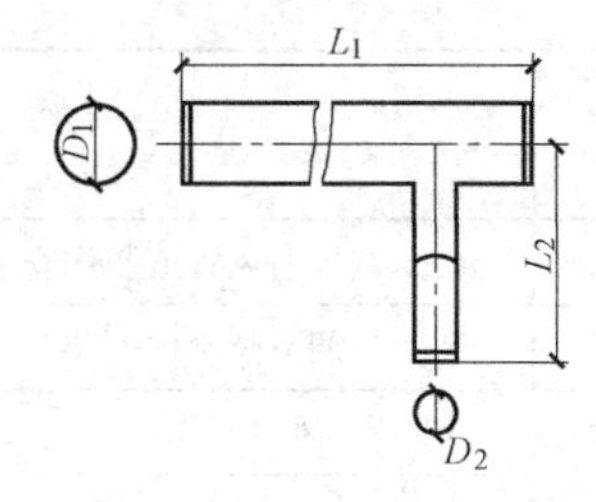

图 5-59　正三通

在图 5-58 中，主管展开面积为 $S_1=\pi D_1 L_1$

支管展开面积为 $S_2=\pi D_2 L_2$

在图 5-59 中，主管展开面积为 $S_1=\pi D_1 L_1$

支管展开面积为 $S_2=\pi D_2 L_2$

在图 5-60 中，主管展开面积为 $S_1=\pi D_1 L_1$

支管 1 展开面积为 $S_2=\pi D_2 L_2$

支管 2 展开面积为 $S_3=\pi D_3(L_{31}+L_{32}+2\pi r\theta)$

式中 θ——弧度，θ=角度×0.01745；

角度——中心线夹角；

r——弯曲半径。

以上各展开面积的单位均为 mm^2。

(5) 风管导流片均按叶片面积计算

单叶片计算公式为：$F=2\pi r\theta b$

双叶片计算公式为：$F=2\pi(r_1\theta_1+r_2\theta_2)b$

式中 b——导流叶片宽度；

θ——弧度，θ=角度×0.01745；

r——弯曲半径，r_1 为外叶片半径，r_2 为内叶片半径。详见示意图 5-61。

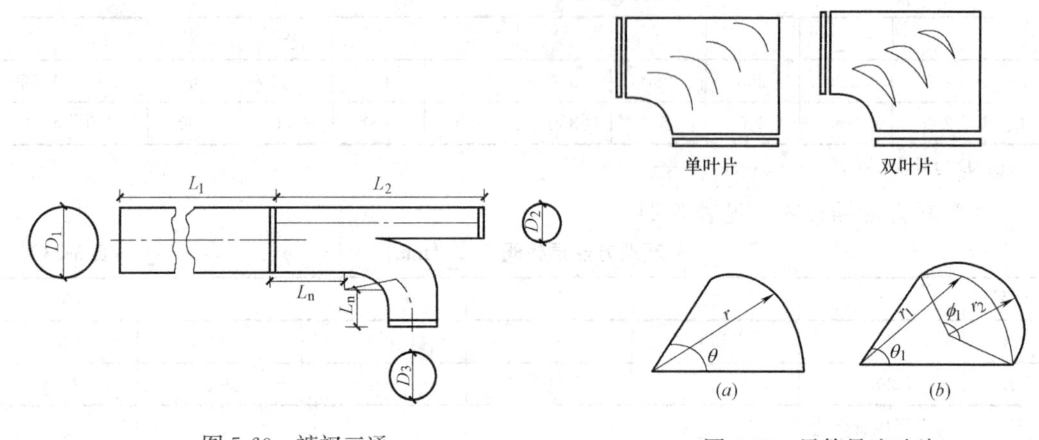

图 5-60 裤衩三通

图 5-61 风管导流叶片

5.3.6 制作费与安装费比例划分

制作费与安装费比例划分 表 5-25

章号	项目	制作占(%)			安装占(%)		
		人工	材料	机械	人工	材料	机械
第一章	薄钢板通风管道制作安装	60	95	95	40	5	5
第二章	调节阀制作安装	—	—	—	—	—	—
第三章	风口制作安装	—	—	—	—	—	—
第四章	风帽制作安装	75	80	99	25	20	1
第五章	罩类制作安装	78	98	95	22	2	5

续表

章号	项　　目	制作占(%)			安装占(%)		
		人工	材料	机械	人工	材料	机械
第六章	消声器制作安装	91	98	99	9	2	1
第七章	空调部件及设备支架制作安装	86	98	95	14	2	5
第八章	通风空调设备安装	—	—	—	100	100	100
第九章	净化通风管道及部件制作安装	60	85	95	40	15	5
第十章	不锈钢通风管道及部件制作安装	72	95	95	28	5	5
第十一章	铝板通风管道及部件制作安装	68	95	95	32	5	5
第十二章	塑料通风管道及部件制作安装	85	95	95	15	5	5
第十三章	玻璃钢管道及部件制作安装	—	—	—	100	100	100
第十四章	复合型风管制作安装	60	—	99	40	100	1

5.4　建筑通风空调工程工程量清单计算规则

5.4.1　通风空调工程工程量计算规则

1. 通风空调设备及部件制作安装工程量计算规则

根据《通用安装工程工程量计算规范》GB 50856—2013 及《全国统一安装工程预算定额　第九册　通风空调工程》GYD-209-2000 的规定，通风空调设备及部件制作安装的工程量计算规则见表 5-26。

通风空调设备及部件制作安装的工程量计算规则　　表 5-26

项目清单编码	项目名称	《通用安装工程工程量计算规范》GB 50856—2013		《全国统一安装工程预算定额　第九册　通风空调工程》GYD-209-2000	
		工程量计算规则	备注	工程量计算规则	备注
030701001	空气加热器(冷却器)	按设计图示数量计算	空调设备安装的地脚螺栓按设备自带考虑	(1)风机安装，按设计不同型号以“台”为计量单位 (2)整体式空调机组安装，空调器按不同质量和安装方式，以“台”为计量单位；分段组装空调器，按质量以“kg”为计单位 (3)风机盘管安装，按安装方式不同以“台”为计量单位 (4)空气加热器、除尘设备安装，按质量不同以“台”为计量单位	本定额高层建筑增加费用只考虑了人工降效。各种材料的垂直运输，施工人员上下班使用的外用电梯费用，上下通信联络，高层建筑施工用水加压等执行各地区建筑工程定额中的有关规定
030701002	除尘设备				
030701003	空调器				
030701004	风机盘管				
030701005	表冷器				
030701006	密闭门				
030701007	挡水板				
030701008	滤水器、溢水盘				
030701009	金属壳体				
030701010	过滤器	(1)按设计图示数量计算 (2)按设计图示尺寸以过滤面积计算			

续表

项目清单编码	项目名称	《通用安装工程工程量计算规范》GB 50856—2013		《全国统一安装工程预算定额　第九册　通风空调工程》GYD-209-2000	
		工程量计算规则	备注	工程量计算规则	备注
030701011	净化工作台	按设计图示数量计算	空调设备安装的地脚螺栓按设备自带考虑		
030701012	风淋室				
030701013	洁净室				
030701014	除湿机			/	/
030701015	人防过滤吸收器			/	/

2. 通风空调管道制作安装工程量计算规则

根据《通用安装工程工程量计算规范》GB 50856—2013 及《全国统一安装工程预算定额　第九册　通风空调工程》GYD-209-2000 的规定，通风空调管道制作安装的工程量计算规则见表 5-27。

通风空调管道制作安装的工程量计算规则　　表 5-27

项目编码	项目名称	《通用安装工程工程量计算规范》GB 50856—2013		《全国统一安装工程预算定额　第九册　通风管道制作安装》GYD-209-2000	
		工程量计算规则	备注	工程量计算规则	备注
030702001	碳钢通风管道	按设计图示内径尺寸以展开面积计算	(1)风管展开面积，不扣除检查孔、测定孔、送风口、吸风口等所占面积；风管长度一律以设计图示中心线长度为准(主管与支管以其中心线交点划分)，包括弯头、三通、变径管、天圆地方等管件的长度，但不包括部件所占的长度。风管展开面积不包括风管、管口重叠部分面积。风管渐缩管：圆形风管按平均直径，矩形风管按平均周长。	(1)风管制作安装，已施工图规格不同按展开面积计算，不扣除检查孔、测定孔、送风口、吸风口等所占面积。圆形风管的计算式为 $F=\pi DL$ 式中：F—圆形风管展开面积(m^2) D—圆形风管直径(m) L—管道中心线长度(m) 矩形风管按图示周长乘以管道中心线长度计算	(1)整个通风系统设计采用渐缩管均匀送风者，圆形风管按平均直径、矩形风管按平均周长计算 (2)塑料风管、复合型材料风管制作安装定额所列规格直径为内径，周长为内周长 (3)柔性软风管安装，按图示管道中心线长度以“m”为计量单位。柔性软风管阀门安装以“个”为计量单位 (4)软管(帆布接口)制作安装，按图示尺寸以“m^2”为计量单位 (5)薄钢板通风管道、净化通风管道、玻璃钢通风管道、复合型材料通风管道的制作安装中，已包括法兰、加固框和吊托支架，不得另行计算
030702002	净化通风管道				
030702003	不锈钢板通风管道				
030702004	铝板通风管道				
030702005	塑料通风管道				
030702006	玻璃钢通风管道	按设计图示外径尺寸以展开面积计算			
030702007	复合型风管				
030702008	柔性软风管	(1)以米计量，按设计图示中心线以长度计算 (2)以节计量，按设计图示数量计			

续表

项目编码	项目名称	《通用安装工程工程量计算规范》GB 50856—2013		《全国统一安装工程预算定额　第九册　通风管道制作安装》GYD-209-2000	
		工程量计算规则	备注	工程量计算规则	备注
030702008	柔性软风管	(1)以米计量，按设计图示中心线以长度计算 (2)以节计量，按设计图示数量计	(2)穿墙套管按展开面积计算，计入通风管道工程量中。 (3)通风管道的法兰垫料或封口材料，按图纸要求应在项目特征中描述。 (4)净化通风管的空气清洁度按100000级标准编制，净化通风管使用的型钢材料如要求镀锌时，工作内容应注明支架镀锌。 (5)弯头导流叶片数量，按设计图纸或规范要求计算。 (6)风管检查孔、温度测定孔、风量测定孔数量，按设计图纸或规范要求计算	(2)风管长度一律以施工图示中心线长度为准(主管与支管以其中心线交点划分)，包括弯头、三通、变径管、天圆地方等管件的长度，但不得包括部件所占长度。直径和周长按图示尺寸为准展开，咬口重叠部分已包括在定额内，不得另行增加	(6)不锈钢通风管道、铝板通风管道的制作安装中，不包括法兰和吊托支架，可按相应定额以“kg”为计量单位另行计算 (7)塑料通风管道制作安装，不包括吊托支架，可按相应定额以“kg”为计量单位另行计算
030702009	弯头导流叶片	(1)以面积计量，按设计图示以展开面积平方米计算 (2)以组计量，按设计图示数量计算		/	风管导流叶片制作安装按图示叶片的面积计算
030702010	风管检查孔	(1)以千克计量，按风管检查孔质量计算 (2)以个计量，按设计图示数量计算		/	风管检查孔质量，按本定额的“国际通风部件标准质量表”计算
030702011	温度、风量测定孔	按设计图示数量以个计算		风管测定孔制作安装，按其型号以“个”为计量单位	/

3. 通风空调设备及部件制作安装工程量计算规则

根据《通用安装工程工程量计算规范》GB 50856—2013及《全国统一安装工程预算定额　第九册　通风空调工程》GYD-209-2000的规定，通风空调设备及部件制作安装的工程量计算规则见表5-28。

通风空调设备及部件制作安装的工程量计算规则 **表 5-28**

<table>
<tr><th rowspan="2">项目清单编码</th><th rowspan="2">项目名称</th><th colspan="2">《通用安装工程工程量计算规范》GB 50856—2013</th><th colspan="2">《全国统一安装工程预算定额 第九册 通风空调工程》GYD—209—2000</th></tr>
<tr><th>工程量计算规则</th><th>备注</th><th>工程量计算规则</th><th>备注</th></tr>
<tr><td>030703001</td><td>碳钢阀门</td><td rowspan="18">按设计图示数量计算</td><td rowspan="21">(1)碳钢阀门包括:空气加热器上通阀、空气加热器旁通阀、圆形瓣式启动阀、风管蝶阀、风管止回阀、密闭式斜插板阀、矩形风管三通调节阀、对开多叶调节阀、风管防火阀、各型风罩调节阀等。
(2)塑料阀门包括:塑料蝶阀、塑料插板阀、各型风罩塑料调节阀。
(3)碳钢风口、散流器、百叶窗包括:百叶风口、矩形送风口、矩形空气分布器、风管插板风口、旋转吹风口、圆形散流器、方形散流器、流线型散流器、送吸风口、活动箅式风口、网式风口、钢百叶窗等。
(4)碳钢罩类包括:皮带防护罩、电动机防雨罩、侧吸罩、中小型零件焊接台排气罩、整体分组式槽边侧吸罩、吹吸式槽边通风罩、条缝槽边抽风罩、泥心烘炉排气罩、升降式回转排气罩、上下吸式圆形回转罩、升降式排气罩、手锻炉排气罩。
(5)塑料罩类包括:塑料槽边侧吸罩、塑料槽边风罩、塑料条缝槽边抽风罩。
(6)柔性接口指:金属、非金属软接口及伸缩节。
(7)消声器包括:片式消声器、矿棉管式消声器、聚酯泡沫管式消声器、卡普隆纤维管式消声器、弧形声流式消声器、阻抗复合式消声器、微穿孔板消声器、消声弯头。
(8)通风部件如图纸要求制作安装或用成品部件只安装不制作,这类特征在项目特征中应明确描述。
(9)静压箱的面积计算:按设计图示尺寸以展开面积计算,不扣除开口的面积</td><td rowspan="6">标准部件的制作,按其成品质量,以"kg"为计量单位,根据设计型号、规格,按本定额的"国际通风部件标准质量表"计算质量,非标准部件按图示成品质量计算</td><td rowspan="6">部件的安装按图示规格尺寸(周长或直径),以"个"为计量单位,分别执行相应定额</td></tr>
<tr><td>030703002</td><td>柔性软风管阀门</td></tr>
<tr><td>030703003</td><td>铝蝶阀</td></tr>
<tr><td>030703004</td><td>不锈钢蝶阀</td></tr>
<tr><td>030703005</td><td>塑料阀门</td></tr>
<tr><td>030703006</td><td>玻璃钢蝶阀</td></tr>
<tr><td>030703007</td><td>碳钢风口、散流器、百叶窗</td><td rowspan="5">钢百叶窗及活动金属百叶风口的制作,以"m^2"为计量单位</td><td rowspan="5">安装按规格尺寸以"个"为计量单位</td></tr>
<tr><td>030703008</td><td>不锈钢风口、散流器、百叶窗</td></tr>
<tr><td>030703009</td><td>塑料风口、散流器、百叶窗</td></tr>
<tr><td>030703010</td><td>玻璃钢风口</td></tr>
<tr><td>030703011</td><td>铝及铝合金风口、散流器</td></tr>
<tr><td>030703012</td><td>碳钢风帽</td><td rowspan="10">(1)风帽筝绳制作安装,按图示规格、长度,以"kg"为计量单位
(2)挡水板制作安装,按空调器断面面积计算
(3)钢板密闭门制作安装,以"个"为计量单位</td><td rowspan="10">(1)风帽泛水制作安装,按图示展开面积以"m^2"为计量单位设备支架制作安装,按图示尺寸以"kg"为计量单位,执行(静置设备与工艺金属结构制作安装工程)定额相应项目和工程量计算规则
(2)电加热器外壳制作安装,按图示尺寸以"kg"为计量单位
(3)风机减震台座制作安装执行设备支架定额,定额内不包括减震器,应按设计规定另行计算
(4)高、中、低效过滤器、净化工作台安装,以"台"为计量单位;风淋室安装按不同质量以"台"为计量单位
(5)洁净室安装按质量计算,执行本定额"分段组装式空调器"安装定额</td></tr>
<tr><td>030703013</td><td>不锈钢风帽</td></tr>
<tr><td>030703014</td><td>塑料风帽</td></tr>
<tr><td>030703015</td><td>铝板伞形风帽</td></tr>
<tr><td>030703016</td><td>玻璃钢风帽</td></tr>
<tr><td>030703017</td><td>碳钢罩类</td></tr>
<tr><td>030703018</td><td>塑料罩类</td></tr>
<tr><td>030703019</td><td>柔性接口</td><td>按设计图示尺寸以展开面积计算</td></tr>
<tr><td>030703020</td><td>消声器</td><td>按设计图示数量计算</td></tr>
<tr><td>030703021</td><td>静压箱</td><td>(1)以个计量,按设计图示数量计算
(2)以平方米计量,按设计图示尺寸以展开面积计算</td></tr>
</table>

续表

项目清单编码	项目名称	《通用安装工程工程量计算规范》GB 50856—2013		《全国统一安装工程预算定额 第七册 通风空调工程》GYD—209—2000	
		工程量计算规则	备注	工程量计算规则	备注
030703022	人防超压自动排气阀	按设计图示数量计算		/	/
030703023	人防手动密闭阀			/	/
030703024	人防其他部件			/	/

4. 通风空调工程检测、调试工程量计算规则

根据《通用安装工程工程量计算规范》GB 50856—2013 及《全国统一安装工程预算定额 第九册 通风空调工程》GYD—209—2000 的规定，通风工程检测、调试工程量计算规则见表 5-29。

通风工程检测、调试工程量计算规则 **表 5-29**

项目清单编码	项目名称	《通用安装工程工程量计算规范》GB 50856—2013		《全国统一安装工程预算定额 第九册 通风空调工程》GYD—209—2000	
		工程量计算规则	备注	工程量计算规则	备注
030704001	通风工程检测、调试	按通风系统计算	/	系统调整费中的系统工程人工费是指适应本册定额中的所有项目的人工费合计，不包括使用其他各册定额子目中的人工费	/
030704002	风管漏光试验、漏风试验	按设计图示或规范要求以展开面积计算	/	/	/

5.4.2 通风空调工程工程量计算资料

通风空调工程辅材用量计算表见表 5-30～表 5-36。

10m 圆形风管钢材耗量计算表 **表 5-30**

风管直径(mm)	钢材名称					
	角钢		圆钢		扁钢	铁铆钉
	<L 60	>L 63	ϕ5.5～ϕ9	ϕ10～ϕ14	<—59	
110	0.307	—	1.012	—	7.129	—
115	0.321	—	1.058	—	7.453	—
120	0.335	—	1.104	—	7.777	—
130	0.363	—	1.196		8.425	

续表

风管直径（mm）	钢材名称					
	角钢		圆钢		扁钢	铁铆钉
	＜L 60	＞L 63	ϕ5.5～ϕ9	ϕ10～ϕ14	＜—59	
140	0.391		1.288		9.073	
150	0.419		1.380		9.721	
160	0.447		1.472		10.370	
165	0.461	—	1.518	—	10.694	—
175	0.489	—	1.610	—	11.342	—
180	0.503	—	1.656	—	11.666	—
195	0.545	—	1.794	—	12.683	—
200	0.559	—	1.840	—	12.962	—
215	21.333	—	1.283	—	2.403	0.182
220	21.829	—	1.313	—	2.459	0.187
235	23.318	—	1.402	—	2.627	0.199
250	24.806	—	1.492	—	2.795	0.212
265	26.294	—	1.581	—	2.962	0.225
280	27.783	—	1.670	—	3.130	0.237
285	28.279	—	1.700	—	3.186	0.242
295	29.271	—	1.760	—	3.298	0.250
320	31.752	—	1.909	—	3.577	0.271
325	32.248	—	1.939	—	3.633	0.276
360	35.721	—	2.148	—	4.024	0.305
375	37.209	—	2.237	—	4.192	0.318
395	39.193	—	2.357	—	4.415	0.335
400	39.690	—	2.386	—	4.471	0.339
440	43.659	—	2.625	—	4.918	0.373
450	44.651	—	2.685	—	5.030	0.382
495	49.116	—	2.953	—	5.533	0.420
500	49.612	—	2.983	—	5.589	0.424
545	55.977	3.987	1.283	2.071	3.679	0.359
560	57.517	4.097	1.319	2.128	3.781	0.369
595	61.112	4.353	1.401	2.261	4.017	0.392
600	61.626	4.390	1.413	2.280	4.051	0.396
625	64.193	4.573	1.472	2.375	4.219	0.412
630	64.707	4.609	1.484	2.394	4.253	0.415
660	67.788	4.829	1.554	2.508	4.456	0.435
695	71.383	5.085	1.637	2.641	4.692	0.458

续表

风管直径(mm)	钢材名称					
	角钢		圆钢		扁钢	铁铆钉
	<∟60	>∟63	φ5.5～φ9	φ10～φ14	<－59	
700	71.897	5.121	1.649	2.660	4.726	0.462
770	79.086	5.633	1.813	2.926	5.198	0.508
775	79.600	5.670	1.825	2.945	5.232	0.511
795	81.654	5.816	1.872	3.021	5.367	0.524
800	82.168	5.823	1.884	3.040	5.401	0.528
825	84.735	6.036	1.943	3.135	5.570	0.544
855	87.817	6.256	2.014	3.248	5.772	0.564
880	90.384	6.438	2.072	3.343	5.941	0.580
885	90.898	6.475	2.084	3.362	5.975	0.584
900	92.438	6.585	2.120	3.419	6.076	0.593
945	97.060	6.914	2.225	3.590	6.380	0.623
985	101.169	7.206	2.320	3.742	6.650	0.650
995	102.196	7.280	2.343	3.780	6.717	0.656
1000	102.709	7.316	2.355	3.799	6.751	0.659
1025	105.277	7.499	2.414	3.894	6.920	0.676
1100	112.980	8.048	2.591	4.179	7.426	0.725
1120	115.035	8.194	2.638	4.255	7.561	0.739
1200	127.848	12.020	0.452	18.463	34.929	0.528
1250	133.175	12.521	0.471	19.233	36.385	0.550
1325	141.166	13.272	0.499	20.386	38.568	0.582
1400	149.156	14.023	0.528	21.540	40.751	0.615
1425	151.820	14.274	0.537	21.925	41.479	0.626
1540	164.072	15.426	0.580	23.694	44.826	0.677
1600	170.464	16.027	0.603	24.618	46.572	0.703
1800	191.772	18.030	0.678	27.695	52.394	0.791
2000	213.080	20.033	0.754	30.772	58.216	0.879

10m 矩形风管钢材耗量计算表（kg/10m） **表 5-31**

风管直径(A×B)(mm)	钢材名称					
	角钢		圆钢		扁钢	铁铆钉
	<∟60	>∟63	φ5.5～φ9	φ10～φ14	<－59	
120×120	19.402	—	0.648	—	1.032	0.206
160×120	22.635	—	0.756	—	1.204	0.241
160×160	25.869	—	0.864	—	1.376	0.275
200×120	25.869	—	0.864	—	1.376	0.275

续表

风管直径（$A\times B$）（mm）	钢材名称					
	角钢		圆钢		扁钢	铁铆钉
	<∟60	>∟63	ϕ5.5～ϕ9	ϕ10～ϕ14	<—59	
200×160	29.102	—	0.972	—	1.548	0.310
200×200	32.336	—	1.080	—	1.720	0.344
250×120	29.911	—	0.999	—	1.591	0.318
250×160	29.241	—	1.583	—	1.091	0.197
250×200	32.094	—	1.737	—	1.197	0.216
250×250	35.660	—	1.930	—	1.330	0.240
320×160	34.234	—	1.853	—	1.277	0.230
320×200	37.086	—	2.007	—	1.383	0.250
320×250	40.652	—	2.200	—	1.516	0.274
320×320	45.645	—	2.470	—	1.702	0.307
400×200	42.792	—	2.316	—	1.596	0.288
400×250	46.358	—	2.509	—	1.729	0.312
400×320	51.350	—	2.779	—	1.915	0.346
400×400	57.056	—	3.088	—	2.128	0.384
500×200	49.924	—	2.702	—	1.862	0.336

10m矩形风管钢材耗量计算表（kg/10m） **表5-32**

风管直径（$A\times B$）（mm）	钢材名称					
	角钢		圆钢		扁钢	铁铆钉
	<∟60	>∟63	ϕ5.5～ϕ9	ϕ10～ϕ14	<—59	
500×250	53.490	—	2.895	—	1.995	0.360
500×320	58.482	—	3.165	—	2.181	0.394
500×400	64.188	—	3.474	—	2.394	0.432
500×500	71.320	—	3.860	—	2.660	0.480
630×250	62.762	—	3.397	—	2.341	0.422
630×320	67.754	—	3.667	—	2.527	0.456
630×400	72.182	0.330	3.069	—	2.307	0.453
630×500	79.190	0.360	3.367	—	2.531	0.497
630×630	88.301	0.403	3.755	—	2.822	0.554
800×320	78.490	0.358	3.338	—	2.509	0.493
800×400	84.096	0.384	3.576	—	2.688	0.528
800×450	91.104	0.416	3.874	—	2.912	0.572
800×630	100.214	0.458	4.261	—	3.203	0.629
800×800	112.128	0.512	4.768	—	3.584	0.704
1000×320	92.506	0.422	3.934	—	2.957	0.581
1000×400	98.112	0.448	4.172	—	3.136	0.616
1000×500	105.120	0.480	4.470	—	3.360	0.660
1000×630	114.230	0.522	4.857	—	3.651	0.717
1000×800	126.144	0.576	5.364	—	4.032	0.792

续表

风管直径 (A×B) (mm)	钢材名称					
	角钢		圆钢		扁钢	铁铆钉
	<∟60	>∟63	ϕ5.5～ϕ9	ϕ10～ϕ14	<−59	
1000×1000	140.160	0.640	5.960	—	4.480	0.880
1250×400	115.632	0.528	4.917	—	3.696	0.726
1250×500	122.640	0.560	5.215	—	3.920	0.770
1250×630	131.750	0.602	5.602	—	4.211	0.827
1250×800	185.074	1.066	0.328	7.585	4.182	0.902
1250×1000	203.130	1.170	0.360	8.325	4.590	0.990
1600×500	189.588	1.092	0.336	7.770	4.284	0.924
1600×630	201.324	1.160	0.357	8.251	4.549	0.981
1600×800	216.672	1.248	0.384	8.880	4.896	1.056
1600×1000	234.728	1.352	0.416	9.620	5.304	1.144
1600×1250	257.298	1.482	0.456	10.545	5.814	1.254
2000×800	252.784	1.456	0.448	10.360	5.712	1.232
2000×1000	270.840	1.560	0.480	11.100	6.120	1.320
2000×1250	293.410	1.690	0.520	12.025	6.630	1.430

净化通风管道辅材用量计算表（kg/10m） **表 5-33**

风管直径 (A×B) (mm)	角钢 <∟60	圆钢 ϕ10～ϕ14	电焊条 ϕ3.2 结 422	镀锌六角戴帽螺栓 M8×75 以下 (10 套)
120×120	27.706	0.672	1.075	10.128
160×120	32.323	0.784	1.254	11.816
160×160	36.941	0.896	1.434	13.504
200×120	36.941	0.896	1.434	13.504
200×160	41.588	1.064	1.613	15.192
200×200	46.176	1.120	1.782	16.880
250×120	42.713	1.036	1.658	15.614
250×160	47.314	1.205	1.009	9.758
250×200	51.930	1.323	1.107	10.710
250×250	57.720	1.470	1.230	11.900
320×160	55.392	1.411	1.181	11.424
320×200	60.008	1.529	1.279	12.376
320×250	65.778	1.676	1.402	13.566
320×320	73.856	1.882	1.574	15.232
400×200	69.240	1.764	1.476	14.280
400×250	75.010	1.911	1.599	15.470
400×320	83.088	2.117	1.771	17.136
400×400	92.320	2.352	1.968	19.040
500×200	80.780	2.058	1.722	16.660
500×250	86.550	2.205	1.845	17.850
500×320	94.628	2.411	2.017	19.516
500×400	103.860	2.646	2.214	21.420
500×500	115.440	2.940	2.460	23.800
630×250	101.552	2.587	2.165	20.944

续表

风管直径 (A×B) (mm)	角钢 <∟60	圆钢 ϕ10～ϕ14	电焊条 ϕ3.2 结 422	镀锌六角戴帽螺栓 M8×75 以下 (10 套)
630×320	109.668	2.793	2.337	22.610
630×400	129.409	4.120	1.030	11.124
630×500	141.973	4.520	1.130	12.204
630×630	158.306	5.040	1.260	13.608
800×320	140.717	4.480	1.120	12.096
800×400	150.768	4.800	1.200	12.960
800×450	163.332	5.200	1.300	14.040
800×630	179.665	5.720	1.430	15.444
800×800	201.024	6.400	1.600	17.280
1000×320	165.845	5.280	1.320	14.256
1000×400	175.896	5.600	1.400	15.120
1000×500	188.460	6.000	1.500	16.200
1000×630	204.793	6.250	1.630	17.604
1000×800	226.152	7.200	1.800	19.440
1000×1000	251.280	8.000	2.000	21.600
1250×400	207.306	6.600	1.650	17.820
1250×500	219.870	7.000	1.750	18.900
1250×630	236.203	7.520	1.880	20.304
1250×800	257.562	10.373	1.312	17.630
1250×1000	282.690	11.385	1.440	19.350
1600×500	263.844	10.626	1.376	18.060
1600×630	280.177	11.284	1.427	19.178
1600×800	301.536	12.144	1.536	20.640
1600×1000	326.664	13.156	1.664	22.360
1600×1250	358.074	14.421	1.824	24.510
2000×800	351.792	14.168	1.792	24.080
2000×1000	376.920	15.180	1.920	25.800
2000×1250	408.330	16.445	2.080	27.950

10m 管辅材耗量计算表 **表 5-34**

风管直径 (mm)	材料名称			
	精制六角带帽螺栓(10 套)		膨胀螺栓(套)	电焊条(kg)
	M6×75 以下	M8×75 以下	M12	ϕ3.2 结 422
110	2.936	—	0.345	0.145
115	3.069	—	0.361	0.152
120	3.203	—	0.377	0.158
130	3.470	—	0.408	0.171
140	3.737	—	0.440	0.185

续表

风管直径(mm)	材料名称			
	精制六角带帽螺栓(10套)		膨胀螺栓(套)	电焊条(kg)
	M6×75以下	M8×75以下	M12	ϕ3.2结422
150	4.004	—	0.471	0.198
160	4.270	—	0.502	0.211
165	4.404	—	0.518	0.218
175	4.671	—	0.550	0.231
180	4.804	—	0.565	0.238
195	5.205	—	0.612	0.257
200	5.338	—	0.628	0.264
215	4.838	—	0.675	0.230
220	4.951	—	0.691	0.235
235	5.289	—	0.738	0.241
250	5.626	—	0.785	0.267
265	5.964	—	0.832	0.283
280	6.301	—	0.879	0.299
285	6.414	—	0.895	0.304
295	6.639	—	0.926	0.315
320	7.201	—	1.005	0.342
325	7.314	—	1.021	0.347
360	8.102	—	1.130	0.384
375	8.439	—	1.178	0.400
395	8.889	—	1.240	0.422
400	9.002	—	1.256	0.427
440	9.902	—	1.382	0.470
450	10.127	—	1.413	0.480
495	11.140	—	1.554	0.528
500	11.252	—	1.570	0.534
545	—	8.813	1.283	0.257
560	—	9.056	1.319	0.264
595	—	9.622	1.401	0.280
600	—	9.703	1.413	0.283
625	—	10.107	1.472	0.294
630	—	10.188	1.484	0.297
660	—	10.673	1.554	0.311
695	—	11.239	1.637	0.327
700	—	11.320	1.649	0.330
770	—	12.452	1.813	0.363
775	—	12.533	1.825	0.365
795	—	12.856	1.872	0.374

续表

风管直径(mm)	材料名称			
	精制六角带帽螺栓(10套)		膨胀螺栓(套)	电焊条(kg)
	M6×75以下	M8×75以下	M12	ϕ3.2结422
800	—	12.937	1.884	0.377
825	—	13.341	1.943	0.389
855	—	13.826	2.014	0.403
880	—	14.230	2.072	0.414
885	—	14.311	2.084	0.417
900	—	14.554	2.120	0.424
945	—	15.282	2.225	0.445
985	—	15.928	2.320	0.464
995	—	16.090	2.343	0.469
1000	—	16.171	2.335	0.471
1025	—	16.575	2.414	0.483
1100	—	17.788	2.591	0.518
1120	—	18.112	2.680	0.528
1200	—	14.695	1.884	0.339
1250	—	15.308	1.963	0.353
1325	—	16.226	2.080	0.374
1400	—	17.144	2.198	0.396
1425	—	17.451	2.237	0.403
1540	—	18.859	2.418	0.435
1600	—	19.594	2.512	0.452
1800	—	22.043	2.826	0.509
2000	—	24.492	3.140	0.565

10m矩形风管辅材耗量计算表 **表5-35**

风管直径(A×B)(mm)	材料名称			
	精制六角带帽螺栓(10套)		膨胀螺栓(套)	电焊条(kg)
	M6×75以下	M8×75以下	M12	ϕ3.2结422
120×120	8.112	—	0.480	1.075
160×120	9.464	—	0.560	1.254
160×160	10.816	—	0.640	1.434
200×120	10.816	—	0.640	1.434
200×160	12.168	—	0.720	1.613
200×200	13.520	—	0.800	1.792
250×120	12.506	—	0.740	1.658
250×160	—	7.421	0.615	0.869
250×200	—	8.145	0.675	0.954
250×250	—	9.050	0.750	1.060

续表

风管直径 (A×B) (mm)	材料名称			
	精制六角带帽螺栓(10套)		膨胀螺栓(套)	电焊条(kg)
	M6×75以下	M8×75以下	M12	ϕ3.2结422
320×160	—	8.688	0.720	1.018
320×200	—	9.412	0.780	1.102
320×250	—	10.317	0.855	1.208
320×320	—	11.584	0.960	1.357
400×200	—	10.860	0.900	1.272
400×250	—	11.765	0.975	1.378
400×320	—	13.032	1.080	1.526
400×400	—	14.480	1.200	1.696
500×200	—	12.670	1.050	1.484
500×250	—	13.575	1.125	1.590
500×320	—	14.842	1.230	1.738
500×400	—	16.290	1.350	1.908
500×500	—	18.100	1.500	2.120
630×250	—	15.928	1.320	1.866
630×320	—	17.195	1.425	2.014
630×400	—	8.858	1.545	1.009
630×500	—	9.718	1.695	1.107
630×630	—	10.836	1.890	1.235
800×320	—	9.632	1.680	1.098
800×400	—	10.320	1.800	1.176
800×450	—	11.180	1.950	1.274
800×630	—	12.298	2.145	1.401
800×800	—	13.760	2.400	1.568
1000×320	—	11.352	1.980	1.294
1000×400	—	12.040	2.100	1.372
1000×500	—	12.900	2.250	1.470
1000×630	—	14.018	2.445	1.597
1000×800	—	15.480	2.700	1.794
1000×1000	—	17.200	3.000	1.960
1250×400	—	14.190	2.475	1.617
1250×500	—	15.050	2.625	1.715
1250×630	—	16.168	2.820	1.842
1250×800	—	13.735	0.050	1.394
1250×1000	—	15.076	2.250	1.530
1600×500	—	14.070	2.100	1.428
1600×630	—	14.941	2.230	1.516
1600×800	—	16.080	2.400	1.632

续表

风管直径(A×B)(mm)	材料名称			
	精制六角带帽螺栓(10套)		膨胀螺栓(套)	电焊条(kg)
	M6×75以下	M8×75以下	M12	ϕ3.2结422
1600×1000	—	17.420	2.600	1.768
1600×1250	—	19.095	2.850	1.938
2000×800	—	18.760	2.800	1.904
2000×1000	—	20.100	3.000	2.040
2000×1250	—	21.775	3.250	2.210

10m圆形风管垫料用量计算表 **表5-36**

风管直径(mm)	垫料品种			
	石棉扭绳	橡胶板	泡沫塑料	闭孔乳胶海绵
110	0.090	0.360	0.045	0.180
115	0.094	0.376	0.047	0.188
120	0.098	0.392	0.049	0.196
130	0.106	0.424	0.053	0.212
140	0.114	0.456	0.057	0.228
150	0.122	0.488	0.061	0.244
160	0.131	0.524	0.066	0.262
165	0.135	0.540	0.068	0.270
175	0.143	0.572	0.072	0.286
180	0.147	0.588	0.074	0.294
195	0.159	0.636	0.080	0.318
200	0.163	0.652	0.082	0.330
215	0.155	0.620	0.080	0.310
220	0.159	0.636	0.080	0.318
235	0.170	0.680	0.090	0.340
250	0.181	0.724	0.091	0.362
265	0.191	0.764	0.096	0.382
280	0.202	0.808	0.101	0.404
285	0.206	0.824	0.103	0.412
295	0.213	0.852	0.107	0.426
320	0.231	0.924	0.116	0.462
325	0.235	0.940	0.118	0.470
360	0.260	1.040	0.130	0.520
375	0.271	1.084	0.136	0.542
395	0.285	1.140	0.143	0.570
400	0.289	1.156	0.145	0.578

续表

风管直径(mm)	垫料品种			
	石棉扭绳	橡胶板	泡沫塑料	闭孔乳胶海绵
440	0.318	1.272	0.159	0.636
450	0.325	1.300	0.163	0.650
495	0.357	1.428	0.179	0.714
500	0.361	1.444	0.181	0.722
545	0.308	1.232	0.154	0.616
560	0.317	1.268	0.159	0.634
595	0.336	1.344	0.165	0.672
600	0.339	1.356	0.170	0.678
625	0.353	1.412	0.177	0.706
630	0.356	1.424	0.178	0.712
660	0.373	1.492	0.187	0.746
695	0.393	1.572	0.197	0.786
700	0.396	1.584	0.198	0.792
770	0.435	1.740	0.218	0.870
775	0.438	1.752	0.219	0.876
795	0.449	1.796	0.225	0.898
800	0.452	1.808	0.226	0.904
825	0.466	1.864	0.233	0.932
855	0.483	1.932	0.242	0.966
880	0.497	1.988	0.249	0.994
855	0.500	2.000	0.250	1.000
900	0.509	2.036	0.255	1.018
945	0.534	2.136	0.267	1.068
985	0.557	2.228	0.279	1.114
995	0.562	2.248	0.281	1.124
1000	0.565	2.260	0.283	1.130
1025	0.579	2.316	0.290	1.158
1100	0.622	2.488	0.311	1.244
1120	0.633	2.532	0.317	1.266
1200	0.641	2.564	0.321	1.282
1250	0.667	2.668	0.334	1.334
1325	0.707	2.828	0.354	1.414
1400	0.747	2.988	0.374	1.494
1425	0.760	3.040	0.380	1.52
1540	0.822	3.288	0.411	1.644
1600	0.854	3.416	0.427	1.708
1800	0.961	3.844	0.481	1.922
2000	1.068	4.272	0.534	2.136

10m 矩形风管垫料用量计算表 **表 5-37**

风管规格 (A×B)mm	垫料品种			
	石棉扭绳	橡胶板	泡沫塑料	闭孔乳胶海绵
120×120	0.163	0.652	0.082	0.326
160×120	0.190	0.760	0.095	0.380
160×160	0.218	0.872	0.109	0.436
200×120	0.218	0.872	0.109	0.436
200×160	0.245	0.980	0.123	0.490
200×200	0.272	1.088	0.136	0.544
250×120	0.252	1.008	0.126	0.504
250×160	0.197	0.788	0.099	0.394
250×200	0.216	0.864	0.108	0.432
250×250	0.240	0.960	0.12	0.480
320×160	0.230	0.920	0.115	0.460
320×200	0.250	1.000	0.125	0.500
320×250	0.274	1.096	0.137	0.548
320×320	0.307	1.228	0.154	0.614
400×200	0.288	1.152	0.144	0.576
400×250	0.312	1.248	0.156	0.624
400×320	0.346	1.384	0.173	0.692
400×400	0.384	1.536	0.192	0.768
500×200	0.336	1.344	0.168	0.672
500×250	0.360	1.440	0.180	0.720
500×320	0.394	1.576	0.197	0.788
500×400	0.432	1.728	0.216	0.864
500×500	0.480	1.920	0.240	0.960
630×250	0.422	1.688	0.211	0.844
630×320	0.456	1.824	0.228	0.912
630×400	0.350	1.400	0.175	0.700
630×500	0.384	1.536	0.192	0.768
630×630	0.428	1.712	0.214	0.856
800×320	0.381	1.524	0.191	0.762
800×400	0.408	1.632	0.204	0.816
800×500	0.442	1.768	0.221	0.884
800×630	0.486	1.944	0.243	0.972
800×800	0.544	2.176	0.272	1.088
1000×320	0.449	1.796	0.225	0.898
1000×400	0.476	1.094	0.238	0.952

续表

风管规格 (A×B)mm	垫料品种			
	石棉扭绳	橡胶板	泡沫塑料	闭孔乳胶海绵
1000×500	0.510	2.040	0.255	1.020
1000×630	0.554	2.216	0.277	1.108
1000×800	0.612	2.244	0.306	1.244
1000×1000	0.680	2.380	0.340	1.360
1250×400	0.561	2.556	0.281	1.122
1250×500	0.595	2.380	0.298	1.190
1250×630	0.639	2.556	0.320	1.278
1250×800	0.656	2.624	0.328	1.312
1250×1000	0.720	2.880	0.360	1.440
1600×500	0.672	2.688	0.336	1.344
1600×630	0.714	2.856	0.357	1.428
1600×800	0.768	3.072	0.384	1.536
1600×1000	0.832	3.328	0.416	1.664
1600×1250	0.912	3.648	0.456	1.824
2000×800	0.896	3.584	0.448	1.792
2000×1000	0.960	3.840	0.480	1.920
2000×1250	1.040	4.160	0.520	2.080

5.5 建筑通风空调工程计量与计价实例

5.5.1 通风空调工程综合计算实例一

某化工厂内新建办公实验楼集中空调通风系统安装工程，如图 5-62 所示。(2005 年全国造价工程师案例真题，根据 2013 清单规范做相应修改。)

(1) 该工程分部分项工程量清单项目的统一编码见表 5-38。

分部分项工程量清单项目的统一编码表 **表 5-38**

项目编号	项目名称	项目编号	项目名称
030701003	空调器	030702001	碳钢通风管道
030703001	碳钢调节阀	030703007	碳钢送风口、散热器
030704001	通风工程检测、调试		

(2) 管理费、利润分别按人工费的 55%、45%计。

(3) 该工程部分分部分项工程项目的工料机单价见表 5-39。

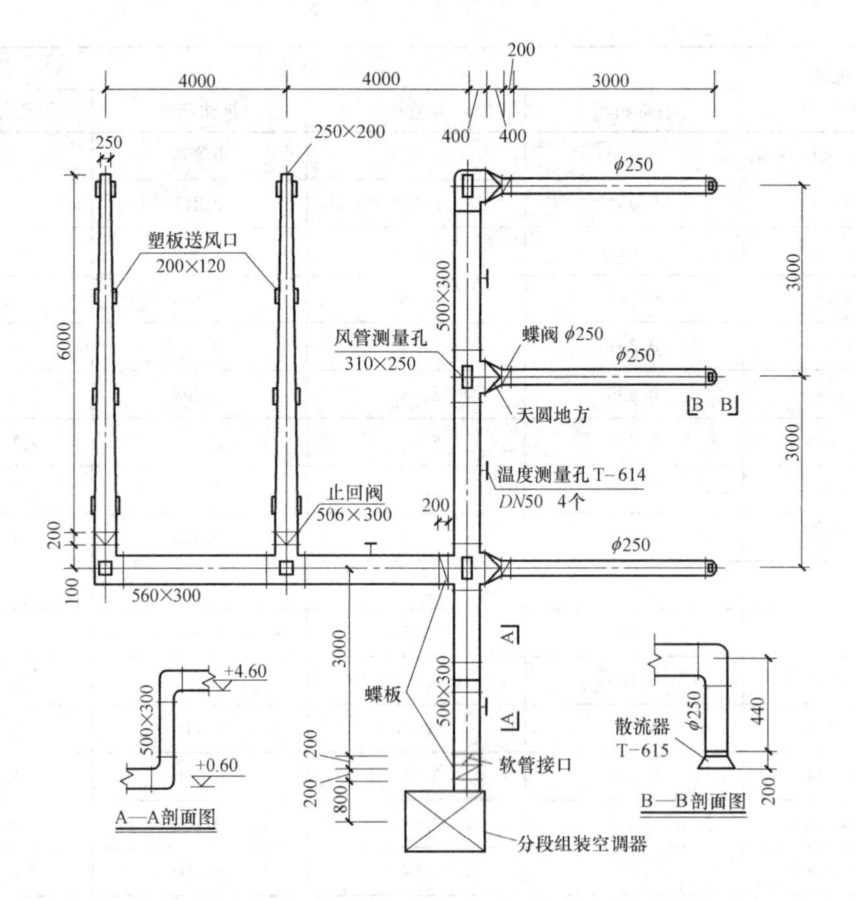

图 5-62 集中空调通风管道系统布置图

分部分项工程项目的工料机单价 **表 5-39**

序号	工程项目及材料名称	计量单位	人工费(元)	材料费(元)	机械费(元)
1	矩形风管:500mm×300mm, δ=0.75	m²	14.00	20.00	2.00
	镀锌钢板:δ=0.75	m²	—	50.00	—
2	矩形蝶阀:500mm×300mm	个	10.00	280.00	10.00
3	风管检查孔:310mm×260mm	kg	6.00	6.00	1.00
4	温度测定孔:DN50	个	15.00	10.00	5.00
5	软管接口:500mm×300mm	m²	50.00	120.00	5.00
6	风管法兰加固框吊托支架:除锈	100kg	10.00	3.00	7.00
7	风管法兰加固框吊托支架:刷防锈漆两遍	100kg	20.00	2.00	28.00
	防锈漆	kg	—	32.80	—
8	通风工程检测、调试	系统	200.00	100.00	400.00

注：1. 每 $10m^2$ 通风管道制作安装工程量耗用 $11.38m^2$ 镀锌钢板；

2. 每 $10m^2$ 通风管道制作安装工程中，风管法兰加固框吊托支架耗用钢材按 52.00kg 计，其中施工损耗为 4%；

3. 每 100kg 风管法兰加固框吊托支架刷油工程量，刷防锈漆两遍，耗用防锈漆 2.5kg。

问题：

1. 根据《建设工程工程量清单计价规范》的规定，编列出该工程的分部分项工程量清单项目，将相关内容填入表 5-40 中，并在表 5-41 的下面列式计算三种通风管道的工程量（此处表略）。

2. 假设矩形分管 500mm×300mm 的工程量为 40mm 时，依据《建设工程工程量清单计价规范》的规定，计算矩形风管 500mm×300mm 的工程量清单综合单价，将相关数据内容填入表 5-41 中，并在表 5-41 下面列式计算所有列项目的工程量或耗用量（此处表略）。(计算结果均保留两位小数)

通风空调设备部件附件数据表　　**表 5-40**

序　号	名　称	规格型号	长度(mm)	单重(kg)
1	空调器	分段组装 ZK—20000		3000
2	矩形风管	500×300	图示	
3	渐缩风管	500×300/250×200	图示	
4	圆形风管	ϕ250	图示	
5	矩形蝶阀	500×300	200	13.85
6	矩形止回阀	500×300	200	15.00
7	圆形蝶阀	ϕ250	200	3.43
8	插板送风口	200×120		0.88
9	散流器	ϕ250	200	5.45
10	风管检查孔	310×260T-614		4.00
11	温度测定孔	T-615		0.50
12	软管接口	500×300	200	

说明：

1. 本图为某化工厂实验办公楼的集中空调通风管道系统。图中标注尺寸标高以 m 计，其他均以 mm 计。

2. 集中通风空调系统的设备为分段组装式空调器，落地安装。

3. 风管及其管件采用镀锌钢板（咬口）现场制作安装，天圆地方按大口径计。

4. 风管系统中的软管接口、风管检查孔、温度测定孔、插板式送风口为现场制安；阀件、散流器为供应成品现场安装。

5. 风管法兰、加固框、支托吊架除锈后刷防锈漆两遍。

6. 风管保温本项目不作考虑。

7. 其他未尽事宜均视为与《全国统一安装工程预算定额》的要求相符。

【解】 问题 1：

分部分项工程量清单　　**表 5-41**

序号	项目编码	项目名称	项目特征描述	计量单位	工程量
1	030701003001	空调器	1. 型号、规格：ZK—20000 2. 安装形式：分段组装，落地。 3. 隔振垫、支架形式、材质：吊托支架、钢材	kg	3000
2	030702001001	碳钢通风管道制作安装	1. 材质：镀锌钢板 2. 形状：矩形 3. 规格：500mm×300mm 4. 板材厚度：δ=0.75 5. 管件、法兰等附件及支架设计要求：如图所示 6. 接口形式：咬口	m^2	38.40

续表

序号	项目编码	项目名称	项目特征描述	计量单位	工程量
3	030702001002	碳钢通风管道制作安装	1. 材质:镀锌钢板 2. 形状:矩形 3. 规格:500mm×300mm/250mm×200mm 4. 板材厚度:δ=0.75 5. 管件、法兰等附件及支架设计要求:如图所示 6. 接口形式:咬口	m^2	15
4	030702001003	碳钢通风管道制作安装	1. 材质:镀锌钢板 2. 形状:圆形 3. 规格:ϕ250 4. 板材厚度:δ=0.75 5. 管件、法兰等附件及支架设计要求:如图所示 6. 接口形式:咬口	m^2	8.10
5	030703001001	碳钢调节阀制作安装	1. 型号、规格:500mm×300mm 2. 类型:矩形蝶阀 3. 支架形式、材质:吊托支架、钢材	个	2
6	030703001002	碳钢调节阀制作安装	1. 型号、规格:500mm×300mm 2. 类型:矩形止回阀 3. 支架形式、材质:吊托支架、钢材	个	2
7	030703001003	碳钢调节阀制作安装	1. 型号、规格:ϕ250 2. 类型:圆形蝶阀 3. 支架形式、材质:吊托支架、钢材	个	3
8	030703007001	碳钢风口、散流器制作安装(百叶窗)	1. 型号、规格:200mm×120mm 2. 类型:碳钢风口 3. 形式:插板式送风口	个	16
9	030703007002	碳钢风口、散流器制作安装(百叶窗)	1. 型号、规格:ϕ250 2. 类型、形式:散流器	个	3
10	030704001001	通风工程检测、调试	通风工程检测、调试	系统	1

1. 矩形风管 500×300 的工程量计算:

3+(4.6−0.6)+3+3+4+4+0.4+0.4+0.8+0.8+0.8−0.2=3+5+17=24m

24×(0.5+0.3)×2=38.40m^2

2. 渐缩风管 500mm×300mm/250mm×200mm 的工程量计算:

6+6=12m

12×(0.5+0.3+0.25+0.2)=12×1.25=15m^2

3. 圆形风管 ϕ250 的工程量计算:

3×(3+0.44)m=3×3.44m=10.32m

10.32×3.14×0.25m² =8.10m²

问题 2：

工程量清单综合单价分析表 **表 5-42**

工程名称:空调通风系统安装工程											
项目编码		030702001001		项目名称		碳钢通风管道制作安装 500mm×300mm,镀锌钢板 δ=0.75 咬口			计量单位		m²
清单综合单价组成明细											
定额编号	定额名称	定额单位	数量	单价			管理费和利润(费率)	合价			
				人工费	材料费	机械费		人工费	材料费	机械费	管理费和利润
	通风管道制作安装 500mm×300mm，δ=0.75	m²	1	14	20	2	100%	14	20	2	14
	风管检查孔：310mm×260mm	kg	0.5	6	6	1	100%	3	3	0.5	3
	温度测定孔 DN50	个	0.1	15	10	5	100%	1.5	1	0.5	1.5
	风管法兰加固框吊托支架除锈	kg	5	0.1	0.03	0.07	100%	0.5	0.15	0.35	0.5
	风管法兰加固除锈吊托支架刷防锈漆两遍	kg	5	0.2	0.02	0.28	100%	1	0.1	1.4	1
未计价材料费								—	61	—	—
人工费调整								—	—	—	—
材料费价差								—		—	—
机械费调整								—	—		—
小计								20	85.25	4.75	20
清单项目综合单价								130			
材料费明细	主要材料名称、规格、型号			单位	数量	单价(元)	合价(元)	暂估价(元)		暂估价(元)	
	镀锌钢板：δ=0.75			m²	1.138	50	56.9				
	防锈漆			kg	0.125	32.8	4.1				
	其他材料费					—		—			
	材料费小计					—	61	—			

(1) 风管检查孔工程量的计算：

$$5\times4\text{kg}=20\text{kg}$$

1m² 风管检查孔的工程量为 20kg/40 m² =0.5kg/m²

(2) 1m² 温度测定孔的工程量为 4 个/40m² =0.1 个

(3) 风管法兰、加固框、吊托支架刷油漆工程量的计算：

$$(40/10)\times(52/1.04)\text{kg}=4\times50=200\text{kg}$$

1m² 风管法兰、加固框、吊托支架刷油漆的工程量为 200kg/40m²＝5kg/m²

(4) 主要材料费

1m² 风管镀锌钢板耗用量的计算 11.38m²/10m²＝1.138m²

风管法兰、加固框、吊托支架防锈漆耗用量的计算：

$$(200/100)\times2.5=5\text{kg}$$

1m² 风管法兰、加固框、吊托支架防锈漆耗用量为：

$$5\text{kg}/40\text{m}^2=0.125\text{kg}$$

5.5.2 通风空调工程综合计算实例二

某机械制造厂3号厂房通风空调工程总说明见表5-43，其平面图、剖面图、系统图，分别如图5-63～图5-65所示。工程承包方没有企业的生产消耗定额和成本库，其人工、材料、机械台班的消耗量计算以当地的《安装工程消耗量定额》及《综合单价》为依据，主材单价以市场咨询价为主，经调整后确定。请编制分部分项工程量清单及计价表计算分部分项工程量清单费用。

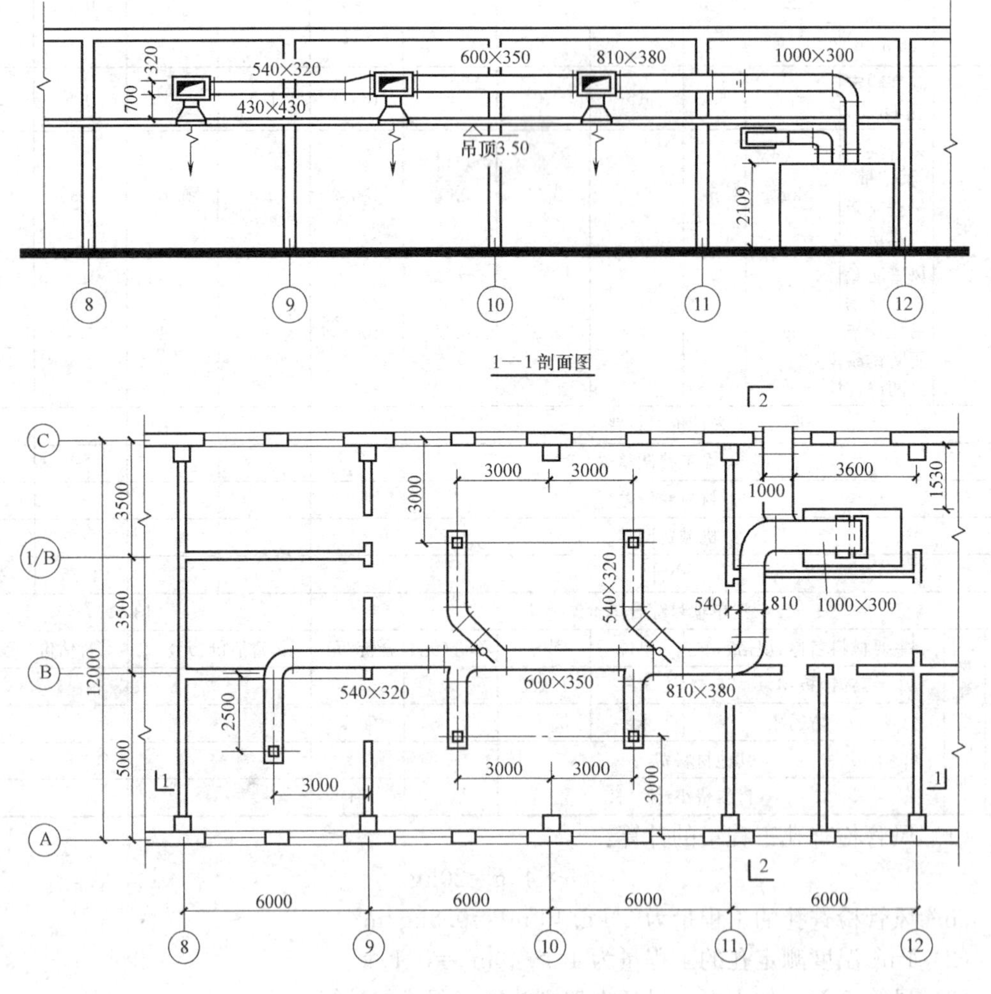

图5-63 空调系统平面图

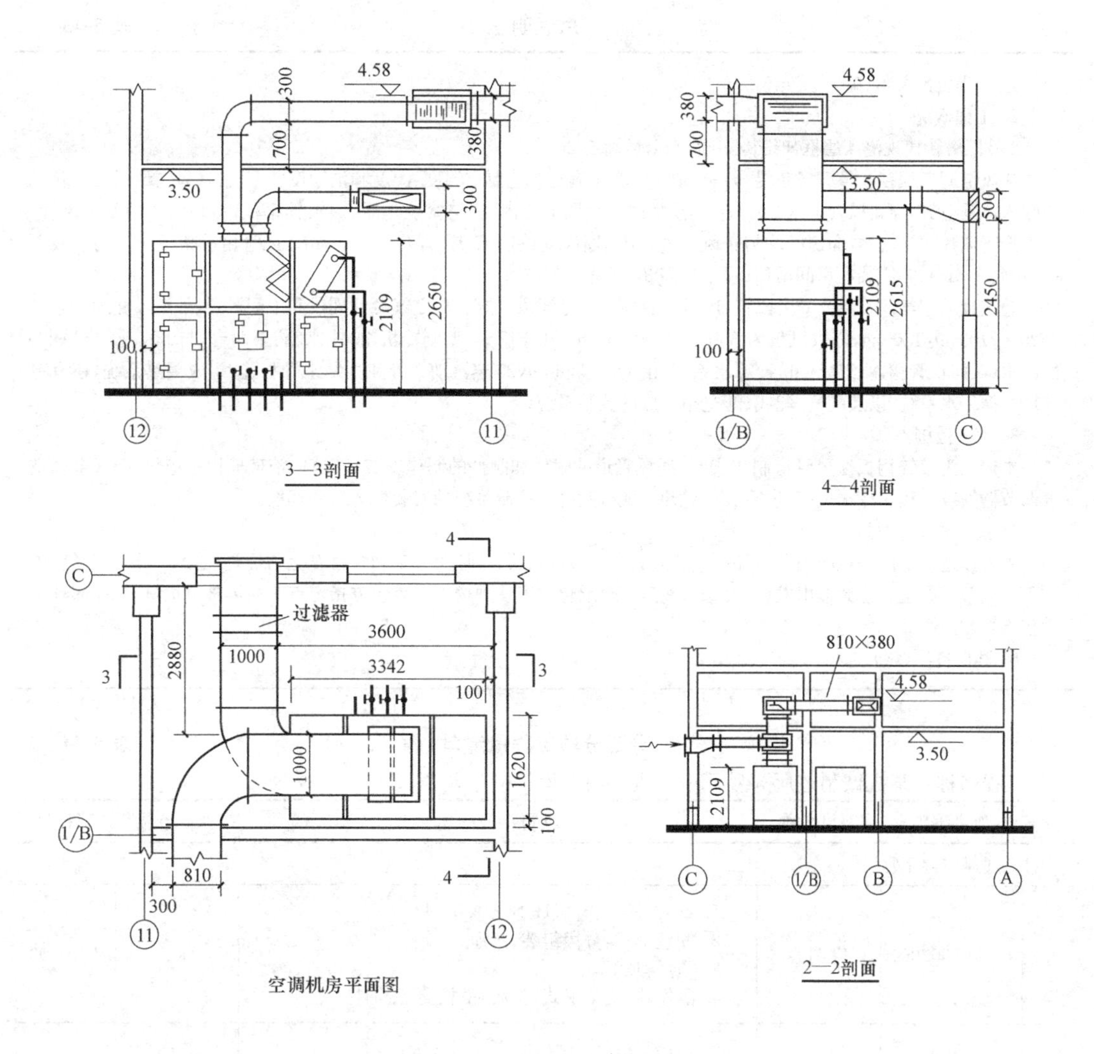

图 5-64　空调工程剖面图

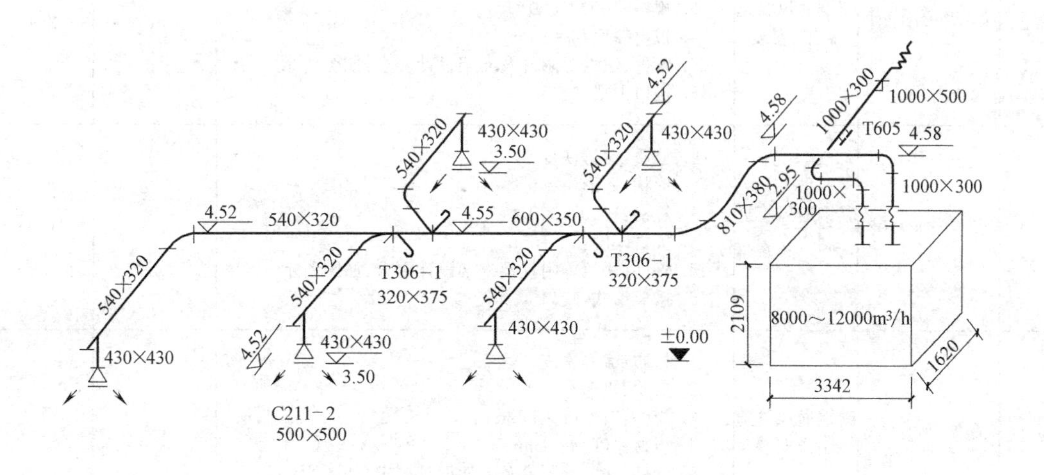

图 5-65　空调工程系统图

总说明

表 5 43

1. 工程批准文号(略)

2. 工程概况

3 号厂房新建现浇 4 层框架结构，开间 6m，层高 5.2m。

通风空调工程在 3 号厂房底层⑧～⑫轴线。为了满足工艺要求温度、湿度和洁净度的空气，通风空调系统由新风口吸入新鲜空气，经新风管进入 ZK-1 金属叠加式空气调节器内，将空气处理后，由镀锌钢板(=1)制作的五个风管，用方形直流片式散流器，向房间均匀送风。风管用铝箔玻璃棉毡绝热，厚度=100mm。风管用吊架吊在房间顶板上(顶板底高 5m)，并安装在房间吊顶内(吊顶高 3.5m)。

叠式金属空气调节器分 6 个段室：风机段、喷淋段、过滤段、加热段、空气冷处理段和中间段，其外形尺寸为3342×1620×2109，共 1200kg，其供风量为 8000～12000m^3/h。由 FJZ-30 型制冷机组、冷水箱、泵两台，与 DN100 及 DN70 的冷水管、回水管相连，组成供应冷冻水系统，由 *DN*32 和 *DN*25 蒸汽动力管和凝结水管相连，组成供热系统，还有冷却塔及循环水系统，以及配管、配线、配电柜组成的控制系统。

3. 发包范围

本标段为镀锌钢板通风管道制作安装，通风管道的附件和阀件的制作安装，管道铝箔玻璃棉毡绝热，叠式金属空气调节器安装工程。冷水机组，供冷、供热管网系统，配电及控制系统的安装作为另一标段。

4. 报价要求

主材按造价部门公布的当期指导价计算或者自行咨询报价，结算时人工和主材发生的价差，在+5%～-5%以内时不做调整。叠金属空调器由发包方采购，并运送至承包方安装现场内或承包方指定点。通风管道主材、管道部件由承包方采购。

5. 其他各项(略)

分部分项工程量清单

表 5-44

工程名称：某机械制造厂 3 号厂房通风空调工程

序号	项目编码	项目名称	项目特征描述	计量单位	工程量
C.9 通风空调工程					
1	030701003001	空调器	1. 型号、规格：叠式(6 段)ZK-1 型 2. 安装形式：分段组装，落地。 3. 质量：1200kg 4. 隔振垫、支架形式、材质：吊托支架、钢材	kg	1200.00
2	030702001001	碳钢通风管道制作、安装	1. 材质：镀锌铁皮 2. 形状：矩形 3. 规格：1000×500 4. 板材厚度：δ=1mm 5. 管件、法兰等附件及支架设计要求：如图所示 6. 接口形式：咬口	m^2	2.4
3	030702001002	碳钢通风管道制作安装	1. 材质：镀锌铁皮 2. 形状：矩形 3. 规格：1000×300 4. 板材厚度：δ=1mm 5. 管件、法兰等附件及支架设计要求：如图所示 6. 接口形式：咬口	m^3	31.96
4	030702001003	碳钢通风管道制作安装	1. 材质：镀锌铁皮 2. 形状：矩形 3. 规格：810mm×380mm 4. 板材厚度：δ=1mm 5. 管件、法兰等附件及支架设计要求：如图所示 6. 接口形式：咬口	m^2	15.47

续表

序号	项目编码	项目名称	项目特征描述	计量单位	工程量
4	030702001003	碳钢通风管道制作安装	1. 材质:镀锌铁皮 2. 形状:矩形 3. 规格:540mm×320mm 4. 板材厚度:δ=1mm 5. 管件、法兰等附件及支架设计要求:如图所示 6. 接口形式:咬口		29.219
5	030702001004	碳钢通风管道制作安装	1. 材质:镀锌铁皮 2. 形状:矩形 3. 规格:600mm×350mm 4. 板材厚度:δ=1mm 5. 管件、法兰等附件及支架设计要求:如图所示 6. 接口形式:咬口		11.4
6	030702001005	碳钢通风管道制作安装	1. 材质:镀锌铁皮 2. 形状:矩形 3. 规格:430mm×430mm 4. 板材厚度:δ=1mm 5. 管件、法兰等附件及支架设计要求:如图所示 6. 接口形式:咬口		6.02
7	030703001001	碳钢调节阀制作安装	1. 型号:T306-1 2. 规格:320mm×357mm 3. 类型:三通阀 4. 质量:12.23kg/个	个	4
8	030703007001	钢制百叶窗	规格:1000mm×500mm	m^2	0.5
9	030703011001	散流器	1. 型号:CT211-2356-2 2. 规格:500mm×500mm 3. 类型:风管防火阀 4. 质量:5.42kg/个 5. 支架形式、材质:吊托支架、钢材	个	5
10	030703019001	柔性接口	人造革	m^2	1.56
11	030704001001	通风工程检测、调试	系统	系统	1

工程量计算式见表 5-45。

工程量计算式 **表 5-45**

工程名称：某机械制造厂 3 号厂房通风空调工程

序号	项目名称	单位	数量	部位提要	计 算 式
1	叠式金属空气调节器	kg	1200	kg	6×200
2	镀锌钢板矩形风管δ=1	m^2		主管	(1+0.3)×2×(3.5−2.109+0.7+0.3/2−0.2+4+1)+(0.81+0.38)×2×(3.5+3)+(0.6+0.35)×2×6+(0.54+0.32)×2×(3+3+0.54/2)
		m^2		支管	(0.54+0.32)×2×(4+0.5+0.43/2+4+0.5+0.43/2+2+0.5+0.43/2+2+0.5+0.43/2+2.5+0.5+0.43/2)+ (0.43+0.43)×2×(5×0.7)+0.54×0.32×5
		m^2		新风管	(1+0.5)×2×0.8+(1+0.3)×2×(2.88−0.8+1/2+3.342/2+1/2+2.65−2.1+0.3/2−0.2)

续表

序号	项目名称	单位	数量	部位提要	计算式
3	风管小计	m^2	96.50		管周长2m以内，共46.64m^2 管周长4m以内，共36.18 m^2
4	帆布接头	m^2		个	(1+0.3)×2×0.2×3
5	钢百叶窗(新风口)			个	1×0.5
6	方形直片散流器	kg		个	CT211－29(500×500)5×12.23
7	温度检测孔	个	2		T605
8	矩形风管三通调节阀	kg			4×12.23(T306－1)
9	铝箔玻璃棉毡风管保温 δ=100	m^2	9.65		96.5×0.1
10	角钢25×4	kg		法兰	75×(0.6+0.4)×2×1.459

分部分项工程量清单计价表见表5-46。

分部分项工程量清单计价表 **表5-46**

工程名称：某机械制造厂3号厂房通风空调工程

序号	项目编码	项目名称	项目特征描述	计量单位	工程数量	金额/元	
						综合单价	合价
C.9通风空调工程							
1	030701003001	空调器	叠式金属空调器6段	kg	1200.00	1.02	1224.00
2	030702001001	碳钢通风管道制作、安装	镀锌钢板矩形风管 δ=1mm，管周长2m以内，咬口、吊架、法兰制作安装及除锈刷油，保温 δ=100mm	m^2	46.639	290.66	13556.10
3	030702001001	碳钢通风管道制作、安装	镀锌钢板矩形风管 δ=1mm，管周长4m以内，咬口、吊架、法兰制作安装及除锈刷油，保温 δ=100mm	m^2	49.83	278.72	13888.62
4	030703001001	碳钢调节阀制作安装	三通阀 T306-1 每个12.23kg，除锈、刷油	个	3	405.95	1217.85
5	030703007001	百叶窗制作、安装	1000mm × 500mmJ718.1 碳钢除锈、刷油	m^3	0.5	460.06	230.03
6	030703011001	散流器	铝合金方形直片 CT211-2356-2 500mm×500mm	个	5	182.36	911.80
7	030703019001	柔性接口	人造革	m^2	1.56	230.53	359.63
8	030704001001	通风工程检测、调试	系统	系统	1	634.28	634.28
合计				32020.89			

工程量清单综合单价分析表 **表 5-47**

工程名称：某机械制造厂 3 号厂房通风空调工程

项目编码	030702001002	项目名称	碳钢通风管道制作安装 500mm×300mm，镀锌钢板 δ=1 咬口	计量单位	m^2

清单综合单价组成明细											
定额编号	定额名称	定额单位	数量	单价			管理费和利润（费率）	合价			
				人工费	材料费	机械费		人工费	材料费	机械费	管理费和利润
9-0007	镀锌钢板矩形风管 δ=1，周长 4.00 以内	$10m^2$	4.98	129.74	156.83	31.82	100%	646.10	781.01	158.46	646.10
11-0007	法兰、支吊架除锈	100kg	1.574	8.84	2.60	7.49	100%	13.91	4.09	11.79	14.54.
11-0007	法兰、支吊架刷红丹漆一遍	100kg	1.574	5.98	0.75	7.49	100%	9.41	1.18	11.79	9.84
11-0118	法兰、支吊架刷红丹漆二遍	100kg	1.574	5.72	0.65	7.49	100%	9.00	1.02	11.79	9.41
9-0043	温度测定孔	个	2	15.86	9.60	6.36	100%	31.72	19.20	12.72	33.14
11-2004	通风管道玻璃棉保温厚度 100mm	m^3	4.98	55.12	141.68	—		274.50	701.31		274.50
人工费调整								—	—	—	—
材料费价差								—		—	—
机械费调整								—	—		—
小计								979.6	1507.8	206.55	988.53
								3682.49/49.8=73.94			
未计价材料费								204.78			
清单项目综合单价								278.72			

5.5.3 通风空调工程综合计算实例三

某工厂理化计量室通风空调工程图如图 5-66 所示，该工程的设备和部件数量规格如下：

1. W-2 分段式恒温湿空调 1 台，重 2000kg；

2. 手动多叶调节阀 T308-1，1 个，尺寸为 400mm×320mm，质量为 11.70kg；

3. 防火阀 T356-2，1 个，尺寸为 400mm×320mm，质量为 5.42kg；

4. 聚酯泡沫消声器 T701-3，1 个，尺寸为 400mm×400mm，质量为 23kg；

5. 新风口为钢百叶窗，尺寸为 350mm×350mm；

6. 送风口为钢百叶铝合金，型号为 T202-2，尺寸为 200mm×150mm，共 6 个，每个质量为 0.88kg；

7. 风管材料为镀锌薄钢板，δ=1mm。

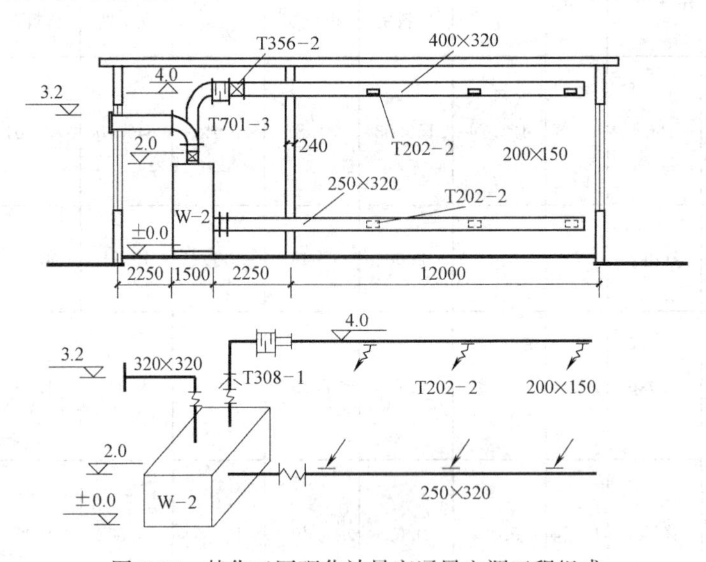

图 5-66　某化工厂理化计量室通风空调工程组成

试（1）计算工程量；（2）套用全国统一安装工程定额及甘肃省兰州市地区基价；（3）编制工程量清单。

【解】 一、计算风管工程量

1. 矩形风管

（1）尺寸为 400mm×320mm

长度 L_1＝(2.25＋12)(横管长度)＋(4.0＋2.0)(立管标高差)－0.14(多叶调节阀长度)－(0.32＋0.24)(防火阀长度)－0.35(软管口长度)＝15.2m

面积 S_1＝(0.4＋0.32)×2×15.2＝21.89m^2

（2）尺寸为 250mm×320mm

长度 L_2＝(2.25＋12)－0.35(软管接口长度)＝13.9m

面积 S_2＝2×(0.25＋0.32)×13.9＝15.85m^2

2. 方形风管 320×320mm

长度 $L_3=\left(2.25+\frac{1.5}{2}\right)$(横管长度)＋(3.2－2.0)(立管标高差)－0.35(软管接口长度)＝3.85m

面积 S_3＝0.32×4×3.85＝4.93m^2

小计，$S=S_1+S_2+S_3$＝42.67m^2

二、套定额及地区基价

将以上工程量，套入全国统一安装工程预算定额第九册及甘肃省兰州市地区基价，具体结果见表 5-48。

某通风空调工程预算表 **表 5-48**

序号	定额编号	工程(项目)名称	工程量		总价(元)		其中(元)					
			定额单位	数量	基价	合计	人工费		材料费		机械费	
							单价	合计	单价	合计	单价	合计
1	9-6	镀锌薄钢板矩形风管(δ=1mm)周长 2m 以内	10m²	4.27	339.70	1450.52	142.16	607.02	153.00	653.31	44.54	190.19
2	9-41	软管接口制作安装	Cm²	1.33	142.69	194.07	44.10	59.98	91.63	124.62	6.96	9.47
3	9-62	多叶调节阀制作 T308-1	100kg	0.12	1253.81	150.47	317.72	38.13	567.63	68.12	368.46	44.22
4	9-65	风管调节阀制作 T356-2	100kg	0.05	638.33	31.92	123.75	6.19	373.65	18.68	140.93	7.05
5	9-84	多叶调节阀安装 T308-1 安装	个	1.0	17.97	17.97	9.63	9.63	8.34	8.34		
6	9-88	风管防火阀安装	个	1.0	12.49	12.49	4.50	4.50	7.99	7.99		
7	9-94	单层百叶送回风口制作 T202-2	100kg	0.05	1916.56	95.84	1362.75	68.14	179.70	23.99	74.11	3.71
8	9-129	钢百叶窗制作	m²	0.12	276.60	33.20	62.30	7.48	169.80	20.38	44.50	5.34
9	9-135	百叶风口安装	个	1.0	14.32	14.32	9.63	9.63	3.65	3.65	1.04	1.04
10	9-152	送回风口安装	个	6.0	7.13	42.78	5.99	35.94	1.14	6.84		
11	9-179	聚酯泡沫管式消声器制作安装	100kg	0.23	703.06	161.71	162.50	37.38	507.45	116.71	33.11	7.62
12	9-247	分段组装式空调器安装	100kg	20.0	41.54	830.8	41.54	830.8				
合计					3036.09		1714.82		1052.63		268.64	

注：本表中未计主材价

三、编制工程量清单

按照工程量清单计价清单计价规范的要求，编制该工程的工程量清单，该工程的综合单价计算过程同例一，故仅列出其工程量清单，具体结果见表 5-49。

工程量清单 **表 5-49**

工程名称：某通风空调工程

序号	项目编码	项目名称	项目特征描述	单位	工程量
1	030701003001	空调器	1. 型号、规格：W-2 分段式恒温湿空调 2. 安装形式：分段组装，落地。 3. 质量：2000kg 4. 隔振垫、支架形式、材质：吊托支架、钢材	kg	2000.000
2	030702001001	碳钢通风管道制作安装	1. 材质：镀锌铁皮 2. 形状：矩形 3. 规格：400×320 4. 板材厚度：δ=1mm 5. 管件、法兰等附件及支架设计要求：如图所示 6. 接口形式：咬口	m²	21.890

续表

序号	项目编码	项目名称	项目特征描述	单位	工程量
3	030702001002	碳钢通风管道制作安装	1. 材质:镀锌薄钢板 2. 形状:矩形 3. 规格:250×320 4. 板材厚度:δ=1mm 5. 管件、法兰等附件及支架设计要求:如图所示 6. 接口形式:咬口	m^2	15.850
4	030702001003	碳钢通风管道制作安装	1. 材质:镀锌铁皮 2. 形状:矩形 3. 规格:432mm×320mm 4. 板材厚度:δ=1mm 5. 管件、法兰等附件及支架设计要求:如图所示 6. 接口形式:咬口	m^2	4.930
5	030703001001	碳钢调节阀制作安装	1. 型号:T308-1 2. 规格:400mm×320mm 3. 类型:多叶调节阀 4. 质量:11.70kg/个 5. 支架形式、材质:吊托支架、钢材	个	1.000
6	030703001002	碳钢调节阀制作安装	1. 型号:T356-2 2. 规格:400mm×320mm 3. 类型:风管防火阀 4. 质量:5.42kg/个 5. 支架形式、材质:吊托支架、钢材	个	1.000
7	03070301001	碳钢风口、散流器制作安装(百叶窗)	1. 型号:T202-2 2. 规格:200mm×150mm 3. 类型:钢百叶铝合金 4. 质量:0.88kg/个	个	6.000
8	030703007002	碳钢风口、散流器制作安装(百叶窗)	1. 型号、规格:350mm×350mm 2. 类型:钢百叶窗制定	个	0.123
9	030703020001	消声器制作安装	1. 规格:T701-3 2. 材质:聚酯泡沫管式 3. 形式:400mm×400mm 4. 质量:23kg 5. 支架形式、材质:吊托支架、钢材	个	1

5.5.4 通风空调工程综合计算实例四

某工厂车间送风系统如图 5-67 所示，有关施工说明见施工图纸，本例过滤器，加热器、上旁通阀、风机启动阀、圆形蝶阀、方形空气分布器为购置成品，其他部件一律现场制作。室外进风竖井和外墙进风口上的百叶窗与保温门，通风室内的过滤器、加热器、上通阀及帆布接头等的墙壁固定框，均列入土建工程。

说明：

图 5-67 某车间送风系统施工图。

1. 风管采用热轧薄钢板制作，当风管管径≤$D$500 时，风管壁厚为 0.75；当风管直径≥$D$700 时，风管壁厚为 1.0mm。

2. 风管法兰采用等边角钢制作，当风管管径≤$D$500 时，角钢为∟25×4；当风管直径≥$D$700 时，角钢为∟30×4。

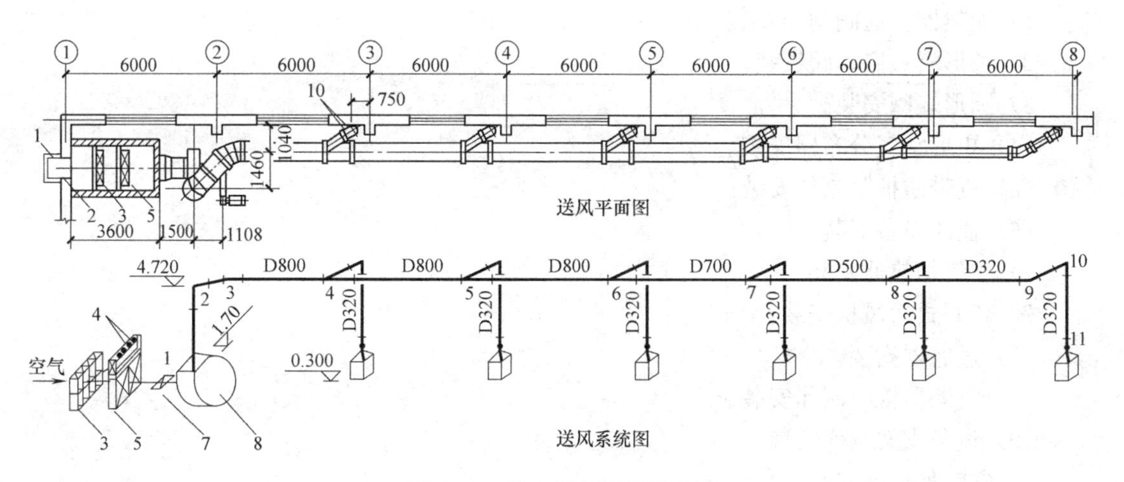

图 5-67 某工厂车间送风系统

3. 风管内外表面除锈后刷红丹酚醛防锈漆两道，外表面再刷灰色酚醛调和漆两道。

4. 风管、部件制作安装和设备安装要求，执行国家施工验收规范有关规定。

通风空调设备部件附件数据表 **表 5-50**

序号	名称	型号与规格	单位	数量	备注
1	固定式百叶窗	500×400	个	2	土建制作安装
2	保温门	500×630	个	2	土建制作安装
3	空气过滤器	LWP-D(Ⅰ型)	台	8	国标 T521-3
4	空气加热器上通阀	1200×400	个	1	国标 T101-1
5	空气加热器	SRZ-12×6D	台	2	国标 T104-4
6	帆布软接头	D100×D600	个	1	
7	风机圆形瓣式气动阀	D800	个	1	国标 T301-5
8	离心式通风机	T4-72No8C 左旋 90 度	个	1	77kg(带电机)
	风机槽轮	50-64-80	个	1	
9	电动机	Y200L-4 功率 30kW	台	1	
10	电动槽轮	55-C4-355	个	2	
11	电机导轨	SHT542-3	个	2	
12	角皮带	C 型 L=3810mm	根	4	
13	皮带防护罩	C 式Ⅱ型	个	1	国标 T08
14	空气分布器	4# 600×300	个	6	国标 T206-1
15	圆形蝶阀	D320	个	6	国标 T302-1

一、划分和排列分项工程项目

根据本例的工程内容，通风系统安装套用《全国统一定额安装预算定额第九册》，通风系统的刷油套用第十一册定额，按以上两侧定额划分和排列的分项工程项目如下。

（1）薄钢板通风管道制作安装。

（2）帆布接口制作安装。

（3）调节阀安装。

1）加热器上通阀制作安装。

2）圆形瓣式启动阀安装。

3）圆形蝶阀安装。

(4）矩形空气分布器安装。

(5）皮带防护罩制作安装。

(6）通风设备安装。

1）空气加热器安装。

2）离心式通风机安装。

(7）过滤器安装。

(8）过滤器框架制作安装。

(9）设备支架制作安装。

1）空气加热器安装。

2）离心式通风机安装。

(10）空调部件、支架（框架）除锈刷油。

1）设备支架（框架）除锈刷油。

2）空调通风部件刷油。

二、计算工程量

按照所列分项工程项目，各工程量计算见表5-51

工程量计算表 **表5-51**

序号	项目名称	单位	单位	计算式
1	通风管道制作安装			
(1)	薄钢板圆形风管，D800（δ=1mm，咬口）	m²	51.30	[(0.90+6.00)+(1.46×1.4142−1.46)−0.75 1.58×cos30°×(4.72−1.70)+6.00+6.00]×0.8(管径)×3.1416
(2)	薄钢板圆形风管，D700（δ=1mm，咬口）	m²	13.19	6.00×0.70(管径)×3.1416
(3)	薄钢板圆形风管，D500（δ=0.75mm，咬口）	m²	9.42	6.00×0.50(管径)×3.1416
(4)	薄钢板圆形风管，D320（δ=0.75mm，咬口）	m²	35.89	[6.00×0.32(管径)×3.1416+1.58+4.72(标高差)−0.15−0.90−0.36.00]×6(立、支管数)×0.32(管径)×3.1416
2	帆布接口制作安装 1000mm×860mm L=300mm	m²	0.88	(1+0.86)/2×0.30(管径)×3.1416
3	调节阀安装			
(1)	空气加热器上通阀 1200mm×400mm	kg	23.16	查“国标通风部件标准重量表”，23.16kg/个×1
(2)	圆形瓣式启动阀，D800	kg	42.28	查“国标通风部件标准重量表”，42.28kg/个×1
(3)	圆形蝶阀(非保温)，D320	kg	34.68	查“国标通风部件标准重量表”5.78kg/个×6
4	通风设备安装			
(1)	离心式通风机安装 T4-72No8C	台	1	配地脚螺栓：M24×60，4个，M16×400，4个

续表

序号	项目名称	单位	数量	计算式
(2)	空气加热器安装 SRZ-12×6D	台	2	查产品样本,139kg/台×2台=278kg
(3)	过滤器安装 LWP-D(Ⅰ型)	台	1	查《采暖通风国家标准图集》
(4)	矩形空气分布器安装 600mm×300mm H=900mm	kg	74.52	查《采暖通风国家标准图集》12.42kg/个×6个
5	设备支架制作		77.16	
(1)	矩形空气分布器支架	kg	26.57	2.42kg/m×[(0.41+0.20)×+0.61]×6个
(2)	空气加热器支架	kg	9.64	查标准图集 T101-3
(3)	过滤器框架制作安装	kg	40.95	查《采暖通风国家标准图集》
6	皮带防护罩制作安装	kg	15.50	按标准图集 T101-3"皮带防护罩图"按图实际计算
7	通风部件、支架、框架除锈刷油	kg	267.40	
(1)	支架、框架除锈刷油	kg	77.16	26.57(空气分布器支架)+9.64(加热器支架)+40.95(过滤器框架)
(2)	通风部件刷油	kg	190.24	23.16(空气加热器上通阀)+42.38(圆形瓣式启动阀)+34.68(圆形蝶阀)+74.52(矩形空气分布器)+15.50(皮带防护罩)

工程量汇总表 **表 5-52**

工程名称：某车间通风安装工程

序号	定额编号	分部分项名称	单位	数量
1	9-2	镀锌薄钢板圆形风管,$D\leqslant500(\delta=0.75\text{mm})$	10m^2	4.53
2	9-3	镀锌薄钢板圆形风管,$D<1120(\delta=0.75\text{mm})$	10m^2	6.45
3	9-41	帆布接口制作安装 1000mm×860mm	m^2	0.09
4	9-44	空气加热器上通阀制作	100kg	0.23
5	9-66	空气加热器上通阀安装	个	1
6	9-69	圆形瓣式启动阀,$D$800(42kg/个)	个	1
7	9-72	圆形蝶阀安装 $D$320(5.78kg/个)×6	100kg	0.35
8	9-04	矩形空气分布器制作,4号	100kg	0.75
9	9-141	矩形空气分布器安装,4号	个	6
10	9-180	皮带防护罩制作安装	100kg	0.16
11	9-211	设备支架制作	100kg	0.36
12	9-213	空气加热器安装	台	2
13	9-218	离心式通风机安装,8号	台	1
14	9-254	过滤器框架安装	100kg	0.41
15	9-256	过滤器安装	台	1
16	11-7	支架(含框架、防护罩)除锈	100kg	0.77
17	11-93	空调通风部件刷调和漆(一遍)	100kg	1.90
18	11-94	空调通风部件刷调和漆(二遍)	100kg	1.90

续表

序号	定额编号	分部分项名称	单位	数量
19	11-117	支架刷红丹防锈漆(一遍)	100kg	0.77
20	11-118	支架刷红丹防锈漆(二遍)	100kg	0.77
21	11-126	支架刷灰调和漆(一遍)	100kg	0.77
22	11-127	支架刷灰调和漆(二遍)	100kg	0.77

三、套用定额，计算定额直接费

(1) 本例所用定额，采用全国统一安装工程预算定额第九册、第十一册。

(2) 本例定额直接费计算见表5-53，对表中有关问题说明如下：

1) 空调通风部件一般是按购置成品计算。本例将空气加热器上通阀、空气分布器按制作考虑，其他均按购置成品件计算。

2) 本例按规定系数计取的费用有两项。

① 脚手架搭拆费。一是按第九册《通风空调工程》定额规定的脚手架搭拆费，按人工费3%计算，其中人工工资占25%；二是按第十一册《刷油、防腐蚀、绝热工程》定额规定的脚手架搭拆费，按人工费8%计算，其中人工工资占25%。

② 通风系统调整费，本例计算基数（包括除锈、刷油等费用），按第九册《通风空调工程》定额规定，系数调整费按人工费的13%计算，其中人工工资占20%。

安装工程定额直接费计算表 **表5-53**

工程名称：某车间通风安装工程

序号	定额编号	工程(项目)名称	工程量		基价(元)		其中(元)					
			定额单位	数量	定额单价	总价	人工费		材料费		机械费	
							单价	合价	单价	合价	单价	合价
1	9-2	镀锌薄钢板圆形风管，$D \leqslant 500$ ($\delta=0.75$mm)	10m²	4.53	370.08	1676.46	205.69	931.77	108.39	491.01	56.00	253.68
2	9-3	镀锌薄钢板圆形风管，$D<1120$ ($\delta=0.75$mm)	10m²	6.45	296.60	1913.07	153.98	993.17	111.98	722.27	30.64	197.63
估价		薄钢板价 ($\delta=0.75$mm)	t	0.88	4823.37	424.57			4823.37	424.57		
3	9-41	帆布接口制作安装1000mm×860mm	m²	0.09	142.18	12.80	47.13	4.24	86.62	7.80	8.43	0.76
4	9-44	空气加热器上通阀制作	100kg	0.23	528.49	121.55	201.57	46.36	250.89	57.70	76.03	17.49
5	9-66	空气加热器上通阀安装	个	1	20.87	20.87	17.16	17.16	3.71	3.71		
6	9-69	圆形瓣式启动阀，D800(42kg/个)	个	1	37.30	37.30	29.29	29.29	6.87	6.87	1.14	1.14
估价		圆形瓣式启动阀，D800	台	1	1324.65	1324.65				1324.65		
7	9-72	圆形蝶阀安装D320 (5.78kg/个)×6	100kg	0.35	26.56	9.30	6.86	2.40	3.36	1.18	16.34	5.72
估价		圆形蝶阀安装D320	台	6	228.39	1370.34			228.39	1370.34		

续表

序号	定额编号	工程(项目)名称	工程量		基价(元)		其中(元)					
			定额单位	数量	定额单价	总价	人工费		材料费		机械费	
							单价	合价	单价	合价	单价	合价
8	9-04	矩形空气分布器制作,4号	100kg	0.75	860.56	645.42	347.78	260.84	336.80	252.60	175.98	131.98
9	9-141	矩形空气分布器安装,4号	个	6	21.49	128.94	16.93	101.58	4.56	27.36		
10	9-180	皮带防护罩制作安装	100kg	0.16	1090.33	174.45	676.33	108.21	316.99	50.72	97.01	15.52
11	9-211	设备支架制作	100kg	0.36	450.83	162.30	157.41	56.67	242.57	87.32	50.85	18.31
12	9-213	空气加热器安装	台	2	80.14	160.28	29.06	58.12	28.07	56.14	23.01	46.02
估价		空气加热器	台	2	1490.00	2980.00			1490.0	2980.0		
13	9-218	离心式通风机安装,8号	台	1	210.75	210.75	170.46	170.46	40.29	40.29		
估价		离心式通风机,8号	台	1	2500.00	2500.00			2500.0	2500.0		
估价		地脚螺栓 M24×60	套	4	4.37	17.48			4.37	17.48		
估价		地脚螺栓 M24×60	个	4	17.20	68.80			17.20	68.80		
14	9-254	过滤器框架安装	100kg	0.41	674.49	276.54	128.13	52.53	503.52	206.44	42.84	17.56
15	9-256	过滤器安装	台	1	1.83	1.83	1.83	1.83				
第九册定额项目小计						18057.69		2834.63		14517.25		705.1
脚手架搭拆费				2834.63×3%		85.04	25%	21.26	75%	63.78		
第九册定额项目合计						18142.73		2855.89		14581.03		705.81
16	11-7	支架(含框架、防护罩)除锈	100kg	0.77	17.96	13.83	7.78	5.99	2.23	1.72	7.95	6.12
17	11-93	空调通风部件刷调和漆(一遍)	$10m^2$	11.02	13.42	147.88	5.72	63.03	7.70	84.85		
18	11-94	空调通风部件刷调和漆(二遍)	$10m^2$	11.02	12.31	135.65	5.49	60.50	6.82	75.15		
19	11-117	支架刷红丹防锈漆(一遍)	$10m^2$	0.77	31.55	24.29	5.26	4.05	18.34	14.12	7.95	6.12
20	11-118	支架刷红丹防锈漆(二遍)	$10m^2$	0.77	28.05	21.59	5.03	3.87	15.07	11.60	7.95	6.12
21	11-126	支架刷灰调和漆(一遍)	$10m^2$	0.77	18.92	14.57	5.03	3.87	5.94	4.58	7.95	6.12
22	11-127	支架刷灰调和漆(二遍)	$10m^2$	0.77	18.18	13.99	5.03	3.87	5.20	4.00	7.95	6.12
		第十一册定额项目小计				371.80		145.18		196.02		30.60
		脚手架搭拆费		145.18×8%		11.61	25%	2.90	75%	8.71		
		第十一册定额项目合计				383.41		148.08		204.73		30.60

续表

序号	定额编号	工程(项目)名称	工程量		基价(元)		其中(元)					
			定额单位	数量	定额单价	总价	人工费		材料费		机械费	
							单价	合价	单价	合价	单价	合价
		通风工程定额项目合计				18526.14		3003.97		14785.76		736.41
		通风工程系统调整费		3003.97×13%		390.52	25%	97.63	75%	292.89		
		通风工程定额直接费				18916.66		3101.60		15078.65		736.41

计算出定额直接费后，就可以利用人工费和相应的费率对工程总造价进行计算，其计算方法和计算程序由于各地区不尽相同，因此本书省略。

练　习　题

1. 计算图 5-68 所示工程量并编制工程量清单。

某排风工程组成如下：

序号	名　　称	单位	数量
1	钢板通风管 $\delta=1.0$ $\phi320$	m	
2	风帽 T609	个	1
3	圆形拉链蝶阀 T302-1	个	1
4	圆形排气罩 T401-3	个	1
5	排风机 TG4-72-4A	台	1
6	风机支架	kg	25

2. 计算图 5-69 所示工程量并编制工程量清单。

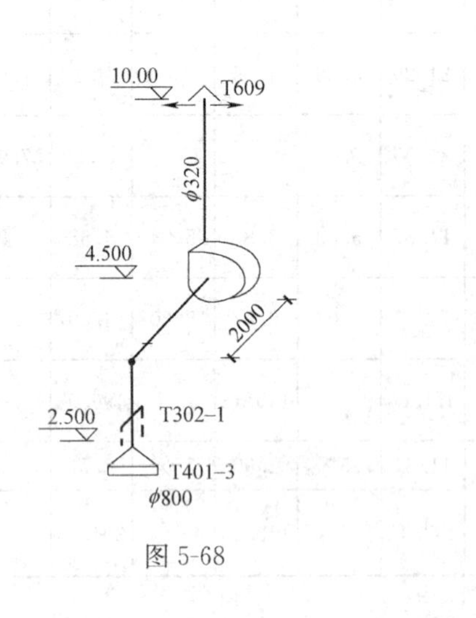

图 5-68

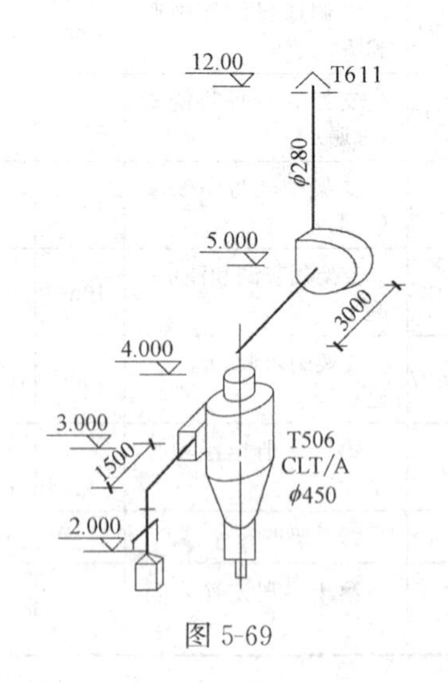

图 5-69

某排风工程组成如下：

序号	名　　称	单位	数量
1	钢板通风管 δ=1.0　ϕ280	m	
2	风帽 T116	个	1
3	圆形拉链蝶阀 T302-1	个	1
4	旋风除尘器 T506，ϕ450 气罩 T401-3	个	1
5	排风机 T4-72-No. 2. 8	台	1
6	风机支架	kg	30

3. 计算图 5-70 所示工程量并编制工程量清单。

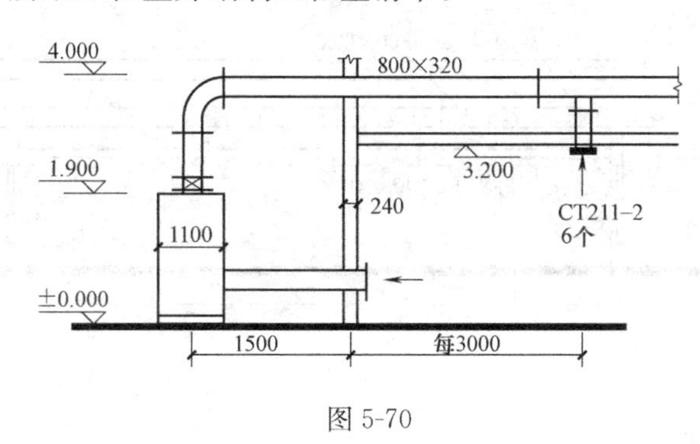

图 5-70

某空调工程组成如下：

序号	名　　称	单位	数量
1	LH38 恒温恒湿空调机、冷量 147MJ/h(35000kcal/h)	台	1
2	镀锌钢板风管 δ=0.75	m	1
3	软风管 l=300	个	1
4	铝合金方形直片散流器 500×500	个	1
5	铝合金网式回风口 800×320	个	1

4. 计算图 5-71 所示工程量并编制工程量清单。

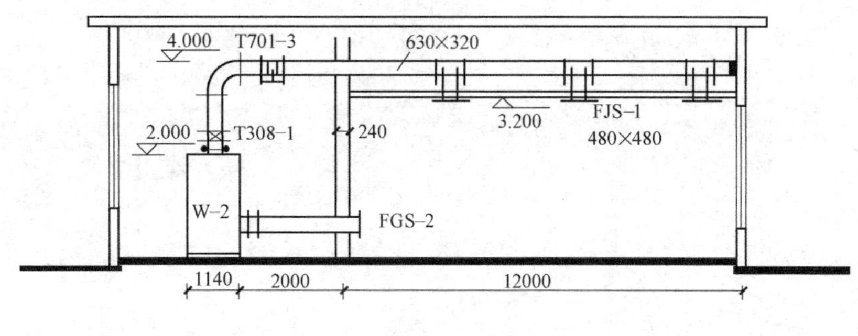

图 5-71

某空调工程组成如下：

序号	名　称	单位	数量
1	W-2 分段式空调冷风量 12000m^3/h	台	1
2	镀锌钢板风管 δ=1	m	
3	对开多叶调节阀 T308-1	个	1
4	软接口 l=300	个	2
5	聚酯泡沫消声器 l=800	个	1
6	送风口塑料质带调节阀散流器 FJS-1	个	3
7	送风口塑料质侧壁格栅式 FCS-2800×500	个	1

5. 计算图 5-72 所示工程量并编制工程量清单。

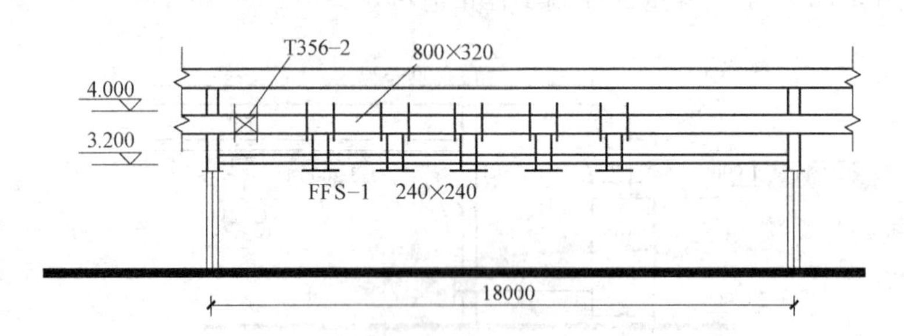

图 5-72

某空调工程组成如下：

序号	名　称	单位	数量
1	镀锌钢板风管 δ=1	m	
2	塑料质散流器带调节阀 FFS 240×240	个	5
3	防火阀 T356-2	个	1
4	铝箔玻璃棉毡保温 δ=20	m^3	

6 刷油、绝热及防腐蚀工程计量与计价

6.1 刷油、绝热及防腐蚀工程基本知识

6.1.1 金属材料的腐蚀及防腐蚀材料

1. 金属材料的腐蚀

金属材料在外部条件作用下，产生化学作用和电化学作用，使之遭到破坏或发生质变的过程即称为腐蚀。

腐蚀对设备和管道的危害很大，它能缩短管道和设备的使用寿命，造成很大的经济损失，故必须对金属材料进行防腐蚀处理。

2. 防腐蚀措施

防腐的方法很多，如采取给设备或管道外表面镀锌或铬、金属钝化、阴极保护及刷涂料等。其中刷涂料工艺在管道及设备防腐蚀中应用最广。

3. 防腐蚀材料

油漆与涂料，从广义上说均为涂料，涂料实际上是一种胶粘剂，利用胶的黏性和本身的固化能力，可以形成一种薄覆盖层粘附在材料的表面，使材料表面与腐蚀环境隔离开来。

(1) 油漆（涂料）

① 组成

油漆（涂料）可以分为着色颜料、防锈颜料、体质颜料三种。着色颜料主要是使涂料有色彩涂料并增加涂膜厚度，提高涂膜耐久性，常用的有锌白、炭黑、锌黄等。防锈颜料使涂料具有防锈能力，常用的有红丹粉、铅粉、氧化铁红等。体质颜料能使涂料增加厚度，提高耐磨和耐久性能，常用的有硫酸钡、大白粉、滑石粉等。另外还要在涂料内加入适当的挥发粉（稀释剂），用以溶解或稀释涂料，稀释剂有溶解成膜物质的能力，常用的有松香水、高标号汽油、酒精，二甲苯、丙酮等。

涂料中不加颜料的为清漆，加入颜料的为色漆。

② 涂料的编号

涂料的编号由三部分组成，第一部分为成膜物质代号，第二部分为涂料基本名称代号，第三部分为同类品种油漆序号，如 S062 表示聚氨酯底漆第 2 号产品。成膜物质和油漆基本名称代号见表 6-1 和表 6-2：

(2) 防腐蚀涂料

① 聚氨酯漆

聚氨酯漆均为双组分包装，施工时现场配制，它具有良好的耐油性、耐水性、耐化学介质腐蚀性及机械性能好等优点。

涂料成膜物质代号表 表 6-1

序号	代号	名　称	序号	代号	名　称
1	Y	油脂	10	X	乙烯树脂
2	T	天然树脂	11	B	丙烯酸树脂
3	F	酚醛树脂	12	Z	聚酯树脂
4	L	沥青	13	H	环氧树脂
5	C	醇酸树脂	14	S	聚氨酯
6	A	氨基树脂	15	W	元素有机聚合物
7	Q	硝酸树脂	16	J	橡胶类
8	M	纤维脂乙醚	17	E	其他
9	G	过氯乙烯树脂	18		辅助材料

油漆基本名称代号表 表 6-2

代号	代表名称	代号	代表名称	代号	代表名称	代号	代表名称	代号	代表名称
00	清油	11	皱纹漆	35	硅钢片漆	52	防腐漆	80	地板漆
01	清漆	12	裂纹漆	36	电容器漆	53	防锈漆	81	渔网漆
02	厚漆	14	透明漆	37	电阻漆或电位器漆	54	耐油漆	82	锅炉漆
03	调和漆	20	铅笔漆	38	半导体漆	55	耐水漆	83	烟囱漆
04	磁漆	22	木器漆	40	防污漆或防蛆漆	60	防火漆	84	黑板漆
05	烘漆	23	罐头漆	41	水线漆	61	耐热漆	85	调色漆
06	底漆	30	(浸渍)绝缘漆	42	甲板漆或甲板防滑漆	62	变色漆	86	标志漆或路线漆
07	腻子	31	(覆盖)绝缘漆	43	船壳漆	63	涂布漆	98	胶液
08	水溶漆或乳胶漆	32	(磁烘)绝缘漆	44	船底漆	64	可剥漆	99	其他
09	大漆	33	(粘合)绝缘漆	50	耐酸漆	65	粉末涂料		
10	锤纹漆	34	漆包线漆	51	耐碱漆	66	感光涂漆		

② 环氧—酚醛树脂涂料

该涂料具有良好的耐酸耐碱性，粘结力较强。

③ 酚醛树脂涂料

该涂料具有较好的耐酸性，它与环氧树脂配合使用时，又具有耐酸、耐碱性能。在室温和相对湿度不大于60%施工时，应有良好的通风条件，涂刷后漆膜在常温条件下固化养护不小于20d。

④ 无机富锌涂料

无机富锌涂料是由水玻璃和锌粉为主要原料配制成的防腐涂料，具有耐水性、耐油性、耐溶性及耐干湿交替烟雾等特点，被广泛用在船舶的水仓、受海水及清水腐蚀的设备、管道内外壁防腐蚀工程上。

⑤ 过氯乙烯涂料

该涂料具有较好的耐工业大气、耐海水、耐烟雾、耐油及耐燃性等优点，但是它不耐酸类、酮类、苯及氧化溶剂等有机溶剂的腐蚀。还有不耐老化及附着力差的不足之处。

⑥ 环氧银粉涂料

环氧银粉涂料是以铝粉作为填料与冷固环氧树脂漆配制成的一种涂料，一般常作为喷银层、无机富锌涂料面漆使用。

4. 涂料的施工

(1) 施工程序

除锈→刷涂(或喷涂)→检查补涂→刷涂(或喷涂)→检查→刮腻子→中间漆(1～2遍)→面漆(1～2遍)→补涂→养护。

(2) 施工方法

涂料施工方法很多，需根据被涂物件和涂料品种加以选择。

① 刷涂：即用毛刷蘸漆涂刷需防腐处。

② 擦涂：用棉纱或棉球蘸漆擦涂需防腐处。

③ 刮涂：用刮刀刮涂，涂腻子时使用。

④ 喷涂：用压缩空气将涂料从喷漆机均匀地喷至物面成为涂膜，该方法用于挥发快、大面积涂饰。

⑤ 浸涂：将需要防腐的物件浸入盛有涂料的容器中浸渍，该方法适用于构造复杂物件的涂饰。

⑥ 淋涂：将涂料喷涂在移动的物件表面。

在安装工程施工现场，主要使用刷涂和喷涂方法。

6.1.2 埋地管道防腐

埋地管道防腐常采用沥青涂料。

沥青具有良好的粘结性、不透水性和不导电性，能抵抗稀酸、稀碱、盐和土壤的浸蚀，但不耐氧化剂和有机溶液的腐蚀。

1. 沥青的种类

沥青分为地沥青（石油沥青）和煤沥青两类。地下管道防腐一般用石油沥青，石油沥青可分为道路石油沥青、建筑石油沥青和普通石油沥青。在防腐工程中，一般采用建筑石油沥青和普通石油沥青。

2. 防腐层结构

埋地管道腐蚀层根据土壤的性质不同分为三种类型：普通防腐层，其厚度一般不小于3mm；加强防腐层，其厚度一般不小于6mm；特加强防腐层，其厚度一般不小于9mm，具体厚度应按设计而定。

3. 防腐施工

埋地管道防腐施工工序为：表面处理→制备沥青底漆→涂刷底漆→制备沥青涂料→涂沥青涂层→安装保护层。

若设有加强防腐层和特加强防腐层，则还应增加加强包扎层的安装。防腐层外面的保护层，多采用塑料布和玻璃丝布包缠而成。

6.1.3 风管系统的防腐

1. 风管的去污与除锈

为了保证管道、部件、支吊架的防腐质量，在涂刷油漆前必须对管道、支吊架等金属材料进行表面处理，清除掉附着在上面的铁锈、油污、灰尘、污物等，使其表面光滑、清洁。

清除油污的方法一般采用碱性溶剂清理。

铁锈的清除有人工和机械两种方法。人工除锈主要用钢丝刷、砂布等擦拭。机械除锈主要是喷砂和采用自制除锈机。

2. 常用油漆

防腐涂料和油漆必须是有效保质期内的合格产品，即必须具备产品合格证及性能检测报告或厂家的质量证明书；涂刷在同一部位的底漆和面漆的化学性能要相同，否则涂刷前应做溶性试验；漆的深、浅色调要一致。

常用的油漆如表 6-3，油漆的选用如表 6-4。

常用的油漆 **表 6-3**

序号	名　称	适用范围
1	锌黄防锈漆	金属表面底漆，防海洋性空气及海水腐蚀
2	铁红防锈漆	黑色金属表面底漆或面漆
3	混合红丹防锈漆	黑色金属底漆
4	铁红醇酸底漆	高温黑色金属
5	环氧铁红底漆	黑色金属表面漆，防锈耐水性好
6	铝粉漆	采暖系统，金属零件
7	耐酸漆	金属表面防酸腐蚀
8	耐碱漆	金属表面防碱腐蚀
9	耐热铝粉漆	300℃以下部件
10	耐热烟囱漆	≤300℃以下金属表面如烟囱系统
11	防锈富锌底漆	镀锌金属表面修补或高腐蚀环境

油漆的选用 **表 6-4**

管道种类	表面温度(℃)	序号	油漆种类	
			底漆	面漆
不保温管道	≤60	1	铝粉环氧防腐底漆	环氧防腐漆
		2	无机富锌底漆	环氧防腐漆
		3	环氧沥青底漆	环氧沥青防腐漆
		4	乙烯磷化底漆＋过氯乙烯底漆	过氯乙烯防腐漆
		5	铁红醇醛底漆	醇醛防腐漆
		6	红丹醇醛底漆	醇醛耐酸漆
		7	氯磺化聚乙烯底漆	氯磺化聚乙烯磁漆
	60～250	8	无机富锌底漆	环氧耐热磁漆、清漆
		9	环氧耐热底漆	环氧耐热磁漆、清漆
保温管道	保温	10	铁红酚醛防锈漆	
	保冷	11	石油沥青	
		12	沥青底漆	

3. 管道涂漆

对于一般通风、空调系统、空气洁净系统及制冷管道采用的油漆类别及涂刷遍数应分别符合表 6-5～表 6-7 的要求。

薄钢板的油漆 **表 6-5**

序号	风管所输送的气体介质	油漆类别	油漆涂刷遍数
1	不含有灰尘且温度不高于 70℃空气	内表面涂防锈底漆 外表面涂防锈底漆 外表面涂面漆(调和漆等)	2 1 2
2	不含有灰尘且温度高于 70℃空气	内、外表面各涂耐热漆	2
3	含有粉尘或粉屑的空气	外表面涂防锈底漆 内表面涂防锈底漆 外表面涂面漆	1 1 2
4	含有腐蚀性介质的空气	内、外表面涂耐酸底漆 内、外表面涂耐碱底漆	≥2 ≥2

制冷剂管道的油漆 **表 6-6**

管道类别		油漆类别	油漆涂刷遍数
低压系统	保温层以沥青为粘结剂	沥青漆	2
	保温层不以沥青为粘结剂	防锈底漆	2
高压系统		防锈底漆 色漆	2 2

空气洁净风管的油漆 **表 6-7**

风管材料	系统部位	油漆类别	油漆涂刷遍数
冷轧钢板	全部	内表面:醇酸类底漆 醇酸类磁漆	2 2
		外表面:(有保温)铁红底漆 (无保温)铁红底漆 磁漆或调和漆	2 1 2
镀锌钢板	回风管、高效过滤器前送风管	内表面:一般不涂漆 当镀锌钢板表面有明显氧化层,有针孔、麻点、起皮和镀锌层脱落等缺陷时,按下列要求涂刷 内表面:磷化底漆 锌黄醇酸类底漆 面漆(磁漆或调合漆)	 1 2 2
		外表面:不涂刷	
	高效过滤器后送风管	内表面:磷化底漆 锌黄醇酸类底漆 面漆(磁漆或调合漆等)	1 2 2

4. 管道涂漆的注意事项

(1) 油漆涂刷前，应检查管道或设备的表面处理是否符合要求。涂刷前，管道或设备表面必须彻底干燥。

(2) 涂刷油漆的环境温度不能过低或相对湿度不能过高，否则它将会使油漆挥发时间过长，影响防腐性能。一般要求环境温度高于 5℃，相对湿度小于 85%。

（3）调油漆时注意稠度适宜，以保证涂刷后漆膜厚度均匀。稠度过大既造成浪费，又易产生脱落、卷皮等现象；稠度过小则会产生漏涂、起泡或露底等现象。

（4）第一遍防锈底漆彻底干燥后，才能涂刷第二遍防锈漆，以使得漆膜之间牢固，避免产生漆层脱落的现象。

（5）薄钢管风管的防腐可采用制作前和制作后两种形式。风管制作前预先在钢板上涂刷防锈底漆，特点是涂刷的质量好，无漏涂，风管咬口缝内均有油漆，风管的使用寿命长，且下料后的多余边角料短期内不会锈蚀，可回收利用。风管制作后再进行涂漆，需注意风管的制作过程中，必须先将钢板在咬口部位涂刷防锈底漆。

（6）风管法兰或加固角钢制作后，必须在与风管组装前涂刷防锈底漆，以免法兰或加固角钢与风管接触面因漏涂防锈底漆而锈蚀。

（7）送风口或风阀的叶片和本体，在组装前应根据工艺情况先涂刷防锈底漆，以免漏涂而导致局部锈蚀。

（8）管道的支、吊、托架必须在下料预制后进行防腐工作，如此可避免支、吊、托架与管道接触部分漏涂。

（9）应了解使用的各种油漆的理化性质，按技术安全条件进行操作，防止发生事故。

6.1.4 管道与设备的绝热工程

1. 通用设备的绝热

绝热是保温和保冷的统称。绝热工程是为了保证正常生产的最佳温度范围和减少热载体和冷载体在输送、贮存及使用过程中热量和冷量的损失，提高冷、热效率，降低能源消耗和产品成本的重要手段之一。

（1）绝热的结构形式

绝热结构分保温和保冷两种结构形式。保温结构一般由防锈层、保温层、保护层、防腐蚀层及识别标志层组成。保冷结构在保温层外面还应增加防潮隔气层。

① 防锈层

将防锈涂料直接涂刷于管道和设备的表面即构成防锈层。

② 保温层

防锈层的外面是保温层，一般用保温材料围成。

③ 防潮层

对保冷结构，为了防止凝结水使保温层材料受潮而降低保温性能需设防潮层。常用防潮层的材料有沥青、沥青油毡、玻璃丝布、塑料薄膜等。

④ 保护层

该层设在保温或防潮层外面，主要是保护保温层或防潮层不受机械损伤。保护层常用的材料有石棉石膏、石棉水泥、金属薄板、玻璃丝布等。

⑤ 识别标志层及防腐蚀层

为了使保护层不被腐蚀，在保护层外设防腐层。一般做法是在保护层外直接刷油漆。不同颜色的油漆同时起到识别标志的作用。

（2）绝热材料

一般绝热材料满足以下要求：

① 能保证热损失不超过标准值；

② 整个结构应具有足够的机械强度；

③ 有良好的保护层；

④ 绝热结构要简单，尽量减少材料的消耗量；

⑤ 绝热材料应就地取材，价格便宜，以便减少建设投资；

⑥ 绝热结构应施工简单，维修方便；

⑦ 绝热结构的外观应整齐、美观，与周围环境协调。

根据以上要求，常见的绝热保温材料有岩棉、玻璃棉、矿渣棉、珍珠岩、硅藻土、石棉、水泥蛭石等类材料及碳化软木、聚苯乙烯泡沫塑料、聚氨酯泡沫塑料、泡沫玻璃、泡沫石棉、铝箔等。

(3) 绝热施工

绝热施工需根据设计要求做好准备工作，对于绝热材料，禁止露天堆放，严防受潮，下面着重介绍保温层的施工。

保温层的施工方法取决于保温材料的形状和特性，对于散状材料如石棉粉、硅藻土宜用涂抹法保温；对于板块材料如石棉瓦宜用绑扎法保温；对于矩形风管保温常采用钉贴法保温。另外还有缠包法（适用于卷状软质材料）、套筒式保温法（适用于加工成形的保温筒保温）、现场发泡硬质泡沫塑料保温法。

施工注意事项有：

① 凡绝热层厚度≥100mm 的应分层施工，各层应均匀、连续，层间不得有缺陷。

② 设备、管道需要经常拆卸部件处，保温层结构应做 45°斜坡，以免在拆卸管件时损坏保温层或保护层。

③ 各条管线应单独进行绝热施工，保温后其表面间净距离不得小于 50mm。

④ 管道绝热用管道壳型材料时，管壳在水平管道上安装，必须上下覆盖，错接，使管壳的水平接缝在侧部。在垂直管道上必须自下而上施工，保温层的缝隙不得大于10mm。每节管至少捆扎两道钢丝，钢丝间距不得大于 400mm，严禁采用螺旋形捆扎。

⑤ 散状材料应自下而上的逐层充填，充填要均匀。充填大型立式设备时，应增加隔板。每段高度不得大于 1000mm，密实程度和容量应符合规定。

2. 风管系统的绝热

风管（道）在输送低温或高温气体时，均需做绝热处理。夏季当输送的气体温度低于环境温度的空气露点温度时，管道外壁会发生结露现象，凝结水滴会污染吊顶、墙面或地面，此时需做防结露的绝热处理。当输送温度较高的气体时，既要防止管道内气体的无效热损失，又要防止在输送废热蒸汽时，热量散发到房间内，影响室温或烫伤人，风管道需做绝热保温处理。

(1) 风管（道）绝热材料

风管（道）绝热材料多采用导热系数值在 0.035～0.058W/(m·℃) 左右，并具有良好的阻燃性，常用的绝热材料有聚苯乙烯泡沫板、岩棉板、超细玻璃棉板和聚氨酯泡沫塑料等。

有些材料的表面可加贴铝箔、玻璃丝布等贴面，可节省面层包裹工序。

保温层的厚度应经过计算，选择经济厚度。目前普遍使用的超细玻璃棉保温材料，根据其不同的密度适用范围较广，既可用作保温又可用作消声材料。

(2) 风管（道）及部件绝热施工

风管（道）与部件及空调设备绝热工程施工应在风管系统严密性检验合格后进行；空调工程的制冷剂管道，包括制冷剂和空调水系统绝热工程的施工，应在管路系统强度与严密性检验合格和防腐处理后进行。

管道的绝热结构包括保温层和保护层。绝热工程在施工时，多层管道或施工地点狭窄时，应按先上后下、先里后外的顺序施工，即先隔热层、防潮层，最后是保护层的施工。

① 矩形风管板材绑扎式保温结构

将选用的软木板或甘蔗板等板材，按风管的尺寸及所需保温厚度裁配好，裁配时注意纵横缝的交错。然后将沥青浇在保温板上，用木板刮匀，将保温板迅速粘在风管上。粘合后，用钢丝或打包钢带沿四周捆紧（打包钢带可用打包机咬紧）。风管四角应做铁皮包角。保温层外包以网孔 12mm×12mm、直径 1mm 的镀锌钢丝网，再用 0.55mm 细铁丝缝合；包铁丝网时，应将铁丝网拉紧，并用骑马钉使铁丝网紧贴在保温板上。然后用 20%的Ⅳ级石棉，80%（重量比）等级为 32.5 的水泥拌合的石棉水泥浆，分两次抹成厚度为 15mm 的保护壳，最后粉光压平。待保护壳干燥后，按设计涂刷两道调和漆。这种保温结构工程中用得不多，大多由其他结构形式代替。

② 矩形风管板材及木龙骨式保温结构

施工时，先用 35mm×35mm 的方木沿风管四周钉成木框，其间距可按保温板的长度决定，一般为 1～1.2m。然后，用圆钉将保温板钉在木龙骨上，每层保温板的纵横缝应交错设置，缝隙处填入松散的保温材料。最后用圆钉将三合板或纤维板钉在龙骨和保温板上。三合板或纤维板外应按照设计要求涂刷两道调合漆。

③ 矩形风管散材、毡材及木龙骨保温结构

施工时，先用方木沿风管四周每隔 1.2～1.5m 钉好横向木龙骨，并在风管的四角钉上纵向龙骨，然后，用矿渣棉毡沿直线包敷。如使用散装矿渣棉或玻璃棉时，应将散材装在用玻璃布缝制的袋内，用线将袋口缝合后再包敷；两侧垂直方向的保温袋，中间应缝线，防止保温层下坠。如采用脲醛塑料保温时，应填入用塑料布缝制的袋内，将袋口缝合严密再包敷，防止脲醛塑料受潮，降低保温效果。保温层填入后，其外层用圆钉将三合板或纤维板钉在木龙骨上。

④ 矩形风管聚苯乙烯泡沫塑料板粘接保温结构

聚苯乙烯泡沫塑料有自熄型和非自熄型两种，一般通风空调工程中均采用自熄型聚苯乙烯泡沫塑料板，施工前必须进行确认。

粘结常采用树脂胶或热沥青。粘结前应用棉纱将风管表面的油污等杂物擦干净，以增加胶粘剂的粘结能力，否则易导致塑料板脱落。采用这种保温结构的表面不做其他处理，因此在粘结时，要求塑料板拼搭整齐，小块的放在风管上部，双层保温，小块的放在里面，大块塑料保温板放在外表，以求外形美观。

⑤ 矩形风管岩棉（或玻璃棉）毡、板保温钉固定结构

采用保温钉在风管上固定岩棉（或玻璃棉）毡、板及聚苯乙烯泡沫塑料板，此粘结方法更为简单，在通风空调工程中广为采用。

保温钉有铁制或塑料材质，外形如图 6-1。铁制保温钉与垫片的连接，采用钉的端

部扳倒的方法固定；塑料保温钉与垫片利用鱼刺形刺而自锁。保温结构如图 6-2。施工时应将风管外表面的油污、杂物擦干净。保温钉粘结的数量及分布应满足表 6-8 的要求。

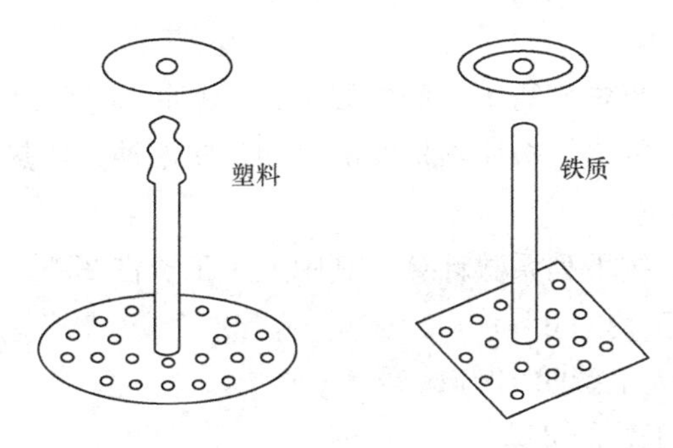

图 6-1　保温钉

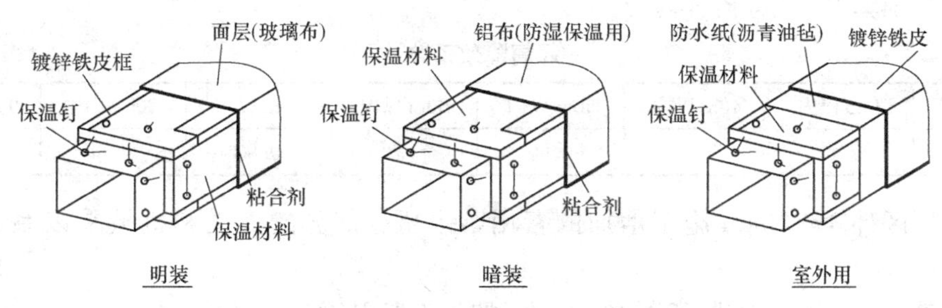

图 6-2　用保温钉固定保温材料的结构

保温钉的数量　　表 6-8

保温材料的种类	风管侧面、下面	风管上面
岩棉保温板	20 只/m²	10 只/m²
玻璃棉保温板	10 只/m²	5 只/m²

目前，国内还生产一种岩棉（或玻璃棉），板外层直接贴有铝箔玻璃布或铝箔牛皮纸的一体化保温材料，采用保温钉固定的方法更为简便，可减少外覆铝箔玻璃布防潮、保温的工序，只是用铝箔玻璃布粘结其横向和纵向接缝，使之成为一个保温整体。

⑥ 圆形风管保温结构

采用玻璃棉毡、沥青矿棉毡及岸棉毡进行保温，结构见图 6-3。包扎风管时，其前后搭接边应紧贴；保温层每隔 300mm 左右用直径 1mm 的镀锌钢丝绑扎。包扎完第 1 层再包第 2 层。做好保温层后，再用玻璃布按螺旋状将保温层缠紧，布的前后搭接量为 50～60mm。如用玻璃棉毡或沥青矿棉毡保温时，应根据设计要求涂刷两道调合漆。

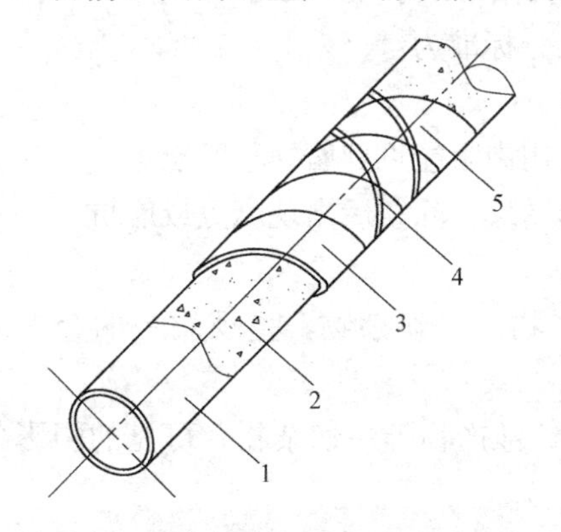

图 6-3　圆形风管的保温结构

1—风管；2—樟丹防锈漆；3—保温层；4—镀锌钢丝；5—玻璃纤维布

6.2 刷油、绝热及防腐蚀工程消耗量定额

6.2.1 定额适用范围

根据全国统一安装工程定额第十二册的规定，《刷油、防腐蚀、绝热工程》适用于新建、扩建项目中的设备、管道、金属结构等的刷油、防腐蚀、绝热工程。

6.2.2 定额费用规定

（1）脚手架搭拆费，按下列系数计算，其中人工工资占25%。

① 刷油工程：按人工费的8%；

② 防腐蚀工程：按人工费的12%；

③ 绝热工程：按人工费的20%。

（2）超高降效增加费，以设计标高正负零为标准，当安装高度超过±6.00m时，人工和机械分别乘以表6-9所列系数。

超高降效系数　　表6-9

20m以内	30m以内	40m以内	50m以内	60m以内	70m以内	80m以内	90m以内
0.30	0.40	0.50	0.60	0.70	0.80	0.90	1.00

（3）厂区外1～10km施工增加的费用，按超过部分的人工和机械乘以系数1.10计算。

（4）安装与生产同时进行增加的费用，按人工费用的10%计算。

（5）在有害身体健康的环境中施工增加的费用，按人工费的10%计算。

6.2.3 套用定额应注意的问题

1. 除锈工程

（1）本章定额适用于金属表面的手工、动力工具、干喷射除锈及化学除锈工程。

（2）各种管件、阀件及设备上人孔、管口凸凹部分的除锈已综合考虑在定额内。

（3）喷射除锈按Sa2.5级标准确定。若变更级别标准，如按Sa3级则人工、材料、机械乘以系数1.1；按Sa2级或Sa1级则人工、材料、机械乘以系数0.9。

（4）手工、动力工具除锈分轻、中、重三种，区分标准为：

轻锈：部分氧化皮开始破裂脱落，红锈开始发生。

中锈：部分氧化皮破裂脱落，呈堆粉状，除锈后用肉眼能见到腐蚀小凹点。

重锈：大部分氧化皮脱落，呈片状锈层或凸起的锈斑，除锈后出现麻点或麻坑。

（5）喷射除锈标准

Sa3级：除净金属表面上油脂、氧化皮、锈蚀产物等一切杂物，呈现均一的金属本色，并有一定的粗糙度。

Sa2.5级：完全除去金属表面的油脂、氧化皮、锈蚀产物等一切杂物，可见的阴影条纹、斑痕等残留物不得超过单位面积5%。

Sa2级：除去金属表面上的油脂、锈皮、氧化皮、浮锈等杂物，允许有附紧的氧化皮。

（6）本章定额不包括微锈（标准：氧化皮完全紧附，仅有少量锈点），发生时执行轻

锈定额乘以系数0.2。

(7) 因施工需要发生的二次除锈，应另行计算。

2. 刷油工程

(1) 本章定额适用于金属面、管道、设备、通风管道、金属结构与玻璃布面、石棉布面、玛㻛酯面、抹灰面等刷（喷）油漆工程。

(2) 金属面刷油不包括除锈工作内容。

(3) 各种管件、阀件和设备上人孔、管口凹凸部分的刷油已综合考虑在定额内，不得另行计算。

(4) 本章定额按安装地点就地刷（喷）油漆考虑，如安装前管道集中刷油，人工乘以系数0.7（暖气片除外）。

(5) 本章定额主材与稀干料可以换算，但人工与材料消耗量不变。

(6) 标志色环等零星刷油，执行本章定额相应项目，其中人工乘以系数2.0。

3. 防腐蚀涂料工程

(1) 本章定额适用于设备、管道、金属结构等各种防腐涂料工程。

(2) 本章定额不包括除锈工作内容。

(3) 涂料配合比与实际设计配合比不同时，可根据设计要求进行换算，其人工、机械消耗量不变。

(4) 本章定额聚合热固化是采用蒸汽及红外线间接聚合固化考虑的，如采用其他方法，应按施工方案另行计算。

(5) 如采用定额未包括的新品种涂料，应按相近定额项目执行，其人工、机械消耗量不变。

4. 手工糊衬玻璃钢工程

(1) 本章手工糊衬玻璃钢工程定额适用于碳钢设备手工糊衬玻璃钢和塑料管道玻璃钢增强工程。

(2) 施工工序：材料运输、填料干燥过筛、设备表面清洗、塑料管道表面打毛、清洗、胶液配制、刷涂、腻子配制、刮涂、玻璃丝布脱脂、下料、贴衬。

(3) 本章施工工序不包括金属表面除锈。发生时应根据其工程量执行本册定额第一章“除锈工程”相应项目。

(4) 如因设计要求或施工条件不同，所用胶液配合比、材料品种与本章定额不同时，可以用本章定额各种胶液中树脂用量为基数进行换算。

(5) 塑料管道玻璃增强所用玻璃布幅宽是按200～250mm考虑的。

(6) 玻璃钢聚合是按间接聚合法考虑的，如因需要采用其他方法聚合时，施工方案另行计算。

5. 橡胶板及塑料板衬里工程

(1) 本章定额适用于金属管道、管件、阀门、多孔板、设备的橡胶衬里和金属表面的软聚氯乙烯塑料板衬里工程。

(2) 本章定额橡胶板及塑料板用量包括：

① 有效面积需用量（不扣除人孔）。

② 搭接面积需用量。

③ 法兰翻边及下料时的合理损耗量。

(3) 热硫化橡胶板的硫化方法，按间接硫化处理考虑，需要直接硫化处理时，其人工乘以系数 1.25，所需材料和机械费用按施工方案另行计算。

(4) 带有超过总面积 15%衬里零件的贮槽、塔类设备，其中人工乘以系数 1.4。

(5) 本章定额中塑料板衬里工程，搭接缝均按胶接考虑，若采用焊接时，其人工乘以系数 1.8，胶浆用量乘以系数 0.5，聚氯乙烯塑料焊条用量为 5.19kg/10m^2。

(6) 本章定额不包括除锈工作内容。

6. 衬铅及搪铅工程

(1) 本章定额适用于金属设备、型钢等表面衬铅、搪铅工程。

(2) 铅板焊接采用氢氧焰，搪铅采用氧乙炔焰。

(3) 设备衬铅不分直径大小，均按卧放在滚动器上施工，对已经安装好的设备进行挂衬铅板施工时，其人工乘以系数 1.39，材料、机械消耗量不得调整。

(4) 设备、型钢表面衬铅，铅板厚度以 3mm 考虑，若铅板厚度大于 3mm 时，其人工乘以系数 1.29，材料按实际进行计算。

(5) 本章不包括金属表面除锈。

7. 喷镀（涂）工程

(1) 本章定额适用于金属管道、设备、型钢等表面喷镀工程及塑料和水泥砂浆的喷涂工程。

(2) 施工工具：喷镀采用国产 SQP-1（高速、中速）气喷枪；喷塑采用塑料粉末喷枪。

(3) 喷镀和喷塑采用氧乙炔焰。

(4) 本章不包括除锈工作内容。

8. 耐酸砖、板衬里工程

(1) 本章定额适用于各种金属设备的耐酸砖、板衬里工程。

(2) 树脂耐酸胶泥包括环氧树脂、酚醛树脂、呋喃树脂、环氧酚醛树脂、环氧呋喃树脂耐酸胶泥等。

(3) 硅质耐酸胶泥衬砌块材料需要勾缝时，其勾缝材料按相应项目树脂胶泥消耗量的 10%计算，人工按相应项目人工消耗量的 10%计算。

(4) 调制胶泥不分机械和手工操作，均执行本定额。

(5) 定额工序中不包括金属设备表面除锈。

(6) 衬砌砖、板按规范进行自然养护考虑，若采用其他方法养护，其工程量应按施工方案另行计算。

(7) 立式设备人孔等部位发生旋拱施工时，每 10m^2 应增加木材 0.01m^3、铁钉 0.20kg。

9. 绝热工程

(1) 本章定额适用于设备、管道、通风管道的绝热工程。

(2) 伴热管道、设备绝热工程量计算方法是：主绝热管道或设备的直径加伴热管道的直径、再加 10～20mm 的间隙作为计算的直径，即：$D=D_{主}+d_{伴}+(10\sim20\text{mm})$。

(3) 依据《工业设备及管道绝热工程施工规范》GB 50126—2008 要求，保温厚度大于100mm、保冷厚度大于80mm时应分层施工，工程量分层计算。但是如果设计要求保温厚度小于100mm、保冷厚度小于80mm也需分层施工时，也应分层计算工程量。

(4) 仪表管道绝热工程，应执行本章定额相应项目。

(5) 管道绝热工程，除法兰、阀门外，其他管件均已考虑在内；设备绝热工程，除法兰、人孔外，其封头已考虑在内。

(6) 保护层：

① 镀锌铁皮的规格按1000mm×2000mm和900mm×1800mm，厚度0.8mm以下综合考虑，若采用其他规格铁皮时，可按实际调整。厚度大于0.8mm时，其人工乘以系数1.2；卧式设备保护层安装，其人工乘以系数1.05。

② 此项也适用于铝皮保护层，主材可以换算。

(7) 采用不锈钢薄钢板作保护层安装，执行本章定额金属保护层相应项目，其人工乘以系数1.25，材料消耗量乘以系数2.0，机械乘以系数1.15。

(8) 聚氨酯泡沫塑料发泡工程，是按现场直喷无模具考虑的，若采用有模具浇注法施工，其模具制作安装应依据施工方案另行计算。

(9) 矩形管道绝热需要加防雨坡度时，其人工、材料、机械应另行计算。

(10) 管道绝热均按现场安装后绝热施工考虑，若先绝热后安装，其人工乘以系数0.9。

(11) 卷材安装应执行相同材质的板材安装项目，其人工、机械消耗量不变，但卷材用量损耗率按3.1%考虑。

(12) 复合成品材料安装应执行相同材质瓦块（或管壳）安装项目。复合材料分别安装时应按分层计算。

10. 管口补口补伤工程

(1) 本章适用于金属管道的补口补伤的防腐工程。

(2) 管道补口补伤防腐涂料有环氧煤沥青漆、氯磺化聚乙烯漆、聚氨酯漆、无机富锌漆。

(3) 本章定额项目均采用手工操作。

(4) 管道补口每个口取定为：ϕ426mm以下（含ϕ426mm）管道每个补口长度为400mm；ϕ426mm以上管道每个补口长度为600mm。

(5) 各类涂料涂层厚度

① 氯磺化聚乙烯漆为0.3～0.4mm厚。

② 聚氨酯漆为0.3～0.4mm厚。

③ 环氧煤沥青漆涂层厚度：

普通级0.3mm厚，包括底漆一遍、顺漆两遍；

加强级0.5mm厚，包括底漆一遍、面漆三遍及玻璃布一层；

特加强级0.8mm厚，包括底漆一遍、面漆四遍及玻璃布二层。

(6) 本章定额施工工序包括了补伤，但不含表面除锈。

11. 长输管道工程阴极保护及牺牲阳极工程

(1) 本章定额适用于长输管道工程阴极保护、牺牲阳极工程。

(2) 阴极保护恒电位仪安装包括本身设备安装、设备之间的电器连接线路安装。至于通电点、均压线塑料电缆长度如超出定额用量的10%时，可以按实调整。牺牲阳极和接地装置安装，已综合考虑了立式和平埋设，不得因埋设方式不同而进行调整。

(3) 牺牲阳极定额中，每袋装入镁合金、铝合金、锌合金的数量按设计图纸确定。

6.3 刷油、绝热及防腐蚀工程量清单计算规则

6.3.1 刷油工程量计算规则

1. 清单计算规则

根据《通用安装工程工程量计算规范》GB 50856—2013及《全国统一安装工程预算定额第十一册刷油、防腐蚀、绝热工程》GYD-2011-2000的规定，刷油工程的工程量计算规则见表6-10。

刷油工程的工程量计算规则 **表6-10**

<table>
<tr><th rowspan="2">项目清单编码</th><th rowspan="2">项目名称</th><th colspan="2">《通用安装工程工程量计算规范》GB 50856—2013</th><th colspan="2">《全国统一安装工程预算定额第十一册刷油、防腐蚀、绝热工程》GYD-2011-2000</th></tr>
<tr><th>工程量计算规则</th><th>备注</th><th>工程量计算规则</th><th>备注</th></tr>
<tr><td>031201001</td><td>管道刷油</td><td rowspan="2">1. 以平方米计量，按设计图示表面积尺寸以面积计算
2. 以米计量，按设计图示尺寸以长度计算</td><td rowspan="9">(1)管道刷油以米计算，按图示中心线以延长米计算，不扣除附属构筑物、管件及阀门等所占长度。
(2)涂刷部位：指涂刷表面的部位，如：设备、管道等部位。
(3)结构类型：指涂刷金属结构的类型，如：一般钢结构、管廊钢结构、H型钢钢结构等类型。
(4)设备筒体、管道表面积包括管件、阀门、法兰、人孔、管口凹凸部分。
(5)计算公式如下所示</td><td rowspan="9">(1)管道、设备除锈工程量以"m^2"为计量单位；金属结构(钢结构)除锈工程量以"吨"为计量单位。
(2)刷油工程中设备、管道以"m^2"为计量单位。金属结构中，一般钢结构以"t"为计量单位，H型钢制钢结构以"m^2"为计量单位。
(3)在计算管道长度(或延长米)时，不扣除管道上各种管件及阀门所占长度。
(4)在计算设备筒体表面积时，人孔、管口凹凸等部分不另外计算</td><td rowspan="9">(1)除锈定额适用于金属表面的手工、动力工具、干喷射除锈及化学除锈工程。
(2)因施工的二次除锈，应另行计算。
(3)刷油定额适用于金属面、管道、设备、通风管道、金属结构与玻璃布面、石棉布面、玛琋酯面、抹灰面等刷(喷)油漆工程
(4)金属面刷油不包括除锈工作内容。
(5)刷油定额按安装地点就地刷(喷)油漆考虑，如安装前管道集中刷油，人工乘以系数0.7(暖气片除外)。
(6)刷油定额主材与稀干料可以换算，但人工与材料消耗量不变。
(7)标志色环等零星刷油，执行本章定额相应项目，其中人工乘以系数2.0。
(8)计算公式如下所示</td></tr>
<tr><td>031201002</td><td>设备与矩形管道刷油</td></tr>
<tr><td>031201003</td><td>金属结构刷油</td><td>1. 以平方米计量，按设计图示表面积尺寸以面积计算
2. 以千克计量，按金属结构的理论质量计算</td></tr>
<tr><td>031201004</td><td>铸铁管、暖气片刷油</td><td>1. 以平方米计量，按设计图示表面积尺寸以面积计算
2. 以米计量，按设计图示尺寸以长度计算</td></tr>
<tr><td>031201005</td><td>灰面刷油</td><td rowspan="5">按设计图示表面积计算</td></tr>
<tr><td>031201006</td><td>布面刷油</td></tr>
<tr><td>031201007</td><td>气柜刷油</td></tr>
<tr><td>031201008</td><td>玛琋酯面面刷油</td></tr>
<tr><td>031201009</td><td>喷漆</td></tr>
<tr><td colspan="2">计算公式</td><td colspan="4">(1)设备筒体、管道表面积：$S=\pi DL$
(π-圆周率；D-直径(管道指外径)；L-设备筒体高或管道延长米)
(2)带封头的设备面积：$S=\pi\times L\times D+(D/2)\times\pi\times K\times N$
(K-1.05；N-封头个数)</td></tr>
</table>

2. 项目解释

(1) 管道刷油（031201001）

① 项目特征

a. 除锈级别；b. 油漆品种；c. 涂刷遍数、漆膜厚度；d. 标志色方式、品种。

② 计量单位：m^2 或 m。

③ 工作内容

a. 除锈；b. 调配、涂刷。

④ 子目解释

管道刷油子目适用于各类管道上的刷油，由钢管组成的金属结构的刷油按管道刷油相关项目编码。

⑤ 常用刷油方法

刷油、防腐蚀工程施工中常用的施工方法有刷涂、喷涂、浸涂、淋涂及电泳涂装法等五种，比较普及的方法是刷涂和喷涂。

刷涂。刷涂是最常用的涂漆方法。这种方法可用刷子、刮刀、砂纸、细铜丝端和棉纱头等简单工具进行施工，但施工质量，在很大程度上取决于操作者的熟练程度，工效较低。

喷涂。喷涂是用喷枪将涂料喷成雾状液，在被涂物面上分散沉积的一种涂覆法。它的优点是工效高，施工简易，涂膜分散均匀，平整光滑。但涂料的利用率低，施工中必须采取良好的通风和安全预防措施。对施工现场上的漆雾用抽风机抽去为宜。一般干燥快的涂料，才能适合于喷涂施工，否则，会发生涂膜流挂和厚薄不均的缺点。喷涂一般分为高压无空气喷涂和静电喷涂。如图 6-4。

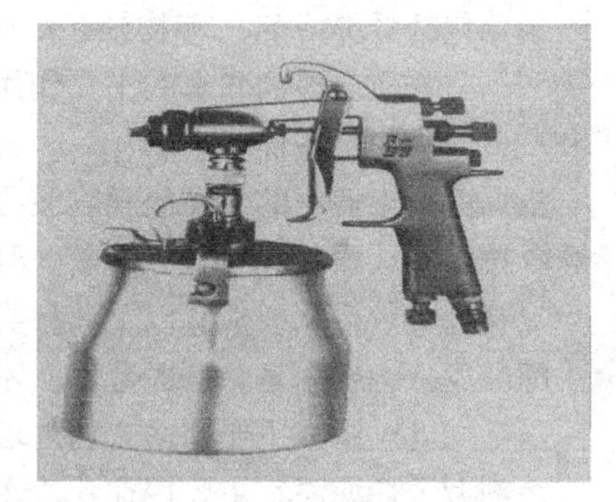

图 6-4

高压无空气喷涂。这种方法是利用加压泵把涂料加压到 15MPa 的压力，然后通过特殊的喷嘴小孔（0.15～0.8mm）喷出，当高压漆流离开喷嘴到达大气中后，就立刻剧烈膨胀，粉碎成细雾，并带有足够的能量喷到工件表面上。优点是工效高，效率比一般喷涂法高十余倍，漆膜的附着力也较强。这种方法适用于大面积施工和喷涂高黏度的涂料。

静电喷涂。是一种利用高电位的静电场（电压高至 100kV）进行喷涂的方法，使从喷枪喷出的漆雾，通过此静电场，使漆粒带电。在漆粒群与被涂工件之间的静电引力作用下，漆粒群冲向工件表面。其优点是漆雾的弹回力小，大大降低了漆雾的飞散损失提高漆的利用率。

电泳涂装法。电泳涂装法是一种新的涂漆方法，适用于水性涂料。以被涂物件的金属表面作阳极，以盛漆的金属容器作阴极。将被涂物件沉浸于漆液中，在电极其所带的水，透过沉积的涂膜向电泳相反的方向扩散，使物面涂上含水分不大的涂膜。此方法的优点是涂料的利用率高，施工工效高，涂层质量好，任何复杂的工件均能涂得均匀的涂膜。

⑥ 常见油漆涂料

涂料是涂于物体表面能形成具有保护、装饰或特殊性能（如绝缘、防腐、标志等）的固态涂膜的一类液体或固体材料的总称，包括油（性）漆、水性漆、粉末涂料。漆是可流动的液体涂料，包括油（性）漆及水性漆。油漆是以有机溶剂为介质或高固体、无溶剂的油性漆。水性漆是可用水溶解或用水分散的涂料。

油漆与涂料，从广义上说均为涂料，涂料实际上是一种胶粘剂，利用胶的粘性和本身的固化能力，可以形成一种薄覆盖层粘附在材料的表面，使材料表面与腐蚀环境隔离开来。采用油漆涂料防腐蚀的特点是：油漆涂料品种多，选择范围广；适应性强，一般可不受设备形状及大小的限制，使用方便，适宜现场施工，价格低廉。

涂料一般由四种基本成分：成膜物质（树脂）、颜料（包括体质颜料）、溶剂和添加剂。

成膜物质是涂膜的主要成分，包括油脂、油脂加工产品、纤维素衍生物、天然树脂和合成树脂。成膜物质还包括部分不挥发的活性稀释剂，它是使涂料牢固附着于被涂物面上形成连续薄膜的主要物质，是构成涂料的基础，决定着涂料的基本特性。

助剂如消泡剂，流平剂等，还有一些特殊的功能助剂，如底材润湿剂等。这些助剂一般不能成膜，但对基料形成涂膜的过程与耐久性起着相当重要的作用。

颜料一般分两种，一种为着色颜料，常见的钛白粉，铬黄等，还有种为体质颜料，也就是常说的填料，如碳酸钙、滑石粉。

溶剂包括烃类溶剂（矿物油精、煤油、汽油、苯、甲苯、二甲苯等）、醇类、醚类、酮类和酯类物质。溶剂和水的主要作用在于使成膜基料分散而形成黏稠液体。它有助于施工和改善涂膜的某些性能。

根据涂料中使用的主要成膜物质可将涂料分为油性涂料、纤维涂料、合成涂料和无机涂料；按涂料或漆膜性状可分溶液、乳胶、溶胶、粉末、有光、消光和多彩美术涂料等。

涂料种类较多，通常有以下几种类型及应用：

醇酸漆。主要用途：一般金属、木器、家庭装修、农机、汽车、建筑等的涂装；

丙烯酸乳胶漆。主要用途：内外墙涂装、皮革涂装、木器家具涂装，地坪涂装；

溶剂型丙烯酸漆。主要用途：汽车、家具、电器、塑料、电子、建筑、地坪涂装；

环氧漆。主要用途：金属防腐、地坪、汽车底漆、化学防腐；

聚氨酯漆。主要用途：汽车、木器家具、装修、金属防腐、化学防腐、绝缘涂料、仪器仪表的涂装；

硝基漆。主要用途：木器家具、装修、金属装饰 ；

氨基漆。主要用途：汽车、电器、仪器仪表、木器家具、金属防护；

不饱和聚酯漆。主要用途：木器家具、化学防腐、金属防护、地坪 ；

酚醛漆。主要用途：绝缘、金属防腐、化学防腐、一般装饰；

乙烯基漆。主要用途：化学防腐、金属防腐、绝缘、金属底漆、外用涂料。

（2）设备与矩形管道刷油（031201002）

① 项目特征

a. 除锈级别；b. 油漆品种；c. 涂刷遍数、漆膜厚度；d. 标志色方式、品种。

② 计量单位：m^2 或 m。

③ 工作内容

a. 除锈；b. 调配、涂刷。

(3) 金属结构刷油（031201003）

① 项目特征

a. 除锈级别；b. 油漆品种；c. 结构类型；d. 涂刷遍数、漆膜厚度。

② 计量单位：m^2 或 kg。

③ 工作内容

a. 除锈；b. 调配、涂刷。

④ 子目解释

一般钢结构（包括吊、支、托架、栏杆、平台）、管廊钢结构以千克（kg）为计量单位；大于 400mm 型钢及 H 型钢制结构以平方米（m^2）为计量单位，按展开面积计算。

由钢板组成的金属结构的刷油按 H 型钢刷油相关项目编码。

(4) 铸铁管、暖气片刷油（031201004）

① 项目特征

a. 除锈级别；b. 油漆品种；c. 涂刷遍数、漆膜厚度

② 计量单位：m^2 或 m。

③ 工作内容

a. 除锈；b. 调配、涂刷。

④ 子目解释

铸铁管刷油以米（m）为计量单位，暖气片刷油以平方米（m^2）为计量单位，按照暖气片的散热面积计算。常见的散热器散热面积如表 6-11 所示。

散热器刷油面积计算表 **表 6-11**

一、铸铁散热器						
散热器规格	大 60	小 60	M132	四柱 813	四柱 760	圆翼 D75
刷油面积[m^2/片(根)]	1.17	0.8	0.24	0.28	0.24	1.8
二、钢串片散热器						
散热器规格	150×60	150×80	240×100	300×80	500×90	600×120
刷油面积(m^2/m)	2.48	3.15	5.72	6.3	7.44	10.6

(5) 灰面刷油（031201005）

① 项目特征

a. 油漆品种；b. 涂刷遍数、漆膜厚度；c. 涂刷部位。

② 计量单位：m^2。

③ 工作内容：调配、涂刷。

④ 子目解释

灰面刷油中的灰面是指管道、设备或管道、设备保温外面的保护层是麻刀白灰或者麻刀水泥石棉灰等。灰面刷油涂刷部位的描述是指设备表面或管道表面。

(6) 布面刷油（031201006）

① 项目特征

a. 布面品种；b. 油漆品种；c. 涂刷遍数、漆膜厚度；d. 涂刷部位。

② 计量单位：m^2。

③ 工作内容：调配、涂刷。

④ 子目解释

布面刷油中的布面是指管道、设备或管道、设备保温外面的保护层是玻璃丝布或者防火塑料布等。布面刷油涂刷部位的描述是指设备表面或管道表面。

（7）气柜刷油（031201007）

① 项目特征

a. 除锈级别；b. 油漆品种；c. 涂刷遍数、漆膜厚度；d. 涂刷部位。

② 计量单位：m^2。

③ 工作内容

a. 除锈；b. 调配、涂刷。

图 6-5　气柜

④ 子目解释

气柜是用作煤气和混合气的储存设备，可以用来调节煤气的供气负荷。气柜实际上就是储气罐，按储气压力大小可分为低压气柜和高压气柜两种。气柜如图 6-5 所示。

（8）玛琋酯面刷油（031201008）

① 项目特征

a. 除锈级别；b. 油漆品种；c. 涂刷遍数、漆膜厚度。

② 计量单位：m^2。

③ 工作内容：调配、涂刷。

④ 子目解释

玛琋酯是采用沥青、高分子树脂、矿物填料等物质制成。它具有气密性、防水性、防冻性、不易开裂老化、常温下可以冷施工等特点，是与泡沫玻璃或聚氨酯硬质泡沫塑料配套使用的外保护层，是防水、防潮的厚浆型黑色涂料。

（9）喷漆（031201009）

① 项目特征

a. 除锈级别；b. 油漆品种；c. 喷涂遍数、漆膜厚度；d. 喷涂部位。

② 计量单位：m^2。

③ 工作内容

a. 除锈；b. 调配、喷涂。

④ 子目解释

通过喷枪借助于空气压力，分散成均匀而微细的雾滴，涂施于被涂物的表面的一种方法。(可分为空气喷漆，无气喷漆以及静电喷漆等各式各样的喷漆方法)。

6.3.2　腐蚀涂料工程量计算规则

1. 清单计算规则

根据《通用安装工程工程量计算规范》GB 50856—2013 及《全国统一安装工程预算

定额 第十一册刷油、防腐蚀、绝热工程》GYD-2011-2000 的规定，防腐蚀涂料工程的工程量计算规则见表 6-12。

防腐蚀涂料工程量计算规则 **表 6-12**

项目编码	项目名称	《通用安装工程工程量计算规范》GB 50856—2013		《全国统一安装工程预算定额 第十一册 刷油、防腐蚀、绝热工程》GYD-2011-2000	
		工程量计算规则	备注	工程量计算规则	备注
031202001	设备防腐蚀	按设计图示表面积计算	(1)分层内容：指应注明每一层的内容，如：底漆、中间漆、面漆及玻璃丝布等内容。 (2)如设计要求热固化需注明。 (3)计算公式如下所示。 (4)计算设备、管道内壁防腐蚀工程量时，当壁厚大于 10mm 时，按其内径计算；当壁厚小于 10mm 时，按其外径计算	计算规则同刷油工程	(1)本章定额不包括热固化内容，应按相应定额另行计算。 (2)涂料配比与实际设计配合比不同时，应根据设计要求进行换算，但人工、机械不变。 (3)本章定额过氯乙烯涂料是按喷涂施工方法考虑的，其他涂料均按刷涂考虑。若发生喷涂施工时，其人工乘以系数 0.3，材料乘以系数 1.16. 增加喷涂机械内容。 (4)计算公式如下所示
031202002	管道防腐蚀	1. 以平方米计量，按设计图示表面积尺寸以面积计算 2. 以米计量，按设计图示尺寸以长度计算			
031202003	一般钢结构防腐蚀	按一般钢结构的理论质量计算			
031202004	管廊钢结构防腐蚀	按管廊钢结构的理论质量计算			
031202005	防火涂料	按设计图示表面积计算			
031202006	H 型钢制钢结构防腐蚀				
031202007	金属油罐内壁防静电				
031202008	埋地管道防腐蚀	1. 以平方米计量，按设计图示表面积尺寸以面积计算 2. 以米计量，按设计图示尺寸以长度计算			
031202009	环氧煤沥青防腐蚀				
031202010	涂料聚合一次	按设计图示表面积计算			
计算公式		(1)设备筒体、管道表面积：$S=\pi DL$ (π—圆周率；D—直径；L—设备筒体高或管道延长米)。 (2)阀门表面积：$S=\pi\times D\times 2.5D\times K\times N$ (K—1.05；N—阀门个数)。 (3)弯头表面积：$S=\pi\times D\times 1.5D\times 2\pi\times N/B$ (N—弯头个数 B 值取定：90°弯头 $B=4$；45°弯头 $B=8$)。 (4)法兰表面积：$S=\pi\times D\times 1.5D\times K\times N$($K$—1.05；$N$—法兰个数)			

2. 项目解释

(1) 设备防腐 (031202001)

① 项目特征

a. 除锈级别；b. 涂刷（喷）品种；c. 分层内容；d. 涂刷（喷）遍数、漆膜厚度。

② 计量单位：m^2。

③ 工作内容

a. 除锈；b. 调配、涂刷（喷）。

④ 子目解释

采用涂料防腐蚀的特点是：涂料品种多，选择范围广；适应性强，一般可不受设备形状及大小的限制；使用方便，适宜现场施工；价格低廉（除塑料涂层外）。

⑤ 常见的防腐涂料主要有以下几种。

环氧防腐蚀涂料：

环氧防腐蚀涂料通常由环氧树脂和固化剂两个组分组成。固化剂的性质也影响到漆膜的性能。常用的固化剂有：脂肪胺及其改性物，特点是可常温固化，未改性的脂肪胺毒性较大，芳香胺及其改性物，特点是反应慢，常须加热固化，毒性较弱，过氯乙烯漆，聚酰胺树脂，特点是耐候性较好，毒性较小，弹性好，耐腐蚀性能稍差，酚醛树脂、脲醛树脂等其他合成树脂。

油脂涂料：

油脂涂料是以干性油为主要成膜物的一类涂料。其特点是易于生产，涂刷性好，对物面的润湿性好，价廉，漆膜柔韧，但漆膜干燥慢，膜软，机械性能较差，耐酸碱性、耐水性及耐有机溶剂性差。干性油常与防锈颜料配合组成防锈漆，用于耐蚀要求不高的大气环境中。

生漆：

生漆又称为国漆、大漆，是我国特产之一。生漆是从生长着的漆树上割开树皮流出来的一种乳白色黏性液体，经细布过滤除去杂质即是。它涂在物体表面上后，颜色迅速由白变红，由红变紫，时间较长则可变成坚硬光亮的黑色漆膜。漆酚是生漆的主要成分，含量达30%～70%。一般讲，漆酚含量越高生漆质量越好。生漆附着力强、漆膜坚韧、光泽好，它耐土壤腐蚀，较耐水、耐油。缺点是有毒性，易使人皮肤过敏。此外它不耐强氧化剂，耐碱性差。

改性生漆乳胶漆：

现在有不少改性的生漆乳胶漆，不同程度上克服了上述缺点树脂涂料酚醛树脂涂料：主要有醇溶性酚醛树脂、改性酚醛树脂、纯酚醛树脂等。醇溶性酚醛树脂涂料抗腐蚀性能较好，但施工不便，柔韧性、附着力不太好，应用受到一定限制。因此常需要对酚醛树脂进行改性。如松香改性酚醛树脂与桐油炼制，加各种颜料，经研磨可制得各种磁漆，其漆膜坚韧，价格低廉，广泛用于家具、门窗的涂装。纯酚醛树脂涂料附着力强，耐水耐湿热，耐腐蚀，耐候性好。环氧树脂涂料：环氧涂料附着力好，对金属、混凝土、木材、玻璃等均有优良的附着力，耐碱、油和水，电绝缘性能优良。但抗老化性差。

涂料命名原则。涂料型号分三个部分：第一部分是成膜物质，见表6-13；第二部分是基本名称，用两位数字表示，见表6-14；第三部分是序号。

成膜物质分类编号表 **表6-13**

序号	代号	名称	序号	代号	名称
1	Y	油脂	10	X	乙烯树脂
2	T	天然树脂	11	B	丙烯酸树脂
3	F	酚醛树脂	12	Z	聚酯树脂
4	L	沥青	13	H	环氧树脂
5	C	醇酸树脂	14	S	聚氨基甲酸酯
6	A	氨基树脂	15	W	元素有机聚合物
7	Q	硝基纤维	16	J	橡胶
8	M	纤维酯及醚类	17	E	其他
9	G	过氧乙烯树脂	18		辅助材料

基本名称编号表　　表 6-14

代号	名　称	代号	名　称
00	清油	51	耐碱漆
01	清漆	52	防腐漆
02	厚漆	53	防锈漆
03	调和漆	54	耐油漆
04	磁漆	55	耐水漆
05	烘漆	60	防火漆
06	底漆	61	耐热漆
07	腻子	62	变色漆
08	水溶漆、乳胶漆	63	涂布漆
09	大漆	64	可剥漆
14	透明漆	65	粉末涂料
22	木器漆	80	地板漆
30	(浸渍)绝缘漆	82	锅炉漆
31	(覆盖)绝缘漆	98	胶液
40	防污漆、防蛆漆	99	其他
50	耐酸漆		

(2) 管道防腐（031202002）

① 项目特征

a. 除锈级别；b. 涂刷（喷）品种；c. 分层内容；d. 涂刷（喷）遍数、漆膜厚度。

② 计量单位：m^2 或 m。

③ 工作内容

a. 除锈；b. 调配、涂刷（喷）。

(3) 一般钢结构（031202003）

① 项目特征

a. 除锈级别；b. 涂刷（喷）品种；c. 分层内容；d. 涂刷（喷）遍数、漆膜厚度。

② 计量单位：kg。

③ 工作内容

a. 除锈；b. 调配、涂刷（喷）。

(4) 管廊钢结构（031202004）

① 项目特征

a. 除锈级别；b. 涂刷（喷）品种；c. 分层内容；d. 涂刷（喷）遍数、漆膜厚度。

② 计量单位：kg。

③ 工作内容

a. 除锈；b. 调配、涂刷（喷）。

(5) 防火涂料（031202005）

① 项目特征

a. 除锈级别；b. 涂刷（喷）品种；c. 涂刷（喷）遍数、漆膜厚度；d. 耐火极限（h）；e. 耐火厚度（mm）。

② 计量单位：m^2。

③ 工作内容

a. 除锈；b. 调配、涂刷（喷）。

④ 子目解释

防火涂料是用于可燃性基材表面，能降低被涂材料表面的可燃性、阻滞火灾的迅速蔓延，用以提高被涂材料耐火极限的一种特种涂料。

按照防火涂料的使用对象以及防火涂料的涂层厚度来看，防火涂料一般分为饰面型涂料和钢结构防火涂料。饰面型防火涂料一般用作可燃基材的保护性材料，具有一定的装饰性和防火性，又分为水性和溶剂型两大类。而钢结构防火涂料主要是用作不燃烧体构件的保护性材料，这类防火涂料的涂层比较厚，而且密度小、导热系数低，所以具有优良的隔热性能，又分为有机防火涂料和无机防火涂料。

（6）型钢制钢结构防腐蚀（031202006）

① 项目特征

a. 除锈级别；b. 涂刷（喷）品种；c. 分层内容；d. 涂刷（喷）遍数、漆膜厚度。

② 计量单位：m^2。

③ 工作内容

a. 除锈；b. 调配、涂刷（喷）。

（7）金属油罐内壁防静电（031202007）

① 项目特征

a. 除锈级别；b. 涂刷（喷）品种；c. 分层内容；d. 涂刷（喷）遍数、漆膜厚度。

② 计量单位：m^2。

③ 工作内容

a. 除锈；b. 调配、涂刷（喷）。

④ 子目解释

油品经过鹤管、阀门、泵和管道进入油罐与罐壁摩擦而产生大量静电；随着油品内杂质与水的沉降，也产生部分静电；由于油品导电率低，干结在罐内壁上的涂料表面又在油品进罐和沉降时产生静电。这些静电会使罐内静电电压升高，当可燃气体与空气混合达到爆炸浓度时，遇静电产生火花将引起火灾或爆炸，因此，金属油罐内壁防腐后必须涂刷防静电涂料处理。涂料能在的短时间内，导泄静电压积蓄，避免产生放电引起事故。

（8）埋地管道防腐蚀（031202008）

① 项目特征

a. 除锈级别；b. 刷缠品种；c. 分层内容；d. 刷缠遍数。

② 计量单位：m^2 或 m。

③ 工作内容

a. 除锈；b. 刷油；c. 防腐蚀；d. 缠保护层。

④ 子目解释

埋地管防腐采用的胶粘带制品主要有聚乙烯防腐胶带，聚丙烯纤维防腐胶带、聚乙烯660 型防腐胶带，环氧煤沥青防腐冷缠带，其中聚乙烯防腐胶带和聚丙烯纤维防腐胶带的应用范围最大，完全能够满足各种管道防腐工程。具有粘结力强、与背材粘结性好、抗冲击性好和与阴极保护匹配好等特点。

（9）环氧煤沥青防腐蚀（031202009）

① 项目特征

a. 除锈级别；b. 刷缠品种；c. 分层内容；d. 刷缠遍数。

② 计量单位：m^2 或 m。

③ 工作内容

a. 除锈；b. 涂刷、缠玻璃布。

④ 子目解释

环氧煤沥青防腐蚀涂料由环氧与煤沥青两种主要成分组成，是甲（环氧）乙（固化剂）双组份涂料，具有优良的附着力、坚韧性、耐潮湿、耐水、耐化学介质，具有防止各种离子穿过漆膜的性能，具有与被涂物件同膨胀同收缩的特性。漆膜从不脱落、龟裂。厚度 0.5～1.0mm 。环氧煤沥青是性价比较高的一种防腐形式，工程实测表明，用环氧煤沥青外加阴极保护。石油、燃气管道使用二十年基本没有发生腐蚀现象。环氧煤沥青防腐蚀涂料主要用于埋地或水下钢质输油、输气、供水、供热管道的外壁防腐，也适用于各类钢结构、码头、船舶、水闸、煤气储罐、炼油化工厂设备防腐及混凝土管、污水池、楼顶防水层、卫生间、地下室等混凝土结构的防水和防渗漏。

（10）涂料聚合一次（031202010）

① 项目特征

a. 聚合类型；b. 聚合部位。

② 计量单位：m^2。

③ 工作内容：聚合。

6.3.3 手工糊衬玻璃钢工程量计算规则

1. 清单计算规则

根据《通用安装工程工程量计算规范》GB 50856—2013 及《全国统一安装工程预算定额 第十一册刷油、防腐蚀、绝热工程》GYD-2011-2000 的规定，手工糊衬玻璃钢工程的工程量计算规则见表 6-15。

手工糊衬玻璃钢工程量计算规则　　表 6-15

项目编码	项目名称	《通用安装工程工程量计算规范》GB 50856—2013		《全国统一安装工程预算定额 第十一册 刷油、防腐蚀、绝热工程》GYD-2011-2000	
		工程量计算规则	备注	工程量计算规则	备注
031203001	碳钢设备糊衬	按设计图示表面积计算	(1)如设计对胶液配合比、材料品种有特殊要求需说明。 (2)遍数指底漆、面漆、涂刮腻子、缠布层数	按设计图示表面积计算	(1)如因设计要求或施工条件不同，所用胶液配合比、材料品种与本章定额不同时，应按本章各种胶液中树脂用量为基数进行换算。 (2)玻璃聚合固化方法与定额不同时，按施工方案另行计算 (3)本章定额是按手工糊衬方法考虑的，不适用于手工糊制或机械成型的玻璃钢制品工程
031203002	塑料管道增强糊衬				
031203003	各种玻璃钢聚合				

2. 项目解释

（1）碳钢设备糊衬（031203001）

① 项目特征

a. 除锈级别；b. 糊衬玻璃钢品种；c. 分层内容；d. 糊衬玻璃钢遍数。

② 计量单位：m^2。

③ 工作内容

a. 除锈；b. 糊衬。

④ 子目解释

碳钢设备是指由碳素钢为主要构件的管道和管材以及其他工艺设备。

⑤ 玻璃钢由于有玻璃纤维的增强作用，一般都具有较高的机械强度和整体性，收到机械碰击等不容易出现损伤。玻璃钢是以玻璃纤维制品（布、毡、带）为骨架，以合成树脂加入固化剂、增韧剂、稀释剂及耐蚀填料为粘结剂而糊制或机械成型的一种耐蚀材料。

玻璃钢的种类很多，均以掺合的合成树脂命名，常用的有环氧玻璃钢、聚酯玻璃钢、环氧酚醛玻璃钢、环氧煤焦油玻璃钢、环氧呋喃玻璃钢和酚醛呋喃玻璃钢等。

玻璃钢衬里结构应具有耐蚀、耐渗以及与基体表面又较好的粘结强度等方面的性能。一般玻璃钢衬里由四部分构成：

底层是在设备表面处理后，为了防止返锈而涂覆的涂层。当玻璃钢衬里比较薄时，底层涂料应考虑选用防锈性的底漆；当玻璃钢衬里较厚时，底层涂料主要考虑提高粘合强度。底层涂料必须与基体不发生作用，否则会失去粘合力。

腻子层主要填补基体表面不平的地方，通过腻子的找平，提高纤维制品的铺覆性能。腻子层所用的树脂基本上与底层相同，只是填料多加些，使之成为胶泥状的物料。

增强层主要起增强作用，使衬里层构成一个整体。为了提高抗渗性，每一层玻璃纤维都要被树脂所浸润，并有足够的树脂含量。

面层主要是高树脂层。由于它直接与腐蚀介质接触，故要求有良好的致密性且抗渗性能高，并对环境有足够的耐蚀、耐磨能力。当玻璃钢衬层比较薄时，就不分增强层和面层了。

玻璃钢衬里工程常用的施工方法为手工糊衬法，手工糊衬玻璃钢是指在常温、常压条件下，采用刷涂、刮涂或喷射的方法，将其树脂胶液涂覆在玻璃纤维及其织物表面，并达到浸透玻璃纤维及其织品的施工工艺所制得玻璃钢。其中有分层间断贴衬和多层连续贴衬两种糊衬方法。分层间断贴衬和多层连续贴衬方法，工序基本相同，所不同的是前者涂刷底漆后待干燥至不粘手后进行下道工序，每贴上一层玻璃纤维衬布后都要自然干燥 12～24h 再进行下一道工序。后者则是不待上一层固化就进行下一层贴衬，此方法工作效率显然比前者高，但质量不易保证。

除锈→涂刷第一层底漆→刮腻子涂刷第二层底漆→刷胶料贴衬布→检查修整→刷胶料贴第二层衬布→检查修整……（以此类推至要求层次数）→刷面漆两层→加热固化→质量检查

在上述工序中必须注意，加热固化不能采用明火方式，可采用间接蒸汽加热或其他加热形式。对于有些玻璃钢自然固化即可。

（2）塑料管道增强糊衬（031203002）

① 项目特征

a. 糊衬玻璃钢品种；b. 分层内容；c. 糊衬玻璃钢遍数。

② 计量单位：m^2。

③ 工作内容：糊衬。

④ 子目解释

塑料管道玻璃钢增强工程是以塑料为主要材料制成的管道玻璃钢工程。所谓增强是指玻璃钢的机械强度和比强度高。

(3) 各种玻璃钢聚合 (031203003)

① 项目特征：聚合次数。

② 计量单位：m^2。

③ 工作内容：聚合。

6.3.4 橡胶板及塑料板衬里工程量计算规则

1. 清单计算规则

根据《通用安装工程工程量计算规范》GB 50856—2013 及《全国统一安装工程预算定额 第十一册刷油、防腐蚀、绝热工程》GYD—2011—2000 的规定，橡胶板及塑料板衬里工程的工程量计算规则见表 6-16。

橡胶板及塑料板衬里工程量计算规则 **表 6-16**

项目编码	项目名称	《通用安装工程工程量计算规范》GB 50856—2013		《全国统一安装工程预算定额 第十一册 刷油、防腐蚀、绝热工程》GYD—2011—2000	
		工程量计算规则	备注	工程量计算规则	备注
031204001	塔、槽类设备衬里	按图示表面积计算	(1)热硫化橡胶板如设计要求采取特殊硫化处理需注明。(2)塑料板搭接如设计要求采取焊接需注明。(3)带有超过总面积15%衬里零件的贮槽、塔类设备需说明	按图示表面积计算	(1)本章热硫化橡胶板衬里的硫化方法，按间接硫化处理考虑，需要直接硫化处理时，其人工乘以系数1.25，其他按施工方案另行计算。(2)本章定额中塑料板衬里工程，搭接缝均按胶接考虑，若采用焊接时，其人工乘以系数1.8，胶浆用量乘以系数0.5
031204002	锥形设备衬里				
031204003	多孔板衬里				
031204004	管道衬里				
031204005	阀门衬里				
031204006	管件衬里				
031204007	金属表面衬里				

2. 项目解释

(1) 塔、槽类设备衬里 (031204001)

① 项目特征

a. 除锈级别；b. 衬里品种；c. 衬里层数；d. 设备直径。

② 计量单位：m^2。

③ 工作内容

a. 除锈；b. 刷浆贴衬、硫化、硬度检查。

④ 子目解释

橡胶板及塑料板衬里，是把耐腐蚀橡胶板及塑料板贴衬在碳钢设备或管道的内表面，使衬里后的设备、管道具有良好的耐酸、碱、盐腐蚀能力和具有较高机械强度的衬里层。耐腐蚀橡皮板具有优良的性能，除强氧化剂（如硝酸、浓硫酸、铬酸及过氧化氢等）及某些溶剂（如苯、二硫化碳、四氯化碳等）外，能耐大多数无机酸、有机酸、碱、各种盐类及醇类介质的腐蚀。因而在石油、化工生产装置中常被用于碳钢设备、管道的衬里。塑料是一种具有优良耐腐蚀性能。有一定机械强度和耐温性能的材料。在石油、化工生产装置中应用较多的有聚氯乙烯塑料板衬里、聚合异丁烯板衬里以及其他一些塑料板衬里。

目前主要用于防腐的橡胶，仍是天然橡胶。一般硬橡胶的长期使用温度为 0～65℃，软橡胶、半硬橡胶的使用温度为－25～75℃。橡胶的使用温度与使用寿命有关，温度过高，会加速橡胶的老化，破坏橡胶与金属间的结合力，导致脱落；温度过低，橡胶会失去弹性。由于两种基材收缩不一（橡胶的膨胀系数比金属大 3 倍），导致应力集中而拉裂橡胶层。由于软橡胶的弹性比硬橡胶好，故它的耐寒性也较好。

用作化工衬里的橡胶是生胶经过硫化处理而成。经过硫化后的橡胶具有一定的耐热性能、机械强度及耐腐蚀性能。它可分为软橡胶、半硬橡胶和硬橡胶三种。橡胶硫化后具有优良的耐腐蚀性能，除强氧化剂（如硝酸、浓硫酸、铬酸）及某些溶剂（如苯、二硫化碳、四氯化碳等）外耐大多数无机酸、有机酸、碱、各种盐类及酸类介质的腐蚀。

另外，合成橡胶的种类也很多，目前用于化工防腐蚀的主要有聚异丁烯橡胶，它具有良好的耐腐蚀、耐老化性、耐氧化性及抗水性，不透气性比所有橡胶都好，但强度和耐热性较差。聚异丁烯橡胶使用最高温度一般为 50～60℃，它在低温下仍有良好的弹性及足够的强度。在 50℃时由于聚异丁烯板开始软化，因而不能经受机械作用。它能耐各种浓度的盐酸、小于 80％的硫酸、稀硝酸、小于 40％的氢氟酸、碱液及各种盐类溶液等介质的腐蚀，不耐铅酸、氟、氯、溴及部分有机溶剂，如苯、四氯化碳、二硫化碳、汽油、矿物油及植物油等介质的腐蚀。

橡胶板衬里按硫化形式划分为自然硫化、预硫化及加热硫化三种。自然硫化采用的胶板为氯丁橡胶，预硫化采用的胶板为丁基橡胶，加热硫化采用天然橡胶板。衬胶层都有耐腐蚀性和较好的机械强度。

热硫化橡胶衬里一般采用手工粘合的施工方法。工艺过程如下所示：

设备表面处理→原材料准备→橡胶板的裁剪→胶浆的配制→刷涂胶浆→橡胶板的融合→硫化→质量检查及修补→成品。

设备表面处理：

金属表面不应有油污、杂质。一般采用喷砂除锈为宜，也有采用酸洗处理。对铸铁件，在喷砂前应用蒸汽或其他方法加热除去铸件气孔中的空气及油垢等杂质。

胶浆的配制：

胶浆配制时，先将胶料剪成小块放入部分汽油进行调胶，调制时应搅拌均匀，使成糊状，再按配比加入汽油，配成浓度为 1∶4～1∶10 的胶浆。

涂刷胶浆：

一般施工温度不低于 15℃，但也不宜超过 30～35℃。设备与橡胶板一般至少要涂刷三层胶浆。每层用胶浆浓度不同，第一层较稀，第二层较浓，第三层更浓一些。每次涂刷后的干燥时间一般为 10～30min。

硫化：

硫化是生胶与硫磺互相起物理化学变化的过程。硫化后的橡胶具有良好的弹性、硬度、耐磨性及耐腐蚀性能。软橡胶含硫量少，它与金属的粘结力比硬橡胶和半硬橡胶差。

硫化的方法有间接硫化（硫化釜内硫化）、直接本体硫化（衬橡胶设备本体硫化）和常压硫化三种。

(2) 锥形设备衬里（031204002）

① 项目特征

a. 除锈级别；b. 衬里品种；c. 衬里层数；d. 设备直径。

② 计量单位：m^2。

③ 工作内容

a. 除锈；b. 刷浆贴衬、硫化、硬度检查。

(3) 多孔板衬里（031204003）

① 项目特征

a. 除锈级别；b. 衬里品种；c. 衬里层数。

② 计量单位：m^2。

③ 工作内容

a. 除锈；b. 刷浆贴衬、硫化、硬度检查。

(4) 管道衬里（031204004）

① 项目特征

a. 除锈级别；b. 衬里品种；c. 衬里层数；d. 管道规格。

② 计量单位：m^2。

③ 工作内容

a. 除锈；b. 刷浆贴衬、硫化、硬度检查。

(5) 阀门衬里（031204005）

① 项目特征

a. 除锈级别；b. 衬里品种；c. 衬里层数；d. 阀门规格。

② 计量单位：m^2。

③ 工作内容

a. 除锈；b. 刷浆贴衬、硫化、硬度检查。

(6) 管件衬里（031204006）

① 项目特征

a. 除锈级别；b. 衬里品种；c. 衬里层数；d. 名称、规格。

② 计量单位：m^2。

③ 工作内容

a. 除锈；b. 刷浆贴衬、硫化、硬度检查。

(7) 金属表面衬里（031204007）

① 项目特征

a. 除锈级别；b. 衬里品种；c. 衬里层数。

② 计量单位：m^2。

③ 工作内容

a. 除锈；b. 刷浆贴衬。

6.3.5 衬铅及搪铅工程量计算规则

1. 清单计算规则

根据《通用安装工程工程量计算规范》GB 50856—2013 及《全国统一安装工程预算定额　第十一册刷油、防腐蚀、绝热工程》GYD—2011—2000 的规定，衬铅及搪铅工程的工程量计算规则见表 6-17。

衬铅及搪铅工程量计算规则　　表 6-17

项目编码	项目名称	《通用安装工程工程量计算规范》GB 50856—2013		《全国统一安装工程预算定额　第十一册刷油、防腐蚀、绝热工程》GYD—2011—2000	
		工程量计算规则	备注	工程量计算规则	备注
031205001	设备衬铅	按图示表面积计算	设备衬铅如设计要求安装后再衬铅需注明	按图示表面积计算	(1)设备衬铅是按安装在滚动器上施工考虑的，若设备安装后进行挂衬铅板施工时，其人工乘以系数 1.39，材料、机械不变。 (2)本章定额衬铅铅板厚度按 3mm 考虑，若铅板厚度大于 3mm 时，人工乘以系数 1.29，材料、机械另行计算
031205002	型钢及支架包铅				
031205003	设备封头、底搪铅				
031205004	搅拌叶轮、轴类搪铅				

2. 项目解释

(1) 设备衬铅 (031205001)

① 项目特征

a. 除锈级别；b. 衬铅方法；c. 铅板厚度。

② 计量单位：m^2。

③ 工作内容

a. 除锈；b. 衬铅。

(2) 型钢及支架包铅 (031205002)

① 项目特征

a. 除锈级别；b. 铅板厚度。

② 计量单位：m^2。

③ 工作内容

a. 除锈；b. 包铅。

(3) 设备封头、底搪铅 (031205003)

① 项目特征

a. 除锈级别；b. 搪层厚度。

② 计量单位：m^2。

③ 工作内容

a. 除锈；b. 焊铅。

(4) 搅拌叶轮、轴类搪铅（031205004）

① 项目特征

a. 除锈级别；b. 搪层厚度。

② 计量单位：m^2。

③ 工作内容

a. 除锈；b. 焊铅。

6.3.6 喷镀（涂）工程量计算规则

1. 清单计算规则

根据《通用安装工程工程量计算规范》GB 50856—2013 及《全国统一安装工程预算定额　第十一册刷油、防腐蚀、绝热工程》GYD—2011—2000 的规定，喷镀（涂）工程的工程量计算规则见表 6-18。

喷镀（涂）工程量计算规则　　表 6-18

项目编码	项目名称	《通用安装工程工程量计算规范》GB 50856—2013	《全国统一安装工程预算定额　第十一册刷油、防腐蚀、绝热工程》GYD—2011—2000
		工程量计算规则	工程量计算规则
031206001	设备喷镀(涂)	1. 以平方米计量，按设备图示表面积计算 2. 以公斤计量，按设备零部件质量计量	计算规则同刷油工程
031206002	管道喷镀(涂)	按图示表面积计算	
031206003	型钢喷镀(涂)		
031206004	一般钢结构喷(涂)塑	按图示金属结构质量计算	

2. 项目解释

(1) 设备喷镀（涂）(031206001)

① 项目特征

a. 除锈级别；b. 喷镀（涂）品种；c. 喷镀（涂）厚度；d. 喷镀（涂）层数。

② 计量单位：m^2 或 kg。

③ 工作内容

a. 除锈；b. 喷镀（涂）。

④ 子目解释

将金属材料高温熔化后立刻用惰性气体或压缩空气吹成雾状，并喷涂在物体表面的过程叫做喷镀。

金属喷涂是解决防腐蚀和机械磨损修补的工艺，采用金属丝或金属粉末材料，为此又称金属丝喷涂法和金属末喷涂法。

金属喷涂中有喷铝、喷钢、喷锌、喷铜等，它们均能成功的解决一些腐蚀和磨蚀的问题。在碳钢设备上喷涂铝、锌等，能有效防止某些腐蚀介质（如工业废水、海水、大气、弱酸、碱和盐等）的腐蚀和高温氧化。

金属喷涂的方法有燃烧法和电加热法，均以压缩空气作为雾化气将熔化的金属喷射到被镀物件表面。

金属喷涂的施工工序：除锈→试喷→喷镀第一层→喷镀第二层→镀层检查处理→镀层后处理。

喷涂设备及工具：包括空气压缩机、乙炔发生器（乙炔气瓶）、氧气瓶、空气冷却器、油水分离器、储气罐、喷枪。

（2）管道喷镀（涂）（031206002）

① 项目特征

a. 除锈级别；b. 喷镀（涂）品种；c. 喷镀（涂）厚度；d. 喷镀（涂）层数。

② 计量单位：m^2。

③ 工作内容

a. 除锈；b. 喷镀（涂）。

（3）型钢喷镀（涂）（031206003）

① 项目特征

a. 除锈级别；b. 喷镀（涂）品种；c. 喷镀（涂）厚度；d. 喷镀（涂）层数。

② 计量单位：m^2。

③ 工作内容

a. 除锈；b. 喷镀（涂）。

（4）一般钢结构喷（涂）塑（031206004）

① 项目特征

a. 除锈级别；b. 喷（涂）塑品种。

② 计量单位：kg。

③ 工作内容

a. 除锈；b. 喷（涂）塑。

④ 子目解释

将塑料熔化后喷到物体表面的过程叫做喷塑。

6.3.7 耐酸砖、板衬里工程量计算规则

1. 清单计算规则

根据《通用安装工程工程量计算规范》GB 50856—2013 及《全国统一安装工程预算定额 第十一册刷油、防腐蚀、绝热工程》GYD—2011—2000 的规定，喷镀（涂）工程的工程量计算规则见表 6-19。

2. 项目解释

（1）圆形设备耐酸砖、板衬里（031207001）

① 项目特征

a. 除锈级别；b. 衬里品种；c. 砖厚度、规格；d. 板材规格；e. 设备形式；f. 设备规格；g. 抹面厚度；h. 涂刮面材质。

② 计量单位：m^2。

耐酸砖、板衬里工程量计算规则 **表 6-19**

<table>
<tr><th rowspan="2">项目编码</th><th rowspan="2">项目名称</th><th colspan="2">《通用安装工程工程量计算规范》GB 50856—2013</th><th colspan="2">《全国统一安装工程预算定额 第十一册 刷油、防腐蚀、绝热工程》GYD—2011—2000</th></tr>
<tr><th>工程量计算规则</th><th>备注</th><th>工程量计算规则</th><th>备注</th></tr>
<tr><td>031207001</td><td>圆形设备耐酸砖、板衬里</td><td rowspan="4">按图示表面积计算</td><td rowspan="7">(1)圆形设备形式指立式或卧式。
(2)硅质耐酸胶泥衬砌块材如设计要求勾缝需注明。
(3)衬砌砖、板如设计要求采用特殊养护需注明。
(4)胶板、金属面如设计要求脱脂需注明
(5)设备拱砌筑需注明</td><td rowspan="4">按设计图示尺寸，以“m^2”计算</td><td rowspan="7">(1)树脂耐酸胶泥包括环氧树脂、酚醛树脂、呋喃树脂、环氧酚醛树脂、环氧呋喃树脂耐酸胶泥等。
(2)硅质耐酸胶泥衬砌块材需要勾缝时，其勾缝材料按相应项目树脂胶泥消耗量的10%计算，人工按相应项目人工消耗量的10%计算。
(3)调制胶泥不分机械和手工操作，均执行本定额。
(4)定额工序中不包括金属设备表面除锈，发生时应执行本册定额第一章相应项目。
(5)衬砌砖、板按规范进行自然养护考虑，若采用其他方法养护，其工程量应按施工方案另行计算。
(6)立式设备人孔等部位发生旋拱施工时，每$10m^2$应增加木材$0.01m^3$、铁钉0.20kg</td></tr>
<tr><td>031207002</td><td>矩形设备耐酸砖、板衬里</td></tr>
<tr><td>031207003</td><td>锥(塔)形设备耐酸砖、板衬里</td></tr>
<tr><td>031207004</td><td>供水管内衬</td></tr>
<tr><td>031207005</td><td>衬石墨管接</td><td>按图示数量计算</td><td>按图示数量计算</td></tr>
<tr><td>031207006</td><td>铺衬石棉板</td><td rowspan="2">按图示表面积计算</td><td rowspan="2">按设计图示尺寸，以“m^2”计算</td></tr>
<tr><td>031207007</td><td>耐酸砖板衬砌体热处理</td></tr>
</table>

③ 工作内容

a. 除锈；b. 衬砌；c. 抹面；d. 表面涂刮。

④ 子目解释

常用的耐蚀（酸）非金属材料有铸石、石墨、天然耐酸材料、陶瓷等。经加工制成砖、板等型材，衬砌在石油化工生产设备内，是一种应用广泛、行之有效的防腐蚀方法。衬砌过程中使用胶泥将砖、板整体地粘接于设备内表面。这种防腐方法也可应用管道，如给水钢管道的水泥砂浆衬里。

各种砖、板和管材衬里的特点：

辉绿岩板和管材衬里是由辉绿岩石熔融铸成的。主要成分是二氧化硅，是一种灰黑色质地密实的材料。优点是耐酸碱性好，除氢氟酸、300℃以上磷酸及熔融的碱外，对所有的有机酸、无机酸、碱类均耐腐蚀且耐磨性好。缺点是脆性大，不宜承受重物的冲击，温差急变性较差，板材难于切割加工。

耐酸陶瓷砖、板和管材衬里是由耐火黏土、长石及石英以干成型法焙烧而成的。主要成分是二氧化硅。优点是耐酸性好，除氢氟酸、300℃以上磷酸及强碱外，对所有酸类均耐腐蚀；结构致密，表面光滑平整。缺点是脆性较大、韧性差和温差急变性较差。瓷砖、板的耐酸性、机械强度、密实性均较陶砖、板好，但温差急变性较差。

不透性石墨板和管材衬里是由人造石墨浸渍酚醛或呋喃树脂而成的。优点是导热性优良、温差急变性好、易于机械加工，可根据衬里设备需要锯成各种规格的石墨板、条，耐腐蚀性好。缺点是机械强度较低，价格较贵。

胶合剂：正确地选择胶合剂能保证衬里设备获得良好的防腐蚀效果。胶合剂主要有酚醛胶泥、水玻璃胶泥和呋喃胶泥等。由于选用的树脂不同，胶泥的组成及配方不同，因而性能也不同。

酚醛胶泥。酚醛胶泥是由酚醛树脂为粘合剂，以酸性物质为固化剂，加入耐酸填料，按一定比例拌和而成的。具有良好的耐酸性、抗渗透性、防水性及施工方便，在砖、板衬里中应用广泛。常用粘合的砖、板材有瓷砖、瓷板、不透性石墨板，也可用于辉绿岩板。由于酚醛胶泥使用酸性固化剂，故不宜直接与金属或混凝土接触。

酚醛胶泥衬砖、板最高使用温度一般为150℃。酚醛胶泥衬砖、板除强氧化性介质及强碱外，能耐大多数无机酸、有机酸、盐类及有机溶剂等介质的腐蚀。

水玻璃胶泥。又称硅质胶泥，是由水玻璃为粘合剂、氟硅酸钠为固化剂和耐酸填料按一定比例拌和而成的。是砖、板衬里设备中使用较早、价格低廉的胶泥。常用粘合的砖、板有辉绿岩板、瓷砖、瓷板，也可用于陶砖。

水玻璃胶泥衬辉绿岩板最高使用温度一般为190℃左右。它能耐大多数无机酸、有机酸及有机溶剂，尤其是耐强氧化性酸（硝酸、铬酸等）的腐蚀。但不适用于氢氟酸、大于15%氟硅酸、碱和碱性盐溶液。

呋喃胶泥。呋喃胶泥是由呋喃系树脂为粘合剂，以酸性物质为固化剂，加人耐酸填料按一定比例拌和而成，是砖、板衬里设备中有发展前途的胶泥，具有优良的耐酸性、耐碱性、耐水性、耐温性和储藏期长等优点，但存在与金属粘结力较差、脆性大、常温固化时间长和耐候性差等缺点。呋喃树脂与酚醛树脂一样，因使用酸性固化剂，故不宜直接与金属或混凝土接触，呋喃胶泥最高使用温度一般为180℃左右。它能耐大部分有机酸、无机酸、有机溶剂和盐类等介质的腐蚀，并有良好的耐碱性、优良的耐水性及耐油性。但不耐强氧化性介质如硝酸、铬酸、浓硫酸、次氯酸钠、过氧化氢、二氧化氯及二氯甲烷等腐蚀。

砖、板衬里在施工时应注意：原材料的规格质量要求；根据具体情况正确的选择配方，胶泥最佳配方应通过必要的试验来确定；合理的施工方法；热处理及酸化处理等问题。施工顺序如图6-6所示。

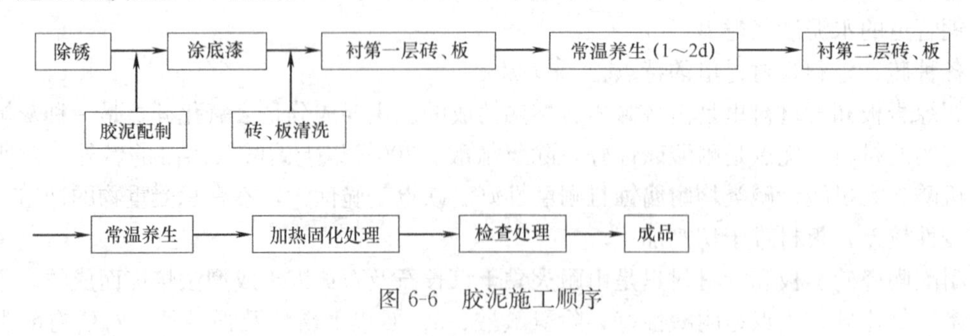

图6-6 胶泥施工顺序

（2）矩形设备耐酸砖、板衬里（031207002）

① 项目特征

a. 除锈级别；b. 衬里品种；c. 砖厚度、规格；d. 板材规格；e. 设备规格；f. 抹面厚度；g. 涂刮面材质。

② 计量单位：m^2。

③ 工作内容

a. 除锈；b. 衬砌；c. 抹面；d. 表面涂刮。

④ 子目解释

矩形设备衬里按最小边长塔、槽类设备衬里相关项目编码。

（3）锥（塔）形设备耐酸砖、板衬里（031207003）

① 项目特征

a. 除锈级别；b. 衬里品种；c. 砖厚度、规格；d. 板材规格；e. 设备规格；f. 抹面厚度；g. 涂刮面材质。

② 计量单位：m^2。

③ 工作内容

a. 除锈；b. 衬砌；c. 抹面；d. 表面涂刮。

（4）供水管内衬（031207004）

① 项目特征

a. 衬里品种；b. 材料材质；c. 管道规格型号；d. 衬里厚度

② 计量单位：m^2。

③ 工作内容

a. 衬里；b. 养护

（5）衬石墨管接（031207005）

① 项目特征：规格。

② 计量单位：个。

③ 工作内容：安装。

（6）铺衬石棉板（031207006）

① 项目特征：部位。

② 计量单位：m^2。

③ 工作内容：铺衬。

（7）耐酸砖板衬砌体热处理（031207007）

① 项目特征：部位。

② 计量单位：m^2。

③ 工作内容

a. 安装电炉；b. 热处理。

6.3.8 绝热工程量计算规则

1. 清单计算规则

根据《通用安装工程工程量计算规范》GB 50856—2013 及《全国统一安装工程预算定额　第十一册刷油、防腐蚀、绝热工程》GYD—2011—2000 的规定，绝热工程的工程量计算规则见表 6-20。

绝热工程量计算规则　　表 6-20

<table>
<tr><th rowspan="2">项目编码</th><th rowspan="2">项目名称</th><th colspan="2">《通用安装工程工程量计算规范》GB 50856—2013</th><th colspan="2">《全国统一安装工程预算定额　第十一册 刷油、防腐蚀、绝热工程》GYD—2011—2000</th></tr>
<tr><th>工程量计算规则</th><th>备注</th><th>工程量计算规则</th><th>备注</th></tr>
<tr><td>031208001</td><td>设备绝热</td><td rowspan="2">按图示表面积加绝热层厚度及调整系数计算</td><td rowspan="8">(1)设备形式指立式、卧式或球形。
(2)层数指一布二油、两布三油等。
(3)对象指设备、管道、通风管道、阀门、法兰、钢结构。
(4)结构形式指钢结构:一般钢结构、H型钢制结构、管廊钢结构。
(5)如设计要求保温、保冷分层施工需注明。
(6)绝热工程前需除锈、刷油,应按刷油工程相关项目编码列项。
(7)计算公式如下所示。
(8)计算规则中调整系数按公式中的系数执行</td><td rowspan="8">绝缘工程中绝热层以“m^3”为计算单位,防潮层、保护层以“m^2”为计量单位。计算公式如下所示</td><td rowspan="8">(1)依据规范要求,保温厚度大于100mm,保冷厚度大于80mm时应分层安装,工程量应分层计算,采用相应厚度定额。
(2)保护层镀锌铁皮厚度是按0.8mm以下综合考虑的,若采用厚度大于0.8mm时,其人工乘系数1.2;卧式设备保护层安装,其人工乘系数1.05。
(3)设备和管道绝热均按现场安装后绝热施工考虑,若先绝热后安装时,其人工乘系数0.9。
(4)采用不锈钢薄板保护层安装时,其人工乘系数1.25,钻头用量乘系数2.0,机械台班乘系数1.15</td></tr>
<tr><td>031208002</td><td>管道绝热</td></tr>
<tr><td>031208003</td><td>通风管道绝热</td><td>1. 以立方米计量,按图示表面积加绝热层厚度及调整系数计算
2. 以平方米计量,按图示表面积及调整系数计算</td></tr>
<tr><td>031208004</td><td>阀门绝热</td><td rowspan="2">按图示表面积加绝热层厚度及调整系数计算</td></tr>
<tr><td>031208005</td><td>法兰绝热</td></tr>
<tr><td>031208006</td><td>喷涂、涂抹</td><td>按图示表面积计算</td></tr>
<tr><td>031208007</td><td>防潮层
保护层</td><td>1. 以平方米计量,按图示表面积加绝热层厚度及调整系数计算
2. 以千克计量,按图示金属结构质量计算</td></tr>
<tr><td>031208008</td><td>保温盒、
保温托盘</td><td>1. 以平方米计量,按图示表面积计算
2. 以千克计量,按图示金属结构质量计算</td></tr>
<tr><td colspan="2">计算公式</td><td colspan="4">(1)设备筒体、管道绝热、防潮和保护层工程量:
$V=\pi(D+1.033\delta)\times1.033\delta\times L$
(π—圆周率;D—直径;1.033—调整系数;δ—绝热厚度;L—设备筒体高或管道延长米)
$S=\pi(D+2.1\delta+0.0082)L$
(2.1—调整系数;0.0082—捆扎线直径或钢带厚)
(2)单管伴热管、双管伴热管(管径相同,夹角小于90°时)工程量:$D'=D_1+D_2+(10\sim20mm)$(D'—伴热管道综合值;D_1—主管道直径;D_2—伴热管道直径;(10～20mm)—主管道与伴热管道之间的间隙)
(3)双管伴热(管径相同,夹角大于90°时)工程量:
$D'=D_1+1.5D_2+(10\sim20mm)$
(4)双管伴热(管径不同,夹角小于90°时)工程量:
$D'=D_1+D_{伴大}+(10\sim20mm)$
(5)将公式(2)、(3)、(4)的D'带入公式(1)中即是伴热管道的绝热层、防潮层和保护层工程量。
(6)设备封头绝热、防潮和保护层工程量:
$V=[(D+1.033\delta)/2]^2\pi\times1.033\delta\times1.5N$
$S=[(D+2.1\delta)/2]^2\pi\times1.5N$($N$—设备封头个数)
(7)阀门绝热、防潮和保护层工程量:
$V=\pi[(D+1.033\delta)/2]^2\times2.5D\times1.033\delta\times1.05N$
$S=\pi[(D+2.1\delta)/2]^2\times2.5D\times1.05N$($N$—阀门个数)</td></tr>
</table>

续表

项目编码	项目名称	《通用安装工程工程量计算规范》GB 50856—2013		《全国统一安装工程预算定额　第十一册　刷油、防腐蚀、绝热工程》GYD—2011—2000	
		工程量计算规则	备注	工程量计算规则	备注
计算公式		(8)法兰绝热、防潮和保护层工程量： $V=\pi(D+1.033\delta)\times 1.5D\times 1.033\delta\times 1.05N$ $S=\pi(D+2.1\delta)\times 1.5D\times 1.05N$（$N$—法兰个数） (9)弯头绝热、防潮和保护层工程量： $V=\pi(D+1.033\delta)\times 1.5D\times 2\pi\times 1.033\delta\times N/B$ $S=\pi(D+2.1S)\times 1.5D\times 2\pi\times N/B$ （N—弯头个数；B 值：90°弯头 $B=4$；45°弯头 $B=8$） (10)拱顶罐封头绝热、防潮和保护层工程量： $V=2\pi r(h+1.033\delta)\times 1.033\delta$ $S=2\pi r(h+2.1\delta)$ (11)绝热工程第二层（直径）工程量：$D=(D+2.1\delta)+0.0082$ 以此类推			

2. 项目解释

(1) 设备绝热（031208001）

① 项目特征

a. 绝热材料品种；b. 绝热厚度；c. 设备形式；d. 软木品种。

② 计量单位：m^3。

③ 工作内容

a. 安装；b. 软木制品安装。

④ 子目解释

绝热工程是指在生产过程中，为了保持正常生产的最佳温度范围和减少热载体（如过热蒸汽、饱和水蒸气、热水和烟气等）和冷载体（如液氨、液氮、冷冻盐水和低温水等）在输送、贮存和使用过程中热量和冷量的散失浪费，提高热、冷效率，降低能源消耗和产品成本，因而对设备和管道所采取的保温和保冷措施。绝热工程按用途可以分为保温、加热保温和保冷三种。

⑤ 绝热材料分类

绝热材料一般是轻质、疏松、多孔的纤维状材料。

按其成分不同，可分为有机材料和无机材料两大类。

热力设备及管道保温用的材料多为无机绝热材料。此类材料具有不腐烂、不燃烧、耐高温等特点，如石棉、硅藻土、珍珠岩、玻璃纤维、泡沫混凝土和硅酸钙等。

低温保冷工程多用有机绝热材料。此类材料具有表观密度小、导热系数低、原料来源广、不耐高温、吸湿时易腐烂等特点，如软木、聚苯乙烯泡沫塑料、聚氨基甲酸酯、牛毛毡和羊毛毡等。

按绝热材料使用温度限度可分为高温用、中温用和低温用绝热材料三种。

高温用绝热材料，使用温度可在700℃以上。这类纤维质材料有硅酸铝纤维和硅纤维等；多孔质材料有硅藻土、蛭石加石棉和耐热粘合剂等制品。

中温用绝热材料，使用温度在100～700℃之间。中温用纤维质材料有石棉、矿渣棉和玻璃纤维等；多孔质材料有硅酸钙、膨胀珍珠岩、蛭石和泡沫混凝土等。

低温用绝热材料，使用温度在100℃以下的保冷工程中。

按绝热材料形状不同可分为松散粉末状、纤维状、粒状、瓦状和砖等几种。

按施工方法不同可分为湿抹式绝热材料、填充式绝热材料、绑扎式绝热材料、包裹及缠绕式绝热材料和浇灌式绝缘材料。

湿抹式即将石棉、石棉硅藻土等保温材料加水调和成胶泥涂抹在热力设备及管道的外表面上。

填充式是在设备或管道外面做成罩子，其内部填充绝热材料，如填充矿渣棉、玻璃棉等。

绑扎式是将一些预制保温板或管壳放在设备或管道外面，然后用铁丝绑扎，外面再涂保护层材料。属于这类的材料有石棉制品、膨胀珍珠岩制品、膨胀蛭石制品和硅酸钙制品等。

包裹及缠绕式是把绝热材料做成毡状或绳状，直接包裹或缠绕在被绝缘的物体上。属于这类的材料有矿渣棉毡、玻璃棉毡以及石棉绳和稻草绳等。

浇灌式是将发泡材料在现场灌入被保温的管道、设备的模壳中，经现场发泡成保温（冷）层结构。也有直接喷涂在管道、设备的外壁上，瞬时发泡，形成保温（冷）层。

绝热结构：

绝热结构是由绝热层和保护层两部分组成的，在室内为了区别不同的管道和设备，在保护层的外面再刷一层色漆。绝热结构直接关系到绝热效果，投资费用，使用年限以及外表面整齐美观等问题。设备保温结构如图6-7所示。

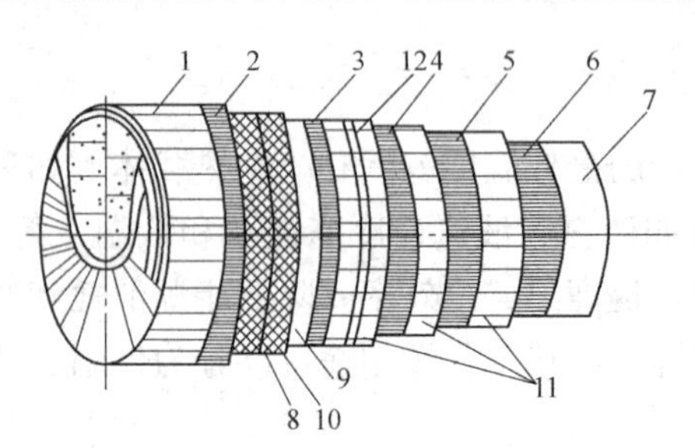

图6-7 设备保温结构图

1—涂漆；2—水泥砂浆保护层；3、4、5、6—沥青；7—设备；8—镀锌钢丝；9—油毡；10—铁丝网；11—软木；12—钢带

绝热层施工：

在被绝热设备、管道按规定做了水压试验或气密性试验，以及支架、支座和仪表接管等安装工作均已完毕，表面除锈刷漆后，即可进行绝热层的施工。绝热层施工应注意：

用平板材料加工异型预制块时，切割面应平整，长、宽误差不大于±3mm，厚度无负公差。

用预制瓦块做设备、管道绝热层时，瓦块应错缝，内外层要盖缝，使用专用粘结剂粘缝或填缝，每个预制瓦块上应用两道铁丝或钢带固定。

用预制块砌筑设备封头，应将其加工成扇形，用铁丝或钢带捆扎在浮动环上进行固定。

用预制管壳在垂直管道上保温时应自下而上安装；在水平管道上保温时应上下覆盖并错缝，每块应用两道铁丝或钢带固定。

用棉毡在管道上保温时，环向接缝应接合紧密，水平管道纵向接口应留在管子上部，应用镀锌铁丝或钢带扎紧，间距为200mm。大管径长距离水平管道应先在管道顶面加铺20～30mm厚棉毡，宽度约为管道周长的1/3，然后再沿管周壁包扎棉毡。

超细玻璃棉毡应按最佳压缩密度50～60kg/m^{3}设计保温厚度；岩棉毡密度在80～100kg/m^3，其厚度压缩比为80%～90%。

在设备、管道经常拆卸部位的绝热结构应做成45°斜坡；阀门、人孔及法兰螺栓连接处的绝热施工，应在热（冷）绝热层合格及其他部位绝热层施工完后进行。

（2）管道绝热（031208002）

① 项目特征

a. 绝热材料品种；b. 绝热厚度；c. 管道外径；d. 软木品种。

② 计量单位：m^3。

③ 工作内容

a. 安装；b. 软木制品安装。

④ 子目解释

管道保温结构如图 6-8 所示。如果是立管保温，当层高小于或等于 5m，每层应设一个支撑托盘，层高大于 5m，每层应不少于 2 个，支撑托盘应焊在管壁上，其位置应在立管卡子上部 200mm 处，托盘直径不大于保温层的厚度。

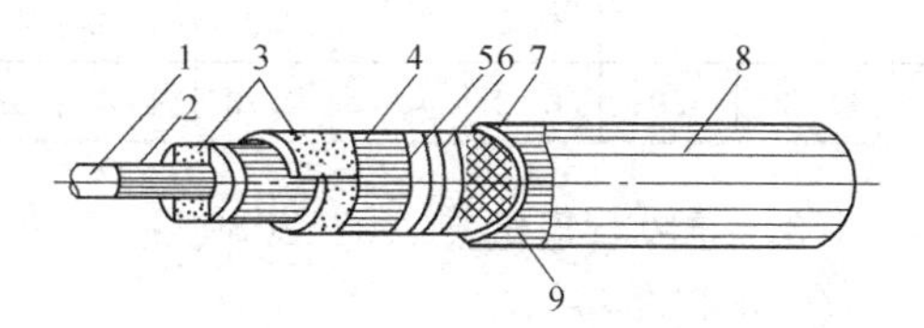

图 6-8 管道保温结构图

1—管道；2、4—沥青；3—软木；5—油毡；6—镀锌铁丝；7—铁丝网；8—涂漆；9—水泥砂浆保护层

管道保冷结构如图 6-9 所示。保冷结构 a. b 适用于室内架空管道；结构 c 用于地沟或室内较潮湿的环境，也可用于室外。当结构 a 表面油漆改涂不饱和聚酯树脂或玻璃钢保护层时，亦适用于结构 c 所用范围。

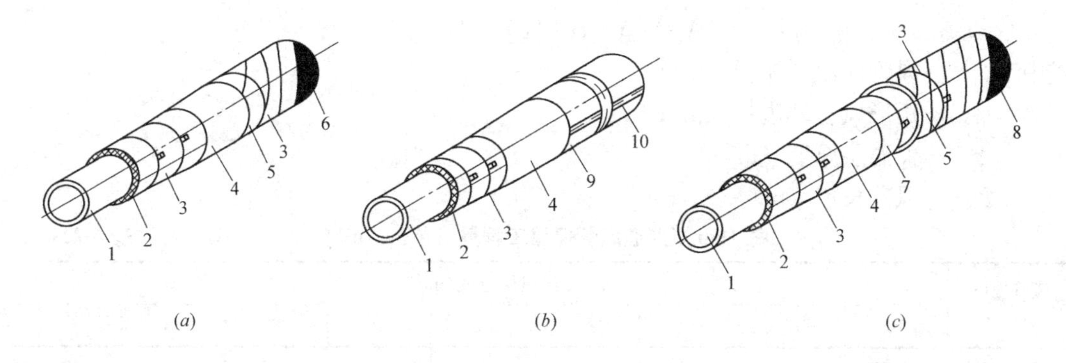

图 6-9 管道保冷结构图

1—管子；2—保冷层；3—镀锌铁丝；4—防潮层；5—玻璃布；6—防火漆；7—油毡或 CPU 卷材；8—冷沥青液；9—复合铝箔；10—胶条

每 100m 钢管保温工程量见表 6-21。

每 100m 钢管保温工程量（单位 m^3） **表 6-21**

保温层厚(mm)	钢管公称直径(mm)												
	15	20	25	32	40	50	70	80	100	125	150	200	250
20	0.27	0.31	0.35	0.41	0.45	0.52	0.62	0.71	0.87	1.04	1.21	1.56	1.91
25	0.38	0.43	0.48	0.55	0.60	0.70	0.82	0.93	1.13	1.35	1.55	1.99	2.42
30	0.51	0.56	0.63	0.71	0.77	0.89	1.04	1.16	1.41	1.66	1.91	2.43	2.96
40	0.81	0.88	0.97	1.09	1.16	1.32	1.52	1.69	2.02	2.35	2.68	3.38	4.08

续表

保温层厚(mm)	钢管公称直径(mm)												
	15	20	25	32	40	50	70	80	100	125	150	200	250
50	1.18	1.27	1.38	1.52	1.62	1.81	2.06	2.27	2.69	3.11	3.52	4.39	5.27
60	1.62	1.73	1.86	2.03	2.14	2.38	2.68	2.93	3.43	3.93	4.42	5.47	6.52
70	2.13	2.25	2.40	2.60	2.73	3.01	3.36	3.65	4.23	4.82	5.39	6.62	7.84
80	2.70	2.84	3.02	3.24	3.39	3.70	4.11	4.44	5.11	5.78	6.43	7.83	9.23
90	3.34	3.50	3.69	3.95	4.12	4.47	4.92	5.30	6.05	6.80	7.53	9.11	10.69
100	4.04	4.22	4.44	4.73	4.91	5.30	5.80	6.22	7.05	7.90	8.71	10.46	12.21

（3）通风管道绝热（031208003）

① 项目特征

a. 绝热材料品种；b. 绝热厚度；c. 软木品种。

② 计量单位：m^2 或 m^3。

③ 工作内容

a. 安装；b. 软木制品安装。

④ 子目解释

矩形通风管道风管保温层体积可根据下列公式计算。每 10m 矩形通风管保温工程量可见表 6-22。

$$V=(A+B+2\delta)\times 2\delta\times L$$

式中 V——风管保温层体积（m^3）；

A、B——矩形风管外边长（m）；

δ——保温层厚度（m）；

L——风管长度（m）。

每 10m 矩形通风管保温工程量（单位：m^3） **表 6-22**

风管规格 $A\times B$	绝热层厚度(mm)								
	10	15	20	25	30	35	40	45	50
120×120	0.052	0.081	0.112	0.145	0.180	0.217	0.256	0.297	0.340
160×120	0.060	0.093	0.128	0.165	0.204	0.245	0.288	0.333	0.380
160×160	0.068	0.105	0.144	0.185	0.228	0.273	0.320	0.369	0.420
200×120	0.068	0.105	0.144	0.185	0.228	0.273	0.320	0.369	0.420
200×160	0.076	0.117	0.160	0.205	0.252	0.301	0.352	0.405	0.460
200×200	0.084	0.129	0.176	0.225	0.276	0.329	0.384	0.441	0.500
250×120	0.078	0.120	0.164	0.210	0.258	0.308	0.360	0.414	0.470
250×160	0.086	0.132	0.180	0.230	0.282	0.336	0.392	0.450	0.510
250×200	0.094	0.144	0.196	0.250	0.306	0.364	0.424	0.486	0.550
250×250	0.104	0.159	0.216	0.275	0.336	0.399	0.464	0.531	0.600
320×160	0.100	0.153	0.208	0.265	0.324	0.385	0.448	0.513	0.580
320×200	0.108	0.165	0.224	0.285	0.348	0.413	0.480	0.549	0.620

续表

风管规格 A×B	绝热层厚度(mm)								
	10	15	20	25	30	35	40	45	50
320×250	0.118	0.180	0.244	0.310	0.378	0.448	0.520	0.594	0.670
320×320	0.132	0.201	0.272	0.345	0.420	0.497	0.576	0.657	0.740
400×200	0.124	0.189	0.256	0.325	0.396	0.469	0.544	0.621	0.700
400×250	0.134	0.204	0.276	0.350	0.426	0.504	0.584	0.666	0.750
400×320	0.148	0.225	0.304	0.385	0.468	0.553	0.640	0.729	0.820
400×400	0.164	0.249	0.336	0.425	0.516	0.609	0.704	0.801	0.900
500×200	0.144	0.219	0.296	0.375	0.456	0.539	0.624	0.711	0.800
500×250	0.154	0.234	0.316	0.400	0.486	0.574	0.664	0.756	0.850
500×320	0.168	0.255	0.344	0.435	0.528	0.623	0.720	0.819	0.920
500×400	0.184	0.279	0.376	0.475	0.576	0.679	0.784	0.891	1.000
500×500	0.204	0.309	0.416	0.525	0.636	0.749	0.864	0.981	1.100
800×320	0.228	0.345	0.464	0.585	0.708	0.833	0.960	1.089	1.220
800×400	0.244	0.369	0.496	0.625	0.756	0.889	1.024	1.161	1.300
800×500	0.264	0.399	0.536	0.675	0.816	0.959	1.104	1.251	1.400
800×630	0.290	0.438	0.588	0.740	0.894	1.050	1.208	1.368	1.530
800×800	0.324	0.489	0.656	0.825	0.996	1.169	1.344	1.521	1.700
1000×320	0.268	0.405	0.544	0.685	0.828	0.973	1.120	1.269	1.420
1000×400	0.284	0.429	0.576	0.725	0.876	1.029	1.184	1.341	1.500
1000×500	0.304	0.459	0.616	0.755	0.936	1.099	1.264	1.431	1.600
1000×630	0.330	0.498	0.668	0.840	1.014	1.190	1.368	1.548	1.730
1000×800	0.364	0.549	0.736	0.925	1.116	1.309	1.504	1.701	1.900
1000×1000	0.404	0.609	0.816	1.025	1.236	1.449	1.664	1.881	2.100

（4）阀门绝热（031208004）

① 项目特征

a. 绝热材料；b. 绝热厚度；c. 阀门规格。

② 计量单位：m^3。

③ 工作内容：安装。

④ 子目解释

阀门保温结构如图 6-10、图 6-11 所示。阀门保温厚度与连接管道保温厚度相同。固定式阀门保温用于地沟时，其保护层做法应与地沟管道保护层做法相同。

（5）法兰绝热（031208005）

① 项目特征

a. 绝热材料；b. 绝热厚度；c. 法兰规格。

② 计量单位：m^3。

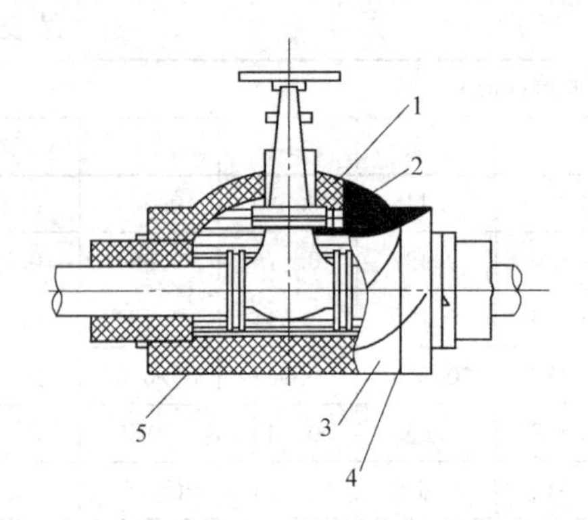

图 6-10 不可拆式阀门保温

1—填塞软质绝热材料；2—防火漆；3—绝热层；4—胶带或镀锌铁丝；5—绝热层

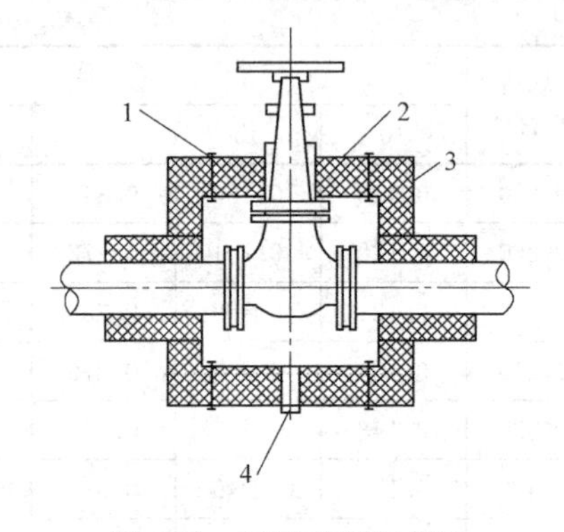

图 6-11 可拆式阀门保温

1—N6 连接螺栓；2—金属保护罩；3—玻璃布；4—排水管（用于有泄露时）

③ 工作内容：安装。

④ 子目解释

法兰保温结构如图 6-12、图 6-13 所示。法兰保温厚度与连接管道保温厚度相同。固定式法兰保温用于地沟时，其保护层做法应与地沟管道保护层做法相同。

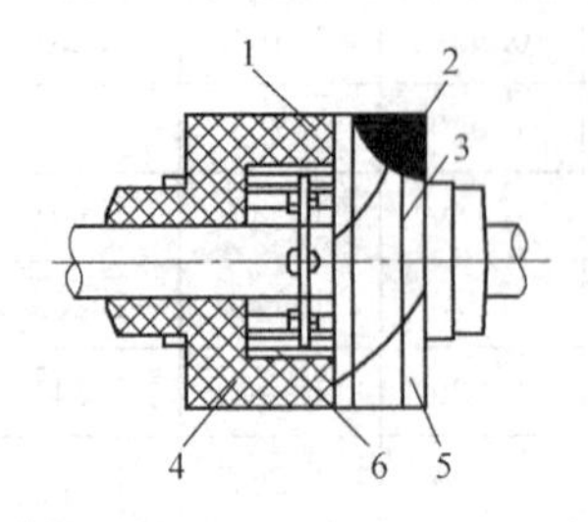

图 6-12 不可拆式法兰保温

1—保护层；2—防火漆；3—镀锌铁丝；4—绝热层；5—玻璃布；6—填塞软质绝热材料

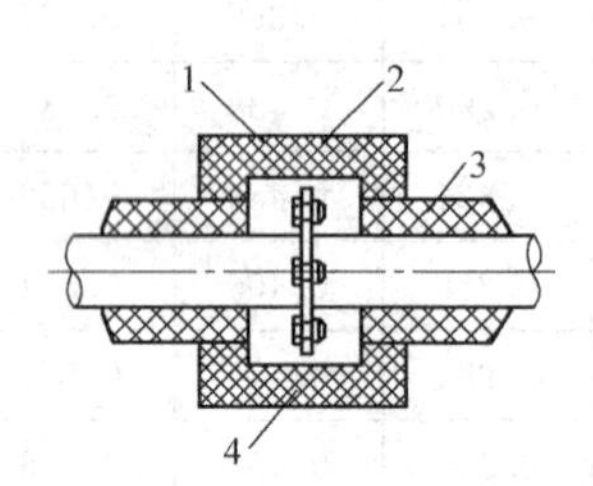

图 6-13 可拆式法兰保温

1—N6 螺栓；2—金属保护罩；3—绝热层；4—金属保护罩

（6）喷涂、涂抹（031208006）

① 项目特征

a. 材料；b. 厚度；c. 对象。

② 计量单位：m^2。

③ 工作内容：喷涂、涂抹安装。

（7）防潮层、保护层（031208007）

① 项目特征

a. 材料；b. 厚度；c. 层数；d. 对象；e. 结构形式。

② 计量单位：m^2 或 kg。

③ 工作内容：安装。

④ 子目解释

保护层材料：

绝热结构是由绝热层和保护层两部分组成的。上述绝热材料填充于绝热层，其外部的保护层，因施工方法不同所用的材料不同。

保护层的分类：

根据保护层所用的材料不同、施工方法不同，可以分为以下三类：

涂抹式保护层。所用材料有沥青胶泥和石棉水泥砂浆，属于这类的保护层有沥青胶泥和石棉水泥砂浆等，其中石棉水泥砂浆是最常用的一种。

金属保护层。所用材料有黑铁皮、镀锌铁皮、聚氯乙烯钢板和不锈钢板等，属于这类的保护层有黑铁皮、镀锌铁皮、铅皮、聚氯乙烯复合钢板和不锈钢板等。

毡、布类保护层。所用材料有油毡、玻璃布、塑料布、帆布等属于这类的保护层有油毡、玻璃布、塑料布、白布和帆布等。

保护层施工：

金属保护层的连接，根据使用条件可采用挂口固定或用自攻螺丝、抽芯铆钉紧固等方法。

用于保冷结构的金属保护层，为避免自攻螺丝刺破防潮层，应尽可能采用挂口安装或在防潮层外增加一层 20mm 厚的棉毡。

使用铅皮作保护层时，对铅皮有腐蚀作用的碱性较大的绝热层或防潮层应采取隔离措施，如用塑料薄膜隔离。

用黑铁皮作保护层时，安装前应按规定涂刷防锈漆。

为增加金属保护层的强度和防水作用，在制作卷板的同时，应在塔接缝（包括设备人孔，阀门和接管等接缝）处压边。

用金属薄板作设备封头保护层时，应根据绝热结构封头的形状及尺寸下料，分瓣压边后进行安装。接缝处用自攻螺丝或铆钉紧固，用专用密封剂密封。

金属保护层应紧贴在绝热层或防潮层上，立式设备应自下而上逐块安装。环缝和竖缝可采用搭接或挂口，缝口朝下以利于防水，搭接长度为 30～50mm。用自攻螺丝紧固时，其间距不大于 200mm。

安装管道的金属保护层时应从低到高逐块施工。环缝、竖缝均应搭接 30～50mm，竖缝自攻螺间距不大于 200mm，环缝不少于 3 个螺丝，如直管环缝采用凸凹搭接，可以不上螺丝。

缠绕施工的保护层如玻璃布，缠绕材料的重叠部分应为其宽度的 1/3；立式设备或立管应自下而上缠绕，料的起端和末端应用铁丝捆扎，以防脱落。

在捆扎有铁丝网的绝热层上施工石棉水泥等保护层时，应分层涂抹并压平。

立式设备、管道为防止金属保护层自垂下滑，一般应分段将金属保护层固定在托盘等支承件上。

防潮层施工：

阻燃性沥青玛瑺酯贴玻璃布作防潮隔气层时，它是在绝热层外面涂抹一层 2～3mm 厚的阻燃性沥青玛瑺酯，接着缠绕一层玻璃布或涂塑窗纱布，然后再涂抹一层 2～3mm 厚阻燃性沥青玛瑺酯。

塑料薄膜作防潮隔气层，是在保冷层外表面缠绕聚乙烯或聚氯乙烯薄膜 1～2 层，注意搭接缝宽度应在 100mm 左右，一边缠一边用热沥青玛瑺酯或专用粘结剂粘接。

需要注意的是，如在保护层上继续刷油，刷油工程量应该同保护层工程量。

(8) 保温盒、保温托盘（031208008）

① 项目特征：名称。

② 计量单位：m^2 或 kg。

③ 工作内容：制作、安装。

6.3.9 管道补口补伤工程量计算规则

1. 清单计算规则

根据《通用安装工程工程量计算规范》GB 50856—2013 及《全国统一安装工程预算定额 第十一册刷油、防腐蚀、绝热工程》GYD—2011—2000 的规定，管道补口补伤工程的工程量计算规则见表 6-23。

管道补口补伤工程量计算规则　　表 6-23

项目编码	项目名称	《通用安装工程工程量计算规范》GB 50856—2013	《全国统一安装工程预算定额　第十一册　刷油、防腐蚀、绝热工程》GYD—2011—2000	
		工程量计算规则	工程量计算规则	备注
031209001	刷油	1. 以平方米计量，按设计图示表面积尺寸以面积计算 2. 以口计量，按设计图示数量计算	1. 以平方米计量，按设计图示表面积尺寸以面积计算 2. 以口计量，按设计图示数量计算	(1)管道补口补伤防腐涂料有环氧煤沥青漆、氯磺化聚乙烯漆、聚氨酯漆、无机富锌漆。 (2)管道补口每个口取定为：426mm 以下(含 426mm)管道每个补口长度为 400mm；426mm 以上管道每个补口长度为 600mm
031209002	防腐蚀			
031209003	绝热			
031209004	管道热缩套管	按图示表面积计算	按图示表面积计算	

2. 项目解释

(1) 刷油（031209001）

① 项目特征

a. 除锈级别；b. 油漆品种；c. 涂刷遍数；d. 管外径。

② 计量单位：m^2 或口。

③ 工作内容

a. 除锈、除油污；b. 涂刷。

④ 子目解释

管道补口补伤工程主要适用于环氧煤沥青漆、氯磺化聚乙烯漆、聚氨酯漆以及无机富锌漆等几种常用防腐涂料的管道现场安装焊口部位的补刷，可按实际发生补口数量计算；如需施工之前进行计价时，可根据施工方案测算需补口数量，结算时按实调整（合同另有约定时从其约定）。

(2) 防腐蚀（031209002）

① 项目特征

a. 除锈级别；b. 材料；c. 管外径

② 计量单位：m^2 或口。

③ 工作内容

a. 除锈、除油污；b. 涂刷。

(3) 绝热(031209003)

① 项目特征

a. 绝热材料品种; b. 绝热厚度; c. 管道外径。

② 计量单位: m^2 或口。

③ 工作内容: 安装

(4) 管道热缩套管(031209004)

① 项目特征

a. 除锈级别; b. 热缩管品种; c. 热缩管规格。

② 计量单位: m^2。

③ 工作内容

a. 除锈; b. 涂刷。

④ 子目解释

热缩套管是一种热收缩包装材料,遇热即收缩,按材质分可分为 PVC 热缩套管、PET 热缩套管、辐照交联 PE 热缩套管、10kV 高压母排保护热缩套管、35kV 高压母排保护热缩套管、含胶双壁热缩套管、仿木纹热缩套管。

6.3.10 阴极保护及牺牲阳极工程量计算规则

1. 清单计算规则

根据《通用安装工程工程量计算规范》GB 50856—2013 及《全国统一安装工程预算定额 第十一册刷油、防腐蚀、绝热工程》GYD—2011—2000 的规定,阴极保护及牺牲阳极工程量计算规则见表 6-24。

阴极保护及牺牲阳极工程量计算规则 **表 6-24**

项目编码	项目名称	《通用安装工程工程量计算规范》GB 50856—2013	《全国统一安装工程预算定额 第十一册 刷油、防腐蚀、绝热工程》GYD—2011—2000	
		工程量计算规则	工程量计算规则	备注
031210001	阴极保护	按图示数量计算	按图示数量计算	(1)阴极保护恒电位仪安装包括本身设备安装、设备之间的电器连接线路安装。至于通电点、均压线塑料电缆长度如超出定额用量的10%时,可以按实调整。牺牲阳极和接地装置安装,已综合考虑了立式和平埋设,不得因埋设方式不同而进行调整。 (2)牺牲阳极定额中,每袋装入镁合金、铝合金、锌合金的数量按设计图纸确定
031210002	阳极保护			
031210003	牺牲阳极			

2. 项目解释

(1) 阴极保护(031210001)

① 项目特征

a. 仪表名称、型号; b. 检查头数量; c. 通电点数量; d. 电缆材质、规格、数量; e. 调试类别。

② 计量单位: 站。

③ 工作内容

a. 电气仪表安装；b. 检查头、通电点制作安装；c. 焊点绝缘防腐；d. 电缆敷设；e. 系统调试。

④ 子目解释

阴极保护是一种用于防止金属在电介质（海水、淡水及土壤等介质）中腐蚀的电化学保护技术，该技术的基本原理是对被保护的金属表面施加一定的直流电流，使其产生阴极极化，当金属的电位负于某一电位值时，腐蚀的阳极溶解过程就会得到有效抑制。

（2）阳极保护（031210002）

① 项目特征

a. 废钻杆规格、数量；b. 均压线材质、数量；c. 阳极材质规格。

② 计量单位：个。

③ 工作内容

a. 挖、填土；b. 废钻杆敷设；c. 均压线敷设；d. 阳极安装。

④ 子目解释

阳极保护是金属的电化学保护方法之一。是指将被保护的金属作阳极，在一定条件下进行阳极极化，使金属表面由活性状态转为钝化状态，以防止金属腐蚀的方法。实施阳极保护必须控制电压并注意电流密度，如阳极电位小于钝化电压反而会加速金属腐蚀，过大则有可能使钝化膜破坏的超钝化现象，使金属腐蚀加剧。

（3）牺牲阳极（031210003）

① 项目特征：材质、袋装数量。

② 计量单位：个

③ 工作内容

a. 挖、填土；b. 合金棒安装；c. 焊点绝缘防腐。

④ 子目解释

由于该金属的腐蚀对原有腐蚀电池提供保护，加快了自身的腐蚀，因此称为牺牲阳极. 牺牲阳极材料应有足够的负电位，而且很稳定。

施工安装：

袋装牺牲阳极应使用适当夯实的材料回填。当阳极和专用填包料分开供应时，阳极应置于填包料的中心位置，并且在回填前将填包料捣实。在所有的操作中均应小心，确保导线和接头不受损伤。为避免张应力，导线应留有充分的松弛度。

在使用手镯式阳极的位置，阳极下方的管道覆盖层应没有缺陷。安装手镯式阳极时，应小心进行以防损伤覆盖层。如果在管道上喷涂混凝土后，应去除阳极表面上所有混凝土，如果使用钢筋混凝土，在阳极和钢筋网之间或钢筋网和管道之间严禁有金属接触。

在使用袋装阳极的位置，可以挖沟或犁沟埋设，根据要求使用或不使用化学填包料，通常与被保护管道的管段平行。

6.4 刷油、绝热及防腐蚀工程计量与计价实例

6.4.1 刷油、绝热及防腐蚀工程实例一

某采暖工程，管道采用焊接钢管（螺纹连接），经计算，*DN*100 管（外径为 114mm）

长度为200m，$DN50$（外径为60mm）管长度为500m，$DN25$管（外径为33.5mm）长度为100m，卧式容器，直径2000mm，长度为6000mm，管道及容器采用动力工具除锈，除锈级别为Sa2级，刷红丹防锈漆两遍，再刷白色调和漆两遍。散热器采用铸铁四柱813型，每片散热面积为0.28m²，共125片。采用手工除锈，除锈级别为Sa2级，刷防锈漆两遍，再刷白色调和漆两遍。试计算该工程的清单工程量并编制该工程的分部分项工程项目清单与计价表。(计算结果保留两位小数)

解：一、清单工程量的计算

1. 管道刷油工程量

$$S=\pi DL=3.14\times0.114\times200+3.14\times0.06\times500+3.14\times0.0335\times100=176.31m^2$$

2. 设备刷油工程量

$$S=\pi DL=3.14\times2\times6=37.68m^2$$

3. 暖气片刷油工程量

$$S=0.28\times125=35m^2$$

二、分部分项工程项目清单与计价表的编制

根据表6-14的规定，编制分部分项工程项目清单与计价表（见表6-25）。

分部分项工程量清单与计价表 **表6-25**

工程名称：某采暖工程 标段：

序号	项目编码	项目名称	项目特征描述	计量单位	工程量	金额(元)		
						综合单价	合价	其中
								暂估价
1	031201001001	管道刷油	1. 除锈级别:Sa2级 2. 油漆品种:红丹防锈漆 3. 涂刷遍数:2遍	m²	176.31			
2	031201001002	管道刷油	1. 除锈级别:Sa2级 2. 油漆品种:白色调和漆 3. 涂刷遍数:2遍	m²	176.31			
3	031201003001	设备刷油	1. 除锈级别:Sa2级 2. 油漆品种:红丹防锈漆 3. 涂刷遍数:2遍	m²	37.68			
4	031201003002	设备刷油	1. 除锈级别:Sa2级 2. 油漆品种:白色调和漆 3. 涂刷遍数:2遍	m²	37.68			
5	031201004001	暖气片刷油	1. 除锈级别:Sa2级 2. 油漆品种:防锈漆 3. 涂刷遍数:2遍	m²	35			
6	031201004002	暖气片刷油	1. 除锈级别:Sa2级 2. 油漆品种:白色调和漆 3. 涂刷遍数:2遍	m²	35			

6.4.2 刷油、绝热及防腐蚀工程实例二

某厂建设管网供热工程。工程用管道为 $DN125$（外径为 140mm），长度为 485m；$DN300$（外径为 325mm），长度为 700m，采用岩棉瓦块保温，厚度 50mm。$DN300$ 的管上有两个闸阀。管道在保温之前采用机械喷砂除锈，除锈级别为 Sa2.5 级再刷防锈漆两遍。保温工序完成后，管道做保护层缠玻璃布两层；玻璃布表层刷银粉漆两遍。（计算结果保留两位小数）

解：一、清单工程量的计算

1. 管道刷防锈漆工程量

$$S=\pi DL=3.14\times0.140\times485+3.14\times0.325\times700=927.56\text{m}^2$$

2. 管道绝热层工程量

（1）$DN125$ 管道绝热层工程量

$$V=\pi(D+1.033\delta)\times1.033\delta\times L=3.14\times(0.140+1.033\times0.05)\times1.033\times0.05\times485=15.07\text{m}^3$$

（2）$DN300$ 管道绝热层工程量

$$V=\pi(D+1.033\delta)\times1.033\delta\times L=3.14\times(0.325+1.033\times0.05)\times1.033\times0.05\times700=42.76\text{m}^3$$

3. 管道保护层工程量

$$S=\pi(D+2.1\delta+0.0082)L=3.14\times(0.14+2.1\times0.05+0.0082)\times485+3.14\times(0.325+2.1\times0.05+0.0082)\times700=1348.76\text{m}^2$$

4. 玻璃布面刷银粉漆工程量

同管道保护层的工程量，$S=1348.76\text{m}^2$

5. 阀门绝热层工程量

$$V=\pi[(D+1.033\delta)/2]^2\times2.5D\times1.033\delta\times1.05N$$
$$=3.14\times[(0.325+1.033\times0.05)/2]^2\times2.5\times0.325\times1.033\times0.05\times1.05\times2$$
$$=0.01\text{m}^3$$

6. 阀门保护层工程量

$$S=\pi[(D+2.1\delta)/2]^2\times2.5D\times1.05N$$
$$=3.14\times[(0.325+2.1\times0.05)/2]^2\times2.5\times0.325\times1.05\times2=0.25\text{m}^2$$

二、分部分项工程项目清单与计价表的编制

根据表 6-14 的规定，编制分部分项工程项目清单与计价表（见表 6-26）。

分部分项工程项目清单与计价表 **表 6-26**

工程名称：某厂管网供热工程　　　　标段：

序号	项目编码	项目名称	项目特征描述	计量单位	工程量	金额(元)		
						综合单价	合价	其中
								暂估价
1	031201001001	管道刷油	1. 除锈级别：Sa2.5 级 2. 油漆品种：防锈漆 3. 涂刷遍数：2 遍	m^2	927.56			

续表

序号	项目编码	项目名称	项目特征描述	计量单位	工程量	金额(元)		
						综合单价	合价	其中
								暂估价
2	031208002001	管道绝热	1. 绝热材料品种:岩棉瓦块 2. 绝热厚度:50mm 3. 管道外径:133mm	m^3	15.07			
3	031208002002	管道绝热	1. 绝热材料品种:岩棉瓦块 2. 绝热厚度:50mm 3. 管道外径:325mm	m^3	42.76			
4	031208004001	阀门绝热	1. 绝热材料:岩棉瓦块 2. 绝热厚度:50mm 3. 阀门规格:闸阀 DN300	m^3	0.01			
5	031208007001	保护层	1. 材料:玻璃布 2. 层数:2 层 3. 对象:管道	m^2	1348.76			
6	031208007002	保护层	1. 材料:玻璃布 2. 层数:2 层 3. 对象:阀门	m^2	0.25			
7	031201006001	布面刷油	1. 布面品种:玻璃布 2. 油漆品种:银粉漆 3. 涂刷遍数:2 遍 4. 涂刷部位:管道	m^2	1348.76			

参考文献

[1] 全国统一安装工程预算定额甘肃省地区基价（第二册）DBJD25—07—2001. 甘肃：甘肃省建设厅，2001.

[2] 全国统一安装工程预算定额甘肃省地区基价（第五册）DBJD25—07—2001. 甘肃：甘肃省建设厅，2001.

[3] 全国统一安装工程预算定额甘肃省地区基价（第六册）DBJD25—07—2001. 甘肃：甘肃省建设厅，2001.

[4] 全国统一安装工程预算定额甘肃省地区基价（第七册）DBJD25—07—2001. 甘肃：甘肃省建设厅，2001.

[5] 建设工程工程量清单计价规范 GB 50500—2003. 北京：中国计划出版社，2003.

[6] 建设工程工程量清单计价规范宣贯教材. 北京：中国计划出版社，2003.

[7] 李希伦. 建设工程工程量清单计价编制实用手册. 北京：中国计划出版社，2003.

[8] 刘庆山. 建筑安装工程预算. 北京：机械工业出版社，2002.

[9] 刘钦，宋凤竹. 安装工程定额与预算. 郑州：黄河水利出版社，2001.

[10] 周国藩. 给排水、暖通、空调、燃气及防腐蚀绝热工程概预算编制典型实例手册. 北京：机械工业出版社，2002.

[11] 陈宪仁. 水电安装工程预算定额（第二版）. 北京：中国建筑工业出版社，2003.

[12] 刘长滨，齐宝库. 全国造价工程师执业资格考试案例分析模拟试题集. 北京：中国建筑工业出版社，2002.

[13] 吴心伦. 建筑安装工程预算编制指导. 重庆：重庆大学出版社，1999.

[14] 高士安. 安装工程分册. 甘肃：甘肃省建设工程造价管理总站，1999.

[15] 余辉. 城乡水暖工程预算员必读. 北京：中国计划出版社，1992.

[16] 刘耀华. 施工技术及组织. 北京：中国建筑工业出版社，1988.

[17] 贺平. 供热工程. 北京：中国建筑工业出版社，1993.

[18] 田会杰. 建筑水电知识. 北京：清华大学出版社，2002.

[19] 工程造价计价与控制. 北京：中国计划出版社，2006.

[20] 丁云飞. 安装工程预算与工程量清单计价. 北京：化学工业出版社，2005.

[21] 戴兴. 民用建筑电气设计手册. 北京：中国建筑工业出版社，2002.

[22] 余辉. 新编电气工程预算员必读. 北京：中国计划出版社，1992.

[23] 马维珍. 工程计价与计量. 北京：清华大学出版社，北京交通大学出版，2005.

[24] 中华人民共和国建设部编. 中华人民共和国国家标准给水排水制图标准 GB/T 50106—2001. 北京：中国计划出版社，2002.

[25] 中华人民共和国建设部编. 中华人民共和国国家标准暖通空调制图标准 GB/T 50114—2001. 北京：中国计划出版社，2002.

[26] 冯刚. 建筑设备与识图 [M]. 北京：中国计划出版社，2008.

[27] 陈思荣. 建筑设备安装工艺与识图 [M]. 北京：机械工业出版社，2008.

[28] 王继明，王敬威. 建筑设备工程 [M]. 北京：地震出版社，1995.

［29］ 蔡秀丽. 建筑设备工程［M］. 北京：科学出版社，2005.
［30］ 韩实彬. 管道工长［M］. 北京：机械工业出版社，2007.
［31］ 石敬炜. 消防工程施工细节详解［M］. 北京：机械工业出版社，2009.
［32］ 洪涛. 最新建筑消防技术标准规范实施手册［M］. 北京：海潮出版社，2003.
［33］ 北京城建集团. 建筑给水排水暖通空调燃气工程施工工艺标准［M］. 北京：中国计划出版社，2004.
［34］ 本书编委会. 质量验收与施工工艺对照使用手册——通风与空调工程［M］. 北京：知识产权出版社，2007.
［35］ 中华人民共和国国家标准. 通风与空调工程施工质量验收规范（GB 50243—2002）［M］. 北京：中国建筑工业出版社，2002.
［36］ 万建武. 建筑设备工程（第一版）［M］. 北京：建筑工业出版社，2000.
［37］ 周孝清. 建筑设备工程［M］. 北京：建筑工业出版社，2003.
［38］ 郑庆红，高湘，王惠琴. 现代建筑设备工程［M］. 北京：冶金工业出版社，2004.
［39］ 孙文全，刘建峰. 建筑设备工程［M］. 天津：天津科学技术出版社，2005.
［40］ 刘昌明，鲍东杰. 建筑设备工程［M］. 武汉：武汉理工大学出版社，2007.
［41］ 刘光军. 建筑设备安装技术［M］. 北京：煤炭工业出版社，2008.
［42］ 齐俊峰，江萍. 建筑设备概论［M］. 武汉：武汉理工大学出版社，2008.
［43］ 胡晓东，梁广，王可怡等. 建筑物理与建筑设备［M］. 武汉：华中科技大学出版社，2008.
［44］ 王东萍. 建筑设备工程［M］. 哈尔滨：哈尔滨工业大学出版社，2002.
［45］ 王付全. 建筑设备（第二版）［M］. 武汉：武汉理工大学出版社，2007.
［46］ 董慧. 智能建筑［M］. 武汉：华中科技大学出版社，2008.
［47］ 谢杜初. 建筑智能技术［M］. 北京：建筑工业出版社，2003.
［48］ 祝健. 建筑设备工程［M］. 合肥：合肥工业大学出版社，2007.
［49］ 韦节廷. 建筑设备工程［M］. 武汉：武汉理工大学出版社，2004.
［50］ 李祥平，闫增峰. 建筑设备［M］. 北京：建筑工业出版社，2008.
［51］ 李联友. 建筑设备施工与安装技术［M］. 武汉：华中科技大学出版社，2009.
［52］ 黄明德，郭福雁，王顺巍. 建筑电气安装工程［M］. 天津：天津大学出版社，2008.
［53］ 万建武. 建筑设备工程（第二版）［M］. 北京：建筑工业出版社，2007.
［54］ 夏国明. 供配电技术［M］. 北京：中国电力出版社，2007.
［55］ 马松玲. 建筑电气工程［M］. 北京：机械工业出版社，2009.
［56］ 候君伟. 建筑设备施工［M］. 北京：机械工业出版社，2009.
［57］ 侯伟良，王佳，杨娜. 建筑电气工程识图［M］. 北京：机械工业出版社，2008.
［58］ 王晓丽. 供配电系统［M］. 北京：机械工业出版社，2004.
［59］ 王增长. 建筑给水排水工程（第五版）［M］. 北京：中国建筑工业出版社，2005.
［60］ 李天荣等. 建筑消防设备工程（第二版）［M］. 重庆：重庆大学出版社，2007.
［61］ 李亚峰等. 高层建筑给水排水工程［M］. 北京：化学工业出版社，2005.
［62］ 中华人民共和国国家标准. 建筑给水排水设计规范（GB 50015—2003）.
［63］ 祝连波. 建筑安装工程概预算［M］. 兰州：兰州大学出版社，2007.
［64］ 中华人民共和国住房和城乡建设部. 建设工程工程量清单计价规范 GB 50500—2013［S］. 北京. 中国计划出版社，2013.
［65］ 中华人民共和国住房和城乡建设部. 通用安装工程工程量计算规范 GB 50856—2013［S］. 北京. 中国计划出版社，2013.
［66］ 规范编制组. 2013 建设工程计价计量规范辅导［S］. 北京. 中国计划出版社，2013.

［67］ 中华人民共和国住房和城乡建设部标准定额研究所．建筑给水排水制图标准 GB/T50106—2010［S］．北京：中国建筑工业出版社，2010.
［68］ 中华人民共和国住房和城乡建设部．暖通空调制图标准 GB/T 50114—2010［S］．北京：中国建筑工业出版社，2011.
［69］ 中华人民共和国住房和城乡建设部．燃气工程制图标准 CJJ/T 130—2009［S］．北京：中国建筑工业出版社，2009.
［70］ 吉林省建设厅．全国统一安装工程预算定额第二册电气设备安装工程 GYD—202—2000［S］．北京：中国计划出版社，2001.
［71］ 吉林省建设厅．全国统一安装工程预算定额第七册消防及安全防范设备安装工程 GYD—207—2000［S］．北京：中国计划出版社，2001.
［72］ 吉林省建设厅．全国统一安装工程预算定额第八册给水排水、采暖、燃气工程 GYD—208—2000［S］．北京：中国计划出版社，2001.
［73］ 吉林省建设厅．全国统一安装工程预算定额第九册通风空调工程 GYD—209—2000［S］．北京：中国计划出版社，2001.
［74］ 原化学工业部．全国统一安装工程预算定额 第十一册 刷油、防腐蚀、绝热工程 GYD—211—2000［S］．北京：中国计划出版社，2001.
［75］ 中华人民共和国住房和城乡建设部标准定额研究所．全国统一安装工程预算定额编制说明［S］．北京：中国计划出版社，2003.
［76］ 中华人民共和国住房和城乡建设部标准定额研究所．全国统一安装工程预算工程量计算规则 GYD—201—2000［S］．北京：中国计划出版社，2001.
［77］ 中华人民共和国住房和城乡建设部标准定额研究所．全国统一安装工程定额解释汇编［S］．北京：中国计划出版社，2008.
［78］ 祝连波．建筑安装工程预算员便携口袋书（第二版）［M］．北京：中国建筑工业出版社，2013.
［79］ 祝连波．安装工程预算编制原理与方法［M］．北京：中国建筑工业出版社，2011.
［80］ 全国造价工程师执业资格考试培训教材编审委员会．建设工程计价（2013 版）［M］．北京：中国计划出版社，2013.
［81］ 张国栋．一图一算之给水排水、采暖、燃气工程造价［M］．北京：机械工业出版社，2012.
［82］ 张国栋．一图一算之通风空调工程造价［M］．北京：机械工业出版社，2012.
［83］ 尧辉．安装工程工程量清单计价实施指南［M］．北京：中国电力出版社，2009.
［84］ 刘娜．2013 全国造价工程师执业资格考试历年真题解析与临考模拟试卷— 建设工程造价案例分析［M］．北京：机械工业出版社，2013.
［85］ 全国造价工程师执业资格考试培训教材编审组．建设工程技术与计量（安装工程部分）［M］．北京：中国计划出版社，2009.